21世纪全国高职高专计算机应用专业规划教材

人力资源和社会保障部教材办公室组织编写
人力资源和社会保障部推荐教材

多媒体技术与Director应用教程

主　编　刘秀伟
副主编　刘庆伟　刘顺利

中国劳动社会保障出版社
北京

清华大学出版社
北京

图书在版编目(CIP)数据

多媒体技术与 Director 应用教程/刘秀伟主编. —北京：中国劳动社会保障出版社，2009

21 世纪全国高职高专计算机应用专业规划教材

ISBN 978-7-5045-8034-4

Ⅰ. 多… Ⅱ. 刘… Ⅲ. 多媒体-软件工具，Director-高等学校：技术学校-教材 Ⅳ. TP311.56

中国版本图书馆 CIP 数据核字(2009)第 183338 号

中国劳动社会保障出版社出版发行

（北京市惠新东街 1 号 邮政编码：100029）

出版人：张梦欣

*

北京市艺辉印刷有限公司印刷装订 新华书店经销

787 毫米×960 毫米 16 开本 23.75 印张 464 千字

2010 年 1 月第 1 版 2010 年 1 月第 1 次印刷

定价：45.00 元

读者服务部电话：010-64929211

发行部电话：010-64927085

出版社网址：http://www.class.com.cn

内容简介

本书系统介绍了多媒体与Director软件的功能，共分十章，内容分为：多媒体与Director概述、Director的台前幕后、Director影片的初步控制、Director中的演员、初探Director动画技术、交互多媒体设计、编程基础、音频控制、影片的发布、Xtras插件。各章节复习题，供读者加深对内容的理解和掌握。

本书可作为高等职业学校和大中专院校计算机应用专业的教材，也可作为非计算机应用专业本科生选修课的教材，还可供从事计算机应用技术的人员参考。

编审委员会

序

2002 年全国职业教育工作会议指出："推进职业教育的改革与发展是实施科教兴国战略、促进经济和社会可持续发展、提高国际竞争力的重要途径，是调整经济结构、提高劳动者素质、加快人力资源开发的必然要求，是拓宽就业渠道、促进劳动就业和再就业的重要举措。"为进一步落实全国职业教育工作会议的精神，在教育部高等教育司与人力资源和社会保障部培训就业司的共同指导与支持下，中国劳动社会保障出版社与清华大学出版社组织有关部门研究了高等职业教育（高等职业技术学院、高等专科学校、成人高等教育院校、高级技工学校）"计算机应用"专业的课程设置，并在此基础上启动了"21 世纪全国高职高专计算机应用专业规划教材"的编写与出版工作，该套教材具有如下特点：

1. 针对性强。本套教材是为高职高专计算机应用专业的学生编写的，遵循"提出问题—解决问题"的思路，以培养计算机应用能力为主线，构造该专业的课程设置体系和教学内容体系，强调理论教学与实验实训密切结合，尤其突出实训环节的教学。

2. 配套出版辅助教材。编写出版主教材的同时，本套教材还配套出版相应的《实训》，旨在指导学生通过大量的实际训练，更好地掌握教程的内容，从而进一步提高学生在计算机各个方面的应用能力，突出职业教育的特色。

3. 版本更新及时。将紧跟科学技术的新发展和高职高专教育的新形势，不断推出新教材，及时修订更新教材内容。

4. 与考试认证、岗位培训等实际应用紧密结合。在体现自身特色的同时，尽量兼容目前的计算机考试辅导和岗位准入培训的要求。目前可以考虑兼容的有"全国计算机等级考试""高技能人才培训""高职院校毕业生资格职业培训"等，同时除了部分理论性较强的科目以外，该丛书的部分教材还可以用于非学历教育（含社会培训、职工岗前培训等）。

相信这套教材的编写和出版对进一步推动学校教育与职前培训的结合，促进高职高专的教学和教材改革，以及探索高等职业教育的新的发展思路等会有很好的促进作用。

出版说明

我国高等职业技术教育是社会经济发展对职业教育提出的更高层次的要求，是中等职业教育的继续和发展。为了进一步适应经济发展对高等技术应用型和技能操作型人才的需求，国家正在理顺高等职业教育、高等专科教育和成人高等教育三者的关系，统称为高职高专教育，力求形成合力，将目标统一到培养高等技术应用型和技能操作型人才上来。

为了贯彻落实党中央、国务院关于大力发展高等职业教育、培养高等技术应用型和技能操作型人才的指导精神，解决高等职业教育缺乏通用教材的问题，原劳动和社会保障部教材办公室从 1999 年下半年开始，组织部分高校编写了“21 世纪全国高职高专专业教材”。这套教材具有三大特点：①为高等职业教育、高等专科教育和成人高等教育“三教”的整合与升级服务；②体现高职高专教育以培养高等技术应用型和技能操作型人才为宗旨，使学生获得相应职业领域的职业能力；③以专业教材为主，突出以应用技术、创造性技能和专业理论相结合为特色。目前我们已出版的高职高专专业教材有机械类、电工类、医学美容、汽车检测与维修、国际贸易、建筑装饰、物业管理等专业的教材，与教育部高教司合作开发、即将出版的计算机应用专业规划教材，以及正在陆续开发的电子商务、机电一体化、数控技术等几十个专业的教材。力争逐步建立起涵盖高职高专各主要专业，符合市场要求，满足经济建设需要的高职高专院校专业教材体系。

在本套教材的编写工作中，我们注意了以下两点：一是目标明确。立足于高等技术应用类型的专业，以培养生产建设、三产服务、经营管理第一线的高等职业技术应用型和技能操作型人才为根本任务，以适应经济建设的需求。二是突出特色。教材以国家职业标准为依据，以培养技术应用能力为主线，全面设计学生的知识、职业能力和培养方案，以“适用、管用、够用”为原则，从职业分析入手，根据职业岗位群所需的知识结构来确定教材的具体内容，在基础理论适度的前提下，突出其职业教育的功能，力争达到理论与实践的完美结合，知识与应用的有机统一，以保证高职高专教育目标的顺利实现。

编写这套适用于全国高职高专教育有关专业的教材既是一项开创性工作，又是一项系统工程，参与编写这套系列专业教材的各有关院校的专家和教师为此付出了艰辛的努力，谨向他们表示衷心的感谢。同时由于缺乏经验，这套教材难免存在某些缺点和不足，在此，我们恳切希望广大读者提出宝贵意见和建议，以便今后修订并逐步完善。

目 录

第1章 多媒体与 Director 概述

1.1 多媒体概述

虽然对于大多数人来说，多媒体的概念已不再陌生，然而其进入普通人的生活仅仅是近些年的事情。多媒体已成为大众获取日常信息的重要途径之一，并在大众生活中展现了其强大功能与独特魅力。

1.1.1 多媒体的发展

计算机技术发展初期，声卡、显卡等多媒体设备对于计算机来说是可有可无的东西——那个年代的计算机并不需要发出各种声音和展现绚丽的图像，直到 20 世纪 80 年代末，声卡等才逐渐应用于计算机。随着硬件水平的不断提高与互联网技术的飞速发展，多媒体技术在 20 世纪 80 年代开始普及。今天，多媒体技术早已渗透到社会生活的各个层面。

随着网络技术的飞速发展，多媒体有了更加广泛的传播途径。同时，多媒体的大行其道也给软、硬件销售商，网络运营商，多媒体开发者及客户带来了从天而降的大好机遇，从这个角度看，它是一种商业上的机遇；不仅这样，早在 20 世纪 90 年代初期，语言类和娱乐类光盘在市场上的巨大销量更显示出多媒体在大众生活中受欢迎的程度，这样看来，多媒体已经成为人们获取信息的便利而有效的渠道。

1.1.2 多媒体的概念

在计算机领域，“多媒体”一词翻译成英文是 Multimedia。Multimedia 由 Multi 和 Media 两部分组成。Multi 是“多种、多方面的”，Media 是“媒体、媒介”，所以，一般把 Multimedia 理解为多种媒体的综合。

多媒体包括文字、图形、图像、动画以及视频信号、音频信号等多种媒体类型，而且在多媒体系统中，各种媒体类型并不是机械地相加，而是有机地结合在一起，使用户接收到准确、便捷的全方位立体信息。下面就这些媒体类型做一简要介绍：

（1）文字

自从有了文字，人类就开始使用它交流经验、知识与感情。而多媒体技术，把文字与其他媒体结合起来，从而形成更为直观生动的信息表达方式。采用文字编辑软件生成的文本，或使用图像处理软件设计出来的图形文字，都属于文字的范畴。常用的文字处理软件有 Windows 系统自带的记事本、Microsoft Office Word、WPS Office、OCR（Optical Character Recognition）及用于创建图形文字的 Adobe Photoshop 等。

（2）图形

采用算法语言或应用软件生成的矢量图形，具有体积小、线条圆滑的特点。常用的图形设计软件有 Adobe Illustrator、CorelDRAW 等。

（3）图像

主要指 BMP、GIF、TGA、TIF、JPEG 等格式的静态图像。图像采用位图方式并可对其压缩，使用称为像素的一格一格的小点来描述图像，实现图像的存储和传输。目前 Adobe Photoshop 是主流的图像编辑软件。

（4）动画

一般来说，动画可以分为逐帧动画和推算动画。逐帧动画是每一帧中的画面内容都产生变化的一种动画形式，与传统动画的原理一致；而在推算动画中，两个关键帧之间所需的画面可以由 Director 软件自动生成。还有一种划分方式就是把动画分为二维动画和三维动画。常用的动画设计软件有 Adobe Flash、3D Studio MAX 等。

（5）音频信号

计算机中的音频通常储存为 WMA、MIDI 等格式的数字化音频文件，还有 MP3 压缩格式的音频文件。常用的音频编辑软件有 Gold Wave、Cool Edit、Wave Edit 等。

（6）视频信号

视频信号是动态图像，具有代表性的有 Windows 环境下常见的 AVI 格式和 Mac 环境下的 MOV 格式，另外还有压缩格式的 MPEG 视频文件等。常用的音频编辑软件有 Adobe Premiere、Ulead Media Studio 等。

1.1.3 多媒体的应用领域

计算机技术的进步和社会的需要使多媒体成为现代生活中必不可少的一部分。多媒体的应用已渗透到社会的各个层面，对工作效率的提高和社会的进步起着巨大的推动作用，以下列举多媒体的一些应用领域：

（1）通信

例如企业中为了提高效率而采用的视频会议系统。

（2）教育

学校、公司采用多媒体教学与培训，不仅形象直观，又可达到事半功倍的效果，如图1—1所示。

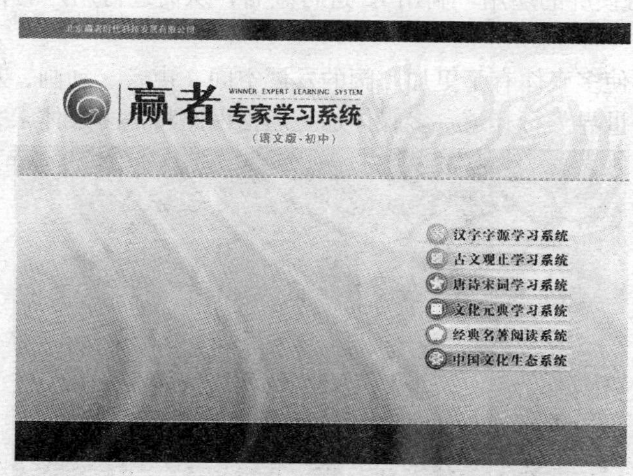

图1—1　教育软件多媒体界面

（3）产品展示

如汽车公司、广告行业利用多媒体互动技术（如大型显示屏广告）来展示产品，让观众有身临其境的感觉。

图1—2　产品展示多媒体界面

（4）军事

这个领域普通人接触的机会相对少一些，但多媒体技术的应用已从武器模拟仿真领域发展到作战指挥、军事信息工程、教育训练、武器装备革新等各个方面，应用前景日益广阔。

（5）办公自动化

如Elotouch触摸屏的应用，利用IC进行签名，从而进行用户的有效身份验证。

（6）网络

互联网的普及使多媒体有了更加广阔的发展空间，声音、动画、互动小游戏及影视作品等现已在网络世界大行其道，多媒体加上通信网路将是多媒体未来发展的重点。

图1—3　网络多媒体界面

（7）娱乐

主要应用在影视、游戏业，如影片特技、变形效果、卡通混编特技、MTV特技制作、三维成像模拟特技、仿真游戏等。

（8）人工智能模拟

此领域主要涉及生物形态模拟、生物智能模拟、人类行为智能模拟等。

1.1.4　多媒体作品的创作

（1）多媒体作品的文件大小

对于多媒体作品的文件量大小问题，至今并没有严格的规定，从数分钟到数小时都有可能，这要根据不同的项目需求、应用领域以及传播媒体等各方面因素综合考虑，比如一个广告片头有时仅仅十几秒钟就足够了，而一个项目的演示文件可能需要播放数小时。

（2）多媒体作品的创作团队

多媒体作品的创作团队可大可小，有时一个人就能完成，而有时需要团队合作。团队的大小受时间、项目大小、项目难度、个人能力等因素的影响。

（3）多媒体作品的创作流程

要创作出好的多媒体作品熟悉多媒体作品的创作流程是十分重要的，以下是创作多媒体作品的一般流程：

第一步，应用目标分析。确定主题，分析用户要求，明确具体任务，确定系统的受众、功能及表现方法等。

第二步，开始编写脚本。好的脚本是优秀多媒体作品的基础，这是组织信息的第一步，文字脚本是多媒体作品功能与思想的重要体现，而制作脚本是多媒体创作的最终依据。如图 1—4 所示为多媒体作品《北京人文地图》的脚本结构图。假如觉得这种纯文本的脚本结构太抽象，还可以引入图形的概念，在视觉上把脚本做得更加直观，但这种脚本有时会显得结构层次不够明确。如图 1—5 所示为多媒体作品《古今纵横观北京》的脚本结构图，这是一部网络多媒体作品，其中就引入了图形的概念。

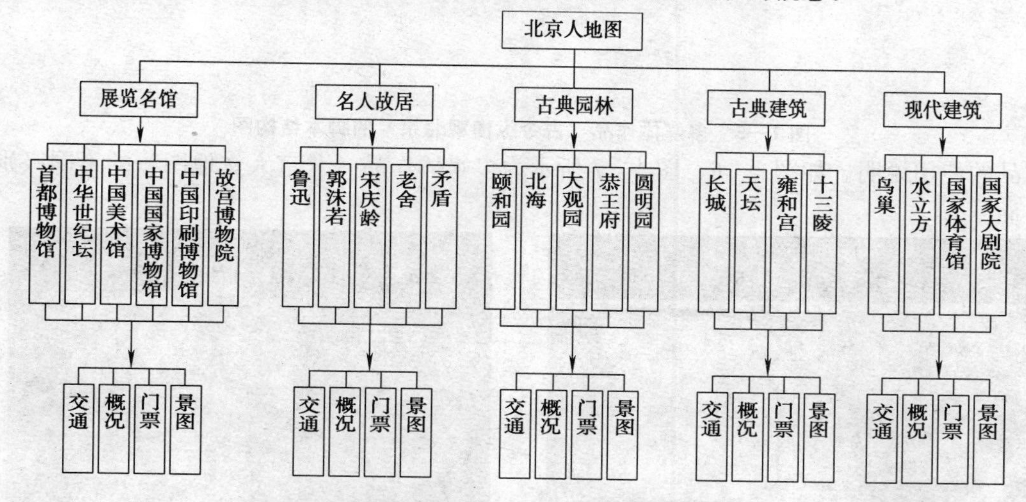

图 1—4　多媒体作品《北京人文地图》的脚本结构图

第三步，设计框架布局。现在开始着手设计信息结构、屏幕布局、图文比例、色调、音乐节奏、显示方式、交互按钮等要素。

第四步，收集整理素材。完成各种信息的收集、录入与整理工作，如文字、图像、动画、音频、视频等。

第五步，系统制作合成。将前面收集整理好的信息合成为一个连贯的整体，生成用户需要的多媒体作品。

第六步，系统调试优化。以脚本为主线，进行系统功能、性能的检测和优化，改正错误、修补漏洞，完善系统的主要功能。

第七步，最终完成作品。确认无误后应进行打包、发布，必要的时候要编写多媒体

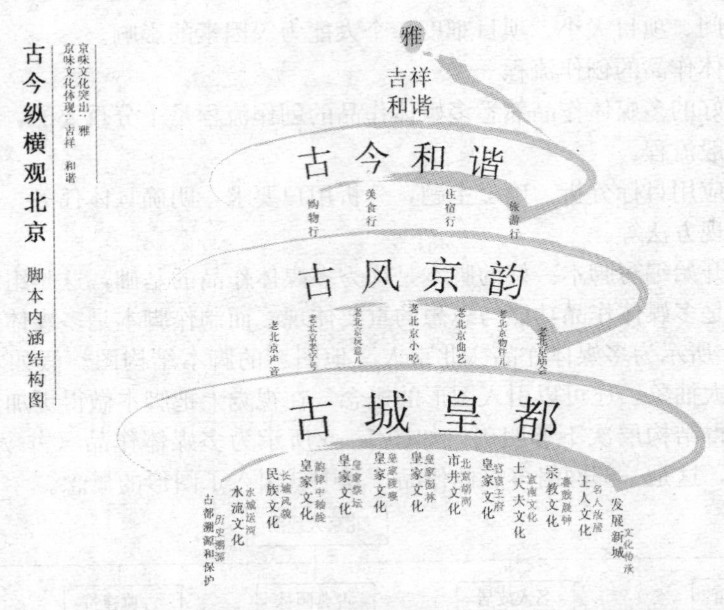

图 1—5　多媒体作品《古今纵横观北京》的脚本结构图

作品的使用说明。如图 1—6、图 1—7 所示为多媒体作品《北京人文地图》的不同级别界面。

图 1—6　《北京人文地图》主界面

图 1—7　《北京人文地图》其他级别的界面

1. 2　Director 概述

1. 2. 1　认识 Director

前文中对多媒体的概念进行了介绍，以下介绍如何开发多媒体作品。

工欲善其事，必先利其器。同样，要创作一部优秀的多媒体作品，就要拥有一款或几款优秀的多媒体编创软件，这样会使创作过程得心应手。Adobe Director 11 是 Adobe 公司出品的一款多媒体创作软件，作为当今世界最流行的一款专业级的多媒体创作软件，Adobe Director 11 集文字、图像、动画、音频、视频及影片功能等众多媒体格式为一体，可以非常轻松地制作引人注目的课件、网页、商品展示、娱乐性与教育性光盘、企业简报等多媒体产品，与其他的创作工具相比，Adobe Director 11 更专业、功能更强大，并以简单、直观、容易上手等优点一直深受多媒体爱好者、高等院校师生及有一定多媒体创作经验的专业人士喜爱。如图 1—8 所示为 Adobe Director 11 的工作窗口。

图 1—8　Adobe Director 11 的工作窗口

1.2.2　Adobe Director 11 的新特性

Adobe Director 11 拥有更富弹性、更易用的创作环境，可以让多媒体创作者、动画师、开发人员创作更强大的交互式程序、游戏、电子学习和模拟产品。Adobe Director 11 在 3D 方面采用了全新的物理引擎 AGEIA™ PhysX™ engine，相比之前的产品在功能上有了质的飞跃。

有了 Director 11，再加上 Shockwave Player，用户就可以把 Flash SWF 文件导入

项目中，使用Director或者Shock Wave播放、使用Flash CS3 Professsional编辑。此外，Director 11还支持大量的第三方插件扩展、支持Unicode编码、支持Ageia PhysX物理引擎、支持增强型文字和原生DX9 3D渲染。

Director 11支持40多种音频、视频和图形格式，并增加了对Adobe Flash 9技术和位图过滤，为文字、图形增加阴影和火焰效果将更加简单。此外，Director 11还支持JavaScript和Lingo编程语言，其中后者是Director的原生脚本语言，同时提供了增强的脚本浏览器，可以对代码进行拖拽操作。

1.2.3 安装Adobe Director 11

Adobe Director 11软件和Adobe Shockwave Player可帮助用户为Web、Mac和Windows桌面、DVD和CD创建和发布引人入胜的交互游戏、演示、原型、仿真和电子化学习课程。真正集成了任何主流文件格式（包括使用Adobe Flash软件和原生3D内容创建的视频），为用户的使用提供更大的便利。

（1）系统要求

Adobe Director 11在安装之前，除了确定计算机的操作系统之外，还要考虑计算机的硬件配置是否满足Adobe Director 11的基本要求。Adobe Director 11运行系统基本要求如下：

CPU：Intel Pentium 4【Windows】或多核Intel处理器【Mac OS】，或更快速度的处理器，CPU性能是计算机性能的重要标志之一。

操作系统：Microsoft Windows XP（带Service Pack 2）或Windows Vista系统【Windows】；Mac OS X v. 10. 4【Mac OS】。

内存：内存512 MB【Windows或Mac OS】，推荐使用1 GB。内存是处理器与外存储设备（如硬盘）交换数据和存放程序的场所，对软件特效的运行速度影响十分明显。

硬盘：可用硬盘空间500 MB【Windows或Mac OS】，如果硬盘太小，而正在创作的多媒体作品的文件量又比较大时，Adobe Director 11会出现硬盘空间不足的提示。

（2）安装Adobe Director 11

Adobe Director 11的安装过程与其他应用软件的安装方法相似。打开安装目录，双击鼠标左键运行Setup. exe文件即可运行安装程序。参照屏幕上的提示信息逐步操作并选择软件安装的路径即可，如图1—9所示。安装过程中，安装进度如图1—10所示，单击“Cancel”按钮可取消安装。最后单击“Finish”按钮完成安装或单击“Finish&Restart”按钮完成并重启计算机，完成安装，如图1—11所示。再执行“开始|程序|Adobe Director 11”命令，即可进入激活与注册程序，如图1—12所示。参照屏幕上的提示信息逐步操作，注册完成后，系统将自动启动Adobe Director 11。

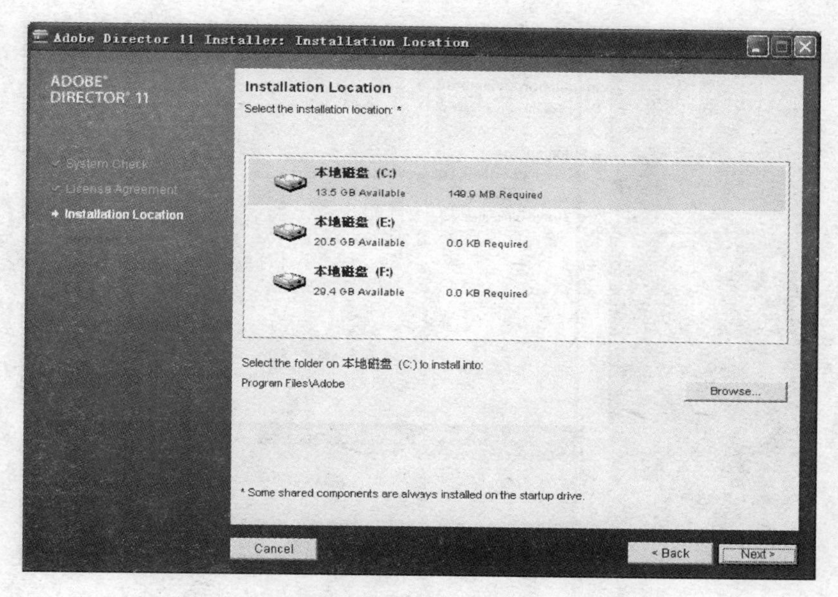

图 1—9　选择安装路径，单击“Next”进入下一步

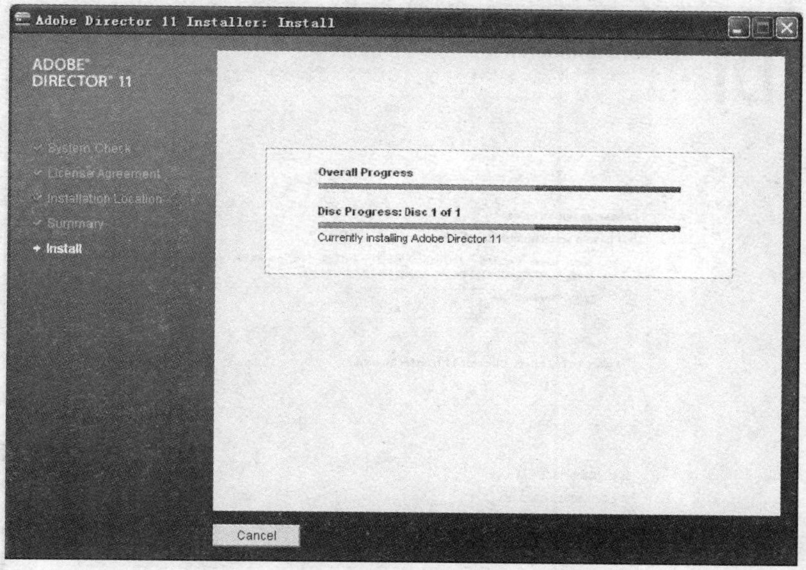

图 1—10　安装进度

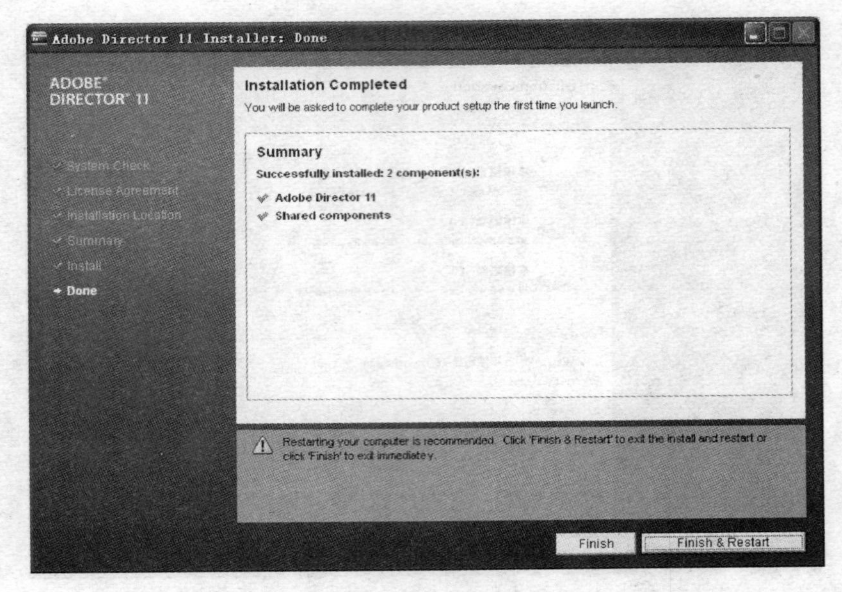

图 1—11 安装完成后，单击“Finish”或“Finish&Restart”按钮

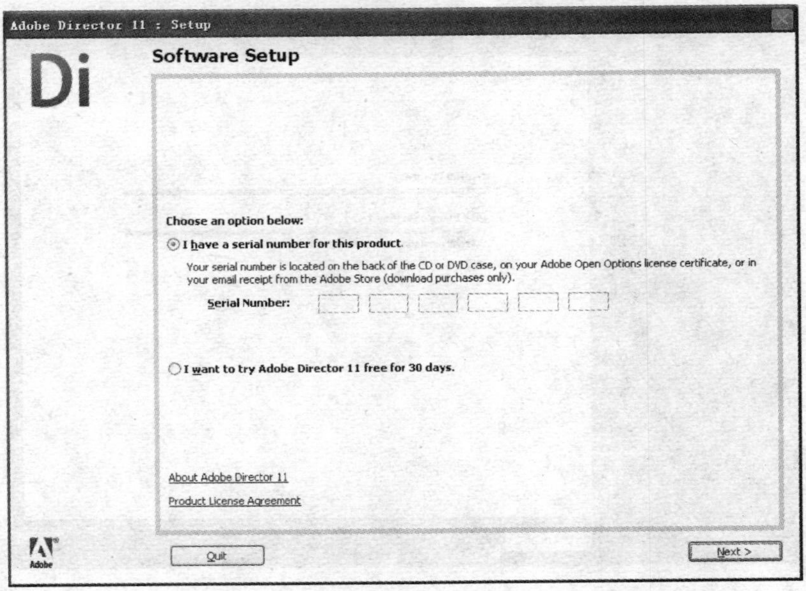

图 1—12 激活窗口

1.3　习题

1.3.1　填空题

1. 多媒体在视觉上包括文字、图形、图像、动画以及视频信号、________信号等多种媒体类型，即多种媒体的综合。

2. 与真正的多媒体相比，电视缺少的是多媒体的________功能，缺少了该功能就不是实际意义上的多媒体。

3. 在确定主题和分析完用户需求之后，就可以开始编写________了。这是组织信息的第一步，也是多媒体创作的最终依据。

4. Director 11 是________公司出品的一款________创作软件。

1.3.2　简答题

1. 列举多媒体所应用的领域。

2. 简要说明多媒体作品的创作流程。

1.3.3　操作题

1. 寻找日常生活中的多媒体来源。

2. 安装 Adobe Director 11，提前熟悉一下该软件的操作环境。

第2章 Director的台前幕后

Adobe Director 11是一款集文字、图像、动画、音频、视频及影片功能等众多媒体格式为一体的多媒体创作工具，人们形象地把在Director中创作多媒体作品的过程比作导演一场电影，而导演电影的过程少不了台前幕后的各项组织与调配。在Director的“幕后”，所有“演员”都存放在Cast（演员表）窗口中；当需要“演员”出场的时候就需要让它们从幕后来到台前——Stage（舞台）窗口；而Director中的Score（总谱）窗口可以帮助导演完成剧本的编写。

Ink墨水效果是Director为用户提供的一种非常有用的工具，如Copy，Matte，Background Transparent，Mask等墨水效果都是多媒体影片创作过程中常用的。利用这些效果可以隐藏图像矩形范围周围的白色部分、创建许多绚丽的颜色效果以及反转和改变精灵颜色等。

2.1 初识Director

2.1.1 Director的原理

Director多媒体的创作过程类似于拍摄一部影片。

Director的源文件称为Movie（影片），Windows系统里的扩展名是.dir。Adobe Director 11不仅可以通过内置的Paint窗口、Vector Shape窗口、Text窗口等制作演员、给演员化妆，还可以通过Import命令导入外部文件作为演员，这些演员诞生后就会在Cast窗口里等待用户调用。用户还可以利用Score窗口来安排演员的出场次序、方式等，显示区域最大的Stage窗口就是演员们演出的场地。

2.1.2 Director环境简介

启动Adobe Director 11后，首先出现在计算机屏幕上的是开始界面，可以单击

“Create New”下面的“Director File”选项新建一个影片文件，此时出现如图 2—1 所示的三个主要窗口：最下面是 Cast Window 演员窗口，演员窗口上方的左半部分是 Score Window 总谱窗口，而总谱窗口右面的白色区域是 Stage 舞台，这三个窗口在用户进行 Director 多媒体电影创作过程中起着非常重要的作用。除此之外，Adobe Director 11 中还有一些未打开的窗口，用户可以在 Window 需要时将其展开，这些面板的用途，将在后面的章节中逐步进行介绍。一般情况下，Adobe Director 11 的界面包括标题栏、菜单栏、工具栏、工具面板、舞台、演员表、总谱、Paint 窗口、Vector Shape 窗口、文本编辑窗口、属性检查器、库面板、控制面板等。

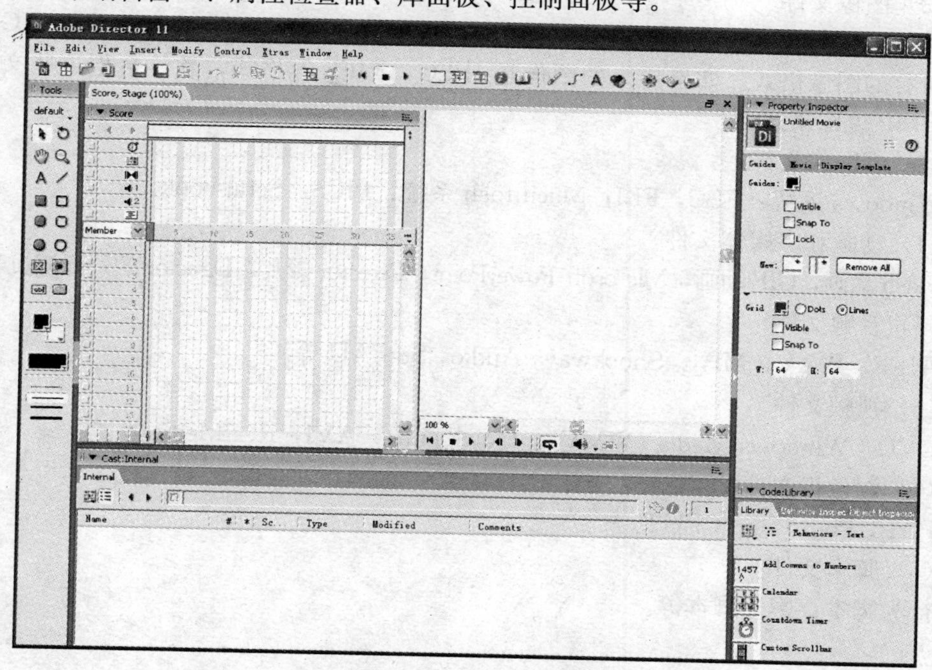

图 2—1　Adobe Director 11 的界面

2.2　幕后：Cast 演员表

2.2.1　演员的概念

演员在一场电影中的作用是显而易见的。要表现主题、把脚本具体化，没有演员是绝对不可能的。Director 中的演员统称为“Cast Member”，指一个一个的媒体素材，它是构成影片的基本演出单位。和真正的影片一样，Cast Member 也有多种类型，包括文字、图形、图像、动画、视频、音频、程序语言以及界面元素（帮助浏览多媒体作品的按钮或图标）。

2.2.2 Director支持的主要演员类型

（1）文本文件

RTF，HTML，纯文本文件，Lingo或JavaScript syntax等。

（2）图像文件

BMP，GIF，JPEG，TIFF，PSD，LRG（xRes），MacPaint，PNG，PICT，TGA等几乎所有的图像格式。如果导入的图像是JPEG，TIFF等格式，软件会把这些文件转换成BMP位图格式。

（3）多图像文件

Windows系统：FLC，FLI；Macintosh系统：PICS，Scrapbook。

（4）动画和多媒体文件

Flash动画，GIF动画，Microsoft PowerPoint，Director影片，Director的外部演员表等。

（5）音频文件

AIFF，WAV，MP3，Shockwave Audio，Sun AU等。

（6）视频文件

DVD，Windows Media（WMV），QuickTime，AVI，RealMedia等。

（7）调色板文件

PAL，Photoshop CLUT。

（8）脚本文件

行为脚本，影片脚本等。

2.2.3 Cast演员表

Cast窗口用于放置多媒体创作组件，是Director影片中使用的多媒体创作组件资源库，人们形象地称其为“演员表”。执行Window | Cast命令或组合键Ctrl＋3即可打开或隐藏Cast窗口，如图2—2所示。

以下介绍Cast窗口。

（1）标题栏

标题栏位于Cast窗口的第一行，显示当前打开的演员表名称。

（2）工具栏

工具栏位于标题栏的下方，下面分别介绍一下工具栏中各个按钮的功能。

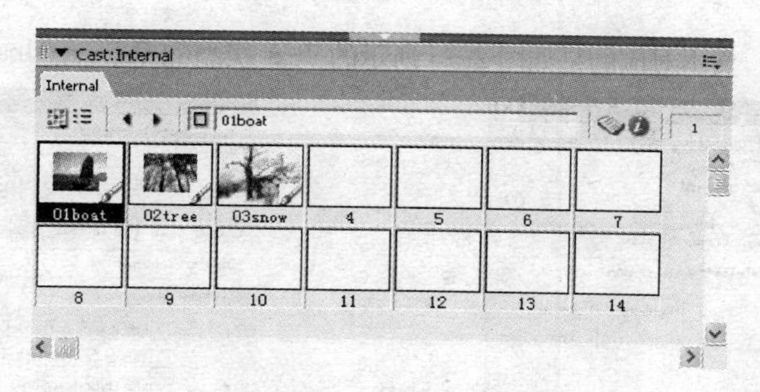

图2—2 Cast窗口

【Choose Cast】。选择或新建演员表。单击此按钮，在弹出菜单中选择New Cast创建新的演员表，或者选择其他演员表的名称打开其他演员表。

【Cast View Style】。切换显示方式。此按钮具有切换功能，单击此按钮，可以使当前演员表中的演员在列表和缩略图两种视图形式间切换。

提示：当演员处于列表状态时，它的Name（名称）、#（序号）、Scrip（脚本）、Type（类型）、Modified（修改时间）、Comments（注释）等属性都会出现在Cast窗口中，同时在Cast窗口工具栏“显示序号”文本框（右边第1个）内将出现所选演员的序号，该序号是与插入演员的次序一致的。

【Previous Cast Member /Next Cast Member】。向前/向后。单击这两个按钮，可以选择窗口内的前一个或下一个演员。当最后一个演员被选中时，单击Next Cast Member按钮，光标仍停留在这个演员处。同理，当第一个演员被选中时，单击Previous Cast Member按钮，光标的位置仍保持不变。

【Drag Cast Member】。拖拽演员。选中Cast窗口中的演员，再用鼠标按住此按钮，可将此演员拖拽到Stage窗口或Score窗口。

【Cast Member Name】。New Palette 001 命名演员。选中一个演员后，在Cast Member Name文本框内都将显示此演员的名称，并可对此名称进行修改。

【Cast Member Script】。演员脚本。在某个演员被选中的状态下，单击此按钮，就可以在弹出的窗口中对演员的脚本进行编写或修改。编写或修改了演员脚本后，再对这个演员进行一些操作时，演员脚本就开始发挥作用了。

【Cast Member Properties】。演员属性。单击此按钮，或在演员上单击鼠标右键，在弹出的菜单中选择Cast Member Properties，可以打开Property Inspector面板，这个属性面板允许用户对当前被选演员的属性如名称、尺寸等进行检查和编辑，不同类型的演员对应不同参数设置的Property Inspector面板，如位图对应的是如图2—3所示的Bitmap类型的Property Inspector 面板，文本对应的是如图 2—4 所示的 Text 类型的 Property Inspector 面板。

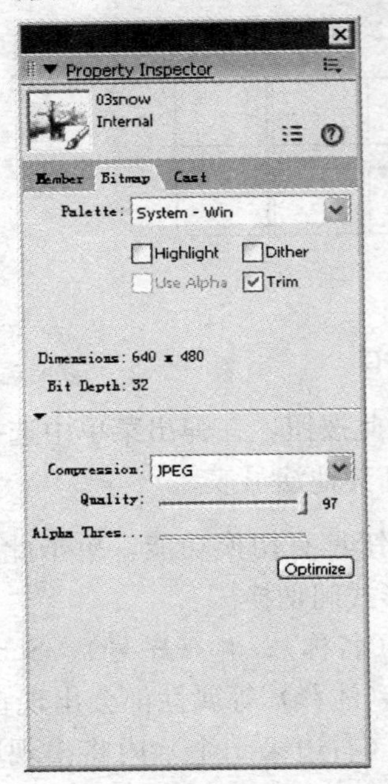

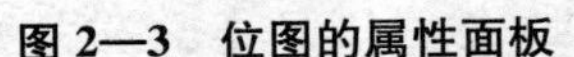

图 2—3 位图的属性面板

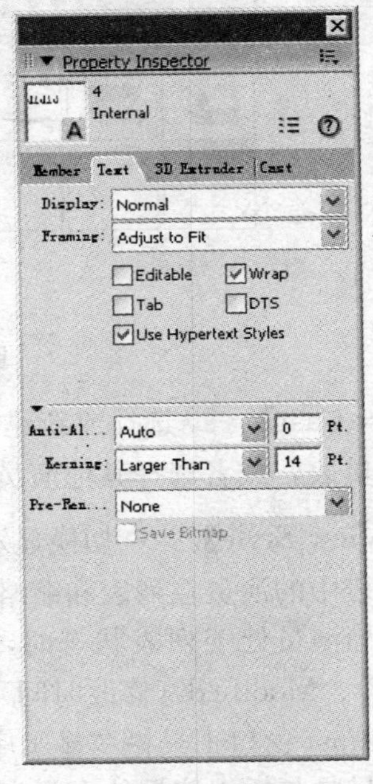

图 2—4 文本的属性面板

2. 2. 4 内部演员表和外部演员表

Cast 演员表分为两类，一种是 Internal Cast 内部演员表，另一种是 External Cast 外部演员表。内部演员表是存放在一个多媒体文件内的，不能被其他多媒体文件共享，而外部演员表是存放在多媒体文件之外的，可以被若干部多媒体文件共享。

2. 2. 5 Internal Cast 内部演员表

内部演员表只能存放在一部多媒体文件内，不能共享。在 Director 中新建一个影片文件后，就会同时自动生成一个 Internal Cast 内部演员表，如果不建立新的演员表，则演员会被默认地存放在这个内部演员表中。但如果把演员都放在一个演员表里，在影片需要特别多的演员时，调用起来就非常麻烦，这时就应该建立多个演员表，把演员分类安排在各自不同的演员表中。

(1) 新建内部演员表

Adobe Director 11 提供了几种建立内部演员表的方法：

第一种方法，执行 File｜New｜Cast 命令或组合键 Ctrl＋Alt＋N 即可打开 New Cast 对话框。在 New Cast 对话框中的 Name 后输入要创建演员表的名称，并在Storage 后选中 Internal 选项，最后单击 Creat 按钮，如图 2—5 所示。

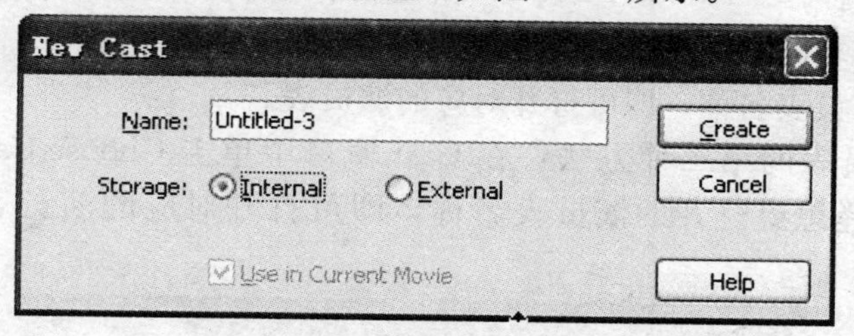

图 2—5　选中 Internal 选项

第二种方法，在 Cast 窗口中单击 Choose Cast 按钮，在弹出的下拉菜单中选择 New Cast 选项，如图 2—6 所示。这时可打开 New Cast 对话框，选项设置同上，最后单击 Creat 按钮。

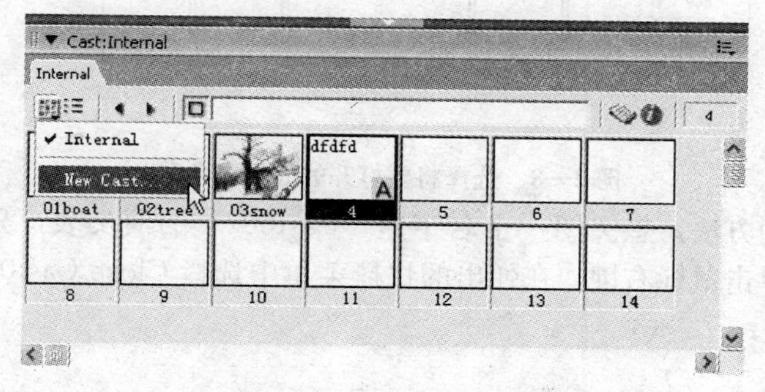

图 2—6　选择 New Cast 选项

第三种方法，在 Cast 窗口标题栏的任意位置单击鼠标右键，在弹出的如图 2—7 所示的下拉菜单中选择 New Cast 选项，即可打开 New Cast 对话框，选项设置同上，最后单击 Creat 按钮。

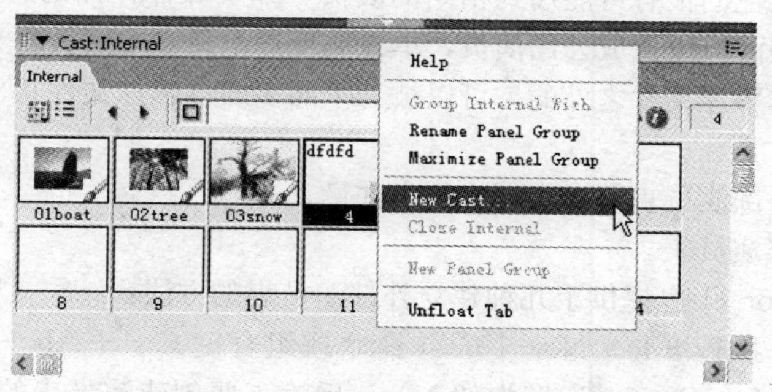

图 2—7　利用弹出菜单新建演员表

(2) 内部演员表的打开与关闭

当影片中存在若干个演员表时，暂时用不到的演员表可能就会被关闭，这就涉及演员表的打开与关闭操作。Adobe Director 11 提供了几种打开或关闭内部演员表的方法：

打开内部演员表的第一种方法：通过执行 Windows | Cast 命令，在 Cast 子菜单中选择需要打开的演员表名称，即可打开对应的演员表。

打开内部演员表的第二种方法：在 Cast 窗口中单击 Choose Cast 按钮，在弹出的下拉菜单中选择想要打开的演员表名称，即可打开对应的演员表，如图 2—8 所示。

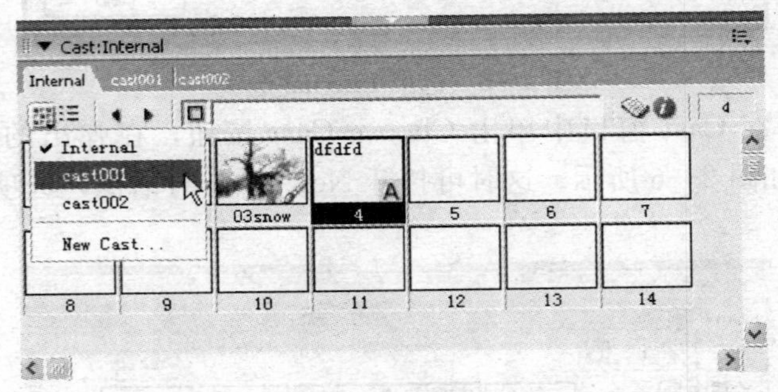

图 2—8 选择将要打开的演员表名称

关闭演员表的方法：想关闭一个名字叫"Cast001"的演员表，只需要在 Cast001 窗口的标题位置单击鼠标右键，在弹出的快捷菜单中选择 Close Cast001 选项，即可关闭演员表 Cast001。

2.2.6 External Cast 外部演员表

在创作一些相对大的多媒体作品时，往往需要进行团队合作。即每个创作者负责一个功能模块，但是他们很有可能用到相同的演员，如多媒体作品的背景、按钮等演员，这时就可以把这些演员设置成公用演员，单独放在一个独立的演员表文件中。这类演员表是存放在多媒体影片文件之外的，可以被若干部多媒体影片文件共享，这就是我们所说的外部演员表。

提示：应用外部演员表可减小影片的文件量。

(1) 新建外部演员表

Adobe Director 11 也提供了几种建立外部演员表的方法：

第一种方法：执行 File | New | Cast 命令或组合键 Ctrl+Alt+N 即可打开 New Cast 对话框。在 New Cast 对话框中的 Name 后输入要创建演员表的名称，并在 Storage 后选中 External 选项。选中 External 选项后，Use in Current Movie 复选框也可以

使用，如选中 Use in urrent Movie，就会把正在建立的外部演员表与当前影片文件链接起来，最后单击 Creat 按钮，如图 2—9 所示。

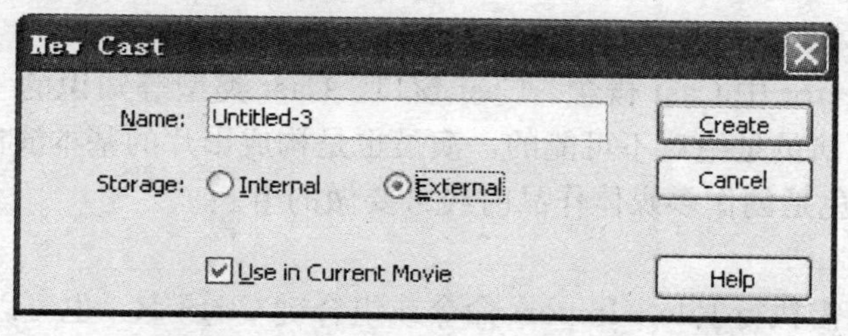

图 2—9 选中 External 选项

第二种方法：在 Cast 窗口中单击 Choose Cast 按钮，在弹出的下拉菜单中选择 New Cast 选项：即可打开 New Cast 对话框，选项设置同上，最后单击 Creat 按钮。

第三种方法：在 Cast 窗口标题栏的任意位置单击鼠标右键，在弹出的快捷菜单中选择 New Cast 选项，即可打开 New Cast 对话框，选项设置同上，最后单击 Creat 按钮。

(2) 外部演员表与影片的保存

打开或关闭外部演员表与前文中介绍的打开或关闭内部演员表的方法一致，此处不再赘述。导入外部演员表的方法请参考后文中的“导入演员”一节。以下介绍如何对独立于影片文件的外部演员表进行保存（内部演员表是存放在多媒体文件内的，不需要单独保存)。

如果只想保存演员表本身，只需要执行 File | Save 命令或单击工具栏上的 Save 按钮，此时会弹出 Save Cast 对话框，在保存类型后显示的是 Director Cast 类型，说明这样仅保存外部角色表而不保存影片文件。

如果既要保存演员表本身，又要保存影片文件，需要执行 File | Save All 命令或单击工具栏上的 Save All 按钮，弹出 Save Cast 对话框，保存类型后显示的是 Director Cast 类型；保存之后，又弹出 Save Movie 对话框，保存类型后显示的是 Director Movie类型，这样就保存了整个影片文件。

(3) 外部演员表的导入

要导入演员表，需执行 File | Import 命令或组合键 Ctrl+R，或者在 Cast 窗口选中的演员上单击鼠标右键，在弹出的快捷菜单中选择 Import 选项。这时会弹出 Import Files into 对话框，选择需要导入的演员表即可。关于 Import Files into 对话框按钮和值的含义，下面还要具体讲解。

2.2.7 如何导入演员

以上是对 Director 中 Cast 概念、Cast 窗口、Cast 类型等知识的一个简要介绍，但要拍摄影片，没有演员是绝对不可能的，演员也是构成影片的基本演出单位，因此，向 Director 中导入角色是创作多媒体作品时经常要做的事。

(1) 导入演员

要导入演员，需执行 File | Import 命令或组合键 Ctrl+R，也可以在 Cast 窗口中的空白演员上单击鼠标右键，在弹出的快捷菜单中选择 Import 选项，还可以单击工具栏上的 Import 按钮。这时会弹出如图 2—10 所示的 Import Files into 对话框，选择需要导入的演员即可（一次可导入多个演员）。

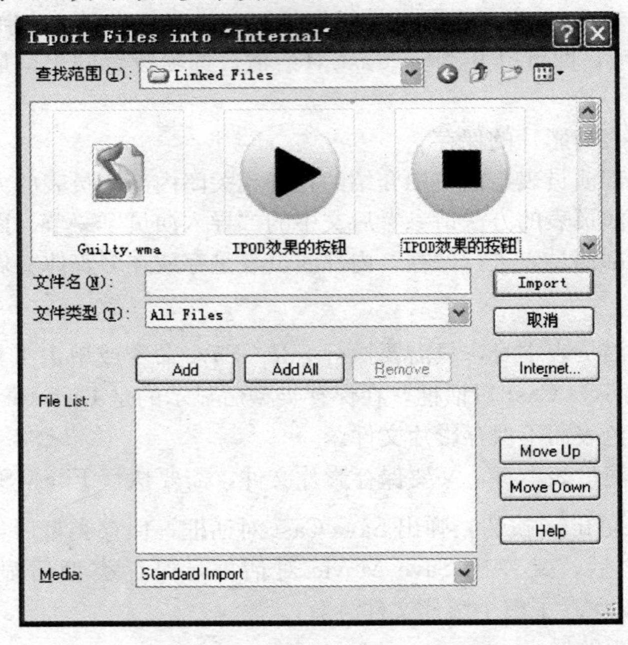

图 2—10 Import Files into 对话框

以下对 Import Files into 对话框的一些按钮和值的含义进行介绍：

【Add】。单击此按钮，将导入被选中的一个或多个文件。

提示：直接双击文件可以将该文件加入文件列表，使用文件列表可以同时导入多个文件。

【Add All】。单击此按钮，可以导入当前文件夹中所有符合条件的文件。

【Remove】。单击此按钮，可以删除选定的一个或多个文件。

【Internet】。可以从互联网上获取文件。单击此按钮，可打开Open URL对话框，只需在File URL后面输入文件的URL路径即可，注意，完整的网页地址一定要包含“http：//”。

提示：URL是英文Uniform Resource Locator的缩写，又叫统一资源定位符，也被称为网页地址，是互联网上标准的资源地址。获取URL路径的方法很简单，例如要获取网上某张图片的地址，用户可以用鼠标右键在图片上单击并选择“属性”，在弹出的属性窗口中复制“地址：(URL)”后面的URL路径即可。如输入如图2—11所示的http：//www. baidu. com/img/baidu _ logo. gif网址。

图2—11 在Open URL对话框中输入网址

【Remove】。单击此按钮，可以从文件列表中删除选定的一个或多个文件。在文件列表中双击文件也可以从文件列表中移除该文件。

【Move Up/ Move Down】。上移、下移按钮。可将文件列表中选中的文件上移或下移一个位置。

【Help】。单击此按钮，可以打开Director Help窗口，以获取帮助。

【Import】。设置好所有选项，单击此按钮，可以把添加到文件列表中的文件导入Cast窗口。

在Import Files into对话框的最下方，还有一个Media选项，右侧的下拉列表提供了如图2—12所示的四种导入文件的方式，下面分别进行介绍：

【Standard Import】。这种导入方式将当前文件的所有信息完全嵌入到影片文件中，最后发布作品时无须再链接该媒体文件。这是一种标准导入方式，即使对原始文件进行修改也不会影响影片文件中的演员。但是使用Standard Import方式导入外部文件将会增大影片文件的文件量。

【Link to External File】。这种方式将创建一个到外部文件的链接，只记下这个外部文件的文件名和位置，每次播放影片时，会从指定的位置重新载入这个外部文件。利用这种链接的导入方式，在修改这个文件后，影片中的演员会自动更新。

提示：视频文件包括DVD、Windows Media、QuickTime、RealMedia、AVI文件等，这些文件会自动选择Link to External File方式导入，即使是选择Standard Import方式也不会嵌入到播放器中，因此最后发布多媒体作品时，必须提供这些外部视频文件。而对于文本文件和RTF文件，即使是选择了Link to External File方式，通常也会以Standard Import方式自动存储在影片文件中。

图 2—12 四种导入文件的方式

【Include Original Data for Editing】。这种导入方式能在影片文件中保存原始文件的数据，以便于利用外部编辑器进行编辑（双击以此方式导入的演员就可以启动外部编辑器）。

提示：在这种保存原始文件数据的方式下，Director 将拷贝影片文件中的原始数据，当用户编辑该演员时，向外部编辑器发送原始数据。如要设置 Photoshop 为 PSD 文件的编辑器，Director 将会保留所有的 Photoshop 的对象数据，包括所有的层信息。

【Import PICT File as PICT】。以 PICT 格式导入外部 PICT 文件，用于防止将矢量 PICT 文件转换成位图文件，此导入方式可保留矢量特性。PICT 格式作为在应用程序之间传递图像的中间文件格式，广泛用于 Mac OS 图形和页面排版应用程序中。

（2）如何选择演员的导入方式

虽然前文中介绍了导入演员的几种方式，但对于在什么时候采用哪种导入方式未免有点模糊。下面以 Standard Import 和 Link to External File 两种比较常用的导入方式为例，比较一下它们各自的特点和适用情况。

Standard Import 导入方式：首先，此导入方式适用于导入小文件的情况。一般情况下，使用 Standard Import 方式导入外部文件将会增大影片文件量，这一点文中曾提到过，此方式特别适用于导入文件量不大的小文件。

其次，此导入方式方便影片的发布。使用 Standard Import 导入方式会使所有的演员都嵌入影片文件，无须提供所有的外部演员，对用户最后的影片发布来说是十分方便的。但是这将会增大影片的文件量。

Link to External File 导入方式：首先，此导入方式可以控制影片的文件量。使用 Link to External File 可以只记下这个外部文件的文件名和位置（该文件的路径可以在图 2—13 所示的 Property Inspector 面板的 Member 标签中查看），并没有将当前文件的所有信息嵌入到影片文件中，从而控制了影片的文件量，但最后发布影片时必须提供所有用到的外部演员。

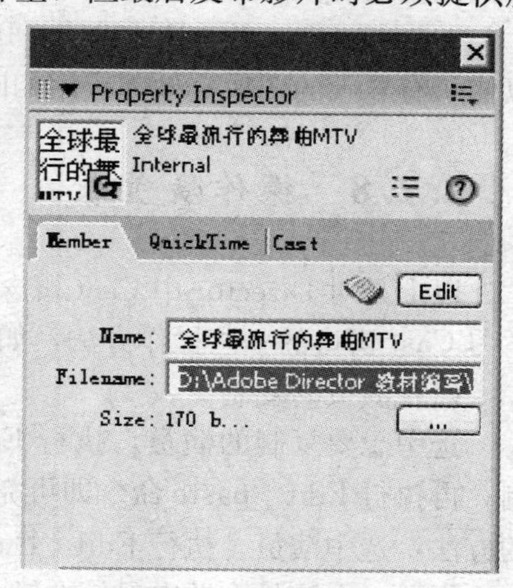

图 2—13 查看文件的路径

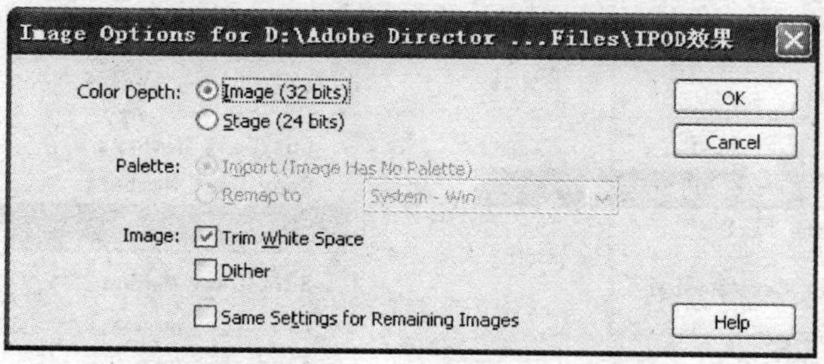

其次，使用 Link to External File 导入方式在播放影片时可能会有一定时间的延迟，因为这种导入方式需要一段时间载入到内存，甚至有时会出现找不到外部演员的情况。

（3）导入图像演员的选项设置

当导入的演员是图像文件时，在设置好 Import Files into 对话框的选项值并单击Import按钮后，会弹出一个如图 2—14 所示的 Image Options for 图像选项对话框，用于设置导入的图像文件的属性。下面分别介绍这些属性设置：

图 2—14 Image Options for 图像选项对话框

【Color Depth】。色彩深度，此选项用来设置图像颜色深度。选中 Image 单选按钮，用于使用原来图片的色彩深度；选中 Stage 单选按钮，则使用当前舞台的色彩深度。

【Palette】。调色板，此选项用来设置图像的调色板。如果影片使用 8 位的色彩深度，则需要设置调色板属性。如果导入的是一幅 8 位色深的图像，且图像自身带有调色板，可以选择 Import 选项，这时图像的调色板也一起导入；如果要为导入的 8 位色深的图像重新选择调色板，可以选择 Remap to 选项，并将图像映射到指定的调色板。调色板、位深等概念将在后面的章节中进行系统的学习。

【Image】。图像，设置图像的三个选项分别是：

Trim White Space，选中此选项可以自动剪裁掉图像四周无用的白色部分，即以图像中的主体图形最外边缘作为图像边缘。

Dither，直译为“抖动”，此选项一般在导入索引颜色模式的图像时使用，如果图像中的某一种颜色在当前调色板中找不到匹配的颜色，选中 Dither 选项则会以抖动的方式混合出近似的颜色。

Same Settings for Remaining Images，当一次导入多个图像文件时，选中此选项可以使所有导入的图像文件都应用相同的调色板。

2.2.8 操作演员表

以上是对 Director 中 Cast 概念、Cast 窗口、Cast 类型的一个简要介绍，接下来将学习 Cast 窗口的一些操作方法，如复制演员、移动演员、删除演员等。

(1) 演员的复制

选中想要复制的演员，执行 Edit | Copy Cast Members 命令，即可完成演员的复制；再执行 Edit | paste 命令即可完成演员的粘贴。还有一种快速执行演员复制与粘贴的方法：选中演员，执行 Edit | Duplicate 命令，即可得到演员的一个副本。

提示：在演员上单击鼠标右键，在弹出的快捷菜单中选择 Copy Cast Members，再次在演员上单击鼠标右键，选择 Paste，也可完成演员的复制与粘贴，如图 2—15、图 2—16 所示。

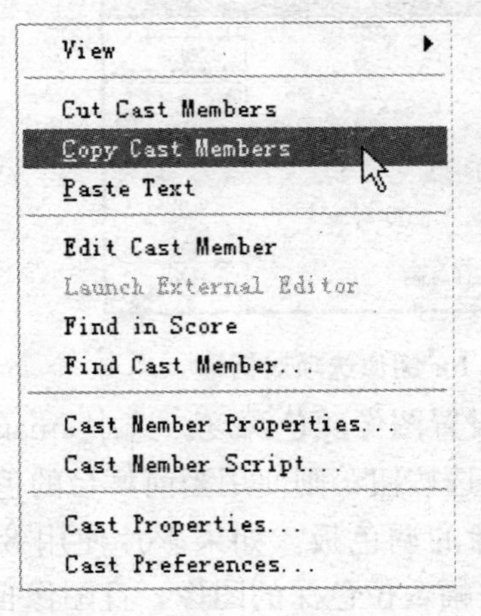

图 2—15 复制演员

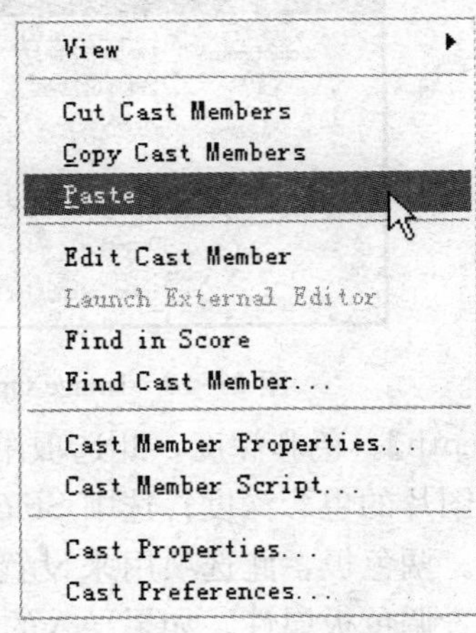

图 2—16 粘贴演员

（2）演员的移动

要移动 Cast 窗口中的演员，首先单击 Cast View Style 按钮 切换到缩略图，然后把光标停放在将要移动的演员上，当光标变为“手形”后，按住鼠标左键，将角色拖到目标位置后释放鼠标即可。

提示：在上面的操作中，如果在按下 Alt 键的同时，将演员拖动到一个新位置，即可以创建该演员的一个副本。

（3）演员的删除

演员的删除操作非常简单，只需选中演员，执行 Edit | Clear Cast Members 命令或直接按下键盘上的 Delete 键即可删除该演员。

2.2.9　关于演员表的其他操作

（1）为演员排序

当 Cast 窗口中的演员数量很多时，经过一段时间的操作后，窗口中的演员有可能会变得很杂乱，这就需要将演员进行整理，即对演员进行排序操作。

选中要排序的演员，执行 Modify | Sort 命令，弹出如图 2—17 所示的 Sort 对话框，在 Order by 后有以下选项：

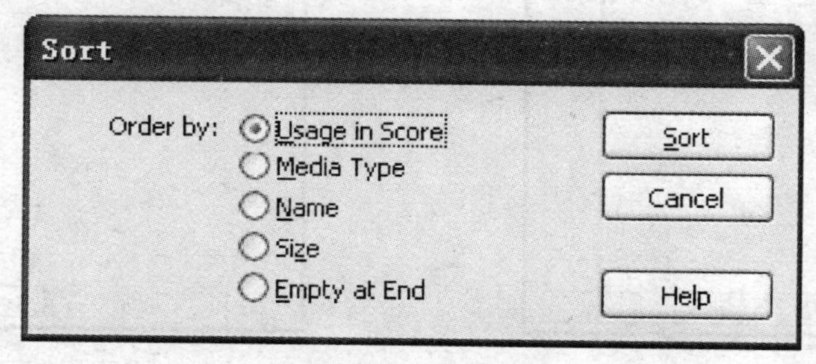

图 2—17　Sort 对话框

【Usage in Score】。按照演员在总谱中出现的顺序对演员排序，总谱的概念在后面的章节中有单独介绍。

【Media Type】。同一媒体类型的演员放在一起，即按媒体类型排序。

【Size】。按演员的名称排序，这种排序方法是按演员姓氏拼音的字母顺序进行排序的，以阿拉伯数字命名的演员会排在以中文命名的演员之前。

【Name】。按演员的文件量由大到小排序。

【Empty at End】。此选项可将用户选中的空白演员排列在非空白演员之后，且保持非空白演员原来的顺序不变。

提示：用鼠标单击第一个演员，按住 Shift 键的同时单击最后一个演员，即可选择这两个演员之间的所有演员；用鼠标单击第一个演员，按住 Ctrl 键的同时单击其他不相邻的演员，即可选择多个不相邻的演员；按 Ctrl＋A 组合键即可选中当前演员表中所有的非空白演员。

（2）查找演员

Director 提供了查找演员的功能，执行 Edit｜ Find｜ Cast Member 命令，即可打开如图 2—18 所示的 Find Cast Member 对话框，下面对 Find Cast Member 对话框的一些选项作一简单介绍：

【Cast】。选择一个演员表，确定查找范围。

【Name】。在后面输入要查找演员的完整名称或关键字，这时符合条件的所有演员将会出现在下面的列表中。例如，在如图 2—19 所示的对话框中仅输入一个字母“i”，就在下面的列表中出现两个名字中含有字母“i”的演员。

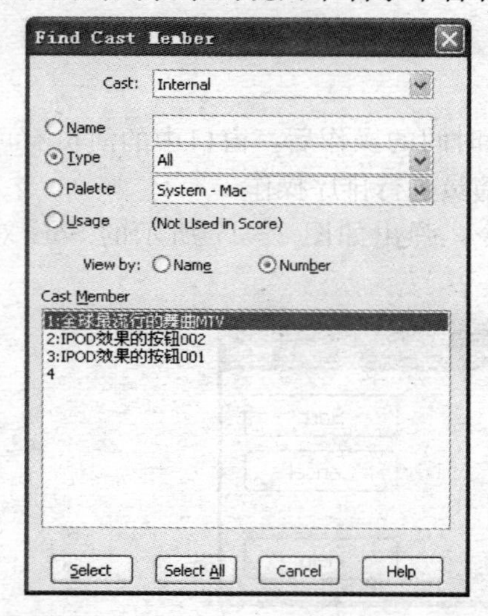

图 2—18　Find Cast Member 对话框

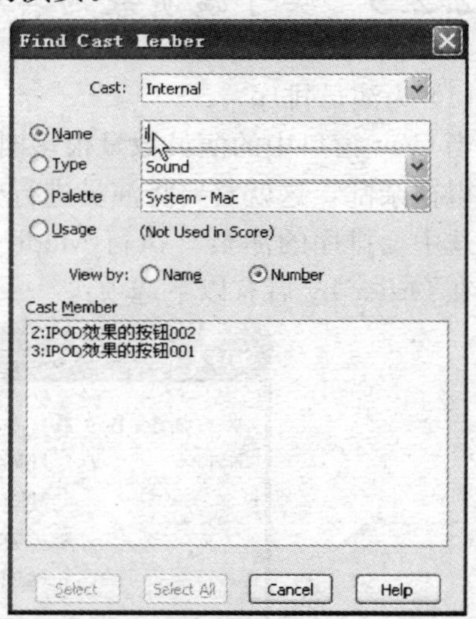

图 2—19　输入演员名称的关键字

【Type】。可以在后面的下拉列表中选择一种媒体类型，如选择 Sound，所有符合条件的音频文件将会出现在下面的列表中，默认选项是 All。

【Palette】。可以在后面的下拉列表中选择一种调色板类型。

【Usage】。选中此选项，所有未使用的演员将会出现在下面的列表中。

【Select】。先选择列表中的一个演员，再单击此按钮，关闭 Find Cast Member 对话框，之前所选择的演员就会在 Cast 窗口中被选中。

【Select All】。选择此选项，关闭 Find Cast Member 对话框，Cast 窗口中所有符合条件的演员将被选中。

（3）删除未被使用的演员

在创作多媒体作品的过程中，可能不会用到 Cast 窗口中的所有演员。所以，在最终发布多媒体作品之前，为了减小其文件量，有必要删除那些已导入到演员表但又没有被使用的演员，以减小多媒体文件的文件量，使影片的播放更加流畅。

在设置 Find Cast Member 对话框中的选项时，选中【Usage】前面的单选按钮，在列表中就会显示未被使用的演员文件，单击【Select All】按钮，关闭 Find Cast Member 对话框，这时 Cast 窗口中所有未被使用的演员将被选中，执行 Edit | Clear Cast Members 命令或直接按下键盘上的 Delete 键即可删除这些演员。删除这些未被使用的演员后，执行 File | Save and Compact 命令，重新安排演员表，使影片的结构更紧凑。

2.3 台前：Stage 舞台

2.3.1 认识舞台

舞台是演员表演的地方。和真实的舞台相比，Director 中的 Stage 舞台基本是以一个二维空间的平面来承载演员演出的。作为一个可视化窗口，如果可以把 Director 多媒体作品看作一本书，那么 Stage 舞台就是书的版面，它能让观众看到书中的精彩内容。这个版面需要多媒体创作者来设计，把各种各样的演员（如文字、图像、动画、视频等）安排到这个版面上，如图 2—20 所示就是 Director 中的 Stage 窗口。

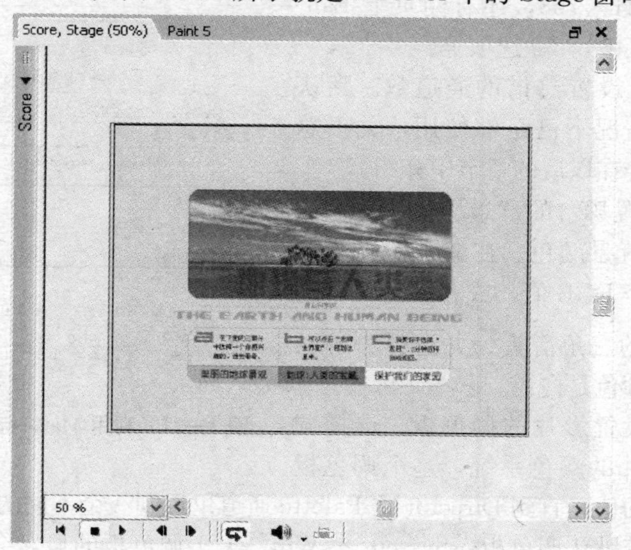

图 2—20 Stage 窗口

2.3.2 舞台的设置与Movie标签

在Director中，用户可根据自己的需要设置舞台的尺寸、位置和背景颜色等。

执行File | New | Movie命令，新建一个Director影片文件。设置舞台属性前，需先激活舞台窗口，执行Modify | Movie | Properties命令，打开Property Inspector对话框，软件默认已经切换到Movie标签，在Movie标签中，用户能控制影片舞台的颜色、舞台的大小和位置等，如图2—21所示。

提示：(1) 当有演员被选择时，用户不能访问到这个Movie标签。(2) 如果舞台不小心被关闭了，可以通过执行Windows | Stage命令或按Ctrl+1组合键，打开Stage窗口。

为了设置舞台属性，下面介绍Property Inspector对话框中Movie标签的具体设置：

【Stage Size】。设置舞台的尺寸，Director 11中的舞台默认尺寸是640像素×480像素。在Stage Size行右边的Width和Height文本框里输入数值，或单击最右侧的图标并在下拉列表中选择一个系统默认的常用方案，如800×600、1024×768，还有网页上Banner条的标准大小468×60选项等。

【Channels】。设置总谱的通道数。默认值是150，一般情况下已足够使用，关于总谱、通道等概念会在以后的章节中介绍。

【Color】。设置舞台的背景颜色。舞台的颜色，即影片的背景颜色。在文本框里为舞台的颜色输入一个RGB值，或者单击文本框右侧颜色图标上的三角箭头并选择一种颜色。舞台的默认颜色是白色。

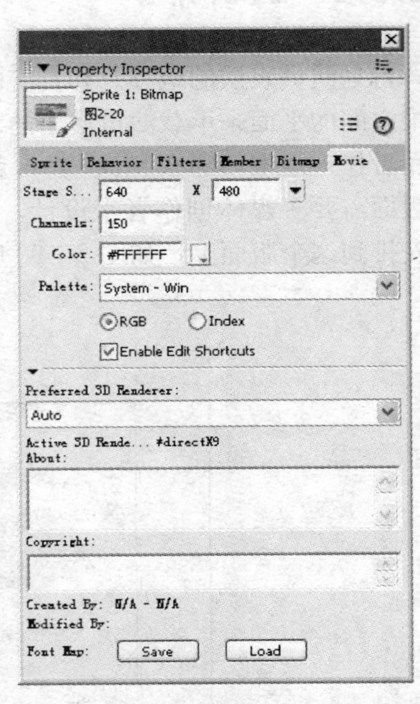

图2—21 利用Movie标签设置舞台属性

【Palette】。设置影片的调色板。选择调色板就是选择影片的颜色系统，这个调色板一直保留被选择的值，直到Director在Palette通道里遇到一个不同的调色板设置为止，一般采用当前系统默认调色板：System - Win。关于调色板的概念会在以后的章节中介绍。

【RGB/Index】。设置影片中颜色的表示方法。选择 RGB，影片将指派所有的颜色值为绝对的 RGB 颜色值，例如，想把舞台的背景颜色设置成绿色时，需要用“#00FF000”表示；选择 Index，将把影片中的颜色用当前调色板中的索引值来表示，这时绿色的索引值即为“5”。

【Enable Edit Shortcuts】。选中该选项，允许多媒体作品在播放的过程中，在文本框中实行复制、剪切和粘贴等操作。

【Preferred 3D Renderer】。推荐三维物体的渲染器。选择一个被用来绘制在影片里的 3D 精灵的默认渲染器，但要保证那个渲染器在用户自己的计算机上是可用的。Preferred 3D Renderer 下拉列表的常用选项如下：

OpenGL：指定适合于硬件加速的 OpenGL 驱动程序，对 Macintosh 和 Windows 平台都有影响。

DirectX 9：指定适合于硬件加速的 DirectX 9 驱动程序，仅对 Windows 平台有影响。

DirectX 7.0：指定适合于硬件加速的 DirectX 7 驱动程序，仅对 Windows 平台有影响。

DirectX 5.2：指定适合于硬件加速的 DirectX 5.2 驱动程序，仅对 Windows 平台有影响。

Auto：这个选项是这个属性的默认值，指定大多数情况下都适于使用的渲染器为被选定渲染器。

Software：指定 Director 内置的软件渲染器，对 Macintosh 和 Windows 平台都有影响。

提示：如果用户所选择的 Preferred 渲染器在用户的计算机上无法使用，影片将选择 Auto，即大多数情况下都能适应的渲染器。

【About】。可以在这个文本框中输入关于当前影片的作品信息。

【Copyright】。可以在这个文本框中输入当前影片的版权信息。如果想把创作的多媒体作品发布到 Internet 上，并被下载保存在用户的系统中，那么 About 和 Copyright 项中的信息是非常重要的。

【Save】。单击此按钮，弹出 Save Font mapping File 对话框，在文件名后输入“Fontmap.txt”后单击保存，即可在这个名叫 Fontmap.txt 的文本文件里保存当前的字体映射设置。

【Load】。单击此按钮，可下载在所选择的字体映射文件里的字体映射分配指定。

提示：如果不喜欢 Movie 标签这种图解视图方式，用户还可以单击 Property Inspector 对话框右上方的 List View Mode 按钮 ☷，从图解视图切换到列表视图。如要控制用户屏幕上的多媒体作品的显示位置等，可以切换到 Display Template 标签，这里有更多有用的高级影片属性。

2.3.3 有关舞台的操作

(1) Sprite 的概念

Sprite 又叫精灵，是指出现在舞台上的演员。

(2) 向舞台添加精灵

前文中已经介绍如何在 Cast 窗口中导入演员，现在则要把 Cast 窗口中的演员添加到 Stage 窗口中，即向舞台添加精灵。下面介绍一些向舞台添加精灵的方法：

第一种方法，直接拖拽演员到舞台。选中 Cast 窗口中的一个或多个演员，按住鼠标左键不放，将演员拖拽到 Stage 窗口中，如图 2—22 所示，释放鼠标后即可完成精灵的添加。

第二种方法，利用 Drag Cast Member 按钮添加精灵。选中 Cast 窗口中的一个演员（此方法只允许选中一个演员），再用鼠标左键按住此按钮，可将演员拖拽到 Stage 窗口，释放鼠标后即可完成精灵的添加。

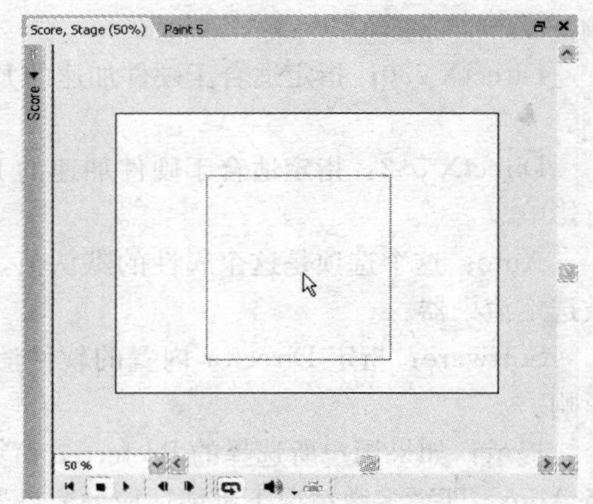

图 2—22 直接拖拽演员到舞台

提示：演员直接被拖到舞台中，成为精灵。同一个演员通过多次被拖拽到 Stage 窗口，可以产生多个精灵。

(3) 为精灵命名

选择舞台上的精灵，使用 Property Inspector对话框中的 Sprite 标签为精灵命名，在 Name 后的文本框中输入一个名称即可。

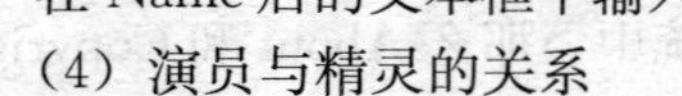

(4) 演员与精灵的关系

修改精灵的属性不会影响其他精灵，也不会影响产生此精灵的演员；但如果修改了演员，就一定会导致由它产生的所有精灵的改变。

2.3.4 有关精灵的操作

有关精灵的操作包括精灵的复制、移动、对齐、缩放与删除等。

(1) 精灵的复制

选中舞台上的精灵，然后执行 Edit | Copy Sprites 命令或按 Ctrl+C 组合键，即可

完成精灵的复制；在剧本 Score 窗口点击某通道的一帧，再执行 Edit | Paste Sprites 命令或按 Ctrl+C 组合键，即可完成精灵的粘贴。

提示：在精灵上单击鼠标右键，分别选择 Copy Sprites 和 Paste Sprites 也可完成精灵的复制与粘贴。

（2）精灵的移动

移动精灵的操作非常简单，选取舞台上的精灵，精灵的四周出现 8 个黑色句柄，用鼠标左键按住要移动的精灵不放，将精灵拖到目标位置后释放鼠标即可。

（3）精灵的对齐

在对舞台进行版面布局时，经常涉及精灵对齐的操作，比如一组导航由多个按钮精灵组成，用户很难逐个地去安排每个按钮精灵的位置，这时就需要应用精灵的对齐操作。实现精灵的对齐操作有两种方法：

第一种方法，利用网格线对齐精灵。执行 View | Guides and Grid | Show Grid 命令，即可显示网格线，再执行 View | Guides and Grid | Snap To Grid 命令，如图2—23 所示，即可激活贴齐网格线功能。这时需要逐一移动精灵才可使其与网格对齐，如图 2—24 所示。

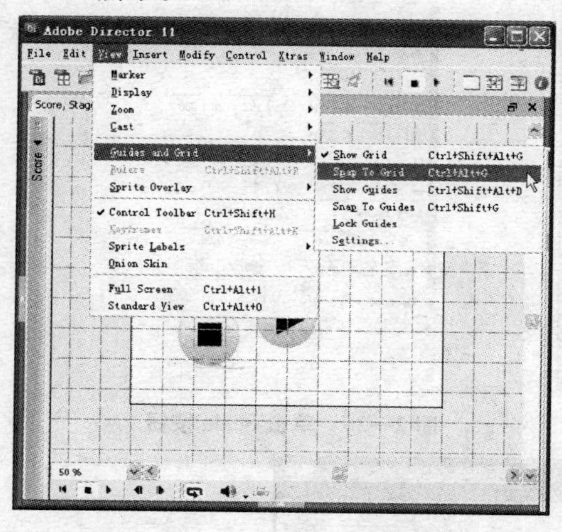

图 2—23　激活贴齐网格线功能

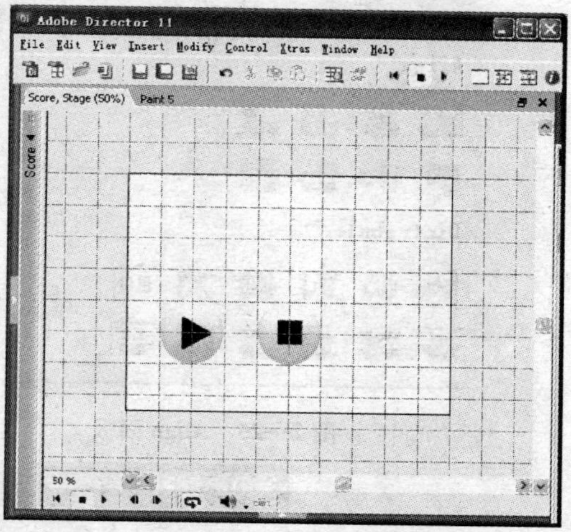

图 2—24　将精灵与网格对齐

第二种方法，利用 Align 面板对齐。执行 Window | Align 命令或按 Ctrl+K 组合键即可打开如图 2—25 所示的 Align 面板，里面包括左对齐、右对齐、垂直居中对齐、水平居中对齐等功能，在同时选中多个精灵后，单击 Align 面板中对应的功能按钮即可，此面板具体的操作与 Adobe 其他软件的 Align 功能相似，这里不再赘述。

（4）精灵的缩放

在布局精灵时，经常要对精灵的尺寸进行缩放，以符合舞台的布局需要。下面两种方法可以实现精灵的尺寸调整：

第一种方法，拖拽精灵的控制柄。在舞台上选择该精灵，精灵的四周出现 8 个黑色句柄，拖拽任何一个句柄都可以实现相应方向上的尺寸调整。在拖拽四个角上控制句柄时按下 Shift 键，将保持精灵的长宽比例不变。

第二种方法，使用 Property Inspector 对话框中的 Sprite 标签（要将一个精灵缩放到某个像素值或者一个精确的百分比，建议使用 Property Inspector 对话框中的 Sprite 标签设置）。选择需要缩放的精灵，切换到 Property Inspector 对话框中的 Sprite 标签，如图 2—26 所示，单击 Scale 按钮弹出如图 2—27 所示的 Scale Sprite 对话框。设置 Scale Sprite 对话框：在 Width 或 Height 文本框中指定像素值，如果选中 Maintain Proportions，可保持精灵原来的比例；如果没选中 Maintain roportions，就不可保持精灵原来的比例。另外还可以直接在 Scale 文本框中输入一个百分比数值，实现精灵的缩放，设置完成后单击 OK 按钮即可。

图 2—25 Align 面板

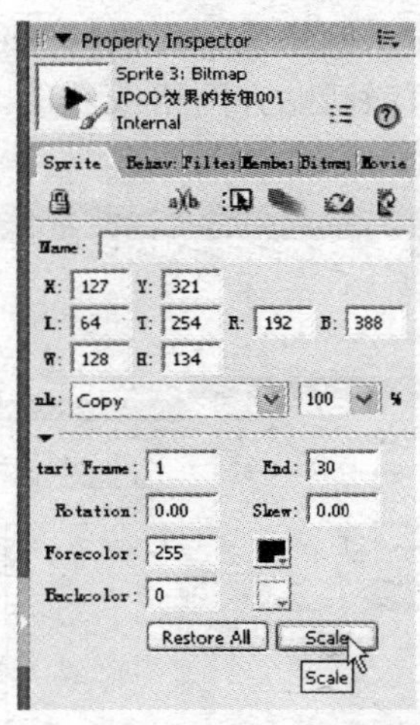

图 2—26 单击 Scale 按钮

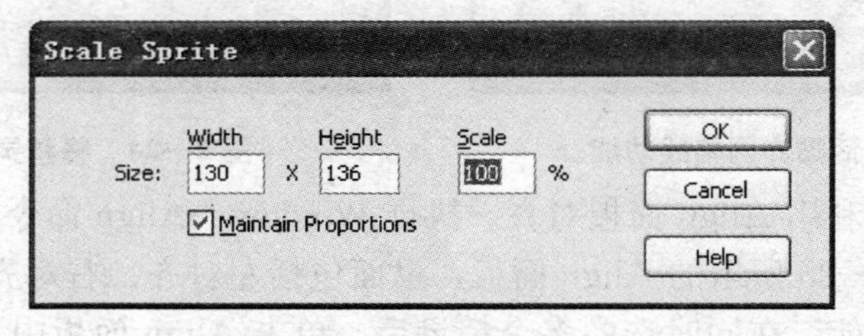

图 2—27 Scale Sprite 对话框

提示：以上精灵的缩放值是相对精灵当前大小而言的，而不是相对产生它的演员的大小。

（5）精灵的删除

删除精灵的操作也非常简单，只需选中要删除的精灵，执行 Edit | Clear Sprites 命令或直接按下键盘上的 Delete 键即可删除该精灵。还有一种方法就是删除精灵所对应的演员，这样的删除操作既可以删除演员又可以删除演员所对应的精灵，是一种彻底的删除操作。

2.3.5　替换演员

在创作 Director 电影的过程中，经常会使用一些制作周期较长的演员，但有时影片的整体制作时间有限，不允许先等待制作演员再制作影片。这时往往需要使演员与影片同时进行制作，即先用其他演员临时代替还未制作好的演员进行表演，最后再把这个临时演员替换成影片所需的演员。

现在，假如利用名字叫 A 的临时演员（其所对应的精灵也叫做 A）创作了一段 Director电影，即可执行替换演员操作。

首先选择总谱或舞台中的精灵 A，再在 Cast 窗口里选择制作好的正式演员，最后执行 Edit | Exchange Cast Members 命令，如图 2—28 所示。此时，舞台上的精灵 A 就被替换成制作好的正式演员。

2.4　剧本：Score 总谱

2.4.1　认识总谱

拍摄一部影片，除了要有演员和舞台外，还需要有剧本。剧本是影片等艺术创作的文本基础，导演和演员要根据剧本进行演出。Director 中的 Score 总谱就相当于真实影片中的剧本，用户可以利用 Score 窗口来安排演员的出场次序、出场时间和方式等。

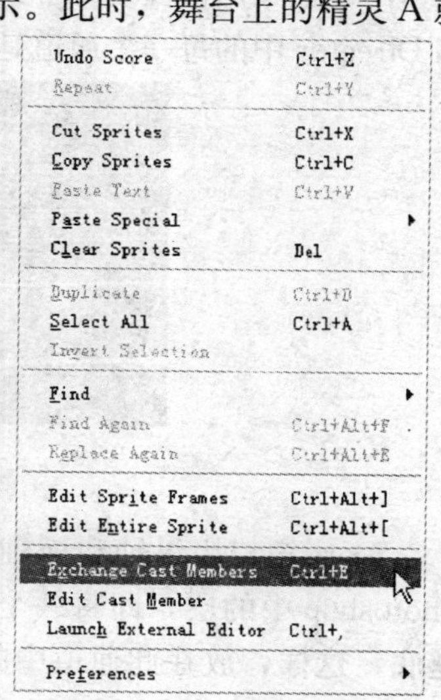

图 2—28　选择替换演员命令

2.4.2　Score 窗口

执行 Window | Score 命令或组合键 Ctrl＋4 即可打开或隐藏如图 2—29 所示的 Score 窗口。

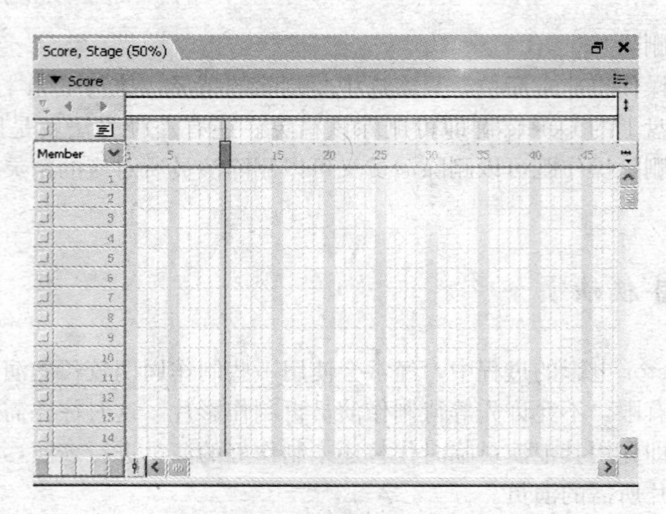

图 2—29 Score 窗口

（1）通道的概念

如图 2—30 所示是运动员用来赛跑的跑道。比赛前，每位运动员都被安排在各自的跑道中，如果用摄像机拍下这场比赛的过程，那就是一部影片。其实这里的每一条跑道和 Director 中的每一个通道是非常相似的。

图 2—30 运动员用来赛跑的跑道

Score 窗口由纵轴和横轴组成，它的纵轴部分叫通道，实际上通道类似于 Adobe Photoshop 中的层，即每一个通道就是一层。Director 中通道的标号越小，所在层数就越底，这样，放在此通道中的精灵就会被标号高的通道中的精灵所遮挡。

提示：默认情况下，标号越高，遮挡其他通道中精灵的能力越强，所以一般把背景精灵放在第 1 号通道中，比较活跃的精灵放在标号高的通道中。

（2）帧的概念

在认识帧的概念之前，先介绍一下动画形成的原理。动画实际上是由静止画面组成的，它是根据人的视觉暂留现象，利用人的错觉，使若干不同的静止图像连续出现形成动画。概括地说，动画的形成过程就是连续、快速地呈现一系列图像的过程，其中的每幅图像就是一帧（Frame）。

如图 2—31 所示，Score 窗口中的横轴部分就是由帧组成的，每一帧中包含不同的精灵，Director 会按照从左到右的顺序向前播放每一帧。播放 Director 影片的过程如下：从第一帧开始向后播放，每播一帧，就会显示此帧上所有通道上的精灵，若干帧连续、快速播放就形成了影片。

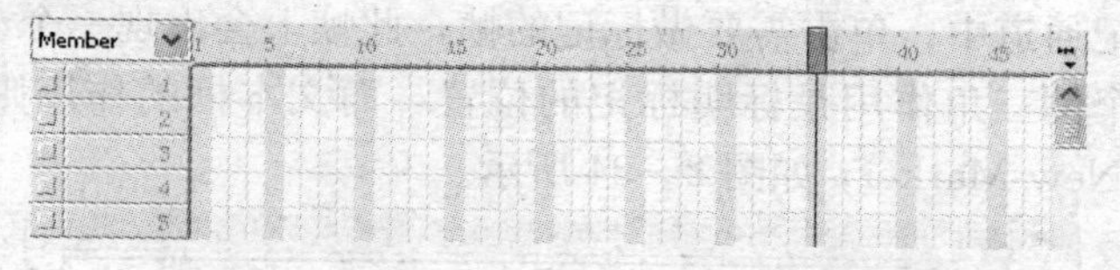

图 2—31 Score 窗口的横轴部分由帧组成

提示：Adobe Director 11 默认速率是每秒播放 30 帧，用户如想修改它的播放速率，可以通过执行 Edit | Preferences | Sprite 命令打开 Sprite Preferences 对话框进行设置，如图 2—32 所示，在 Span Duration 后输入新的数值即可。

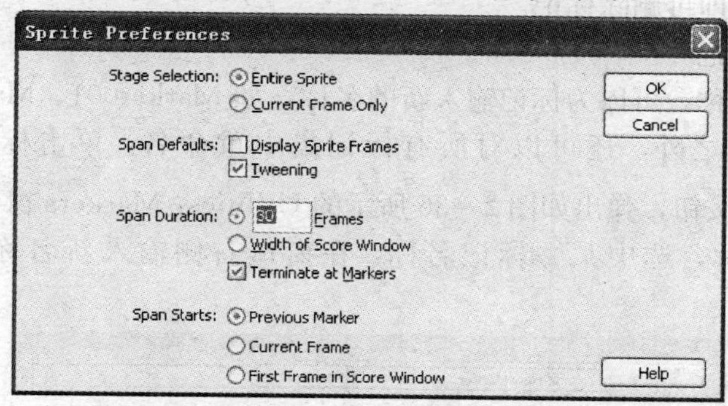

图 2—32 输入新的数值

2.4.3 Score 窗口布局

通常把 Score 窗口由上到下细分为四部分，最上面是标记通道，下面是特效通道，再下面是帧编号栏，最下面是精灵通道。以下就这四部分按由上到下的顺序逐一介绍。

2.4.4 标记通道

在多媒体作品创作的过程中会反复地与帧打交道，如反复为某一帧添加或编辑精灵、修改帧过渡效果、编辑 Lingo 语言等。在需要多次编辑同一帧时，为方便操作，通常会为这一帧添加标记。Adobe Director 11 中提供了快捷准确的表示帧的方法，那就是使用标记（Marker）。如图 2—33 所示，标记通道位于 Score 窗口的最上方。

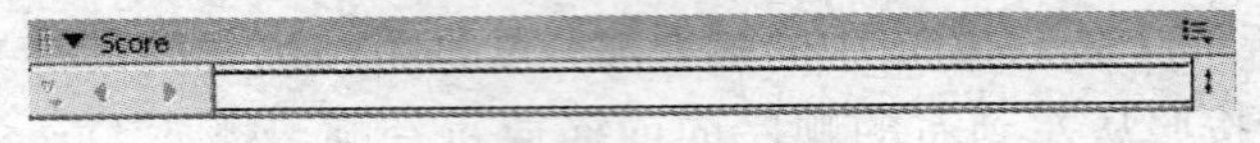

图 2—33　标记通道

（1）添加标记

在总谱的标记通道中，单击需要做标记的帧，此帧上会出现一个小的倒三角和一个小的文本框。这个倒三角作用是标明标记的位置，而文本框的作用则是标明标记的名称，默认名称是 New Marker，如图 2—34 所示。

图 2—34　添加标记

（2）删除标记

鼠标指到某一标记处就会变成“手形”，这时按住标记倒三角符号将此标记拖拽到标记通道区域外，即可删除标记。

（3）重命名标记

单击标记的名称，可以为标记输入新的名称，如 Marker001、Marker002 等，如图 2—35 所示。除此之外，还可以对所有标记集中重命名。单击标记通道最左侧的 Markers Menu 按钮，弹出如图 2—36 所示的 Utilities：Markers 窗口，窗口的左侧显示了所有标记名称，选中某一标记名称，在窗口右侧输入新名称，也可为标记重命名。

图 2—35　重命名标记

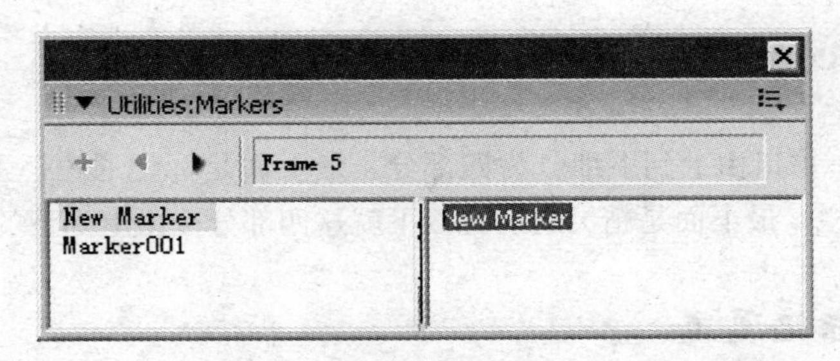

图 2—36　在右侧为标记输入新名称

提示：通过执行 Window | Markers 命令也可打开 Utilities：Markers 窗口。

（4）标记跳转

单击标记通道左侧的 Previous Marker 按钮 和 Next Marker 按钮 ，可以跳转到上一标记或下一标记处。除此之外，还可以快速跳转到某一标记，单击 Markers Menu 按钮 ，选择其弹出菜单中列出的标记名称即可。

提示：通过执行 View | Marker 命令，在其子菜单中选择对应的菜单命令，也可实现标记的跳转操作。

2.4.5 特效通道介绍

Director 不仅提供了 150 个默认的精灵通道（最多可以设置 1 000 个），而且还提供了 6 个特效通道，如图 2—37 所示。单击特效通道右侧的 Hide/Show Effects Channels 按钮 ，即可显示或隐藏特效通道，如图 2—38 所示。这 6 个特效通道由上到下分别是：速度通道、调色板通道、帧过渡通道、声音通道 1、声音通道 2 和脚本通道。关于特效通道的知识，后面有专门的章节对其进行介绍。

图 2—37　单击 Hide/Show Effects Channels 按钮

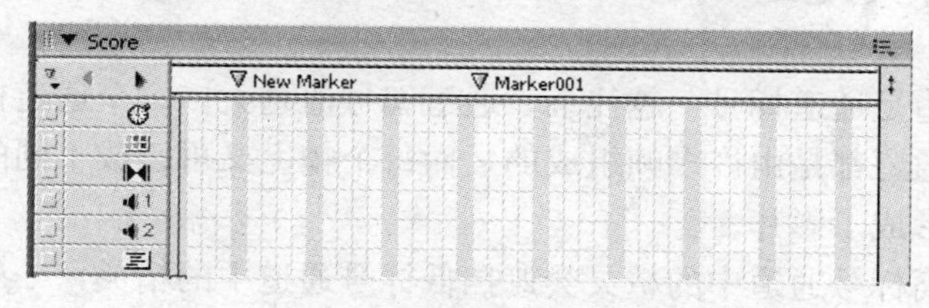

图 2—38　显示特效通道

2.4.6 帧编号栏

特效通道下面一行是帧编号栏，顾名思义，帧编号就是为每一帧编注一个号码，这里是用阿拉伯数字编号的，并且把每 5 帧分为一组，以便于创作者观察与使用，如图 2—39 所示。需要注意的是帧编号栏上有一个红色长方块，称为播放头。用鼠标拖动播放头到某一帧，该帧上的画面效果就会显示在舞台上。

图 2—39　帧编号栏

(1) Zoom Menu 按钮

在帧编号栏的右侧有一个 Zoom Menu 按钮，单击此按钮可以在弹出的下拉菜单中选择一个比例值，用来放大或缩小 Score 窗口中每一帧的显示宽度。

(2) Information Display List 弹出菜单

在帧编号栏的左侧有一个 Information Display List 弹出菜单 Member，其中有七个选项，如图 2—39 所示，它们分别是 Name、Member、Behavior、Location、Ink、Blend 和 Extended。这些选项用于选择在总谱中显示关于精灵的那些信息，如图 2—40 所示，选择 Name 时，总谱中只显示精灵的名称。

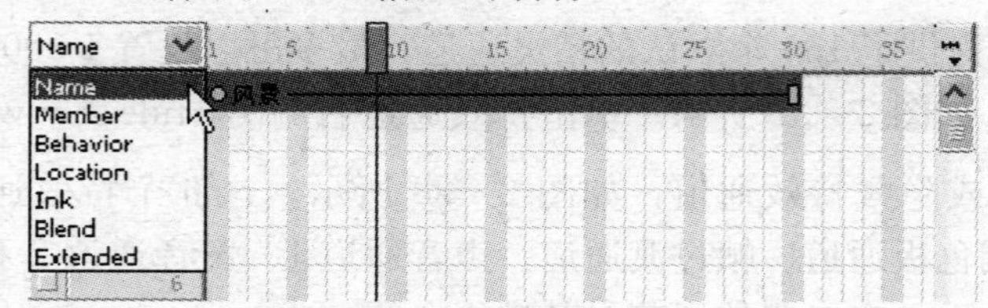

图 2—40 Information Display List 弹出菜单

提示：要在总谱中显示精灵的名称，前提是为精灵命名。

2.4.7 精灵通道

精灵通道左边是通道标号，越往下，通道编号值越大。每个通道标号都一一对应右边的通道，每个通道都是由许多帧组成的，而每个帧上又可以放不同的精灵，若干帧连续、快速播放就形成了影片。

提示：放在高标号通道中的精灵会遮挡低标号通道中的精灵，一般把背景精灵放在第 1 号通道中。默认情况下，Director 11 的精灵通道数目为 150 个。

如果用 Lingo、JavaScript 语法创作精灵，必须经常在一个特殊的通道中工作，或者管理几个不同的通道，这时为一个精灵通道命名，无疑会提高工作效率。如图 2—41 所示，准备给一个精灵通道命名，只需双击某一精灵通道的通道标号，这时在出现的文本框中为该精灵通道输入一个新名称，然后按 Enter 键即可。

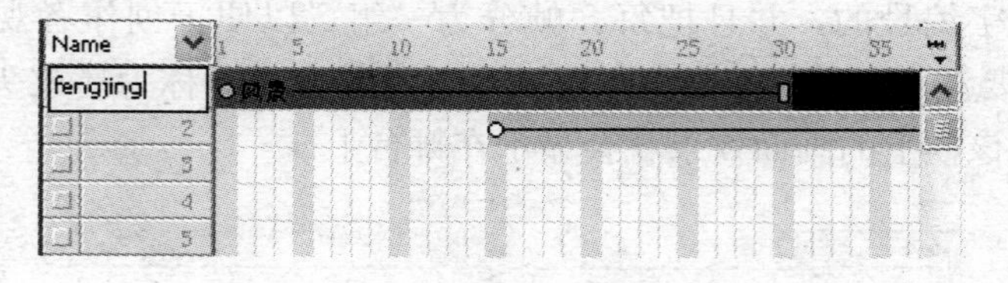

图 2—41 为精灵通道命名

2.4.8　总谱的操作

Score 总谱窗口可以安排精灵的出场次序、出场时间和方式等。以下介绍总谱是如何控制精灵属性的。

（1）添加精灵到总谱

在学习 Stage 舞台时，已经介绍过把演员直接拖拽到舞台上的添加精灵方法。而把演员拖拽到总谱的通道中，同样可以实现添加精灵的效果。

例如，把 Cast 演员表窗口中的一个演员直接拖拽到总谱窗口的第一个精灵通道的第一帧上，起始位置从第一帧开始，而 Adobe Director 11 默认演员的跨度是 30 帧。所以，默认情况下，这个精灵占了 30 帧的长度，如图 2—42 所示。

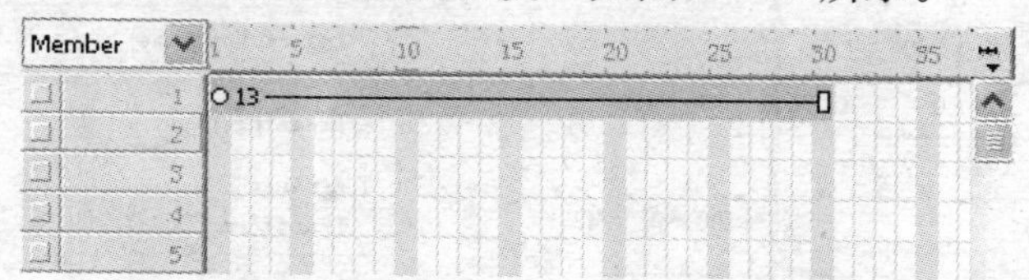

图 2—42　精灵的默认帧跨度为 30 帧

Director 可以实现一次向总谱中添加多个精灵。用鼠标单击演员表中第一个演员，按住 Shift 键的同时单击最后一个演员，即可选择这两个演员之间的所有演员，如果按住 Ctrl 键的同时单击其他不相邻的演员，即可选择多个不相邻的演员。选取多个演员后，在演员上按住鼠标左键不放，将这些演员拖拽到总谱的通道中，如图 2—43 所示，就能将每个精灵分别安排到一个独立的通道中。

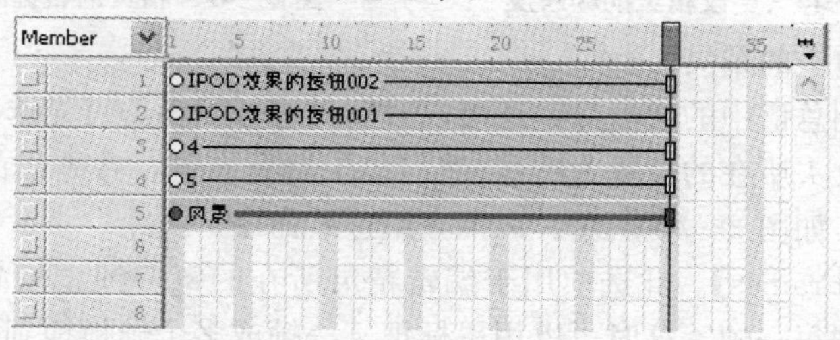

图 2—43　一次添加多个精灵

提示：拖拽演员到总谱比拖拽演员到舞台的方法更科学，一般情况下推荐前者。首先，拖拽演员到总谱后，精灵会自动地在舞台上居中对齐；其次，用户可以自如地控制将这些演员放到任意通道上，以及各个精灵开始和结束的帧数，这样会减少一些不必要的麻烦。

（2）更改精灵的帧跨度

前文中提到，添加精灵到总谱上之后，演员的默认跨度是 30 帧，但这个长度仅仅是系统默认的长度，如果要想让这个精灵在舞台上多呈现一段时间，可以延长这个精灵的长度，即延长它的帧数，反之可以缩短。要改变精灵长度，先要在精灵通道中选中这个精灵，然后找到 Property Inspector 对话框并切换到 Sprite 标签。Start Frame 后面的文本框中显示的是该精灵的起始帧编号，现在只需把 End Frame 后面文本框中的数字“30”改成需要延长到的具体某帧的编号即可，如图 2—44 所示。

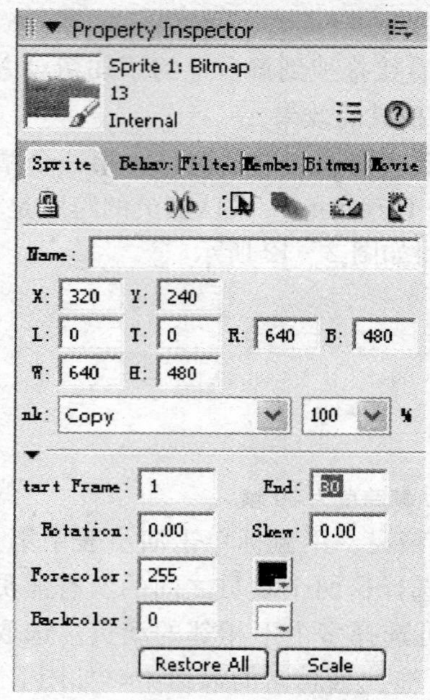

图 2—44 更改精灵的帧跨度

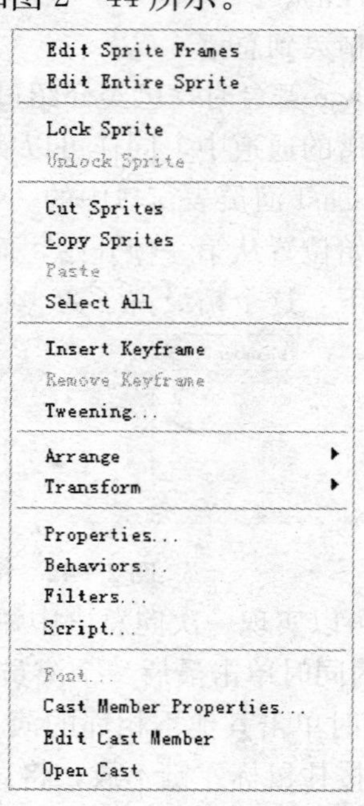

图 2—45 精灵的右键菜单

（3）编辑通道中的精灵

把演员添加到总谱中的通道后，还可以对精灵进行编辑。首先选择总谱通道中的某一帧（以红色播放头所在的位置为准），然后单击鼠标右键，在弹出的快捷菜单中出现一系列命令选项，如图 2—45 所示。以下介绍这些命令。

【Edit Sprite Frames】。此选项用于编辑精灵所在的每一帧。该命令可以显示总谱通道中精灵所跨的每一帧，这时可以用鼠标把某一帧或多个帧拖拽到一个新位置上，这样操作后，被移到新位置上的精灵帧就成为一个新的独立的精灵，如图 2—46 所示。

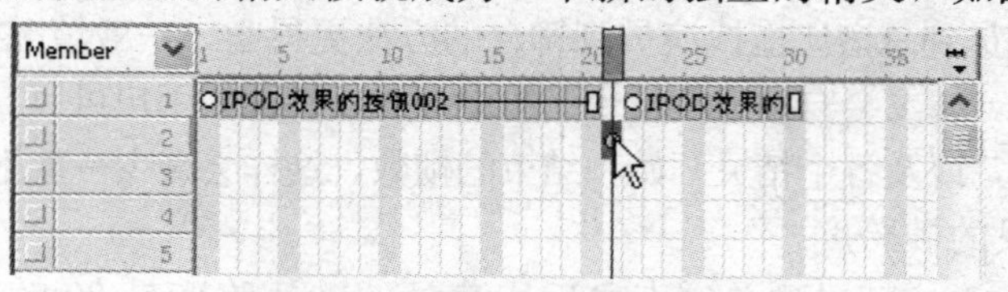

图 2—46 单独移动某帧到新位置

提示：Edit Sprite Frames 命令可以显示通道中精灵所在的全部帧，就好像把整个精灵所跨的帧打散，这对选择具体的某些帧非常有用。

【Edit Entire Sprite】。此选项用于编辑精灵所在的全部帧。在进行了 Edit Sprit Frames 的操作之后，精灵所在的帧都独立出来，如果再选择【Edit Entire Sprite】选项，就可以切换回系统默认的状态。

【Lock Sprite】。此选项用于锁定精灵。该命令可以使选中的精灵锁定而无法被修改，其锁定的范围是精灵所在的全部帧。

【Unlock Sprite】。此选项用于解锁精灵。

【Cut Sprites/Copy Sprites/Paste Sprites/Select All】。本组选项分别用于剪切精灵（Ctrl＋X），复制精灵（Ctrl＋C），粘贴精灵（Ctrl＋V），选中总谱中的所有通道中的精灵（Ctrl＋A）。

提示：想快速选中一个通道的所有帧，只需单击通道前面的标号即可。

【Insert Keyframe】。此选项用于插入关键帧。精灵所在的帧其运动、变化中的关键动作所处的那一帧即为关键帧。要插入关键帧，先选择总谱上的某一帧，单击鼠标右键选择 Insert Keyframe 即可插入一个关键帧。

Rotate Left
Rotate Right

Mirror Horizontal
Mirror Vertical

Flip Horizontal in Place
Flip Vertical in Place

Reset Width and Height
Reset Rotation and Skew
Reset All

图 2—47 Transform 变换选项

【Remove Keyframe】。此选项用于删除关键帧。要删除关键帧，先选择总谱上的关键帧，单击鼠标右键选择 Remove Keyframe 或按 Delete 键即可，这时此键帧上的精灵并没有被删除，只是把关键帧变成了普通帧。

【Tweening】。此选项用于设置路径的平滑度。如果为关键帧设置了曲线路径的话，该命令可调节该路径的平滑度，选择此命令会弹出 Sprit Tweening 对话框。

【Arrange】。此选项用于设置精灵的排列次序。其子菜单中含有四个选项：Bring to Front 将精灵移动到最前面；Move Forward 将精灵向前移动一帧；Move Backward 将精灵向后移动一帧；Send to Back 将精灵移动到最后面。

提示：如想快速调整精灵的位置，只需选中要移动位置精灵的帧，用鼠标把它拖拽到 Score 通道的一个新位置（可以拖拽到当前通道，也可以拖拽到其他通道）即可。

【Transform】。此选项用于变换精灵的形状。如图 2—47 所示，其子菜单中含有以下九个选项：

Rotate Left/Rotate Right：向左/向右旋转。此命令可以使精灵逆时针或顺时针旋转 90°。

Mirror Horizontal/Mirror Vitical：水平/垂直镜像旋转。这里的水平/垂直是指舞台的水平轴或垂直轴，如图 2—48、图 2—49 所示。

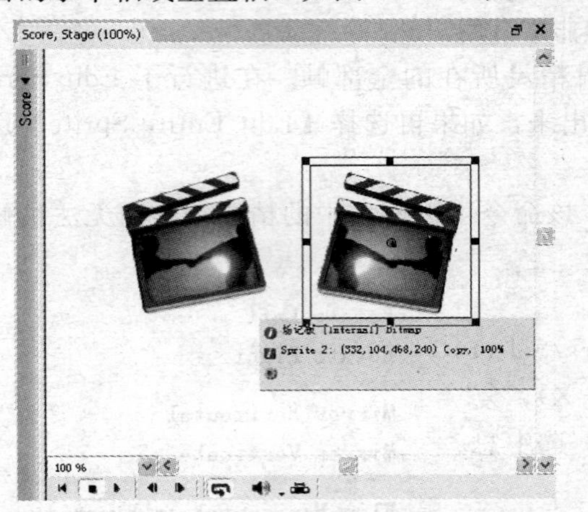

图 2—48 **Mirror Horizontal** 效果

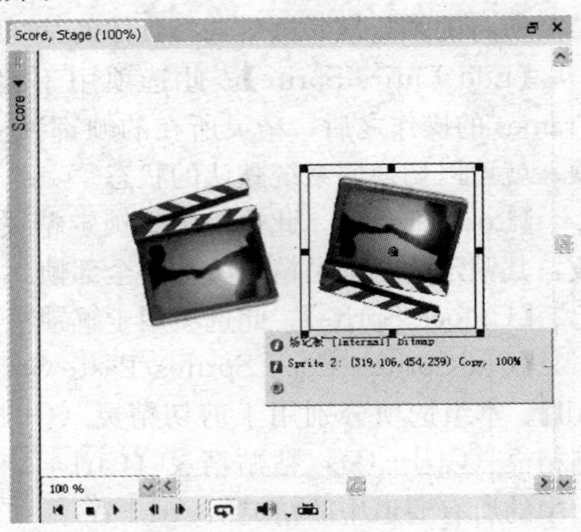

图 2—49 **Mirror Vitical** 效果

Flip Horizontal in Place/Flip Vitical in Place：围绕水平轴/竖直轴翻转。此功能区有别于前面的 Mirror Horizontal/ Mirror Vitical 水平/垂直镜像旋转，这里的水平/垂直是指精灵的水平轴或垂直轴。

Reset Width and Height：重置精灵的宽和高。

Reset Rotation and Skew：重置精灵的旋转和倾斜。

Reset All：重置精灵的全部设置。

【Properties】。此选项用于设置精灵的属性。选择该命令后会打开 Property Inspector对话框中的 Sprite 标签项，在 Sprite 标签项中可设置精灵的一系列属性。

【Behaviors】。此选项用于设置精灵的行为。选择该命令后会打开 Behavior Inspector对话框。

【Filters】。这是 Adobe Director 11 中新增加的位图滤镜功能，Filters 选项用于为位图精灵添加滤镜。选择该命令后会打开 Property Inspector 对话框中的 Filters 标签项，单击 Filters Popup 按钮✚即可在下拉列表中选择滤镜。

【Script】。此选项用于编写精灵的脚本。选择该命令后会打开 Script 3 对话框。

【Font】。此选项用于设置精灵的字体、字号、颜色等。选择该命令后会打开 Font 对话框。

【Cast Member Properties】。此选项用于设置精灵所对应的演员的属性。选择该命令后会打开对应的演员属性对话框。

【Edit Cast Member】。此选项用于编辑精灵所对应的演员。选择该命令后将会打开对应的编辑窗口，例如：要编辑的演员是位图格式，那么选择 Edit Cast Member 命令后打开的就是 Paint 窗口。

提示：要编辑修改演员，在 Score 窗口中双击这个演员或在 Stage 窗口双击演员所对应的精灵，都可以根据演员或精灵的不同类型打开对应的 Paint 窗口、Vector Shape 窗口或文本编辑窗口进行编辑。对演员编辑修改之后，即可关闭这个窗口。这时会发现 Score 窗口中的演员和 Stage 窗口中对应的精灵都发生了变化。

【Open Cast】。此选项用于打开演员表。选择该命令后将会打开 Cast 窗口，并且该精灵所对应的演员也会在 Cast 窗口里呈选中状态。

（4）编辑通道中精灵时的常见问题

有时利用类似 Edit Sprit Frames 命令后，在单独编辑某些帧时会出现一些问题，以下举例说明。

创建一个精灵，在精灵所在的帧上单击鼠标右键，在弹出的快捷菜单中选择 Edit Sprit Frames 命令，如图 2—50 所示，使精灵所跨的帧都独立出来。准备对精灵所在的单个帧进行编辑。

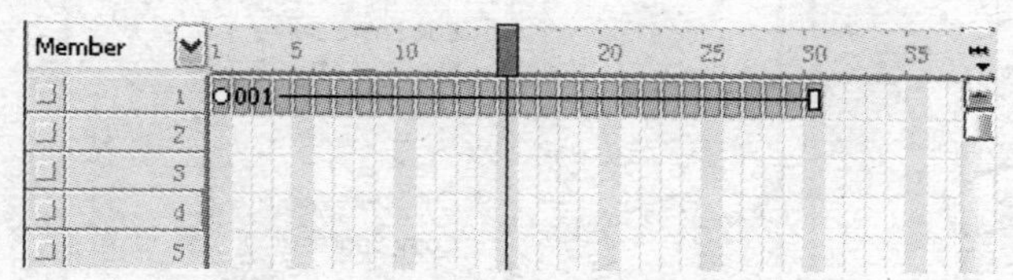

图 2—50　执行 Edit Sprit Frames 命令

用鼠标把其中一帧拖拽到一个新位置上，如图 2—51 所示。

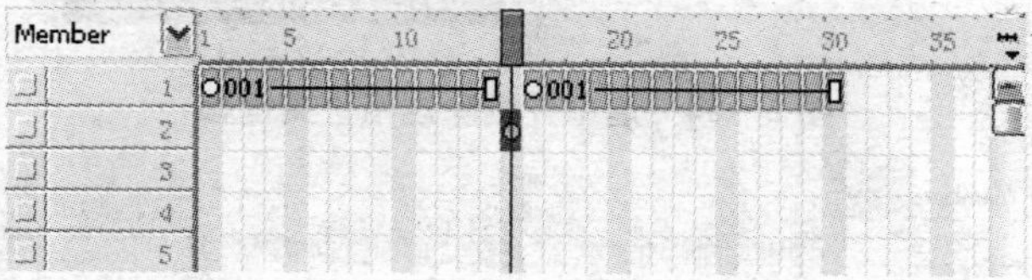

图 2—51　拖拽一帧到新位置

但是，当把这一帧放回去时，该帧却不能回到原来的状态，原来的一个精灵已经被分解成了三个独立的精灵，如图 2—52 所示。

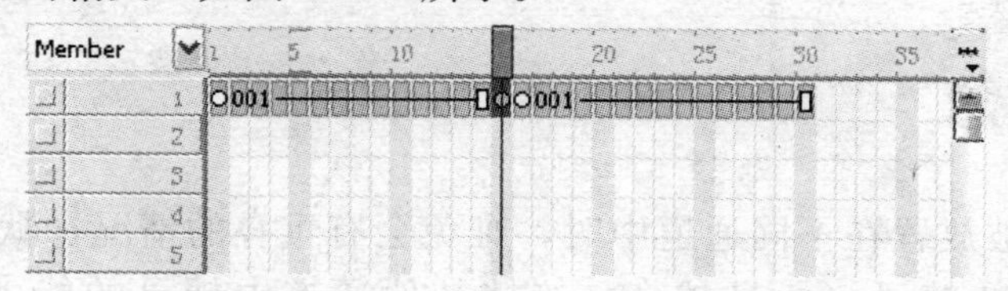

图 2—52　原精灵被分解成三个独立的精灵

此时想使精灵回到原来的状态，需要利用合并的方法来解决。选中此精灵的所有

帧，执行 Modify | Join Sprites 命令或按 Ctrl＋J 组合键即可合并精灵的所有帧，但这时还没有回到最初状态，反而中间多了两个关键帧，如图 2—53 所示。

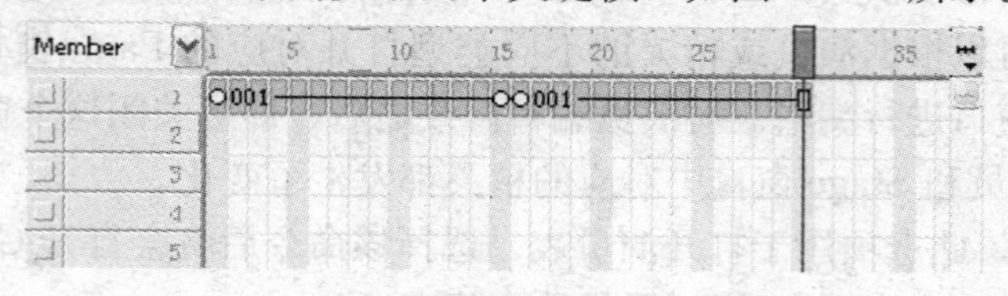

图 2—53 通道中多了两个关键帧

这时选择中间的两个关键帧，单击鼠标右键，在弹出的快捷菜单中选择 Remove Keyframe 或按 Delete 键，即可删除这两个关键帧，如图 2—54 所示。此时，精灵的所有帧回到原来的状态，如图 2—55 所示。

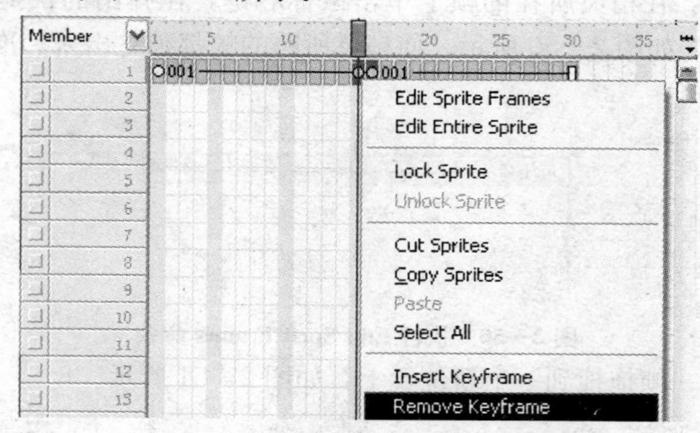

图 2—54 选中并删除这两个关键帧

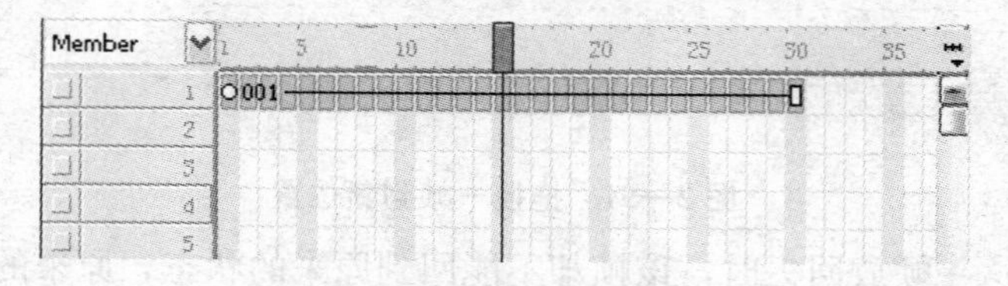

图 2—55 精灵回到原来的状态

2.5 Ink 观念

当多个精灵被放置在不同通道中时，难免会有重叠的情况，默认情况下，上面的精灵覆盖下面的精灵（标号越高，遮挡其他通道中精灵的能力越强）。很多时候，用户只想显示上面的精灵图像，而并不想显示此精灵的底色，此时就需要用到精灵的 Ink 属性，又称墨水效果。墨水效果最有利于隐藏图像的矩形范围周围的白色，但它们同样可以创建许多绚丽、有用的颜色效果。墨水效果还可以反转、改变颜色等。

要改变精灵的墨水效果，首先单击一个精灵，然后在 Property Inspector 属性对话框的 Sprite 标签中设置 Ink 栏的选项，即在 Ink 弹出菜单中选择所希望得到的墨水效果类型，如图 2—56 所示。也可以在按住 Ctrl 键的同时，在舞台上单击某精灵，在弹出菜单中选择需要的墨水效果，如图 2—57 所示。其中一些墨水效果如 Copy，Matte，Background Transparent，Mask 等都是多媒体创作过程中常用的效果。下面介绍 Ink 弹出菜单中的一系列墨水效果类型。

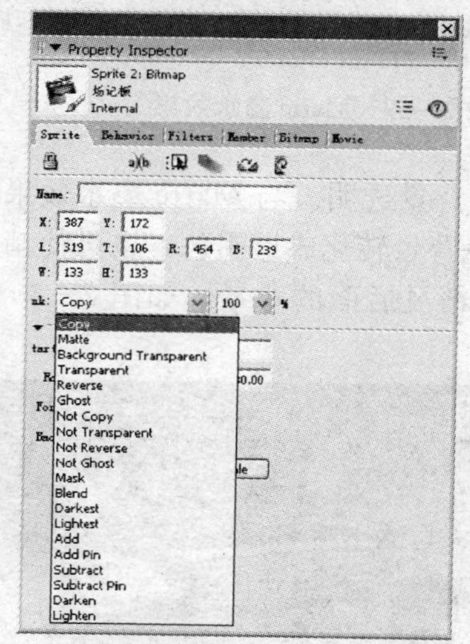

图 2—56　Ink 墨水效果类型

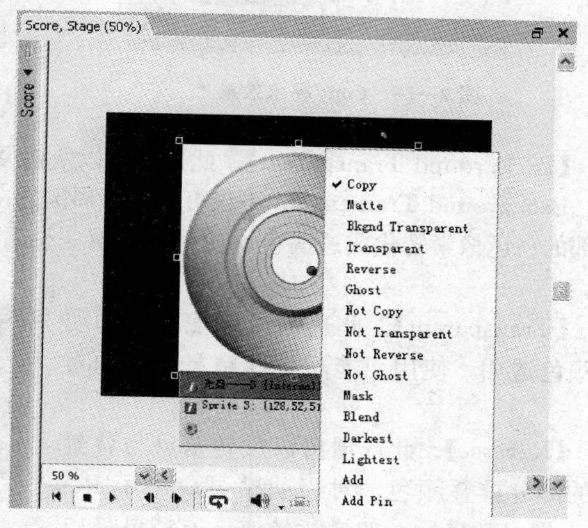

图 2—57　利用弹出菜单选择墨水效果

【Copy】。此选项是默认的墨水效果，该墨水效果的精灵将在舞台上显示精灵所有的原始颜色。使用 Copy 墨水效果的精灵白色部分不是透明的，如果精灵的边界不是矩形，那么使用了此墨水效果的精灵将会在其周围显示一个白色的边框，如图 2—58 所示。因此，使用此墨水效果的精灵常常作为舞台背景或者不出现在其他的图像精灵前面。然而 Copy 墨水效果的精灵也有其自身的优势，应用这种墨水效果的精灵动画比应用任何其他墨水效果的精灵动画速度更快、更连贯。

【Matte】。此选项可以将精灵周围的白色背景转化成透明色，不过精灵内部的白色像素并不能透明，如图 2—59 所示。Matte 墨水效果会比其他墨水效果占用更多的计算机内存，因此，应用这种墨水效果的精灵动画比其他墨水效果的精灵动画速度更慢。

图 2—58　Copy 墨水效果

图 2—59　Matte 墨水效果

【Background Transparent】。此选项可以使精灵的背景透明。与 Matte 墨水效果比较，Background Transparent 不仅可将精灵周围的白色背景转化成透明色，也可使精灵内部的白色像素转化成透明色，使用户能够完全看到精灵后面的背景，如图 2—60 所示。

【Transparent】。此选项可以使精灵的明亮颜色透明，使用户能看见此精灵下面的对象。

图 2—60　Background Transparent 墨水效果

【Reverse】。此选项可以反转精灵与背景间的部分重叠颜色。对当前精灵应用了 Reverse 墨水效果后，如果背景或下方精灵是白色，那么当前精灵的色彩不会改变；如果影片背景或下方精灵是黑色，那么当前精灵的色彩就会产生翻转。也就是说，影片背景或下方精灵的颜色越接近黑色的区域，对应用 Reverse 墨水效果的精灵所产生的反转效果越明显。

【Ghost】。此选项很像 Reverse，也可以反转精灵的重叠颜色，但有一定的区别。使用 Ghost 墨水后，如果影片背景或下方精灵是黑色，那么当前精灵的色彩就会产生翻转，这一点与 Reverse 墨水效果相似；如果背景或下方精灵是白色，那么当前精灵与背景等都显示为白色，也就是说当前精灵不可见；如果背景或下方精灵与当前精灵的颜色相同，当前精灵也会显示为白色，也即为不可见；如果背景或下方精灵与当前精灵的颜色互为补色，当前精灵就会显示出来。如图 2—61、图 2—62 所示为应用 Ghost 墨水效果前后的样子。

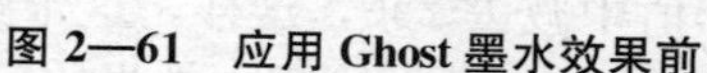

图 2—61 应用 Ghost 墨水效果前

图 2—62 应用 Ghost 墨水效果后

【Not Copy】。此选项可以先反转一个图像精灵中的所有颜色，即创建一个原始图像精灵的彩色底片，然后再对精灵应用 Copy 墨水效果。

【Not Transparent】。此选项可以先反转一个图像精灵中的所有颜色，然后再对精灵应用 Transparent 墨水效果。

【Not Reverse】。此选项可以先反转一个图像精灵中的所有颜色，然后再对精灵应用 Reverse 墨水效果。

【Not Ghost】。此选项可以先反转一个图像精灵中的所有颜色，然后再对精灵应用 Ghost 墨水效果。

提示：Not Copy、Not Transparent、Not Reverse、Not Ghost 四类墨水效果可以说是其他效果的变异，对于创建不固定的、临时的效果很有用。它们的原理基本一致，都是先将图像的前景色反转成彩色底片，然后再应用 Copy、Transparent、Reverse 或 Ghost 墨水效果显示。

【Mask】。此选项可以检测一个精灵的透明或不透明区域，利用这个功能可以为图像精灵作遮罩。如果为一幅图像选择了 Mask 墨水效果，也就是赋予这幅图像以遮罩功能。此遮罩图像的黑色区域使其后面的图像演员完全显示，如图 2—63、图 2—64 所示为应用 Mask 墨水效果前后的样子。

图 2—63 应用 Mask 墨水效果前

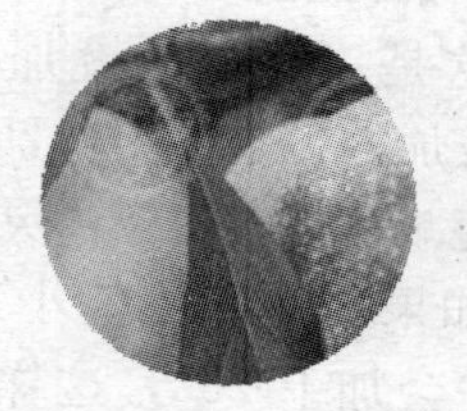

图 2—64 应用 Mask 墨水效果后

【Blend】。此选项可以精确设定精灵所使用的混色百分比，使改变图像颜色的透明度变得更加自如。要精确设定精灵所的混色百分比，需要在 Property Inspector 对话框中的 Sprite 标签中改变 100 % Blend 百分比数值。

【Darkest】。此选项用来比较当前精灵的像素颜色和背景精灵的像素颜色，然后使用较暗的像素颜色显示，达到影片像素颜色的最暗化。

【Lightest】。与 Darkest 墨水效果相反，此选项用来比较当前精灵的像素颜色和背景精灵的像素颜色，然后使用较亮的像素颜色显示，达到影片像素颜色的最亮化。

【Add】。此选项用来创建一个叠加颜色。具体的叠加方法是：用当前图像精灵的颜色值加上背景图像精灵的颜色值，这时呈现的颜色即为最后的精灵叠加颜色。假如这两种颜色的叠加值超出 256，Director 软件会从这个值中减去 256，这样，这个颜色叠加值总会在 0～255 间徘徊。如图 2—65、图 2—66 所示为应用 Add 墨水效果前后的情景。

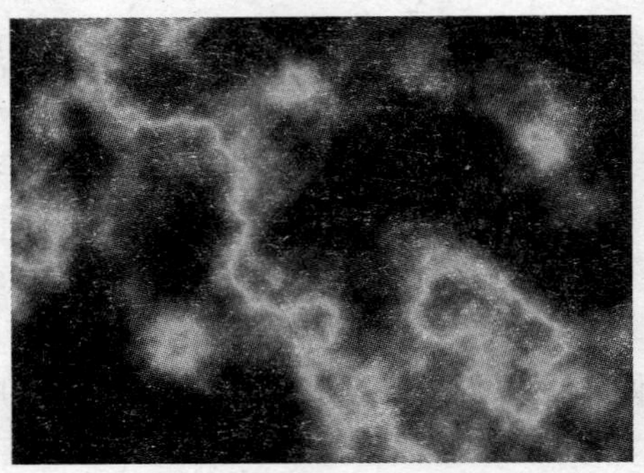

图 2—65 应用 Add 墨水效果前

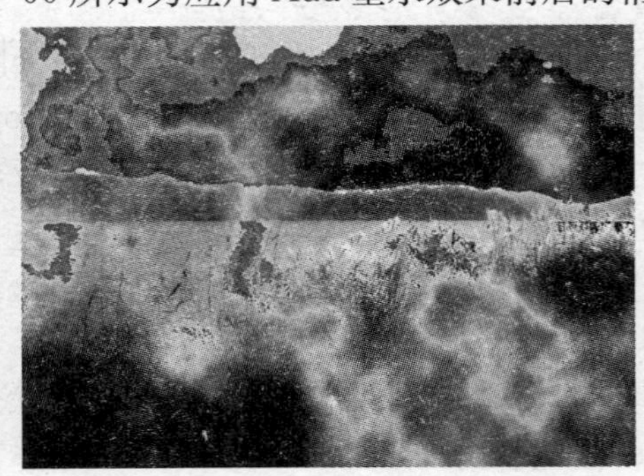

图 2—66 应用 Add 墨水效果后

【Add Pin】。此选项与 Add 墨水效果相似。这是一种约束叠加的方式，具体的叠加方法是：用当前图像精灵的颜色值加上背景图像精灵的颜色值，这时呈现的颜色即为最后的精灵叠加颜色。假如这两种颜色的叠加值超出 255，Director 软件会将其约束为 255。

图 2—67 Subtract 墨水效果

【Subtract】。此选项与 Add 墨水效果相反。这是一种减色叠加的方式，具体的叠加方法是：用背景图像精灵的颜色值减去当前图像精灵的颜色值，这时如果新的颜色值小于 0，Director 软件会加上 256，这样，这个减色叠加的值总会在 0～255 间徘徊。如图 2—67 所示为应用 Subtract 墨水效果后的情景。

【Subtract Pin】。此选项与Add Pin墨水效果相似。这是一种约束减色的方式，具体的方法是：用背景图像精灵的颜色值减去当前图像精灵的颜色值，这时如果新的颜色值小于0，Director软件会将其值设置为0，也就是说这个新的颜色值不允许为负数。

【Darken】。此选项可改变当前图像精灵的颜色属性和背景图像精灵的颜色属性，产生暗化效果。此墨水效果把背景色当做一个颜色过滤器，所创建的效果类似于明亮的灯光照射到图像上。

【Lighten】。此选项可改变当前图像精灵的颜色属性和背景图像精灵的颜色属性，产生亮化效果。此墨水效果把前景色当做一个颜色过滤器，前景色将图像渲染成最亮的程度。

2.6 习题

2.6.1 填空题

1. 打开或隐藏Cast窗口的组合键是________。

2. Director 11中的演员表分为两类，一类是________演员表，另一类是________演员表。

3. 使用Link to External File方式导入演员可以控制影片的文件量。该导入方式只记下外部文件的文件名和位置，即创建一个影片到外部文件的________，并没有将当前文件的所有信息嵌入到影片文件中。

4. Director 11中舞台的默认尺寸是________像素，出现在舞台上的演员叫做________。

5. 与现实中拍摄电影一样，Director也有自己的剧本。用户可以利用________窗口来安排演员的出场次序、出场时间和方式等。

6. 如果把Score窗口分为四部分，由上到下分别为________、________、帧编号栏和精灵通道。

7. 默认情况下，Director 11的精灵通道数目为________个。添加精灵到总谱上之后，演员的默认跨度是________帧。

8. 要改变精灵的墨水效果，可以在Property Inspector属性对话框的Sprite标签中设置Ink栏的选项，也可以在按住________键的同时，在舞台上单击某精灵，在弹出菜单中选择需要的墨水效果。

2.6.2 简答题

1. 执行File | Save命令与执行File | Save All命令有何区别？

2. 简要说明 Standard Import 和 Link to External File 两种常用导入方式的各自特点及适用情况。

3. 简要说明 Director 中的演员与精灵之间的关系。

4. 一般情况下，为什么说采用拖拽演员到总谱比拖拽演员到舞台的方法更科学？

2.6.3 操作题

1. 导入图像演员到 Director 的 Cast 窗口，注意图像演员的选项设置。

2. 练习添加精灵到总谱、更改精灵的帧跨度及各种编辑精灵的操作。

第3章 Director 影片的初步控制

前文中介绍过，Adobe Director 11 的 Score 窗口中除了默认的 150 个精灵通道外，还为用户提供了 6 个特效通道。这 6 个特效通道由上到下分别是：速度通道、调色板通道、帧过渡通道、声音通道 1、声音通道 2 和脚本通道。虽然特效通道中的内容在舞台上不是那么直观易见，但其对于整个影片的控制和丰富起着不可忽视的作用，这些通道尤其对于控制影片的节奏、色彩、转场效果及声音等效果十分有用。

另外，Director 中的 Control Panel（控制面板）可用来操纵播放头，控制影片的放映，而且配有各种控制播放、停止、音量、前进和倒退等按键，为操作提供了极大方便。

3.1 Tempo 特效通道

Tempo 是节奏、速度的意思，所以 Tempo 特效通道也称为速度通道，它的作用是控制影片的放映速度。一般来说，真实的电影可以每秒放映 24 个画面，即 24 帧，这样人就能看到连贯的画面。Director 影片也是根据电影的原理被创作出来的，而有了速度通道，人们控制 Director 影片的速度会更加灵活。要控制影片的放映速度，有两种方法，一是利用 Control Panel 控制面板设置，这种设置是针对整部影片的放映而设置的速度，关于控制面板后面的章节中有专门介绍。第二种方法即利用 Tempo Channel 特效通道，使影片放映的过程中有不同的速度设置。

Tempo 特效通道位于其他所有特效通道的上方，如图 3—1 所示。要设置 Tempo 特效通道，应先在此特效通道中选中某帧，执行 Modify | Frame | Tempo 命令，或者在 Tempo 特效通道的帧上双击鼠标左键，即可打开如图 3—2 所示的 Frame Properties：Tempo 对话框进行参数设置。以下对 Frame Properties：Tempo 对话框的参数进行介绍。

【Tempo】。此选项可以设置影片放映的速度。Tempo 的默认值是 30，单位是 fps (Frames per Second)，即每秒 30 帧。拖动 Tempo 选项右面的滑块或点击方向箭头按钮，即可改变影片的放映速度，值的范围为 1～999 帧/秒。

在速度通道的某一帧上设置一个速度后，此帧上会出现一个蓝色标记，这个标记上显示的数字就是影片当前放映的速度，如图 3—3 所示。此时，图 3—3 左起设置的第一个标记上显示的数字是 60，这说明从当前帧起，影片的播放速度是 60 帧/秒，这个速度会一直延续下去，直到一个不同的速度出现为止。左起设置的第二个标记上显示的数字是 30，这说明从当前帧起，影片的播放速度是 60 帧/秒。此影片最终的放映速度为：从第一帧开始以 60 帧/秒的速度放映，到第 15 帧的时候，影片又以 30 帧/秒的速度继续放映后面的画面。

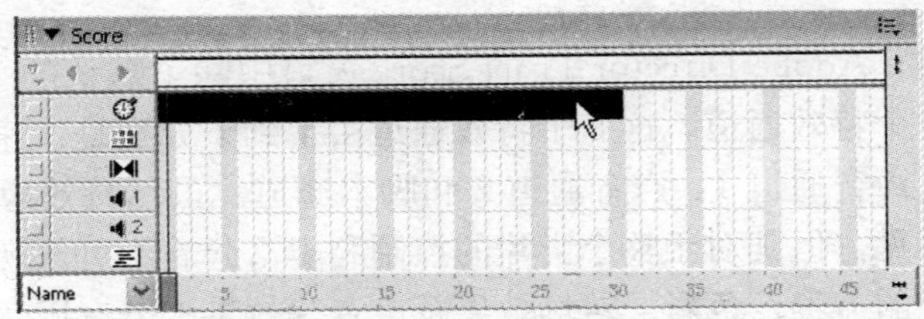

图 3—1 Tempo 特效通道

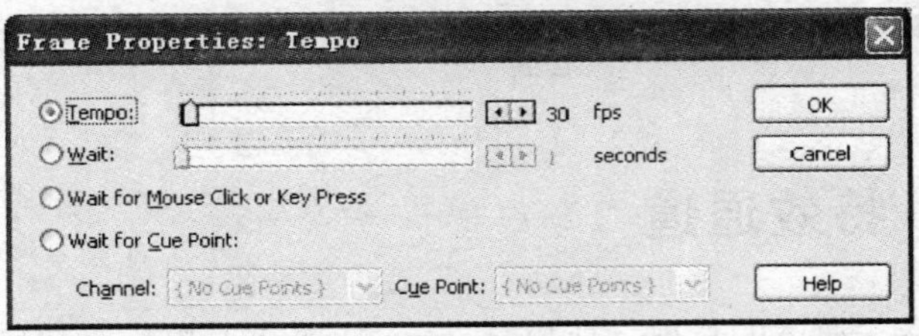

图 3—2 Frame Properties：Tempo 对话框

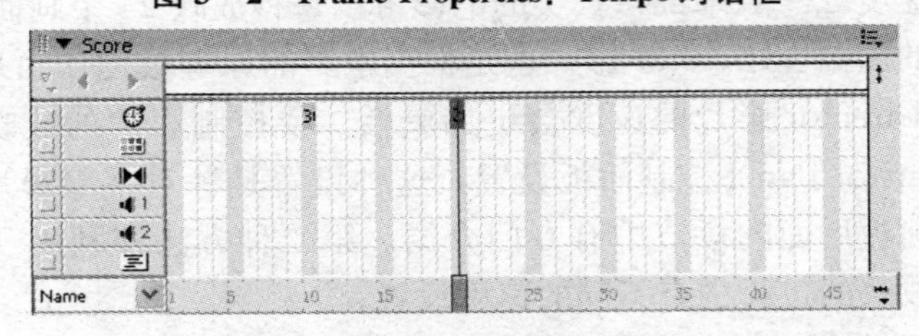

图 3—3 Tempo 特效通道中的蓝色标记

【Wait】。此选项可以设置影片的暂停效果。需要注意的是，这里的暂停并不是永远的停止。拖动 Wait 选项右面的滑块或点击方向箭头按钮，即可设置影片的暂停时间，值的范围为 1～60 秒。例如，在某一帧上添加了一个 5 秒的暂停效果，这时此帧上显示的是“W5”（暂停 5 帧），当影片放映到此帧时，就会在帧上停留 5 秒，5 秒过后，影片会从下一帧起继续放映。

【Wait for Mouse Click or Key Press】。此选项的功能和 Wait 的功能有些相似，也可以设置影片的暂停效果。此选项与 Wait 的区别是：Wait 选项中可以设置暂停时间，而 Wait for Mouse Click or Key Press 选项没有时间设置。如果在某一帧上添加 Wait for Mouse Click or Key Press 效果，此帧上显示的是“Click”（点击），当放映到此帧时，影片暂停，鼠标会不停闪动。这时要想让影片继续放映，需要单击鼠标或者按下键盘上的按键。

【Wait for Cue Point】。此选项可以使影片等待音频或视频播放完后再继续放映。在放映包含音频的影片时，经常发现影片画面已经结束了，然而声音仍在播放，导致整个影片的播放不同步。现在利用如图 3—4 所示的 Wait for Cure Point 功能，可以使影片画面暂停，等音频或视频播放完，电影再继续向前放映。添加了 Wait for Cure Point 提示点的帧上会显示“S1，S2，…”（声音 1，声音 2，…）。在 Channel 下拉列表中可选择声音的通道，在 Cue Point 下选择线索点（线索点的添加可以在 Cool Edit 等音频编辑软件中完成）。

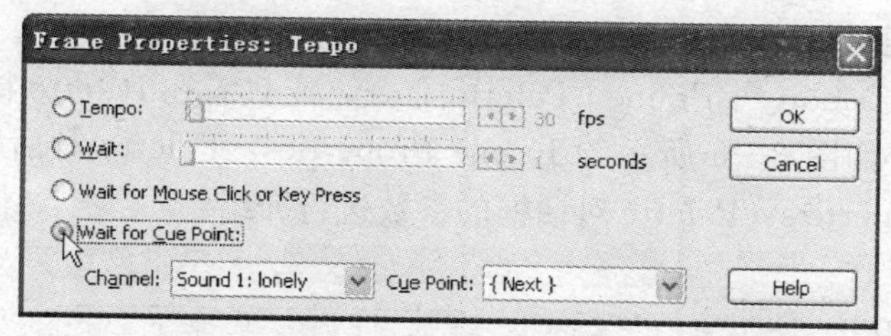

图 3—4　选择 Wait for Cure Point 选项

3.2　Palette 特效通道

Palette 是调色板的意思，所以 Palette 特效通道也称为调色板通道，它的作用是控制影片放映时的视觉效果，更确切地说是控制颜色。直观的解释，调色板可以说是一组色彩集合。当放映影片时，计算机如果要把影片中各个颜色显示出来，首先做的一项工作就是让影片中的精灵在调色板中找到与自身对应的颜色，颜色一一对应之后，即可在计算机显示器上放映影片。合理地选用调色板可以有效地减少影片大小，加快影片的运行速度。

虽然现在计算机的工作环境一般都达到了 16 位、24 位甚至更高的颜色深度，但对于一部多媒体影片来说，制定并应用一个合适的调色板，可以减小影片的文件量，从而使多媒体影片更加流畅的放映。例如，在多媒体影片创作的过程中，有时并不需要使用 16 位、24 位色深的调色板，仅 4 位（16 色）色深的调色板就可以满足影片画面的显示，因为影片中的演员所用到的颜色只有 16 种或更少。

提示：颜色深度又叫位深（Bit），是用来度量图像中有多少颜色信息可用于显示（或打印）像素，也可以把它看做一个调色板，它决定屏幕上每个像素由多少种颜色控制。颜色位深越高，其调色板也就越丰富，因而越能表达颜色的真实感。计算方法是这样的，例如：4 Bit 深度图像的颜色数 $=2^4=16$ 色；而 8 Bit 深度图像的颜色数 $=2^8=256$ 色。也就是说图像的位深是多少，那么它的颜色数就是 2 的多少次方。

实际上，在 Director 环境中，调色板只是使用在 8 位（256 色）或更低色深显示模式下的，也就是说只有 8 位以下色深的图像才带有调色板，假如都用 8 位（256 色）色深的调色板，有时图像的色彩细节会被忽略，但这样不会影响创意的效果，因为这里所说的 256 色，只是指能表达 256 种颜色，但并不是固定在那 256 种颜色。所以可以为不同的演员应用不同的调色板，Director 内置的调色板有 10 个。

3.2.1 Palette 特效通道的操作

Palette 特效通道位于 Tempo 特效通道的下方，如图 3—5 所示。先在此特效通道中选中某帧，执行 Modify | Frame | Palette 命令，或只需在 Palette 特效通道的帧上双击鼠标，即可打开如图 3—6 所示的 Frame Properties：Palette 对话框进行参数设置。下面对 Frame Properties：Palette 对话框的参数进行介绍。

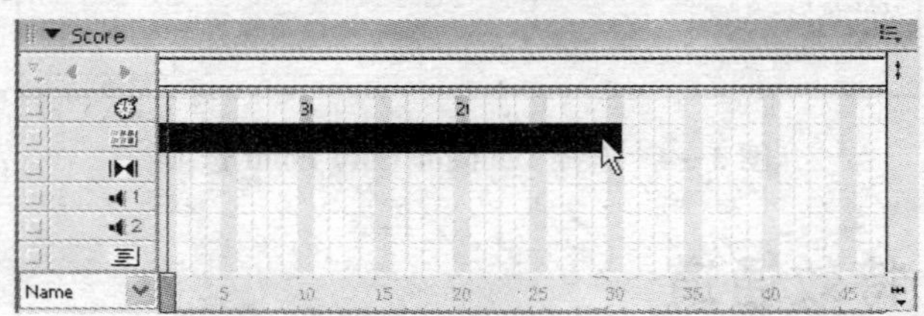

图 3—5 Palette 特效通道

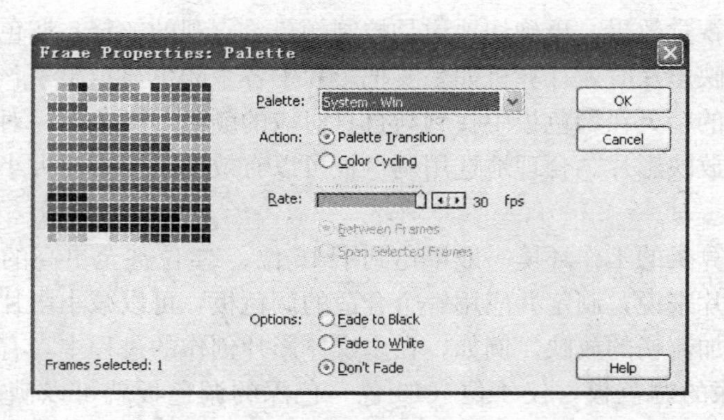

图 3—6 Frame Properties：Palette 对话框

【Palette】。此选项可以选择调色板。默认情况下，在右侧的下拉列表中有 Director 内置的 10 个调色板，每个调色板有 256 色。以下介绍这 10 个调色板，如图 3—7 所示。

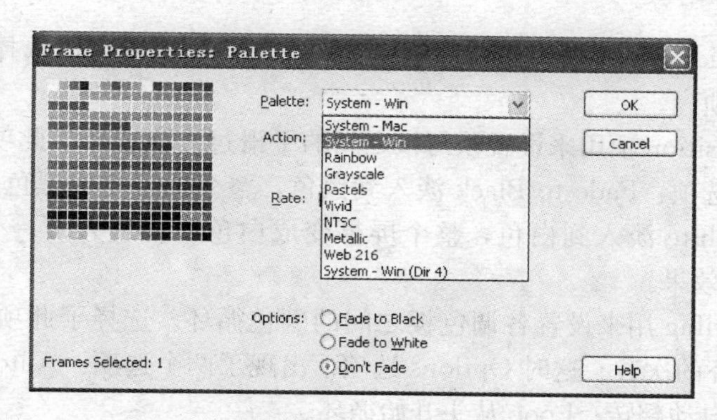

图 3—7 Director 内置的 10 个调色板

• 【System-Mac】调色板：苹果机专用调色板。

• 【System-Win】调色板：个人计算机专用调色板，是一个常用的调色板，也是Director默认的调色板。

提示：如果对多媒体影片没有特殊的效果要求，推荐适用 System-Mac 调色板与 System-Win 调色板（Mac 系统用 System-Mac 调色板，Windows 系统用 System-Win 调色板）。之所以称它们为系统调色板，是因为每个调色板上的 256 种颜色都是标准化色彩，一般情况下色彩不会失真。

• 【Rainblw】调色板：此调色板的 256 色之间的色相变化比较平滑，色彩之间的对比不是很强烈。

• 【Grayscale】调色板：此调色板比较适用于灰度图像，其 256 种颜色是由黑色、白色，以及黑白之间的渐变组成。

• 【Pastels】调色板：此调色板比较适用于低饱和度的图像，其 256 种颜色的饱和度（纯度）较低，色彩比较柔和。

• 【Vivid】调色板：与 Pastels 调色板相反，此调色板比较适用于高饱和度的图像，其 256 种颜色的饱和度都比较高，色彩比较纯净、跳跃。

• 【NTSC】调色板：此调色板比较适用于电视视频多媒体创作，主要应用对象为视频多媒体演员。NTSC 是一种电视标准，目前广泛用于美、日等国家和地区。

• 【Metallic】调色板：此调色板中的 256 种颜色普遍偏灰偏冷，具有金属的感觉，所以它适用于那些金属感强烈的演员。

• 【Web-216】调色板：此调色板比较适用于网络多媒体创作。实际上这个调色板只有 216 种色彩，我们习惯称这 216 种色彩为 Web 安全色，有了 Web-216 调色板，就能保证影片放映时的颜色正常显示，无需再加入另外的调色版。而剩下的 40 种色彩是 Mac 系统和 Windows 系统共有的色彩，它会根据系统的不同而出现不同的颜色显示。

• 【System-Win】（Dir4）调色板：此调色板可以兼容 Director 4. 0 版本。

【Action/Options】。这两个选项是相关联的。Action 选项可以选择调色板的动作，其右面有两个选项。

Palette Transition 项用来设置帧与帧之间的平滑过渡，选择了此项后，Options 选项下出现了三个选项：Fade to Black 淡入到黑色，整个屏幕变成黑色后再进入下一个画面；Fade to White 淡入到白色，整个屏幕变成白色后再进入下一个画面；Don’t Fade 不使用淡入效果。

而 Color Cycling 用来设置各调色板之间的颜色循环。选择了此项后，可以在 Cycles 后面输入循环的次数。这时 Options 选项下出现了两个选项：Auto Reverse 调色板颜色循环结束后自动翻转；Loop 从头开始循环。

【Rate】。此选项可以设置调色板的切换速度，拖动右侧的滑块即可改变调色板切换速度。Between Frames 用来设置在帧与帧之间切换调色板，而 Span Selected Frames 可以在选定的范围之内切换调色板。

单击 OK 按钮即可关闭 Frame Properties：Palette 对话框，这样就在调色板通道中添加了一个 Palette 通道。

在播放影片时，影片的颜色显示会以播放头经过的 Palette 通道上所应用的调色板作为依据。如果在 Palette 通道的某帧上添加了调色板，那么从这帧起，此调色板会一直控制影片的颜色显示，直到后面出现新的调色板，才会被新的调色板代替。如果没有在 Palette 通道上添加调色板，即为使用系统默认的调色板。

提示：要查看或修改整个影片的预设调色板，可以在 Property Inspector 属性对话框的 Movie 标签中设置 Palette 项。需要修改预设调色板时，在 Palette 右侧的下拉列表中选择一个调色板即可。

3.2.2 Color Palette 调色板的运用

(1) 再谈导入图像演员时的选项设置

关于导入图像演员时的选项设置问题，在前文介绍 Cast 演员表的时候有所提及。在接触了调色板的概念之后，这里再深入地介绍这些选项设置。

导入位图图像时，在设置好 Import Files into 对话框的选项值点击 Import 按钮后，会弹出一个如图 3—8 所示的 Image Options for 图像选项对话框，用于设置导入的图像文件的属性。此处主要介绍其中有关调色板的选项：

第一个选项 Color Depth 指色彩深度，用来设置图像的颜色位深。前文中已经提到过，颜色位深越高，其调色板也就越丰富，因而越能表达颜色的真实感。如果选中 Image 单选按钮，可按图像自身的颜色深度导入图像（Image 后面括号中的数字会根据导入图像的位深不同而不同）；而选中 Stage 单选按钮，则按 Director 当前舞台的颜色深

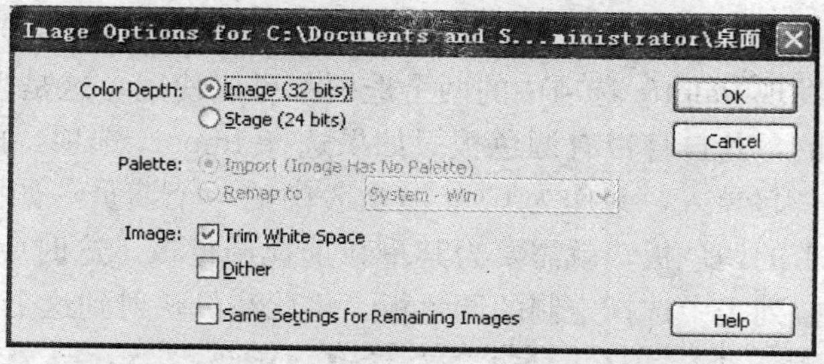

图 3—8　Image Options for 图像选项对话框

度导入图像，舞台的颜色深度就是指电影的颜色深度，是由显示器的设置所决定的。此处建议使用图像自身的颜色深度导入演员，点击 OK 按钮可以导入图像演员。

此时可以看到图 3—8 对话框中 Palette 选项显示为灰色，即没有被激活。而且 Import 选项后面的括号内有一句提示：Image Has No Palette，这表明此图像自身不带有调色板，这是因为只有 8 位或更低色深的图像才通过调色板来描述颜色，而此图像的色深已经超出了 8 位。

Image Options for 对话框的第二个选项 Palette 用来选择图像的调色板。因为只有 8 位或更低色深的图像自身才带有调色板，因此，只有当影片使用 8 位或 8 位以下色深的图像时，才需要设置 Palette 属性。

以下导入一幅 GIF 格式的动画（GIF 格式都是 8 位色深的），GIF 动画是最常见的多媒体与网络动画格式。GIF 文件包括图像和动画两种格式，所以每次导入 GIF 文件时，单击 Import 按钮后，Director 会弹出一个如图 3—9 所示的 Select Format 窗口让用户选择采用哪种格式导入。这时，如果选择 Animated GIF，导入的就是一个动画；如果选择 Bitmap Image，软件就会把此动画的第一帧作为一个位图演员导入，而不是动画。

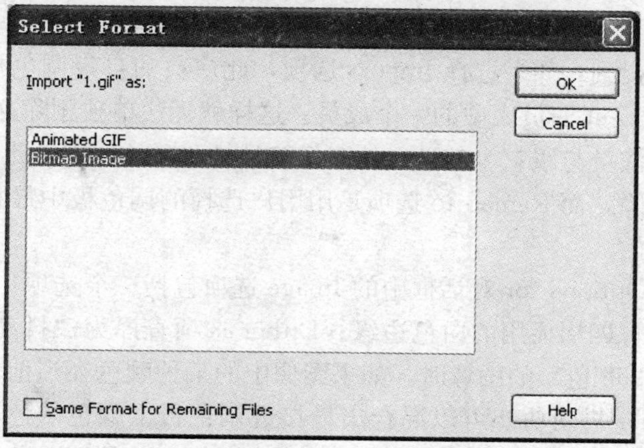

图 3—9　Select Format 窗口

此处选择Bitmap Image一项，单击OK按钮。此时弹出Image Options for对话框，如图3—10所示，发现Palette选项中的两个选项都可以使用，这是因为导入的GIF图像文件是8位色深的，其自身带有调色板。如果选择Import选项，此图像的自带调色板也会跟随此图像一起导入，并作为Cast演员表中的一个演员，如图3—11所示；如不想导入此演员自带的调色板，就需要为其重新选择调色板。这时应选择Remap to选项，并从后面的下拉列表中选择定制的调色板，将此演员映射到这个调色板。

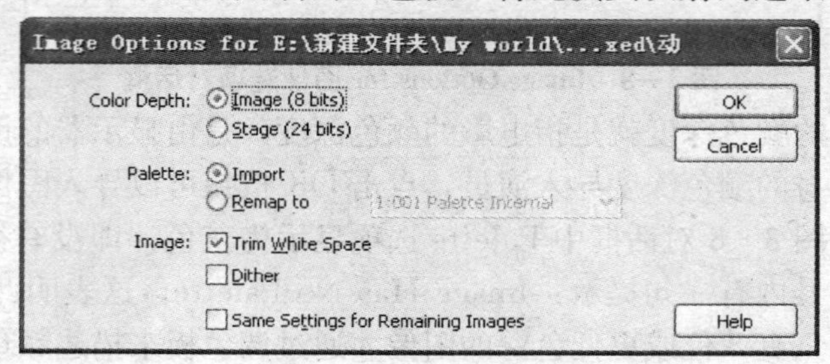

图3—10 Palette的两个选项都可以使用

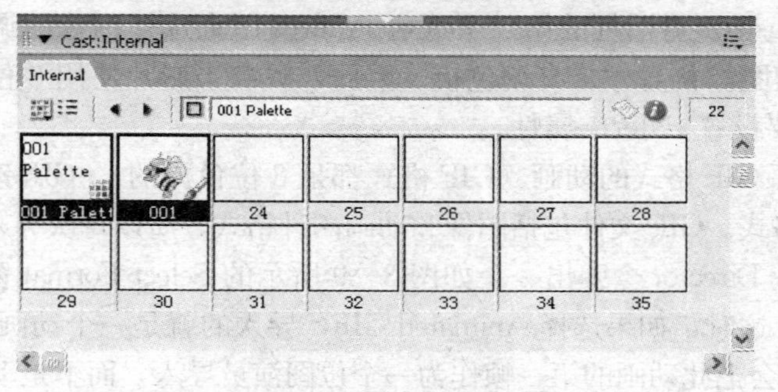

图3—11 调色板也成为了一个演员

提示：上例中提到，如果选择Import选项，此演员的自带调色板也会跟随此演员一起导入，并作为Cast演员表中的一个成员。这样就无法单独删除这个调色板演员了，这是因为此调色板演员与跟它一起导入的图像演员是关联的，删除此调色板唯一的方法就是将它们一起删除。而Remap to选项是用用户选择的调色板中最相似的纯色替换演员中原来的颜色。

小结：Image Options for对话框中的Image选项包括三个选项：Trim White Space选项可以剪裁掉图像四周无用的白色边缘；Dither选项直译为“抖动”，一般在导入索引颜色模式（8位256色）的图像时，如果图像中的某种颜色在当前调色板中找不到对应颜色，利用Dither抖动功能可以混合出最接近调色板上颜色的色彩；Same Settings for Remaining Images选项则适用于一次导入多个图像文件的情况，此选项使所有导入的图像文件都应用相同的颜色设置，否则每幅图像都要弹出一个Image Options for对话框进行设置。

（2）不能导入 Director 的 256 色调色板

虽然前文中提到 8 位或更低色深的图像才通过调色板来描述颜色，即 Image Options for 对话框中的 Palette 选项中的两个选项应该都是可以用的。但是再次向 Director 中导入另一幅 8 位图像时，发现只有 Remap to 选项是激活的，而 Import 选项呈灰色显示，如图 3—12 所示，这是为什么呢？

图 3—12　Import 选项呈灰色显示

索引颜色模式是一种典型的 8 位 256 色的色彩模式，前面的例子中导入的 GIF 动画文件就是索引色。但并不是说所有索引色图像的调色板都会跟随此图像一起导入到演员表，虽然索引色图像能满足 256 色的条件。索引色图像的调色板要想导入到演员表，还有这样一个要求：调色板中第一格（左上角）颜色是白色（＃ffffff），最后一格（右下角）颜色是黑色（＃000000），这样的调色板才能随图像一起被导入到 Director 演员表中。即索引色图像文件是带有调色板的，但有的调色板不符合前面所说的要求，当导入这些带有不符合要求的调色板的图像时，Palette 的 Import 选项就呈灰色显示，而且用户会发现 Import 选项后面的括号内有一句提示：Image Has Invalid Palette，即此图像自带的调色板是无效的。

想查看图像调色板的样子需要用到 Adobe Photoshop 软件。打开 Adobe Photoshop 软件，执行 File | Open 命令，打开一幅索引色的图像。接下来继续执行 Image | MODE | Color Table 命令，打开如图 3—13 所示的 Color Table 窗口。在颜色上单击鼠标即可查看其颜色值，这时可以看到最后一格（右下角）颜色是黑色（＃000000），而第一格（左上角）颜色是一种黄色（ffaa00），前文中已介绍过，索引色图像的调色板要想导入到 Director 演员表，第一格（左上角）的颜色必须是白色（＃ffffff）。

图 3—13　Color Table 窗口

因此，用户如需将此索引色图像的调色板导入 Director 演员表，就需要把 Color Table 窗口中的第一格（左上角）颜色设置成白色（＃ffffff）。鼠标左键单击第一格的黄色，打开 Color Picker 对话框，如图 3—14 所示，这时即可查看和修改其颜色值。在符号“＃”右侧的文本框中输入“ffffff”。

单击 OK 按钮即可关闭 Color Picker 对话框，此时可以看到 Color Table 窗口中的第一格（左上角）颜色已经变成了白色，如图 3—15 所示。

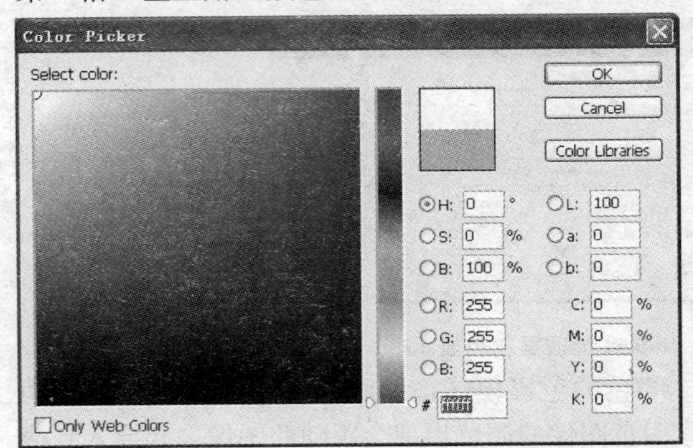

图 3—14 打开 Color Picker 对话框

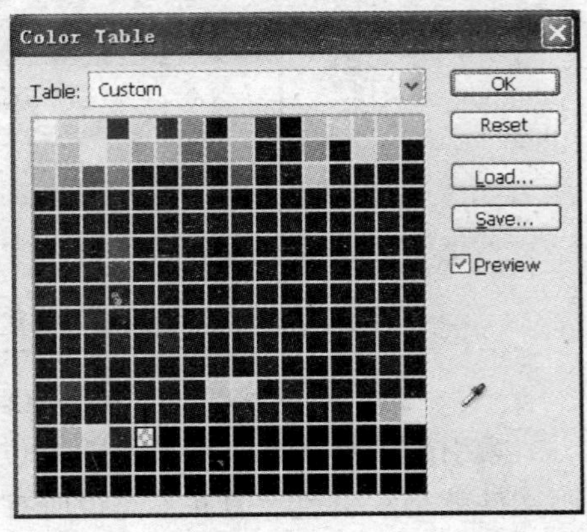

图 3—15 第一格颜色变成了白色

设置好颜色以后，执行 File | Save 命令，即可保存以上设置。现在再把此索引色图像导入 Director 时，Image Options for 对话框中的 Import 选项就可以被选择了，如图 3—16 所示。选择 Import 选项，此索引色图像自带的调色板会跟随此图像一起导入 Director，并作为 Cast 演员表中的一个成员。

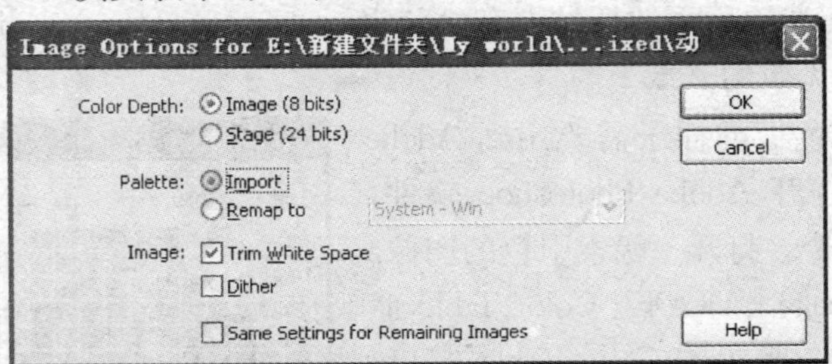

图 3—16 Import 选项就可以被选择了

（3）为演员创建新的调色板

有时，系统预设的调色板并不能满足每个演员的要求，在创作影片的时候，就需要用户为演员创建新的调色板。该调色板将作为一个普通的演员出现在演员表中。首先执行 Window | Color Palettes 命令，调出 Color Palettes 窗口，从左上角的下拉列表中选择要用来创建新调色板演员的系统调色板，此调色板将作为新调色板的原型，如图

3—17所示。

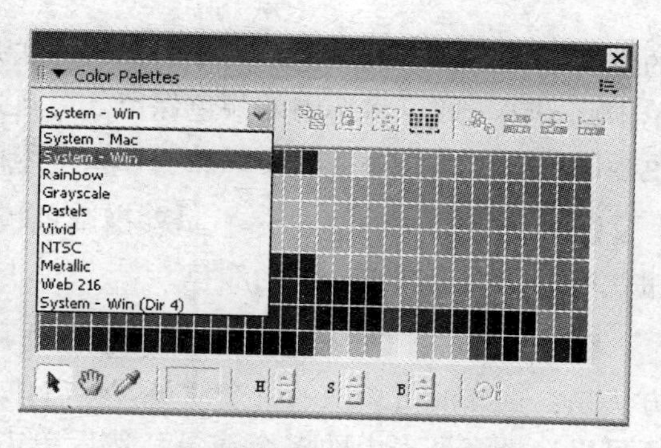

图 3—17　选择一个系统调色板

接下来，在当前调色板中的任何颜色上双击鼠标左键，Director 将为用户拷贝此调色板的一个副本，并弹出 Create Palette 对话框提示输入一个名称。输入名称如"New Palette 001"，单击 OK 按钮。此时打开如图 3—18 所示的颜色对话框，用户可以在此调整刚才双击过的颜色的属性，如改变颜色的色相、明度、饱和度等。

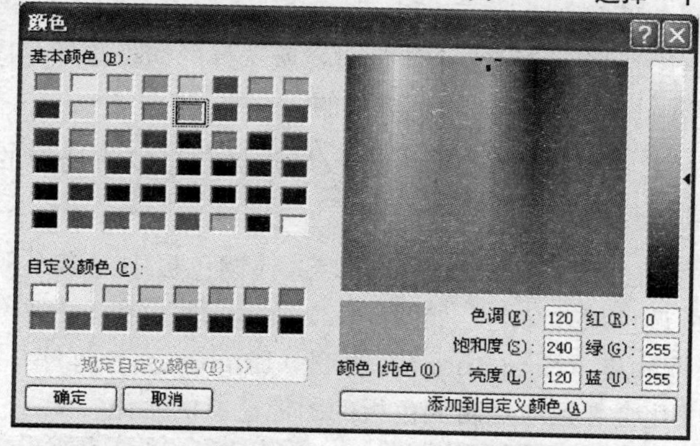

图 3—18　在颜色对话框中调整颜色属性

调整好之后，单击 OK 按钮，被命名为 New Palette 001 的新调色板就出现在当前 Cast 窗口中了。

以后再次编辑新调色板上的颜色，只需要在 Cast 窗口中双击这个调色板，在弹出的 Color Palettes 窗口中的任何颜色上双击鼠标即可打开颜色对话框，此后可按前文介绍进行调整。

3.2.3　Color Palettes 面板的操作

执行 Window | Color Palettes 命令，调出 Color Palettes 窗口，从左上角的下拉列表中随意选择一个调色板，如图 3—19 所示。Color Palettes 调色板的窗口中，上下各有一排工具：

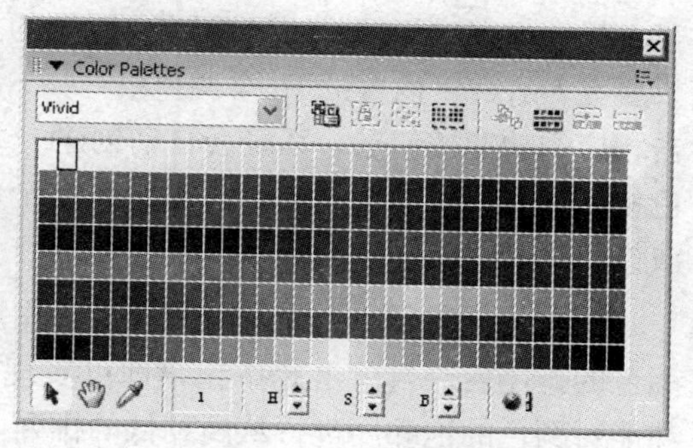

图 3—19　从左上角选择一个调色板

【Reserve Selected Colors】。此按钮

的作用是保留选定的颜色。具体的操作方法是：选择调色板中的一个或多个颜色，然后单击此按钮，即可将选中的颜色保留。一旦这个调色板中某些颜色被保留了，应用该调色板的位图图像将不能映射到这些保留下来的色彩。

【Select Reserved Colors】。当调色板中设置了某些被保留的颜色后，单击此按钮就可以选中全部被保留的颜色。

【Select Used Colors】。此按钮的作用是选择演员已使用着的颜色。具体的操作方法是：选择演员表中的一个演员，然后单击此按钮，即可选中此演员使用着的颜色。还可以选择演员表中的多个演员，然后单击此按钮，即可选中这些演员共同使用的颜色，即可确定哪些颜色是电影中的主色调。

提示：在演员表中选择一个或多个演员时，所选择的演员必须是应用了此调色板的演员，否则 Select Used Colors 按钮是不可用的。

【Invert Selection】。此按钮的作用是反转选区。可以将选择的颜色进行色块位置的反转，达到重新定位各颜色的目的。

【Sort】。此按钮的作用是为颜色排序。选择调色板中的多个颜色，然后单击此按钮，创建一个新的调色板并命名，如图 3—20 所示。然后在新的调色板中对这些颜色根据色相（Hue）、饱和度（Saturation）、明度（Brightness）排序，如图 3—21 所示。排序后，调色板的变化会导致应用新调色板的图像色彩的变化。

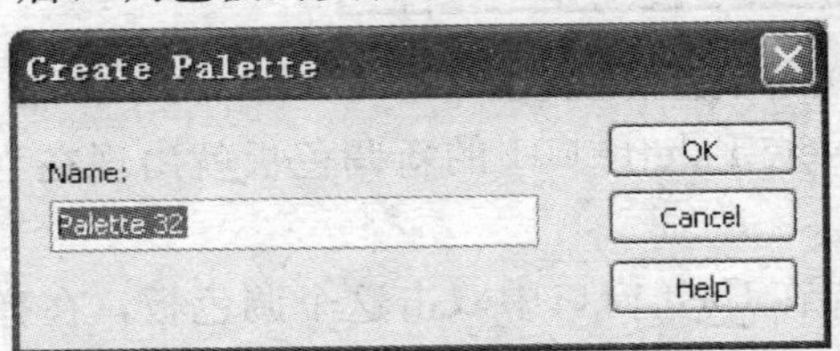

图 3—20　命名新的调色板

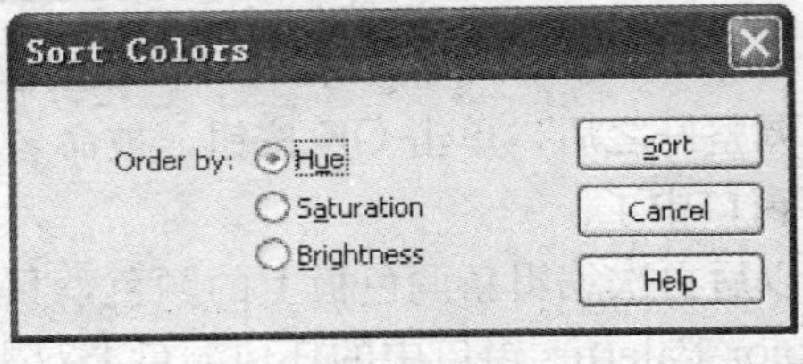

图 3—21　选择排序的依据

提示：在应用 Sort 或下面将要提到的 Reverse Sequence，Cycle，Blend 功能时，如果要在 Director 内置的 10 个调色板（如 System-Mac，System-Win）中进行，那么在单击相应的功能按钮后，系统会自动创建一个新的调色板并要求予以命名，然后在新的调色板上进行相应的功能操作。同时，这个新的调色板会作为一个演员自动存储在 Cast 演员表中。

【Reverse Sequence】。此按钮的作用是反向排序。应用上面的 Sort 功能进行对颜色的排序后，再单击此按钮，即可实现对现有排序的反向操作。比如，先应用 Sort 功能对颜色的饱和度进行从高到低的排列，此时再单击此按钮，就可以实现饱和度由低到高的排列。

【Cycle】。此按钮可以利用循环的方式改变色块的编号。选择调色板中的两个或更多颜色块，然后单击此按钮，发现这些色块的位置会循环改变，位置改变，它的编号即发生变化。改变色块的编号后，就会导致应用该调色板的图像色彩的变化。例如，图像某一区域的色彩对应的是编号为 10 的绿色块，如图 3—22 所示。而经过 Cycle 操作后，一个红色块占据了编号 10 的位置，如图 3—23 所示，这样就使图像这一绿色区域变成了红色。

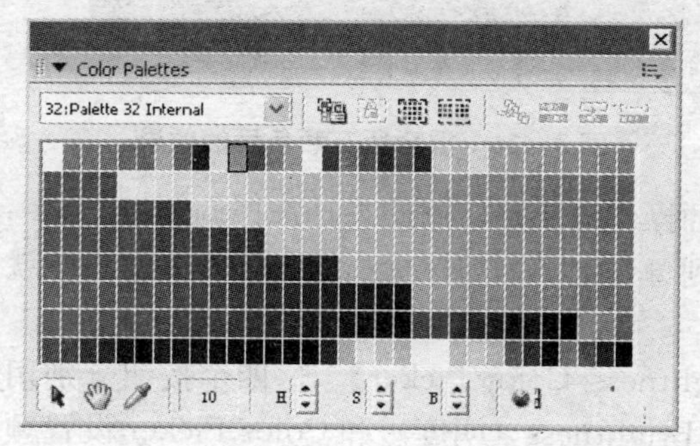

图 3—22　编号 10 处的色块为绿色

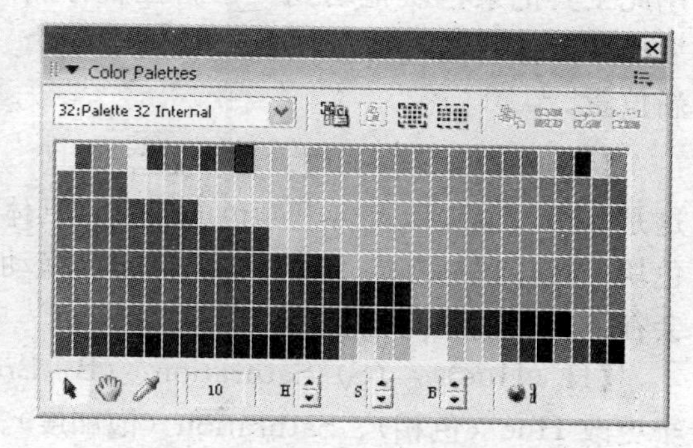

图 3—23　绿色区域变成了红色

【Blend】。此按钮的作用是实现两个色块之间的混合过渡。选择如图 3—24 所示的调色板中三个或更多颜色块，然后单击此按钮，发现最前和最后两个色块之间的颜色变成了这两个色块的过渡色，如图 3—25 所示。

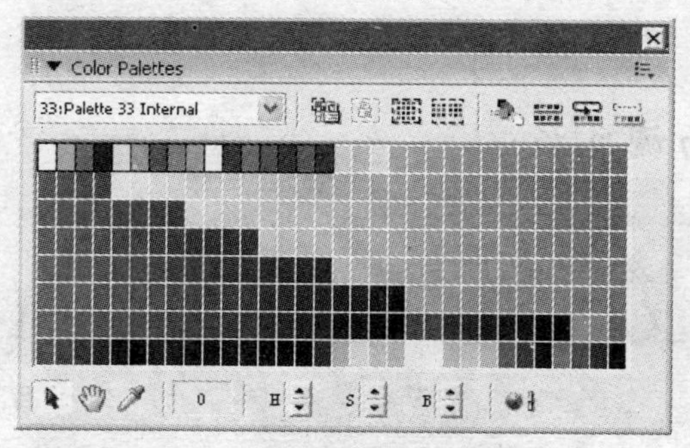

图 3—24　选中多个色块

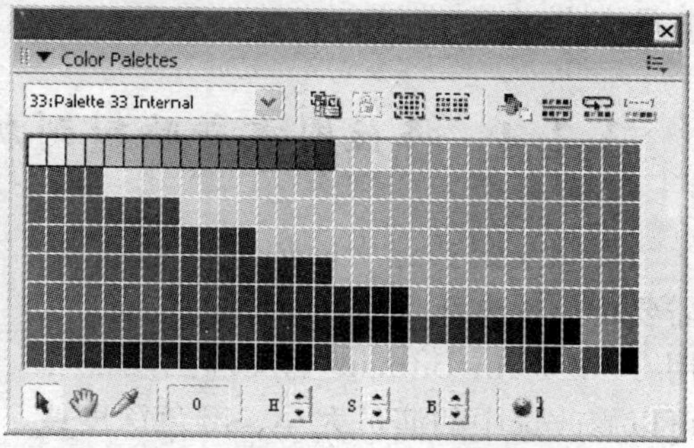

图 3—25　混合后的颜色效果

如果选中调色板上所有的颜色（256 色），然后单击 Blend 按钮，这时调色板中的颜色将会变成与 Grayscale 调色板一样的外貌，如图 3—26 所示，这时应用此调色板的图像色彩也变成了类似灰度模式。

以下介绍下面的一排工具：

【Arrow Tool】。箭头工具，这是一个标准选择工具。Arrow Tool 除了具备一般的选择功能，如结合 Shift 键（连选）或 Ctrl 键（单选）选择，还有一种便捷的选择方法：先在某一色块上按住鼠标左键不放，然后拖动鼠标，这时鼠标经过区域的色块就全部被选中了。

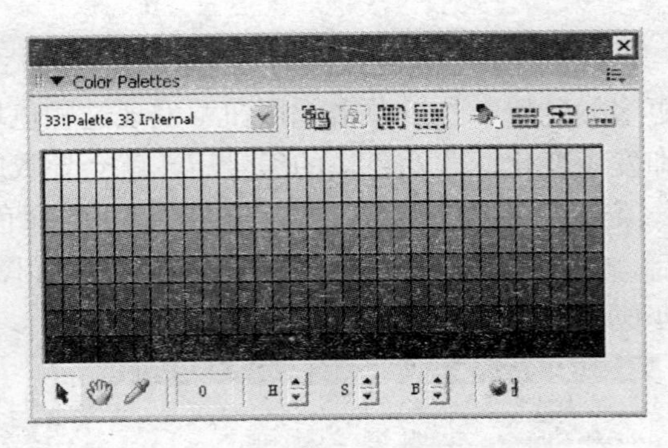

图 3—26 混合所有颜色后的效果

【Hand Tool】。手形工具，这是一个徒手选择工具，可以移动色块的位置。用此工具把某色块拖动到一个新位置，然后松开鼠标，这时此色块就移动到了一个新位置。

【Eyedropper Tool】。吸管工具，这是一个可以吸取舞台上颜色的工具。具体的操作方法是：用此工具选择调色板上某一色块，按住鼠标左键不动并将鼠标指针拖动到舞台上，当前鼠标指针所处位置的颜色就会在调色板上呈高亮显示。

【H（Hue）/（S）Saturation/（B）Brightness/Color Picker】。这四个按钮分别用于更改 Hue（色相）、Saturation（饱和度）、Brightness（明度）和 Color Picker 设置颜色。

提示：和 Sort、Blend 等功能一样，在应用 Hue、Saturation、Brightness、Color Picker 功能时，如果要在 Director 内置的 10 个调色板中进行，系统会自动创建一个新的调色板并要求用户命名，同样，这个新的调色板也会作为一个演员自动存储在 Cast 演员表中。

3.2.4 将位图重新映射到新的调色板

要想改变被选中的演员的调色板，需要将位图重新映射到新的调色板。应用 Transform Bitmap 变换位图功能就可以修改选中的演员大小、颜色深度或调色板。如对一个演员的大小、颜色深度或调色板进行修改，其不仅将影响演员本身，还将影响舞台上基于此演员的精灵。切记，在执行这个操作的时候一定要谨慎，因为在此对演员的大小、颜色深度或调色板的改变是不能撤销的。

图 3—27 图像的初始效果

在 Cast 窗口中选择一个图像演员（可多选），如图 3—27 所示，这是这幅图像的目

前效果。执行 Modify | Transform Bitmap 命令，弹出如图 3—28 所示的 Transform Bitmap 对话框，选项的设置介绍如下：

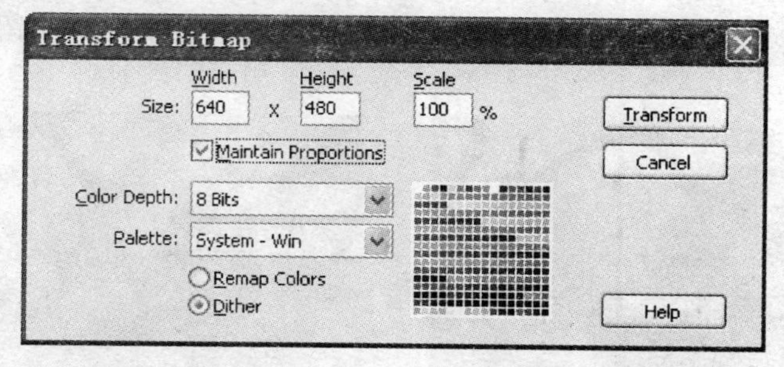

图 3—28　**Transform Bitmap 对话框**

【Size】。此选项用来设置演员的尺寸。在 Width 和 Height 文本框中输入新的演员尺寸（单位为像素），Scale 文本框中可输入演员的缩放百分比。选择 Maintain Proportions 选项用来保证演员的宽高比例。

【Color Depth】。此选项用来设置演员的颜色深度。在 Color Depth 右侧弹出的下拉列表中有 6 个选项：1 Bits、2 Bits、4 Bits、8 Bits、16 Bits 和 32 Bits。如果这里选择 8-Bits（256 色），在下面的 Palette 选项中将会有更多的调色板供用户选择。

提示：实际上，Director 中的调色板只能使用在 8 位色深（256 色）显示模式下。

【Palette】。此选项用来设置演员的调色板。默认情况下，Palette 选项右侧显示的是当前图像演员正在使用的调色板，本例中显示的是 System-Win 调色板。如果在 Color Depth 选项中选择 8 Bits，这时 Palette 右侧弹出的下拉列表中就会全部显示系统内置的 10 个调色板。现在需要将当前位图重新映射到新的调色板，在下面选择一个新的调色板即可，此处选择 Vivid 调色板（Vivid 调色板色彩相对纯净、跳跃，适于表现花卉的色彩）。

Remap Colors 选项是用新调色板中固有的颜色来替换演员中最相似的原来颜色。

而 Dither 选项是将新的调色板中的颜色与原来演员中近似的颜色抖动混合，用这种混合色来尽量接近原来的颜色。

一切设置好之后，单击 Transform 按钮完成 Transform Bitmap 对话框的设置，这时弹出如图 3—29 所示的窗口，这是在提示："刚才的操作不能撤销，是否继续执行变换？"单击 OK 按钮关闭此窗口。

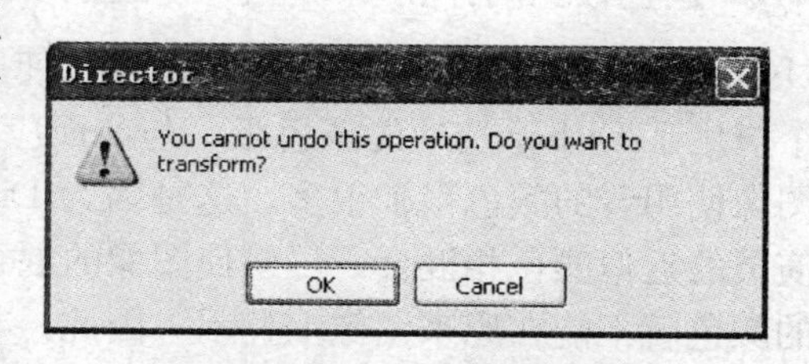

图 3—29　**提示对话框**

下面比较一下两幅图像效果，图 3—30 为应用 Remap Colors 选项映射到调色板的图像效果，而图 3—31 为应用了 Dither 选项映射到调色板的效果。经比较不难发现，应用 Remap Colors 选项映射到调色板的图像损失了很多色彩，仅保留了原图像的少量颜色。而应用 Remap Colors 选项映射到调色板的图像较前者来说，保留的原图像颜色要多一些。

图 3—30 应用 Remap Colors 选项的效果

图 3—31 应用 Dither 选项的效果

接下来再比较一下应用 Remap Colors 选项与应用 Dither 选项时的 Vivid 调色板。首先，假设刚才将位图映射到新调色板时应用的是 Remap Colors 选项，此时执行 Window | Color Palettes 命令，调出 Color Palettes 窗口，从左上角的下拉列表中选择刚才应用的 Vivid 调色板。然后在 Cast 窗口中选择刚才的图像演员，并在调色板窗口的上方单击 Select Used Colors 按钮，这时此图像演员已使用着的颜色被选中，如图 3—32 所示。观察这个应用了 Remap Colors 选项的调色板，发现调色板上被原来图像使用着的颜色非常少。这是因为 Remap Colors 的映射方式是用新调色板中固有的颜色来替换原来图像中的颜色，假如新调色板中没有这种颜色，那么这些颜色就不能在原来图像上显示出来，因此，应用 Remap Colors 选项映射到调色板时，图像损失了很多颜色，而仅仅保留了原来图像的少量颜色。

现在，假设前面将位图映射到新调色板时应用了 Dither 选项，此时执行 Window | Color Palettes 命令，调出 Color Palettes 窗口，从左上角的下拉列表中选择刚才应用的 Vivid 调色板。同样在 Cast 窗口中选择图像演员，并在调色板窗口的上方单击 Select Used Colors 按钮，选择图像演员已使用着的颜色，如图 3—33 所示。现在看一下这个应用了 Dither 选项的调色板，与前面应用 Remap Colors 选项相比，调色板上被原来图像使用着的颜色多了很多。这是因为 Dither 的映射方式将新调色板中的颜色与原来演员的近似颜色相混合，尽量使图像的混合色接近原来的颜色，而不是新调色板上没有的颜色就不能在原来图像上显示。因此，与 Remap Colors 比较，应用 Dither 选项映射到调色板时，图像损失的颜色要少一些，从而保留了原来图像的多数颜色。

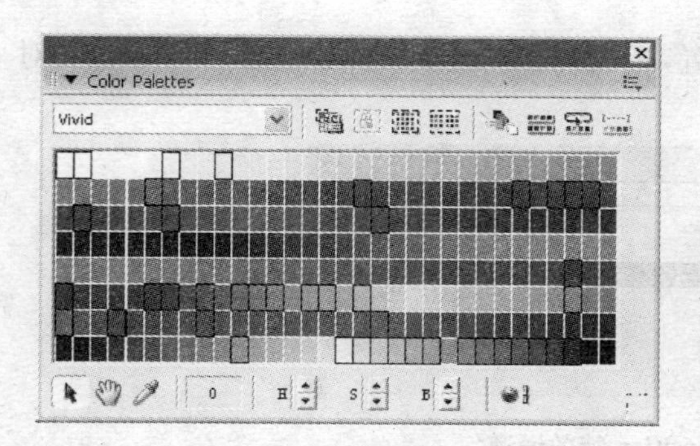

图 3—32 已使用着的颜色被选中

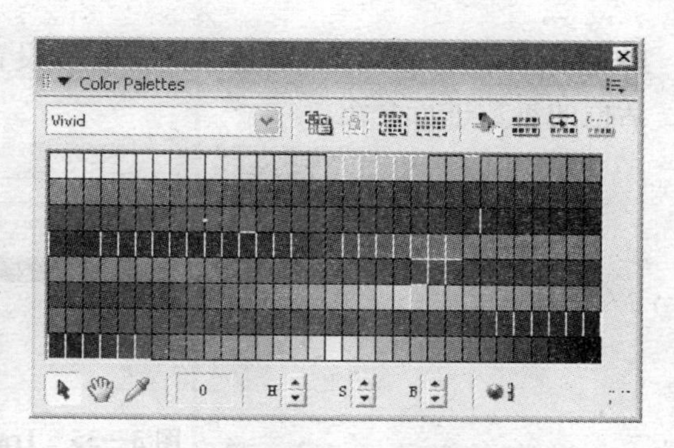

图 3—33 选择图像使用的颜色

3.3 Transition 特效通道

Transition 是过渡、转场的意思，所以 Transition 特效通道也称为转场通道，它的作用是在影片的两帧之间建立转场效果。实际上转场效果就是在两帧之间创建的简短动画，从而实现不同画面之间的不同过渡。例如在看电影时，有一段从远景到近景的情节，电影在放映完远景画面后，画面渐渐变暗甚至全黑。紧接着画面又渐渐亮起来，这时出现的已不再是刚才的远景了，而是一个近景或局部特写。这个例子中的画面变暗再变亮的过程可以说是一段简短动画，它实现了两个远近不同场景之间的自然过渡。

下面以 Director 中 Wipe 类下的 Center Out，Horizontal 转场效果为例，使读者对 Director 影片中的转场有一个直观印象。Center Out，Horizontal 转场效果是这样的：由当前画面中心的垂直线向左右展开水平擦拭，并将下一画面逐渐显示。图 3—4 中的中间窗口就是两个画面之间的 Center Out，Horizontal 转场效果。

图 3—34 Dissolve，Bits 转场效果

Transition 特效通道位于 Palette 特效通道的下方，如图 3—35 所示。要设置 Transition 特效通道，先在此特效通道中选中某帧，执行 Modify | Frame | Transition 命令，或只需在 Transition 特效通道的帧上双击鼠标，即可打开如图 3—36 所示的 Frame

Properties：Transition 对话框进行参数设置，下面对 Frame Properties：Transition 对话框的参数进行介绍。

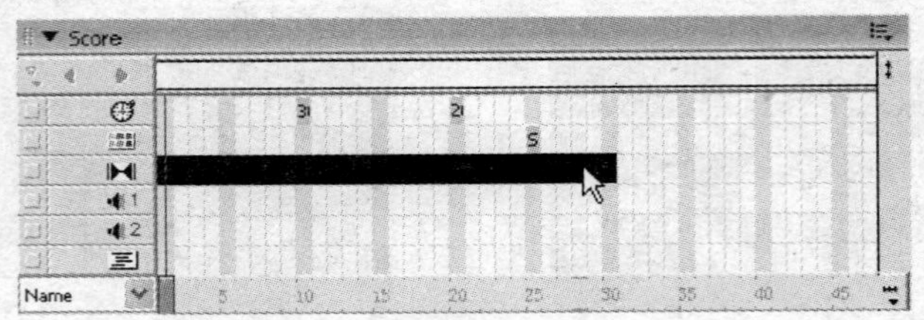

图 3—35 Transition 特效通道

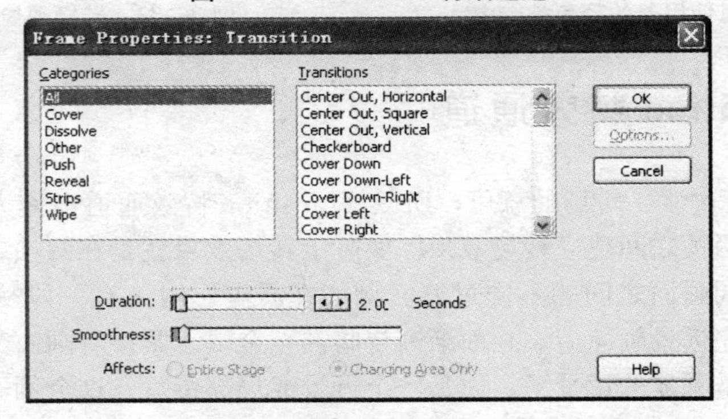

图 3—36 Frame Properties：Transition 对话框

【Frame Properties】。Transition 对话框的上部被分为两部分，左右各有一个列表，左侧 Categories 是转场效果的分类，右侧 Transitions 是转场效果。Adobe Director 11 为用户提供了 50 余种内置转场效果，许多第三方 Xtras 插件同样包含转场效果。

【All】。此选项用来在右侧显示所有的转场效果。

【Cover】。此转场分类以覆盖形式转场。Cover 转场效果利用多种形式，将下一画面覆盖到当前画面的上方。有垂直或水平方向的覆盖方式，也有对角线覆盖方式。以下介绍 Cover 类转场效果：

- 【Cover Down】：下一画面由上而下覆盖当前画面。
- 【Cover Down-Left】：下一画面由右上至左下覆盖当前画面。
- 【Cover Down-Right】：下一画面由左上至右下覆盖当前画面。
- 【Cover Left】：下一画面由右至左覆盖当前画面。
- 【Cover Right】：下一画面由左至右覆盖当前画面。
- 【Cover Up】：下一画面由下至上覆盖当前画面。
- 【Cover Up-Left】：下一画面由右下至左上覆盖当前画面。
- 【Cover Up-Right】：下一画面由左下至右上覆盖当前画面。

【Dissolve】。此转场分类以溶解形式转场。Dissolve转场效果使当前画面产生被溶解的过程，其效果类似用开水冲颗粒状物质的瞬间。在当前画面被溶解的同时，下一画面渐渐显示出来。以下分别介绍Dissolve类转场效果的各项设置：

- 【Dissolve，Bits】：下一画面以点状扩散形式显示出来。
- 【Dissolve，Bits Fast】：下一画面以快速点状扩散形式显示出来。
- 【Dissolve，Boxy Rectangles】：下一画面以不规则长方形扩散形式显示出来。
- 【Dissolve，Boxy Squares】：下一画面以不规则正方形扩散形式显示出来。
- 【Dissolve，Patterns】：下一画面以图案的淡化效果显示出来。
- 【Dissolve，Pixels】：下一画面以像素扩散形式显示出来。此效果与Dissolve，Bits效果相似，但Dissolve，Pixels效果是不能调节Smoothness值的，而Dissolve，Bits效果可以调节Smoothness值，值越大，扩散时点的面积也越大。
- 【Dissolve，Pixels Fast】：下一画面以快速像素状扩散形式显示出来。此效果与Dissolve Bits，Fast效果相似，但Dissolve，Pixels Fast效果是不能调节Smoothness值的，而Dissolve Bits，Fast效果可以调节Smoothness值，值越大，扩散时点的面积也越大。

【Other】。此转场分类是其他一些综合类转场形式。以下分别介绍Other类转场效果的各项设置：

- 【Checkerboard】：下一画面以棋盘方格的切换形式显示出来。
- 【Random Columns】：下一画面以随机的垂直线形式显示出来。
- 【Random Row】：下一画面以随机的水平线形式显示出来。
- 【Venetian Blinds】：下一画面以水平百叶窗形式显示出来。
- 【Vertical Blinds】：下一画面以垂直百叶窗形式显示出来。
- 【Zoom Close】：当前画面由四周渐渐缩小至中央，然后消失。
- 【Zoom Open】：下一画面由中央向四周慢慢放大至全舞台。

【Push】。此转场分类以推出形式转场。Push转场效果使当前画面被下一画面推出舞台，且能选择推出的方向。以下介绍Push类转场效果：

- 【Push Down】：当前画面被下一画面由上而下推出舞台。
- 【Push Left】：当前画面被下一画面由右而左推出舞台。
- 【Push Right】：当前画面被下一画面由左而右推出舞台。
- 【Push Up】：当前画面被下一画面由下而上推出舞台。

【Reveal】。此转场分类以逐渐显示透出的形式转场。Reveal效果利用多种形式，通过移走当前画面，将下一画面显示在舞台上。有垂直或水平方向的显示透出方式，也有对角线显示方式。Reveal效果与Cover效果有些相似，但又有不同之处，例如：Reveal效果是当前画面在下一画面的上方；而Cover效果是下一画面在当前画面的上方。以下分别介绍 Reveal 类转场效果：

- 【Reveal Down】：当前画面以由上而下的形式移开舞台，下一画面逐渐显示出来。
- 【Reveal Down-Left】：当前画面以由右上至左下的形式移开舞台，下一画面逐渐显示出来。
- 【Reveal Down-Righ】：当前画面以由左上至右下的形式移开舞台，下一画面逐渐显示出来。
- 【Reveal Left】：当前画面以卷轴方式由右而左的形式移开舞台，下一画面逐渐显示出来。
- 【Reveal Right】：当前画面以卷轴方式由左而右的形式移开舞台，下一画面逐渐显示出来。
- 【Reveal Up】：当前画面以卷轴方式由下而上的形式移开舞台，下一画面逐渐显示出来。
- 【Reveal Up-Left】：当前画面以卷轴方式由右下至左上的形式移开舞台，下一画面逐渐显示出来。
- 【Reveal Up-Right】：当前画面以卷轴方式由左下至右上的形式移开舞台，下一画面逐渐显示出来。

【Strips】。此转场分类以锯齿形式转场。Strips 效果利用多种形式，使下一画面从舞台的一角开始显露，在运动过程中，用带锯齿的边缘逐渐覆盖当前画面，直到舞台上完全显示出下一画面。以下分别介绍 Strips 类转场效果：

- 【Strips on Bottom，Build Left】：下一画面由右下至左上逐渐显露，用带锯齿的边缘逐渐覆盖当前画面。
- 【Strips on Bottom，Build Right】：下一画面由左下至右上逐渐显露，用带锯齿的边缘逐渐覆盖当前画面。
- 【Strips on Left，Build Down】：下一画面由左上至右下逐渐显露，用带锯齿的边缘逐渐覆盖当前画面。
- 【Strips on Left，Build Up】：下一画面由右下至右上逐渐显露，用带锯齿的边缘逐渐覆盖当前画面。
- 【Strips on Right，Build Down】：下一画面由右上至左下逐渐显露，用带锯齿的边缘逐渐覆盖当前画面。
- 【Strips on Right，Build Up】：下一画面由右下至左上逐渐显露，用带锯齿的边缘逐渐覆盖当前画面。
- 【Strips on Top，Build Left】：下一画面由右上至左下逐渐显露，用带锯齿的边缘逐渐覆盖当前画面。

- 【Strips on Top，Build Right】：下一画面由左上至右下逐渐显露，用带锯齿的边缘逐渐覆盖当前画面。

【Wipe】。此转场分类以擦拭形式转场。Wipe 效果可以擦拭当前画面，并将下一画面逐渐展开。以下分别介绍 Wipe 类转场效果：

- 【Center Out，Horizontal】：由当前画面中心的垂直线向左右展开水平擦拭，并将下一画面逐渐显示。
- 【Center Out，Square】：由当前画面中心的小矩形，向四周展开扩展擦拭，并将下一画面逐渐显示。
- 【Center Out，Vertical】：由当前画面中心的水平线向上下展开垂直擦拭，并将下一画面逐渐显示。
- 【Edges In，Horizontal】：由当前画面的左右两侧向中心的垂直线进行擦拭，并将下一画面逐渐显示。
- 【Edges In，Square】：与 Center Out，Square 相反，由当前画面的四周向中心进行收缩擦拭，并将下一画面逐渐显示。
- 【Edges In，Vertical】：由当前画面的上下两侧向中心的水平线进行擦拭，并将下一画面逐渐显示。
- 【Wipe Down】：由当前画面的上边缘向下边缘进行擦拭，并将下一画面逐渐显示。
- 【Wipe Left】：由当前画面的右边缘向左边缘进行擦拭，并将下一画面逐渐显示。
- 【Wipe Right】：由当前画面的左边缘向右边缘进行擦拭，并将下一画面逐渐显示。
- 【Wipe Up】：由当前画面的下边缘向上边缘进行擦拭，并将下一画面逐渐显示。

【Frame Properties】：Transition 对话框的下部还有三个选项，它们分别是：

【Duration】。此选项用于设置转场效果的持续时间。取值范围为 0～30 秒，数值越大，画面在转场动画上持续的时间越长。

【Smoothness】。此选项用于设置转场效果的平滑度。转场效果内部可以分成若干个步骤，每一步都会对一定数量的像素做更改。拖动右边的滑块可以改变转场效果的平滑程度，向左端拖动滑块，转场效果会更平滑更慢，每一步更改的像素数量少；向右端拖动滑块，转场效果会更粗略更快，每一步更改的像素面积增大。下例中，应用 Othere 类中的 Checkerboard 为同一部影片添加棋盘格转场效果，分别把 Smoothness 滑块拖到左端和右端，如图 3—37、图 3—38 所示。通过比较可知，把 Smoothness 滑块拖到右端后，转场动画中的棋盘格会加大。

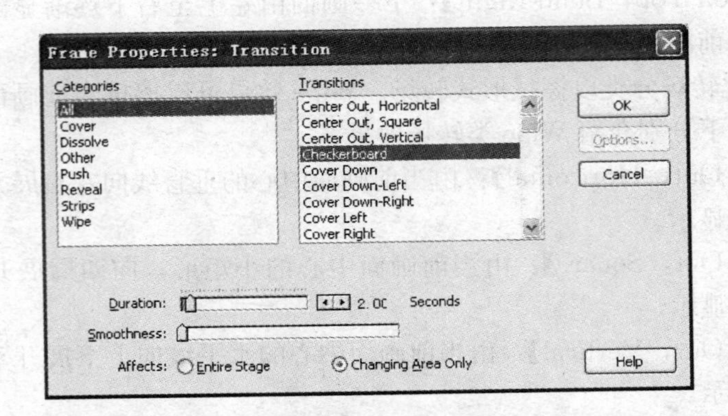

图 3—37 滑块拖到左端，转场时棋盘格很小

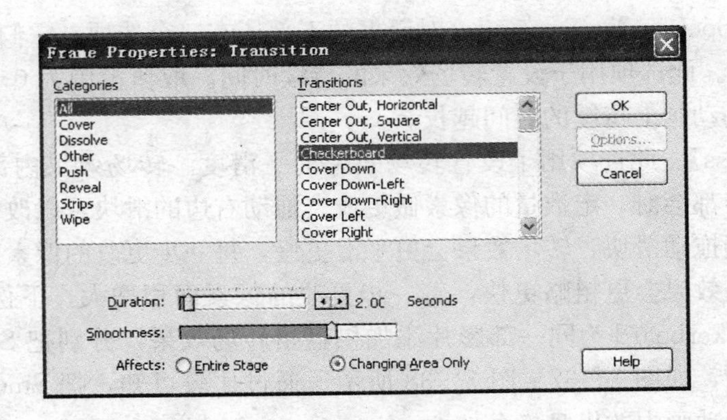

图 3—38 滑块拖到右端，转场时棋盘格加大

【Affects】。此选项用于设置转场效果的作用范围。选择 Entire Stage 选项，转场效果影响整个舞台；而选择 Changing Area Only 效果，转场效果仅影响舞台上变化的区域。

提示：①添加转场特效时，如果需要下一个精灵出现时使用转场效果，必须在下一个精灵的第 1 帧上添加转场效果，如图 3—39 所示。②一旦在电影中定义了一个转场特效，该转场特效就作为电影的一个演员出现在角色表中，用户可以从演员表中将其拖动到转场通道中直接使用。

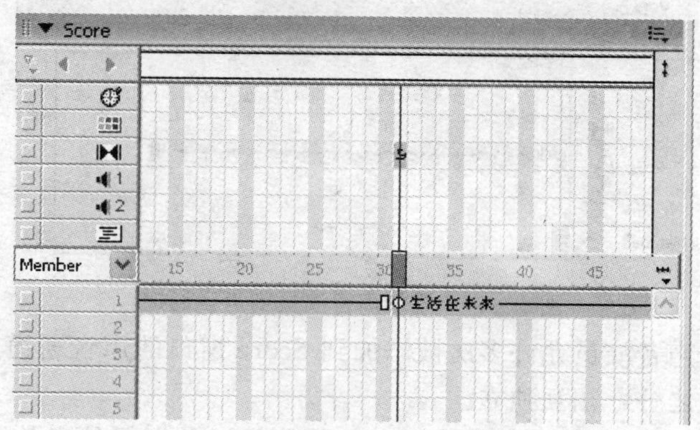

图 3—39 转场效果添加到下一个精灵的第 1 帧

3.4 Sound 特效通道

一部多媒体作品如果没有声音，效果很可能会大打折扣。Director 多媒体影片中的

声音有许多类型，如音乐、音响效果、背景音乐和画外音等。只要将声音演员导入到演员表，就可以在影片创作的过程中使用。在 Director 中，主要利用 Sound 声音特效通道来添加和播放声音效果。Director 提供了两个声音通道：声音通道 1、声音通道 2，这两个声音通道相互独立，互不干扰。Sound 特效通道位于 Transition 特效通道的下方，如图 3—40 所示。

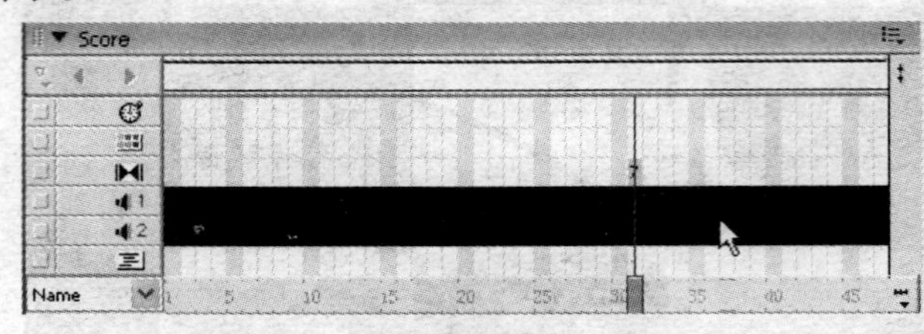

图 3—40　声音通道 1、声音通道 2

3.4.1　Sound 特效通道的操作

把演员表里的声音演员添加到声音通道中的方法，与前文中介绍过的向舞台添加精灵的方法相同。选中 Cast 窗口中的一个或两个（最多两个）声音演员，并按住鼠标左键不放，将演员拖拽到 Score 窗口的声音通道，释放鼠标后即可完成声音的添加，如图 3—41 所示。默认情况下，这个声音占了 30 帧的长度。

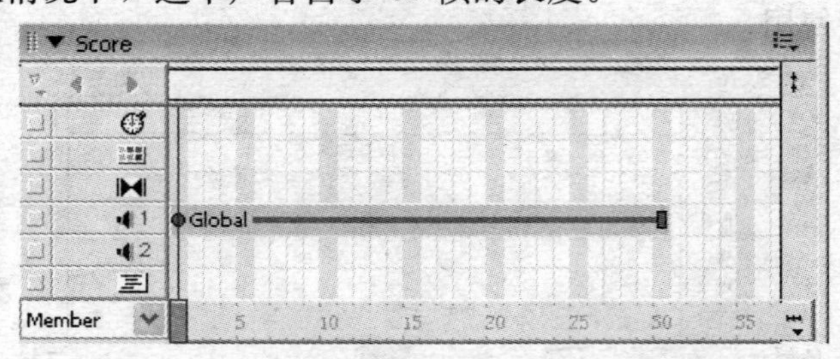

图 3—41　添加声音演员到声音通道

提示：同一个声音演员允许多次被添加到 Score 窗口的声音通道。声音通道 1、声音通道 2 没有主次之分，相互独立。

声音通道上 30 帧的长度无疑是太短了，除非是极其短促的音效文件。这时就需要用户自己去延长这个声音的长度，即延长它的帧数。在声音通道中选中这个声音精灵，找到 Property Inspector 对话框并切换到 Sprite 标签。可以看到，Start Frame 后面的文本框中显示的是该声音的起始帧编号，现在只需把 End Frame 后面文本框中的数字“30”改成要延长到的具体某帧的编号即可，如图 3—42 所示。

要设置 Sound 特效通道，先在此特效通道中选中某帧，执行 Modify | Frame |

Sound 命令，或只需在声音通道 1 或声音通道 2 上双击鼠标左键，即可打开如图 3—43 所示的 Frame Properties：Sound 对话框，以下介绍 Frame Properties：Sound 对话框。

在声音列表中可预览影片里所有的声音演员，而在图3—43中双击的那个声音默认是被选中的。用户可以在声音列表中选择一个声音，单击 Play 按钮可对声音进行试听预览。这时还可以在声音列表中重新选择其他的声音，单击 OK 按钮，即可当前声音替换为重新选择的声音。

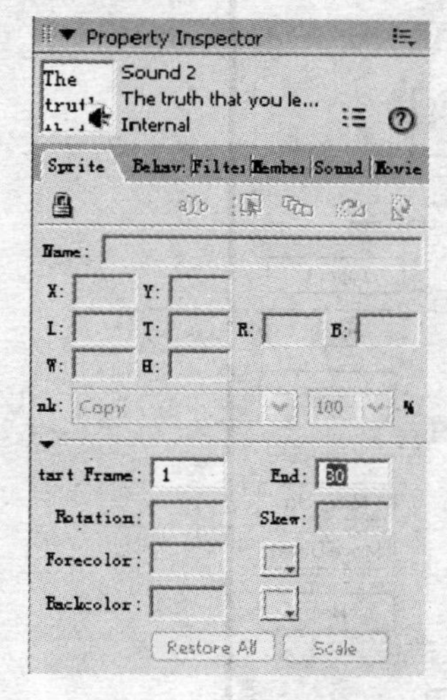

图 3—42　修改声音的帧跨度

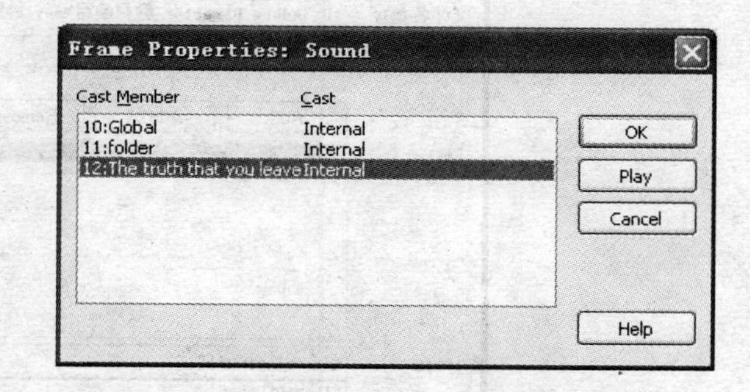

图 3—43　Frame Properties：Sound 对话框

3.4.2　声音的运用

(1) 声音演员的导入设置

前文在介绍导入演员的时候，涉及了两种常见的导入方式：Standard Import 方式和 Link to External File 方式。一般情况下，使用 Standard Import 方式导入外部文件将会增大影片文件量；而 Link to External File 导入方式可以控制影片的文件量，因为这种导入方式只记下该外部文件的文件名和位置（可以在 Property Inspector 面板的 Member 标签中查看），没有将当前文件的所有信息嵌入到影片文件中。

提到导入方式，Director 中的声音也可以有多种导入方式，也就是说它既可以被当作内部声音来处理，也可以把它当做外部链接的声音来处理。影片放映时，内部声音虽然占用计算机内存比较多，但可以很流畅地播放，一搬把经常重复使用的、非常短促的声音当作内部声音处理。而在处理一个文件量非常大且在影片中不经常出现的声音文件时，就有必要把它当做外部链接的声音来处理，以免其长时间占用大量计算机内存。被当作外部声音的文件只有在每次开始播放该声音时，才导入该声音数据。

以下演示如何导入一个声音文件。执行 File | Import 命令或组合键 Ctrl+R，弹出 Import Files into 对话框，选择要导入的声音演员，可在 Media 选项后的下拉列表中选择，要设置将导入的声音文件是内部声音或外部链接声音，如图 3—44 所示。

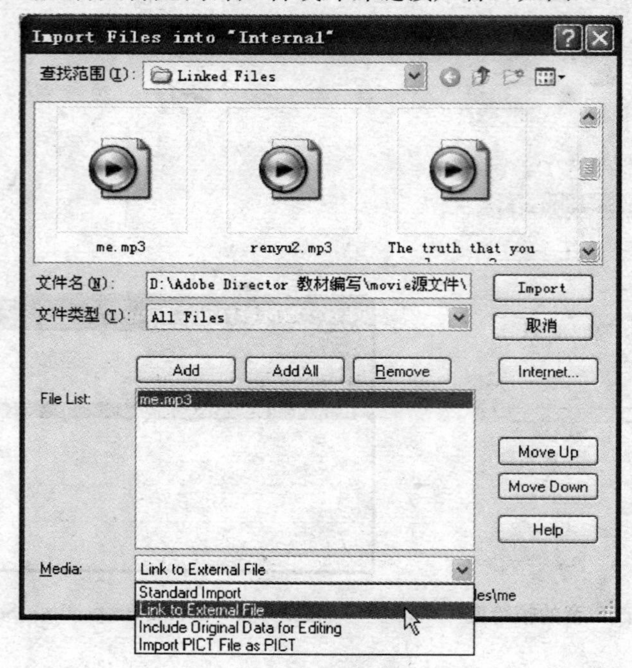

图 3—44　Media 下拉列表

如果选择 Standard 方式，那么被导入的声音将成为内部声音演员，如果选择 Link to External File 方式，这时被导入的声音将成为外部链接的文件，影片中仅保存关于该声音文件位置的引用。例如选择 Link to External File 方式，单击 Import 按钮导入该声音演员。

（2）声音演员的属性设置

上例中，使用 Link to External File 方式导入了一个声音文件，该声音成为影片中的外部链接文件。这时，可利用 Sound 标签和 Member 标签来设置该声音的循环、名称。因为该声音是影片的外部链接文件，所以还可以对这个外部声音文件进行编辑。

首先选择一个声音演员，找到 Property Inspector 对话框并切换到 Sound 标签，如图 3—45 所示。在 Sound 标签中，可以看到下方有一些关于该声音文件的相关信息，如：声音持续时间、采样频率、采样大小和频道等，但不能在此编辑这些选项。如果这个声音文件需要重复播放（如作为背景音乐），就需要选中左上角的 Loop 复选框，这样可以使这个声音反复循环播放。最后，该标签右上角的 Stop 按钮和 Play 按钮可以协助用户试听预览此声音的效果。

设置好 Sound 标签后，可以切换到 Property Inspector 对话框中的 Member 标签，如图 3—46 所示。在 Member 标签中，同样可以看到下方有一些关于该声音文件的相关信息，如：声音演员大小、创建日期、修改日期及修改人等。在 Name 后的文本框中可以为声音文件输入一个新的名称。如果要将当前的外部链接声音被其他声音文件替换，可在 Filename 后的文本框中输入一个新的路径和文件名称，也可以利用 Browse 按钮 [...] 来选择一个新的声音文件。

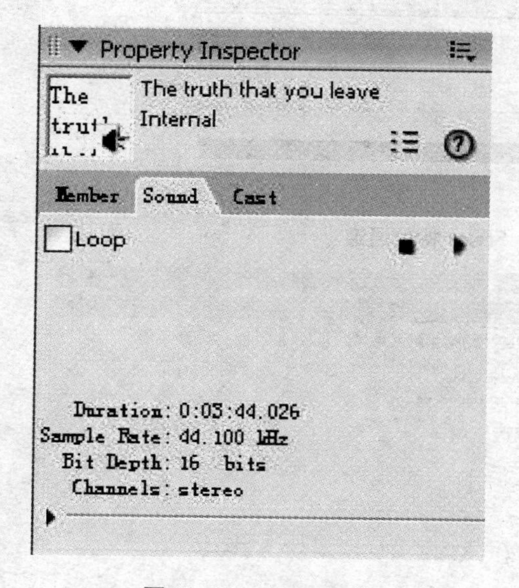

图 3—45　Sound 标签

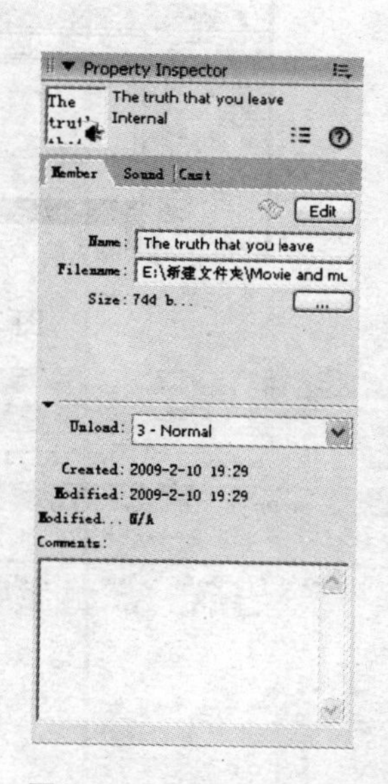

图 3—46　Member 标签

如果系统提示内存过低，可能会影响软件的运行，这种情况下可以设置 Director 从内存中移除演员。使用 Unload 选项即可设置演员的移除优先级。在 Unload 右侧的下拉列表中有四个选项，可以在其中选择一项，它们的含义分别是：

- 【3—Normal】：按演员不被使用的时间顺序依次移除。
- 【2—Next】：内存过低时，该演员将首先被移除。
- 【Last】：内存过低时，该演员将最后被移除。
- 【Never】：任何情况下，该演员都不会被移除。

最后，在 Comments 下方的文本框中可以输入一些描述性文字，对该声音文件进行标注、评论及说明等。

3.5 Script 特效通道

Script 是脚本的意思，所以 Script 特效通道也称为脚本通道，它的作用是通过编写 Lingo 或 JavaScript 语言，以控制某一帧或某一范围内的帧。Script 通道位于声音通道 2 的下方，如图 3—47 所示。

要编写脚本，需执行 Modify | Frame | Script 命令，或只需在脚本通道的某帧上双击鼠标，即可打开如图 3—48 所示的 Script：Behavior Script 窗口。

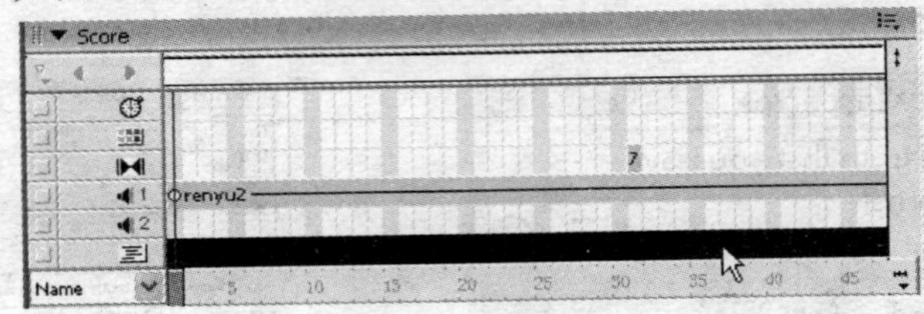

图 3—47 Script 特效通道

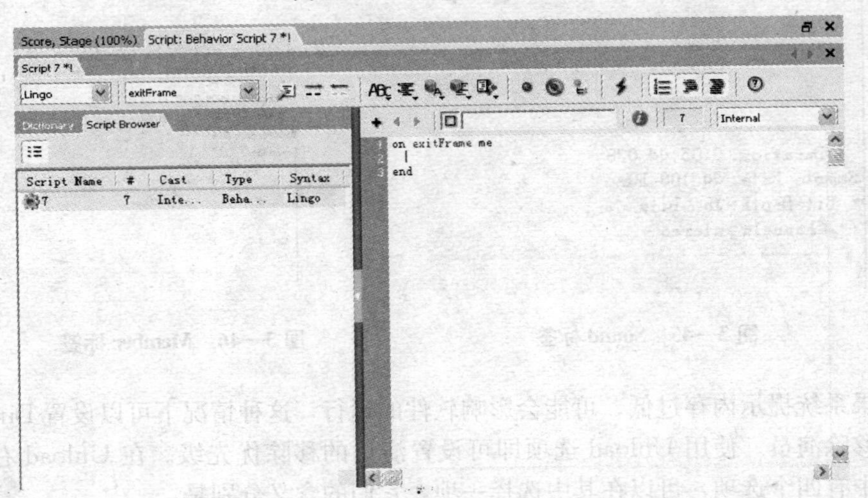

图 3—48 Script：Behavior Script 窗口

脚本窗口很像一个文本处理软件的界面，主要是用来输入 Lingo 代码或者编辑已有的脚本。

Lingo 脚本有多种类型，如 Score Script，Cast Member Script，Movie Script，Parent Script。关于脚本知识，在后面的章节中有专门介绍。

3.6 Control Panel

Control Panel 又叫控制面板，执行 Window | Control Panel 命令或组合键 Ctrl+2，即可打开或隐藏如图 3—49 所示的 Control Panel 面板，它占的面积非常小，但其作用是不可忽视的。Control Panel 面板主要是操纵播放头，控制影片的放映，而且配有各种控制播放、停止、音量、前进和倒退等按键。无论从外观还是功能上看，Control Panel 面板都很像视、音频播放器。Control Panel 面板浮动在窗口上方，会一直显示在其他窗口前面，为操作提供了很大便利。以下介绍 Control Panel 面板上的各个按键。

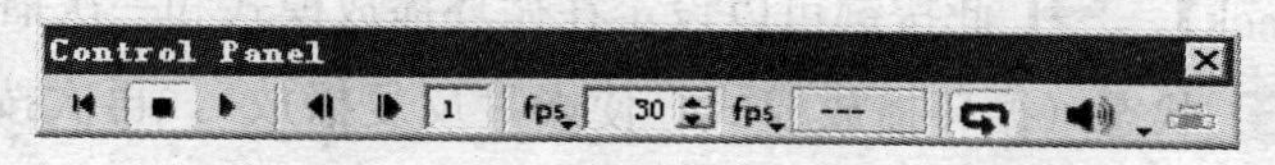

图 3—49 Control Panel 面板

【Rewind】。此按键可将播放头移动到总谱第一帧的位置。

【Stop】。此按键可将正在播放的播放头停止在总谱的当前位置。

【Play】。此按键可使播放头自总谱的当前位置开始向后播放。

【Step Backward】。此按键可使播放头向左后退一帧。如果这时播放头位于第一帧的位置，此时单击 Step Backward 按键，播放头会跳转到影片的最后一帧。

【Step Forward】。此按键可使播放头向右前进一帧。如果这时播放头位于影片最后一帧的位置，此时单击 Step Forward 按键，播放头会跳转到第一帧。

【Frame】。37 此文本框能显示播放头所处的当前帧编号。也可以在这里输入一个帧编号，如输入“37”，然后单击其他位置，这时播放头就能停放在第 37 帧上，从而实现播放头的快速定位。

【Tempo Mode】。fps。此按钮可设定其右侧播放速率的显示模式（单位）。其下拉菜单中有两个选项，分别是：Frames per Second（帧/秒）、Seconds per Frame（秒/帧）。此显示模式（单位）选项不同，其后的 Tempo 播放速率的显示方式就不同。

【Tempo】。30。此文本框可设定影片播放速率的最大值。之所以要设定播放速率的最大值，是因为影片各个部分的复杂程度不同，用户的计算机性能高低也不同，为了保证画面稳定，设定一个影片播放速率的最大值，实际播放时的速率可能会比这个最大值低，肯定不会超过这个最大值。

【Actual Tempo Mode】。fps 此按钮可设定其右侧的实际播放节拍的显示模式（单位）。其下拉菜单中有两个选项，分别是：Frames per Second（帧/秒）、Seconds per Frame（秒/帧）、Running Total（单位为秒，指总计运行时间，但其中不包括转场和调色板的切换时间）、Estimated Total（单位为秒，指估计运行时间，它包括转场和调色板的切换时间）。Actual Tempo Mode 选项不同，其后 Actual Tempo 实际播放速率的显示方式就不同。

【Actual Tempo】。27 此处可显示影片实际播放速率。前文已经介绍过，因为影片各个部分的复杂程度和计算机性能的不同，实际播放时的速率可能会小于或等于设定好的播放速率最大值。

提示：实际播放速率在整个影片的放映过程中是不断变化的。

【Loop Playback】。此按键可以设定在循环播放模式和一次播放模式之间切换。按下此按键会呈状态（循环播放模式，使影片反复播放），再次按下会呈状态（一次播放模式，播放到影片最后一帧即停止）。

【Volume】。此按键可以设定影片的音量。其下拉列表中有从 0 到 7 共 8 个级别 。0 为静音，7 的音量最大。

【Selected Frames Only】。按下此按键，可以设置仅播放选定的帧，此功能多用在调试影片的过程中。在总谱通道中选择需要播放的帧，这时在精灵通道的顶部出现一条绿色的线，标出被选定帧的长度。即使影片设置了循环播放模式，也将只反复播放这些选定的帧。

3.7 习题

3.7.1 填空题

1. 控制影片的放映速度有两种方法，第一种方法是利用 Control Panel 控制面板来设置放映速度，第二种方法是利用________特效通道，利用该特效通道可以使影片放映的过程中有不同的速度设置。

2. 在 Director 环境中，调色板只是使用在________位（256 色）或更低色深显示模式下的，索引色就是一种典型的具有该色彩深度的颜色模式。

3. 要想改变被选中的演员的调色板，需要将位图重新________到新的调色板。执行这个操作的时候一定要谨慎，因为该操作是不能撤销的。

4. 在 Director 中，要实现两个不同画面场景之间的自然过渡，可以应用________特效通道在影片的两帧之间建立转场效果。实际上转场效果就是在两帧之间创建的简短________。

5. Director 中的声音通道 1、声音通道 2 没有主次之分，相互________。

6. 如果一个作为背景音乐的声音文件需要重复播放，需要找到 Property Inspector 对话框并切换到 Sound 标签，选中左上角的________复选框，这样可以使该声音反复循环播放。

7. Director 中，位于声音通道 2 下方的是________通道。

8. 打开或隐藏 Control Panel 面板的组合键是________。

3.7.2　简答题

1. Director 中的调色板是什么？
2. 如何查看或修改整个影片的预设调色板？
3. 索引色图像的调色板要想导入到演员表中，Director 对其调色板有什么样的要求？
4. 简要回答 Transition 特效通道的工作原理。

3.7.3　操作题

1. 通过设置 Frame Properties：Tempo 对话框的参数，制作一个使影片画面暂停后再继续向前放映的效果。
2. 练习为位图图像重新映射调色板。

第4章 Director 中的演员

Adobe Director 11 不仅可以通过 Import 命令导入外部文件作为演员，还可以通过其内置的附属窗口如 Paint 窗口、Vector Shape 窗口、Text 窗口等制作演员、给演员化妆，这些演员会在 Cast 窗口里等待着导演的派遣。对位图图形的操作可以在 Paint 窗口中完成，对矢量图形的操作可以在 Vector Shape 窗口中完成，而如果涉及文字的处理，可在 Text 窗口或 Field 窗口中完成。灵活运用这些附属窗口可以方便快捷地对图形进行创建、修改等工作。用户可以在 Director 主菜单下面的工具栏中找到部分附属窗口的启动按钮。

4.1 位图与矢量图

在介绍 Director 中的演员之前，先了解一下 Director 影片中图形图像演员的类型。实际上，Adobe Director 11 中主要的图形图像演员可以分为两大类：位图演员和矢量图演员。

4.1.1 位图的概念

位图是由很多有色网格拼成的一幅图像，即将一个图像看做有色像素的网格线一样定义，每个网格称为一个像素，每个像素都有其特定的位置坐标和颜色值。如果把位图图像放大，就会发现有类似马赛克的一个个像素。位图适于表现中间层次较丰富的连续色调图像（如人物、风景照片等）。

平时生活中，把一些连续色调的影像放大若干倍后，会发现这些连续色调其实是由许多色彩相近的小方点所组成，这些点就是像素（Pixel）。像素是构成位图影像的最小单位。

4.1.2 矢量图的概念

矢量图是几何形状的一个数学描述，使用函数来记录图形中的颜色、线条的厚度及尺寸等属性。对图形的任何放大和缩小，都不会使原图失真或降低品质。矢量图形适于表现轮廓清晰、颜色变化相对简单的图形（如标志、动画形象等）。

矢量形状是被作为数学描述来存储的，它比一个相同的位图图像需要更少的内存和磁盘空间（文件量相对比较小），并且它们能以最短的时间从网络上被下载到计算机。

4.2　位图演员窗口：Paint 窗口

Paint 窗口实际上是一个图像编辑器，它为影片演员的修改提供了一系列图像创建工具和墨水效果等。在 Paint 窗口中绘制的所有东西都将变成演员而存在于 Cast 窗口中，这时只要 Paint 窗口中的一个图像发生变化，与其对应的 Cast 窗口中的图像演员以及舞台上的精灵将被同时更新。Paint 窗口一直存在于 Director 中，虽然比起专门的图像处理软件来，功能方面有所欠缺，然而经过一次次版本的升级，Paint 图像编辑器已基本可满足一般需求的图像编辑。

4.2.1　打开 Paint 窗口

执行 Window | Paint 命令或组合键 Ctrl+5 即可打开或隐藏 Paint 窗口。最便捷的方式是单击工具栏中的 Paint window 按钮，即可打开或隐藏如图 4—1 所示的 Paint 窗口，这时观察一下 Cast 窗口，会发现里面自动增加了一个位图演员。

在 Paint 窗口中，最大的白色区域是图像编辑区域；窗口最顶端一行则是演员控制区，它的作用是对演员进行新建、命名、编号等控制操作；左侧的工具箱内排列了图像绘制工具，这是绘图工具箱；而在图像编辑区域的上方有一个横向工具栏，这是效果工具栏，它是用来控制演员的特殊效果的，如旋转、镜像等。

提示：在未选中任何演员的情况下，打开的 Paint 窗口是空白的。需要对某个演员进行编辑修改时，可以在演员表窗口中双击这个位图演员，这时即可打开 Paint 窗口；在舞台或总谱中双击这个位图精灵，也可打开 Paint 窗口。

4.2.2　Paint 窗口中的绘图工具

上文中提到，Paint 窗口有一个绘图工具箱，其中存放了一些绘图工具，如图 4—2 所示。下面分别介绍这些工具。

【Lasso】。套索工具。套索工具用于创建不规则的选区，在编辑区域按住鼠标并

图 4—1 Paint 窗口

拖动，即可创建不规则形状的选区。如果要创建多边形选区，需结合 Alt 键，方法如下：选择套索工具，在按住 Alt 键的同时，用鼠标在图像编辑区域内单击，确定多边形的第一个顶点，然后依次单击，确定多边形的其他顶点，双击最后一个顶点，闭合多边形选区。

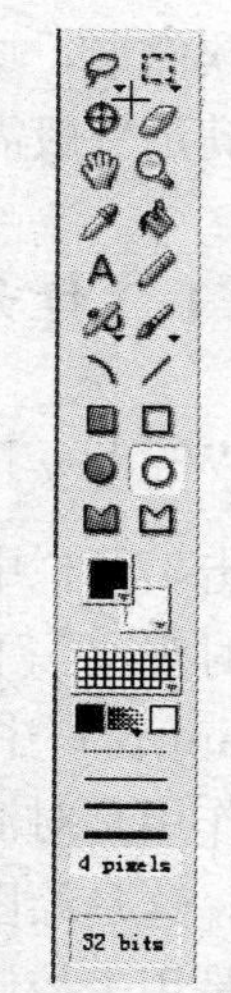

图 4—2 Paint 绘图工具箱

单击套索工具按钮右下角的黑色三角形，可在弹出的下拉列表中选择相应的工具选项。其下有三个选项，分别是：

- 【No Shrink】：这是一种无收缩选取方式。此套索工具可保持其创建选区的本来形状，并选取鼠标经过的所有内容。选区内的所有白色像素被看做是不透明的，因而也被选中。
- 【Lasso】：这是软件默认的选取方式。此套索工具在选择元素时，开始拖动鼠标处的像素以及与其接触的颜色相似的像素都不被选中，反而与开始拖动鼠标处颜色差距大的像素被选中。例如，从图像的白色背景上开始拖动鼠标，然后经过图像区域，当创建完选区后，可以看到选中的只是图像部分，而开始拖动鼠标处的白色背景没有被选中。在 Lasso 套索工具创建的选区中，包含在这个选区中的所有白色像素被看做是一种不透明的白色，因而也被选中。
- 【See Thru Lasso】：这是一种透明选取方式。此套索工具所创建的选区与 Lasso 工具基本一致，但是包含在这个选区中的所有白色像素被看做是透明的，因而不被选中。

提示：做好选区之后，可对其进行剪切、复制、清除、修改或移动等一系列的操作。要复制选区，应在拖拽鼠标的同时按住 Alt 键，即可创建选区的副本。要取消选区，应按组合键 Ctrl+D。

【Marquee】。矩形选框工具。矩形选取工具可以说是套索工具的简化形式，它仅用于创建矩形选区。选择矩形选框工具，在图像编辑区域单击确定矩形选区的一角，按住鼠标向对角线方向拖动即可创建矩形选区。

单击矩形选框工具按钮右下角的黑色三角形，也可在弹出的下拉列表中选择相应的工具选项。其下有四个选项，分别是：

- 【Shrink】：这是一种收缩选取方式。此套索工具所创建的矩形选区中，如果有超出当前图像的大小的地方，将会自动收缩到图形边界处，以图像外边缘生成矩形选区。但是包含在这个选区中的所有白色像素被看做是不透明的，因而也被选中。
- 【No Shrink】：这是一种无收缩选取方式。其原理与套索工具中的 No Shrink 选取方式一样。
- 【Lasso】：其原理与套索工具中的 Lasso 选取方式一样。
- 【See Thru Lasso】：这是一种透明选取方式。其原理与套索工具中的 See Thru Lasso选取方式一样。

提示：按住 Shift 键的同时拖拽鼠标，可创建正方形选区。双击矩形选框工具按钮，即可选中整个图形。

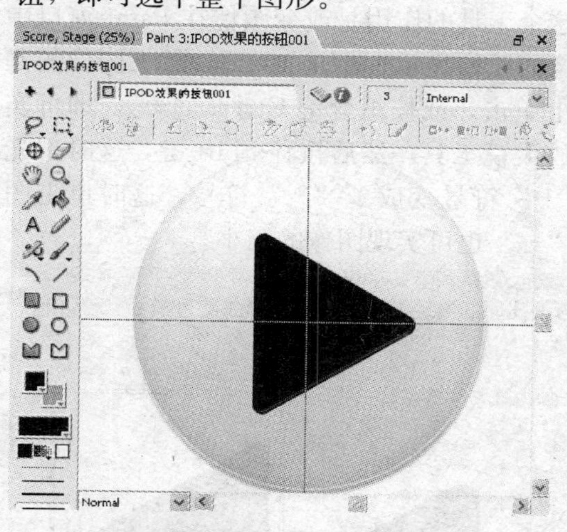

图 4—3　调整注册点前的效果

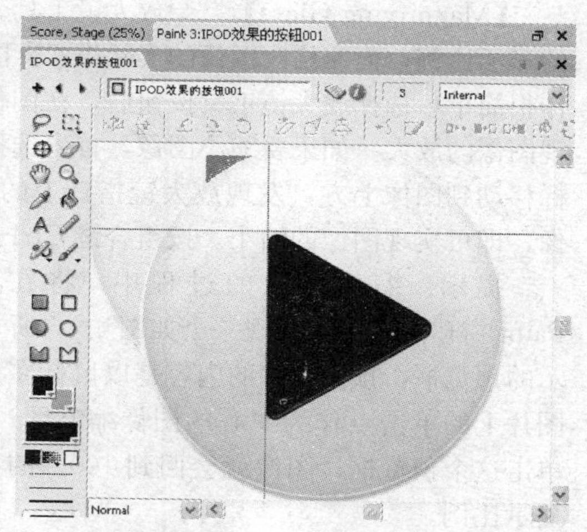

图 4—4　调整注册点后的效果

【Registration Point】。定位点工具。定位点工具可以定位位图图像的注册点，实际上就是确定图像中的一个位置。该功能多用于在舞台上对多个精灵进行对齐与分布的操作，如对精灵进行对齐与分布时可以选择：相对注册点水平对齐、相对注册点垂直分布等选项。在 Paint 窗口中，在图像演员被打开的前提下，单击定位点工具按钮，Paint 窗口中出现由两条交叉虚线，这个交叉点就是图像的注册点。默认情况下，注册点位于位图演员的中心。这时如果要重新定位图像的注册点，只需在选择定位点工具按钮后，在图像演员的一个新位置上单击鼠标或拖动虚线交叉点到一个新位置，即可重新确定图像的注册点。如图 4—3、图 4—4 分别为调整注册点前、后的效果。

提示：要恢复图像演员的默认注册点，只需双击定位点工具按钮，即可把注册点设置在图像演员中心。

【Eraser】。橡皮擦工具。橡皮擦工具可擦除图像中不想要的像素。在图像上按住鼠标拖动，其经过的区域即可被擦除并显示为白色。如果在拖动鼠标的同时按住 Shift 键，将会沿水平或垂直方向擦除图像像素。双击橡皮擦工具可以擦除整幅图像。

【Hand】。手形工具。此工具用于移动 Paint 窗口中图像。选择手形工具后，鼠标的形状将变成手形，在图像上按住鼠标拖动，图像将随着鼠标的移动而改变在 Paint 窗口中的相对位置。手形工具一般用在图像尺寸超过 Paint 窗口尺寸的情况下，这样结合手形就可以自如地查看图像的局部。

提示：假如我们当前正在使用工具箱中的其他工具（少数工具除外），但需要临时查看图像的其他部位，此时只要按住键盘上的空格键，即可将当前工具临时切换到手形工具。

【Magnifying Glass】。放大镜工具。这个工具的作用是改变图像在 Paint 窗口中的显示比例，而非修改图像的实际像素。图像的原始显示大小是 100%，放大图像的操作很简单，选择放大镜工具按钮后，在图像上单击，或按组合键 Ctrl＋“＋”，即可实现图像的放大。如果要缩小图像，首先选择放大镜工具，然后按住 Shift 键，这时把光标移动到图像上方，发现放大镜指针上的“＋”符号变成了“—”符号，这时单击图像，即可实现图像的缩小。按组合键 Ctrl＋“—”也可实现图像的缩小。

提示：缩放图像的过程中，将在 Paint 窗口的右上角出现一个如图 4—5 所示的预览框，预览框中的内容是以鼠标在图片上的单击点作为中心的图像缩略图，单击这个预览框，图像就会回到 100%的显示比例。

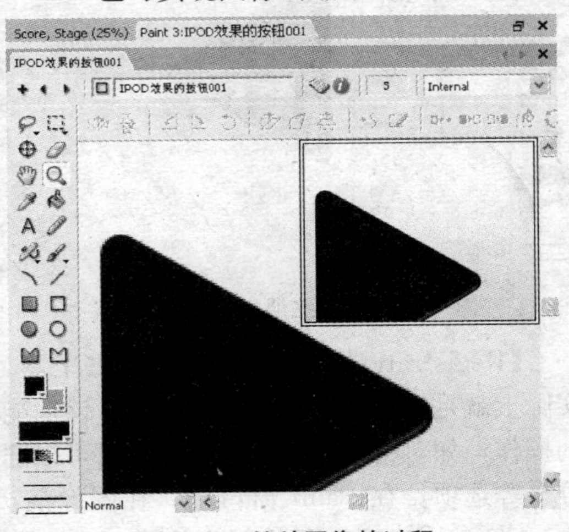

图 4—5 缩放图像的过程

【Eyedropper】。吸管工具。用此工具单击图像，可以吸取当前位置的颜色，并将它作为前景色、背景色或渐变色。吸管工具的作用很多，选择吸管工具后，单击图像上某一位置的颜色，这时此颜色将会变成绘图工具箱中的前景色色彩；按住 Shift 键的同时单击一种颜色，这时此颜色将会变成绘图工具箱中的背景色色彩；按住 Alt 键的同时单击一种颜色，将会影响绘图工具箱中的渐变色彩。

【Paint Bucket】。颜料桶工具。它的作用主要是为某一区域填充颜色。选择颜料桶工具并在图像上单击，即可改变被单击处（颜料桶的尖端）像素的颜色，同时影响与其相邻且颜色相同的像素。在图像编辑区域的左下角有一个 Ink 下拉菜单 Gradient ，这里可选择不同的填充方式，如图 4—6 所示。其默认填充选项是 Gradient，此时执行填充操作即使用渐变色彩；可以在其下拉菜单中（见图 4—6）选择 Normal，即使用前景色填充。双击颜料桶工具还可以调出 Gradient Settings 对话框进行填充的设置。

【Text】。文本工具。它的作用是在图像中输入位图文本。单击文本工具按钮后，鼠标箭头变成了插入文本光标，在图像编辑区单击时，将出现一个灰色文本框和一个闪烁的光标，这时就可以开始输入文字了。输入文本的过程中，文本框的长度将不断地延长，单击 Enter 键可另起一行。在输入文字的过程中，如果双击文本工具按钮，可弹出 Font 对话框，在其中可对文本的字体、字号及式样等进行设置。

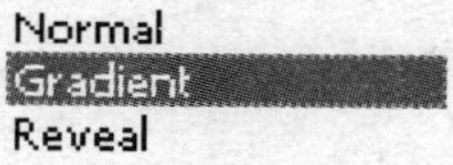

Normal
Gradient
Reveal

图 4—6 Ink 下拉菜单

输入完成后，点击绘图工具箱中除文本工具外的工具，即可结束文本的输入。如在当前输入文本框之外单击鼠标，将结束当前文本输入并创建新的输入文本框。这里应注意，输入到图像编辑区中的文字有锯齿且是不可编辑的，当结束一个文本框后，其中的文字就会转换成不可编辑的位图。

【Pencil】。铅笔工具。此工具用来绘制宽度为 1 像素的线条图形。线条的颜色与前景色一致。选择铅笔工具后，在图像编辑区域按住鼠标并拖动即可画出宽度为 1 像素的线条，鼠标经过的轨迹就是线条的形状。如果在图像编辑区域单击鼠标，可画出边长为 1 像素的小点。拖动鼠标时按住 Shift 键，可画出完全水平或完全垂直的直线图形。

【Air Brush】。喷枪工具。此工具用于绘制喷枪效果。选择喷枪工具后，在图像编辑区域单击鼠标，将出现一次喷射效果，其应用的颜色是前景色。连续单击鼠标或按住鼠标左键不放，可产生连续喷射的效果，如图 4—7 所示的。

单击喷枪工具按钮右下角的黑色三角形，可在弹出的下拉列表中选择相应的喷枪选项。其中有 Air Brush 1～Air Brush 5 共五种从小到大的固定设置，用于设置喷枪喷射的范围。下拉列表中最后一项是 Settings，选择 Settings 选项（或双击喷枪工具按钮），可以打开如图 4—8 所示的 Air Brush Settings 对话框，在这里可以设置喷枪工具的一些选项：

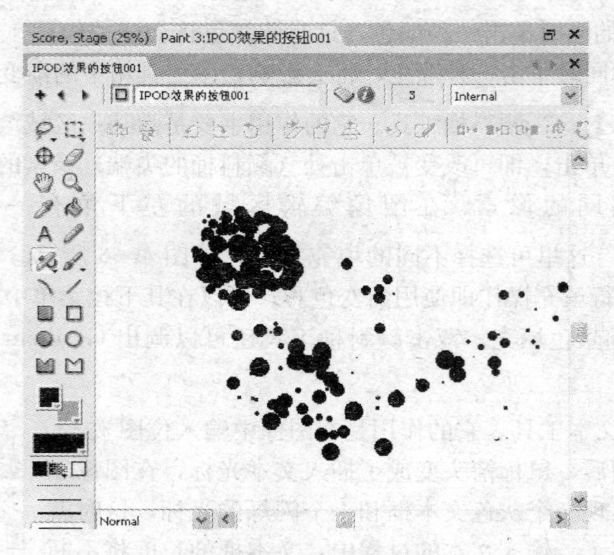

图 4—7　喷枪的喷射效果

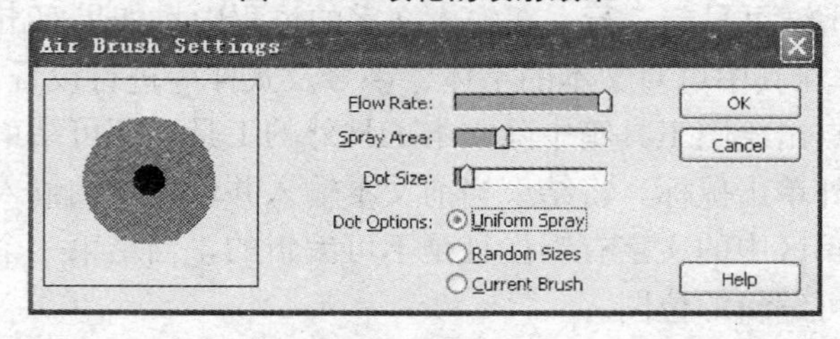

图 4—8　Air Brush Settings 对话框

- 【Flow Rate】：设置颜料从喷枪里喷射出的速度。向右拖动滑块将增大喷射速度，从而使颜料从喷枪里喷射出的速度加快。
- 【Spray Area】：设置颜料从喷枪里喷射出的范围大小，即每次单击鼠标时，颜料所覆盖的面积。向右拖动滑块将增大喷射范围。如果在某位置按住鼠标左键不放并持续一段时间，这个区域最终将被颜料填实。
- 【Dot Size】：设置喷枪喷射的颜料点的大小。向右拖动滑块将增大颜料点的大小。
- 【Dot Options】：设置喷射的颜料点的相关属性。Uniform Spray 指一次喷射出的颜料点大小是统一的；Random Sizes 指喷射出的颜料点大小是随机的；Current Brush 指喷射出的颜料点属性与当前画笔工具的设置相同，这一点可参考下边的画笔工具设置。

【Brush】。画笔工具。此工具可用不同的画笔形状徒手进行图像绘制。选择画笔工具后，在图像编辑区域按住鼠标拖动，鼠标经过的轨迹就是线条的形状，其线条颜色与前景色是一致的。与铅笔工具一样，拖动鼠标时按住 Shift 键，可画出完全水平或完全垂直的直线图形。

单击画笔工具按钮右下角的黑色三角形，可在弹出的下拉列表中选择相应的画笔，其中有 Brush 1～Brush 5 共五种不同样式的笔刷设置，要更改某一个笔刷的默认样式，先要选择该笔刷，如图 4—9 所示。然后从这个下拉列表中选择 Settings 选项（或双击画笔工具按钮），可以打开 Brush Settings 对话框，如图 4—10 所示。在这里可以更改该笔刷的默认设置。以下介绍 Brush Settings 对话框中的一些选项。

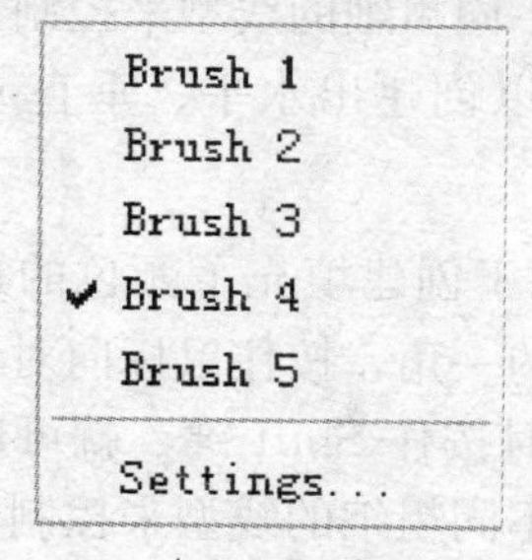

图 4—9　选择要更改的笔刷

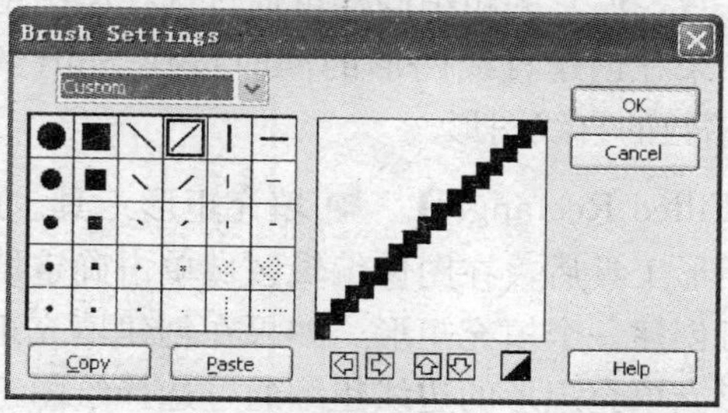

图 4—10　Brush Settings 对话框

左上角下拉列表中，软件默认选中 Custom 选项。Custom 笔刷集是可以自定义的，在左侧笔刷列表框内选择一种笔刷后，就可以在右侧预览框内预览该笔刷的放大效果。右侧预览框下方有五个按钮，这些按钮都是用来修改被选中笔刷的。四个方向按钮分别是左箭头、右箭头、上箭头和下箭头，每单击其中一个方向按钮，即可将画笔图形的位置向相应的方向移动一个像素。最右侧还有一个黑白反转按钮，单击该按钮，可将画笔的黑白像素反转，即黑变白，白变黑。假如这时用鼠标单击预览框内图案中的黑色色块，使它填充白颜色，也可以达到修改图案的目的。

左侧笔刷列表框下方的 Copy 按钮用于复制当前被选中的笔刷，复制成功后，在图像编辑区域内单击鼠标右键，在弹出菜单中选择 Paste Bitmap 选项，所选的笔刷将被粘贴在图像编辑区域。同样，单击其旁边的 Paste 按钮，即可将剪贴板的内容作为笔刷。

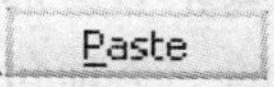

【Arc】。弧线工具。此工具用于创建弧线图形。选择弧线工具后，在图像编辑区域单击鼠标，以确定弧线的起点，然后按住鼠标并拖出一条弧线，确定弧线的终点并在此处释放鼠标，即可创建一条弧线。弧线线条的颜色与前景色一致，而弧线的粗细可通过选择绘图工具箱中不同粗细的线型来控制，如图 4—11 所示。

用上面的方法创建出来的弧线并不是圆形的一段弧线，而是椭圆上的弧线。如果在创建弧线的同时按住 Shift 键，就可以创建出圆形上的一段弧线。这种创建圆形弧线的方法并没有严格遵循鼠标经过的轨

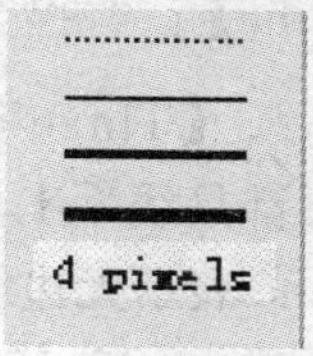

图 4—11　线型工具

迹，而是由鼠标轨迹与圆形圆弧共同决定的。

【Line】。直线工具。此工具用于创建直线图形。选择直线工具后，在图像编辑区域单击鼠标，以确定直线的起点，然后按住鼠标并拖出一条直线，确定直线的终点并在此处释放鼠标，这时一条直线就被创建出来。与弧线工具一样，直线线条的颜色与前景色一致，而它的粗细同样可通过选择绘图工具箱中不同粗细的线型来控制。

如果在创建直线图形的同时按住 Shift 键，就可以创建出水平、垂直或倾斜角为45°的倍数的直线图形。

【Filled Rectangle】。填充矩形工具。此工具用于创建填充了颜色的矩形。选择填充矩形工具后，在图像编辑区域单击确定填充矩形的一角，按住鼠标向对角线方向拖动即可创建一个填充矩形。如果在创建填充矩形的同时按住 Shift 键，就可以创建一个正方形。填充矩形的边线粗细通过选择绘图工具箱中不同粗细的线型来控制，边线颜色由前景色所决定，而它内部的填充图案则可通过 Pattern 按钮来选择。

【Rectangle】。矩形工具。此工具用于创建无填充颜色的矩形。矩形的创建方法与填充矩形是一致的，其边线粗细也是通过选择绘图工具箱中不同粗细的线型来控制，边线颜色由前景色所决定。

【Filled Ellipse】。填充椭圆工具。此工具用于创建填充了颜色的椭圆图形，其使用方法与填充矩形工具一致。

【Ellipse】。椭圆工具。此工具用于创建无填充颜色的椭圆图形，其使用方法与矩形工具一致。

【Filled Polygon】。填充多边形工具。此工具可创建出各种填充了图案的多边形。选择填充多边形工具后，在图像编辑区域中，每用鼠标单击一个位置，就确定了所需多边形的一个顶角，把最后一个单击点放在第一个顶点上或者双击鼠标，即可封闭该多边形。填充多边形工具的其他设置与填充矩形工具一致。

【Polygon】。多边形工具。多边形工具。此工具可创建出各种无填充图案的多边形，其使用方法与矩形工具一致。

【No Line】、【One Pixel Line】、【Two Pixel Line】、【Three Pixel Line】、【Other Line Width】。4 pixels。这四个工具都是线型工具，用来设置矩形工具、椭圆工具等图像绘制工具的边缘粗细，其中 No Line 表示无边缘，而单击 Other Line Width 工具的默认粗度是4像素，如果双击该按钮会弹出一个 Paint Window Preferences 对话框，在这个对话框内，用户可以根据自己的喜好来设置边缘粗细、颜色循环等属性。

【Color Depth】。32 bits 颜色深度。双击该工具按钮会弹出 Transform Bitmap 对话框，在这里可以设置调色板、颜色深度等属性。本书在调色板通道的章节中已经介绍过此面板，这里不再重复。

4.2.3 前景色与背景色

在需要重新选择一种新的前景色或背景色时，要应用 Foreground&Background Colors 按钮，它又叫前景色与背景色指示器。这两个工具用于设置创建图像过程中的前景色和背景色。默认情况下，前景色为黑色，背景色为白色，且均为单色。要更改前景色或背景色，可在前景色或背景色指示器上按下鼠标不放，弹出一个如图 4—12 所示的颜色框。

这个颜色框包括 16 种不同灰度级别的色块和 256 种彩色色块，当前默认颜色已被选中，这时可以选择一种新的前景色或背景色。几乎绘图工具箱中的所有工具都把前景色作为默认颜色（主色），而当用图案创建工具如填充矩形、填充椭圆等工具时，将会用背景色作为图案的底色。

如果弹出的颜色框所提供的颜色不能满足要求，还可以单击 Color Picker 选项和 Edit Favorite Colors 选项，定义一种新的颜色，或者对当前所选颜色进行修改。

（1）利用 Color Picker 选项定义新颜色

要为前景色或背景色定义新的颜色，其操作方法如下：单击弹出颜色框下方的 Color Picker 选项，打开一个“颜色”对话框，如图 4—13 所示。

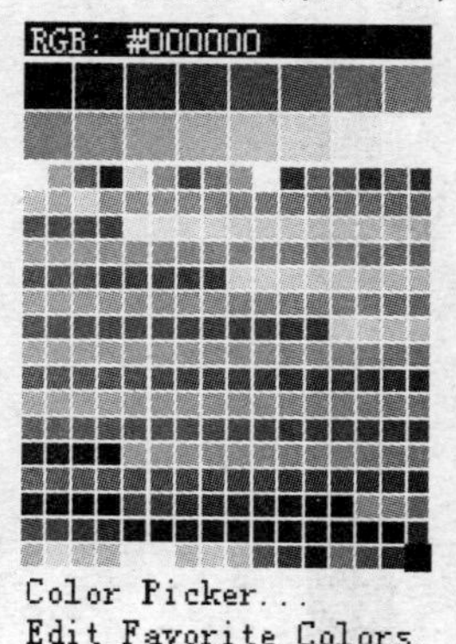

图 4—12 弹出的颜色框

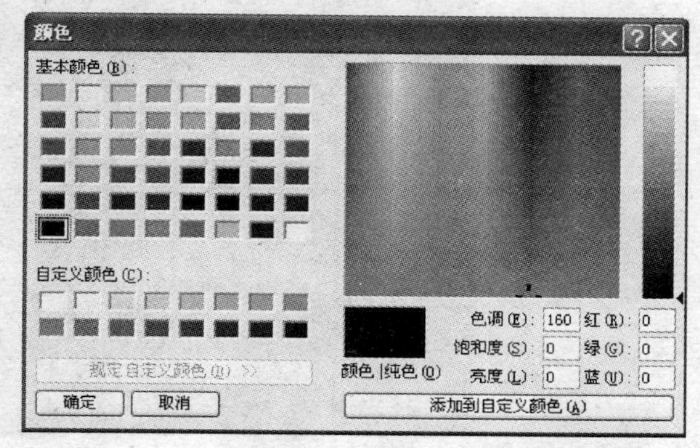

图 4—13 “颜色”对话框

用户可以在“基本颜色”框内常用的 48 种颜色中选择一种新颜色，也可以在“自定义颜色”框内从白到黑的 16 种灰度级别颜色中选择，这时所选择颜色的属性将出现在“颜色”对话框右侧。用户可以调整所选颜色的“色调”“饱和度”“亮度”数值，最终调整出你所需要的颜色。以下介绍“颜色”对话框中的“色调”“饱和度”和“亮度”的概念。

【色调】。色调又称色相，它指色彩的相貌特征，如大红、草绿、天蓝等颜色种类的变化，在“色调”右面的文本框内输入不同的数值，可以得到不同色调的颜色，取值范围为 0～239。

【饱和度】。饱和度又称纯度，它指色彩的鲜艳程度。例如画画时，刚从颜料管里挤出来的颜色，因为没有经过与其他颜色混合，所以是纯度最高的色彩，人们称其为原色。颜色混合的次数越多，纯度就越低。可在“饱和度”右面的文本框内输入不同的数值，取值范围为 0～240，数值大的颜色，其饱和度就越高。

【亮度】。亮度又称明度，顾名思义，它是指色彩的明亮程度。比如同为黄色，可能会有柠檬黄、淡黄、中黄、深黄等不同的明亮程度上的区别。可在“亮度”右面的文本框内输入不同的数值，取值范围为 0～240，数值大的颜色，其亮度越高。

除了通过颜色的“色调”“饱和度”及“亮度”属性调整出所需要的颜色，还可对颜色的“红”“绿”“蓝”值进行调整。“红”“绿”“蓝”的取值范围均为 0～255，当把它们三个值都调为 0 时，将得黑色；当把它们三个值都调为 255 时，将得白色，即值越大，其亮度越高。

除了设定数值以得到颜色外，也可以在“颜色”对话框右侧的颜色选择区内拖动十字准星，从而确定最后的颜色，如图 4—14 所示。准星在横向上的位置决定了色调；在纵向上的位置决定了饱和度，准星的位置越靠上，饱和度越高；如果要调整亮度，则需要在右侧长方形区域内拖动黑色的三角形滑块，滑块越往上，颜色越亮。

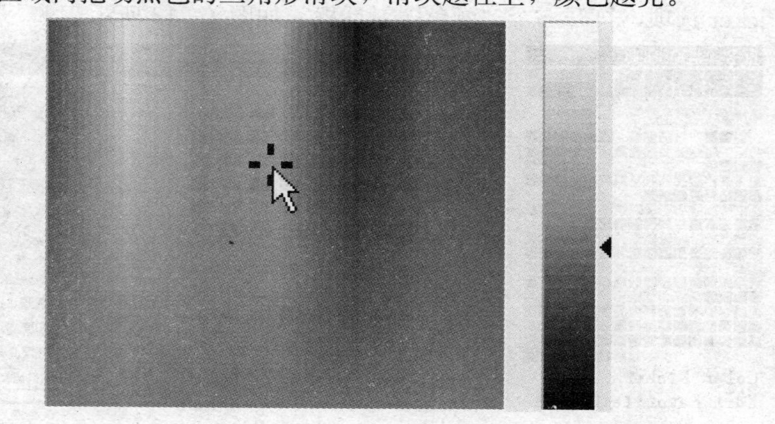

图 4—14　拖动十字准星选择颜色

不管用哪种方式，只要能调整出所需的颜色即可。单击“颜色”对话框右下方的“确定”按钮，即可看到前景色或背景色已经被定义了一种新的色彩。

（2）定义 Favorite 颜色

在创建图像时，常会遇到反复使用某些颜色的情况，这时就需要定义一系列人们比较常用的颜色并收藏起来，其操作方法如下：单击弹出颜色框下方的 Edit Favorite Colors选项，打开一个如图 4—15 所示的 Edit Favorite Colors 对话框。

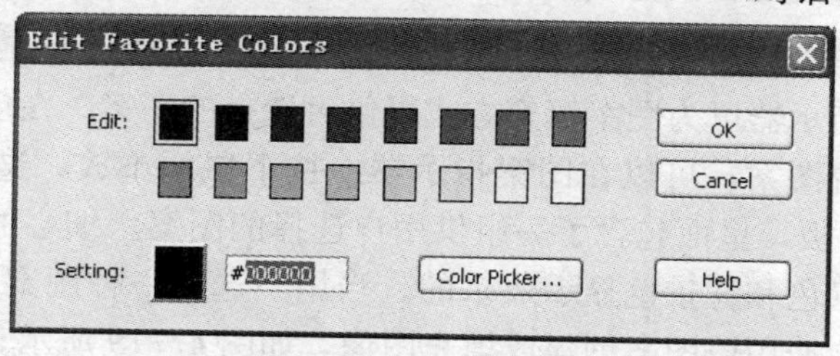

图 4—15　Edit Favorite Colors 对话框

Edit 后面有 16 个颜色块，即允许定义 16 种常用颜色。选中其中一个颜色块，单击 Color Picker 按钮 Color Picker... ，即可打开前面提到的“颜色”对话框，选择一种颜色即可。

除了单击 Color Picker 按钮选择颜色外，还可直接在 Setting 右侧的文本框内输入“＃”开头的 16 进制数值，也可以单击 Setting 旁边的颜色块，在弹出的颜色框内选择一种新的颜色，如图 4—16 所示。

调整出所需的颜色后，单击 OK 按钮。这时回到绘图工具箱，在前景色或背景色指示器上按下鼠标不放，弹出颜色框，此时可以看到原来颜色框上方的 16 种灰度级别色块有了一点变化，刚刚定义的 Favorite 颜色已经替换掉左上角第一个颜色块，如图 4—17所示。此后如需再反复使用这个颜色，直接在这个颜色框中点选即可。

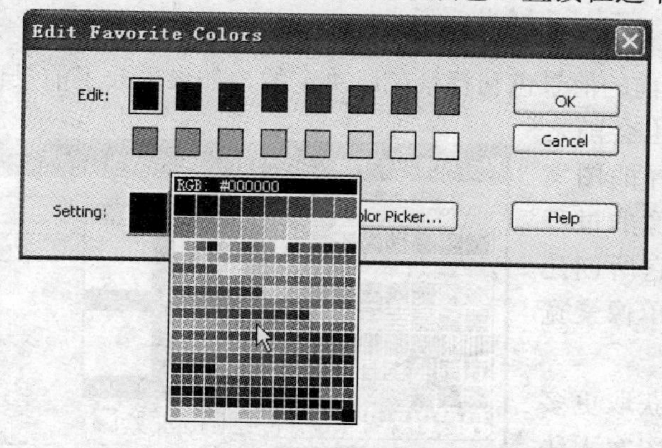

图 4—16　在弹出的颜色框内选择颜色

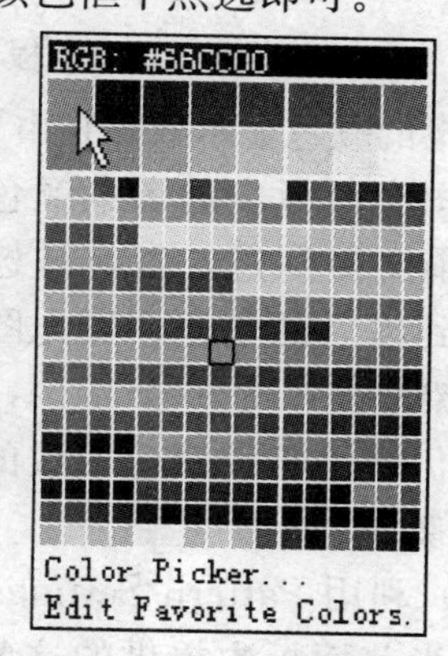

图 4—17　最后效果

4.2.4 图案填充

大多数情况，在创建和填充图像时只需要进行单色填充，但有时用单色填充未免会显得的单调，在绘图工具箱中的下方还为用户提供了一个 Pattern 按钮，又称为图案指示器。图案指示器可为图案填充方式提供可选择的图案。在创建和填充图像的过程中，如果需要设置图案，可以在图案指示器上按下鼠标不放，这时会弹出一个如图 4—18 所示的图案面板，里面包含了一组供用户选择的图案。细心的人会注意到，这些图案都是用当前前景色和背景色显示效果的。当用户选择一种图案后，画笔、颜料桶、填充矩形等工具就会使用该图案创建或填充图像，如图 4—19 所示。

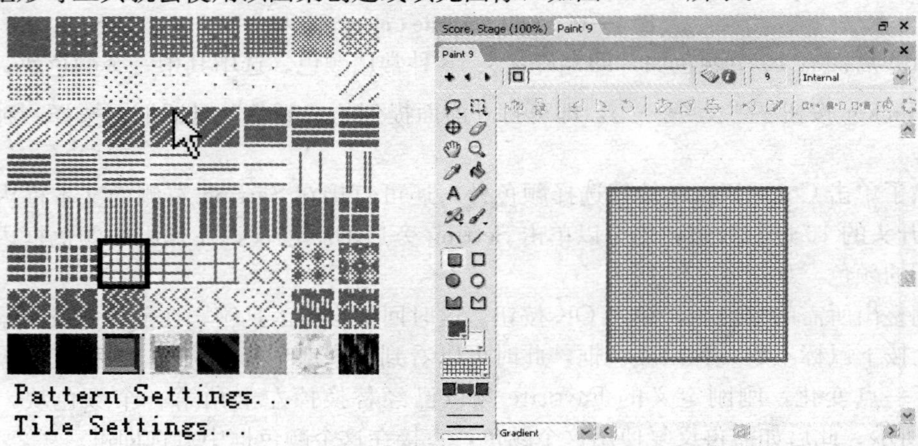

图 4—18　图案面板　　　图 4—19　使用图案创建填充矩形

图案的颜色显示效果是由当前的前景色和背景色所决定的，如果更改了前景色和背景色，图案面板中的图案颜色也会随之改变。前文提到过，当前被选择的图案会应用到以后的创建、填充图像的过程中，而铅笔工具是一个特例，它所创建的线条仍然是与前景色一致的单像素宽度的图像。

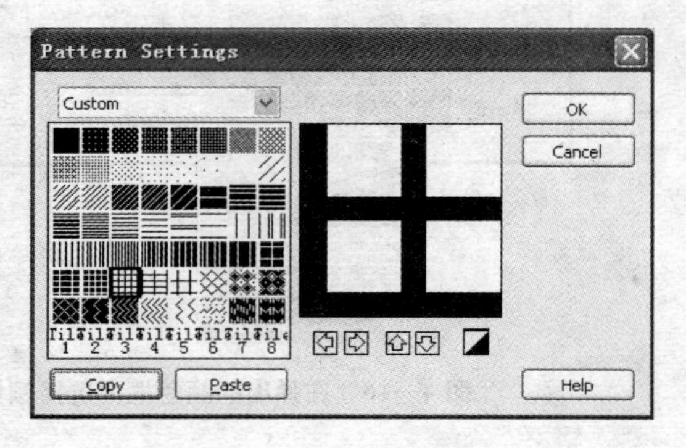

图 4—20　Pattern Settings 对话框

（1）利用 Pattern Settings 获取更多图案在当前面板中提供的这些图案无法满足需要时，可以单击这个图案面板中的 Pattern Settings 选项，弹出如图4—20

所示的 Pattern Settings 对话框。这个 Pattern Settings 对话框与画笔工具中的 Brush Settings 对话框非常相似，而且用法也相似，这里对相同的功能不重复介绍，仅认识一下对话框左上角下拉列表中的选项即可。

Pattern Settings 对话框左上角下拉列表中有四个选项，即四个图案集，如图 4—21 所示，分别是 Custom、Grays、Standard和 QuikDraw。默认的图案集是 Custom，即图案面板中那些图案，Custom 图案集包括 56 种图案和 8 种平铺图案。只有 Custom 图案集中的图案可以自定义，需要重新自定义一种图案时，可在 Custom 图案集内选择一种基础图案，它将显示在右侧的预览框内，假如这时单击预览框内图案中的黑色色块，使它填充白颜色，也可以达到修改图案的目的。其他工具如方向按钮、黑白反转按钮的使用方法与 Brush Settings 对话框中的使用方法一样。

Grays 图案集是由 64 种黑白色的灰度图案组成的，实际上这 64 种图案是根据其图案由疏到密的顺序依次排列，从而形成从高明度到低明度的渐变，如图 4—22 所示。

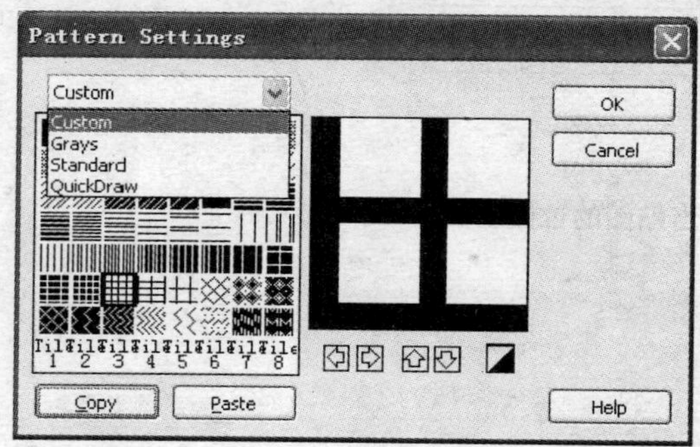

图 4—21　Pattern Settings 对话框中的下拉列表

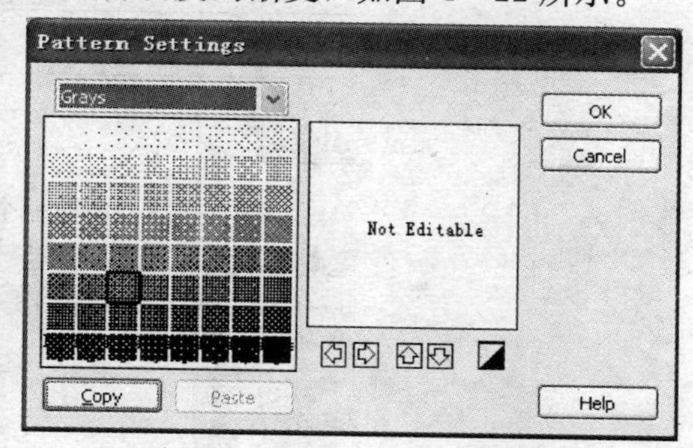

图 4—22　Grays 图案集

Standard 图案集和 QuickDraw 图案集分别由 56 种标准位图图案和 8 种平铺图案组成。从图形的丰富程度来说，QuickDraw 图案集中的图案比 Standard 图案集中的图案要丰富一些，如图 4—23、图 4—24 所示。

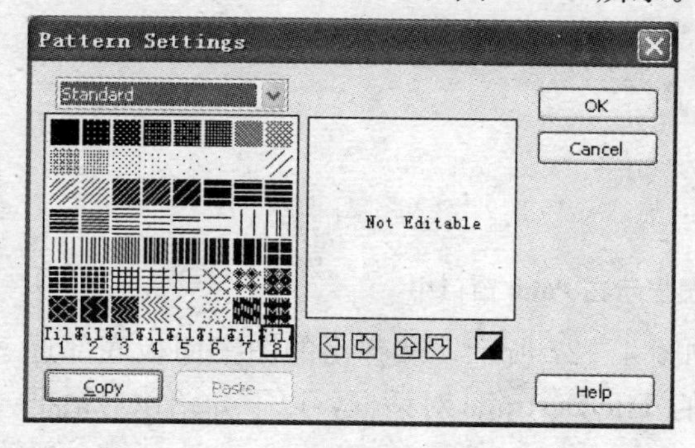

图 4—23　Standard 图案集

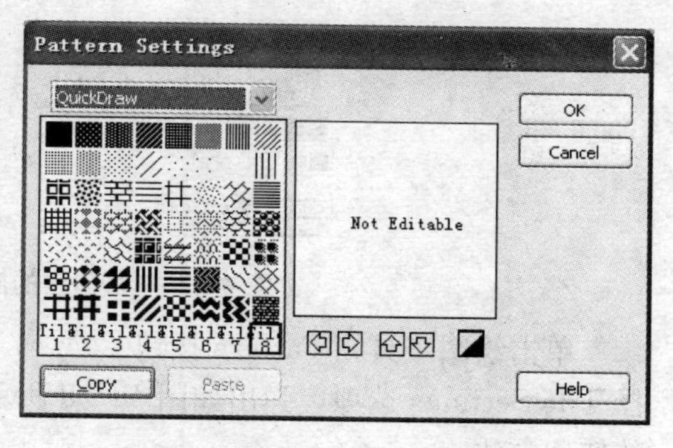

图 4—24　QuickDraw 图案集

(2) 利用 Tile Settings 自定义贴图

Director 为用户提供了一种自定义贴图的有效方法，它可以实现用自己创建的图像去填充大面积的图像区域。用自定义贴图填充大面积图像不会占用大量的内存，因为无论该贴图所填充的图像区域有多大，一个自定义贴图都占用相同的内存总量，最后的效果只不过是它自身的重复而已。用自定义贴图填充大面积图像也不会延长下载时间，因此，对于需要在网上传输的巨大影片来说，自定义贴图功能尤其有效。

要创建一个自定义贴图，首先需要创建一个充当贴图的位图演员，如图 4—25 所示，并将其显示在 Paint 窗口的图像编辑区域，如图 4—26 所示。

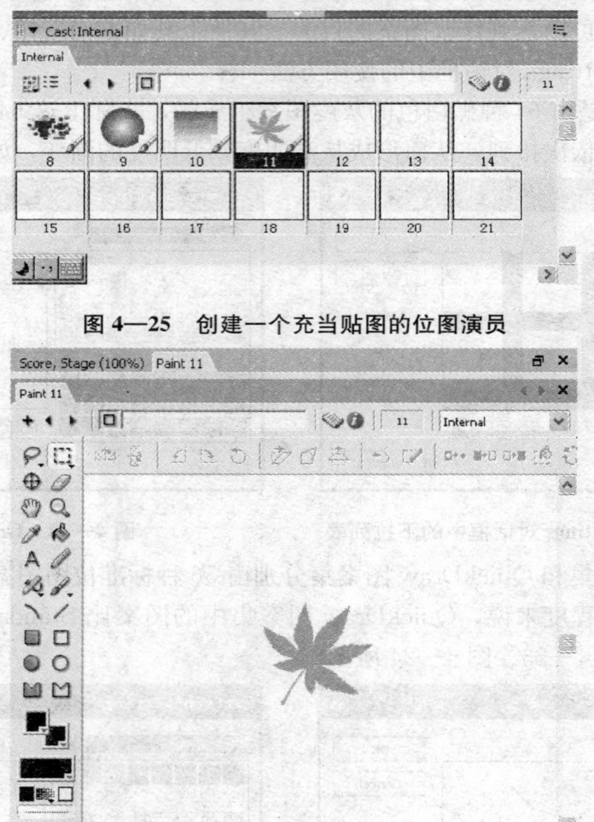

图 4—25 创建一个充当贴图的位图演员

图 4—26 将创建的演员显示在 Paint 窗口中

单击绘图工具箱 Pattern 按钮，如图 4—27 所示，从弹出的图案面板底部选择 Tile Settings 选项，弹出如图 4—28 所示的 Tile Settings 对话框，以下介绍该对话框的使用方法。

【Source】。在这里选择一个将要充当贴图的位图演员，如果下方的显示窗口中所显示的演员不是我们想应用的，可以单击向前查找按钮◀或向后查找按钮▶，这样可以根据演员在演员表中的序号查找将要充当贴图的位图演员。

【Built-in】。Built-in 选项用来还原其内置的贴图。使用方法是：选中下面一排 Edit 标签中的一个标签，然后单击 Built-in 前面的按钮，即可将该标签还原成系统默认的内置贴图，如图 4—29 所示。

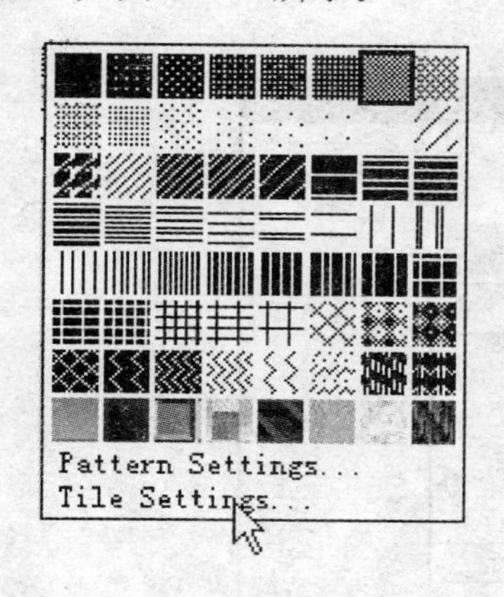

图 4—27　选择 Tile Settings 选项

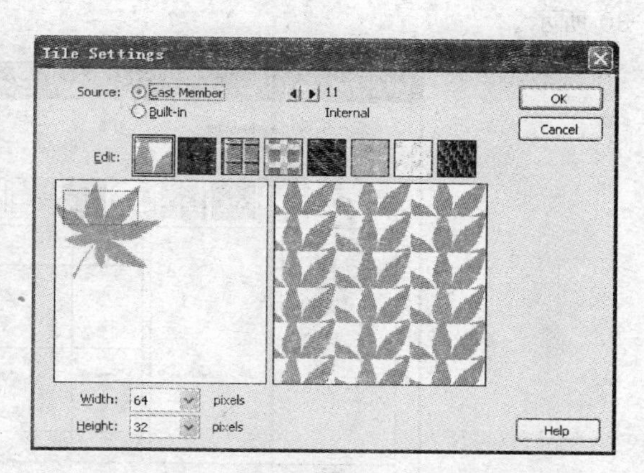

图 4—28　Tile Settings 对话框

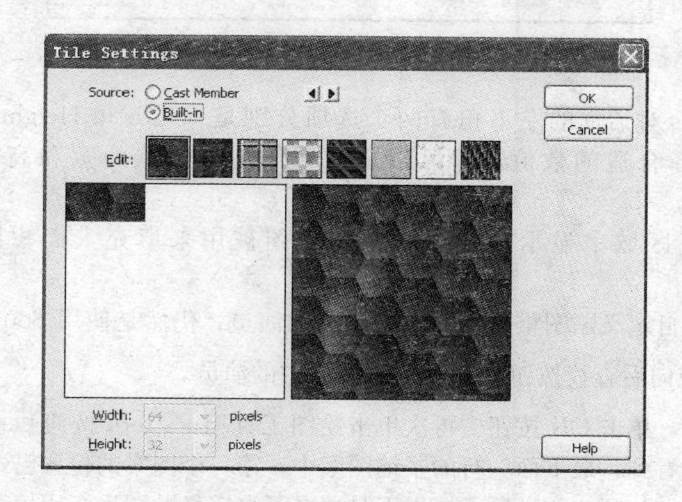

图 4—29　Edit 标签还原成系统内置贴图

【Edit】。Edit 标签的右面是系统默认的 8 个内置贴图，用户如果想自定义贴图，就需要替换掉某个内置贴图。具体做法：单击选中一个要编辑的内置贴图，结合 Source 标签中的向前查找按钮◀和向后查找按钮▶选择合适的位图演员，这时内置贴图标签就会被选中的位图演员所代替。

当某个内置贴图标签被选中的位图演员代替后，要保持该贴图标签被选中，这时为贴图标签选择的演员就会出现在 Tile Settings 对话框左下方的图像显示区域。在这个显示区域内部，除了被选中的演员，在演员的上方还浮动着一个虚线矩形框，它所覆盖的区域表示出这个演员中被用来当做贴图的那部分（要么是该演员的局部，要么是这个演员的全部），只需将这个虚线矩形框拖动到用作贴图的区域即可，如图 4—30 所示。

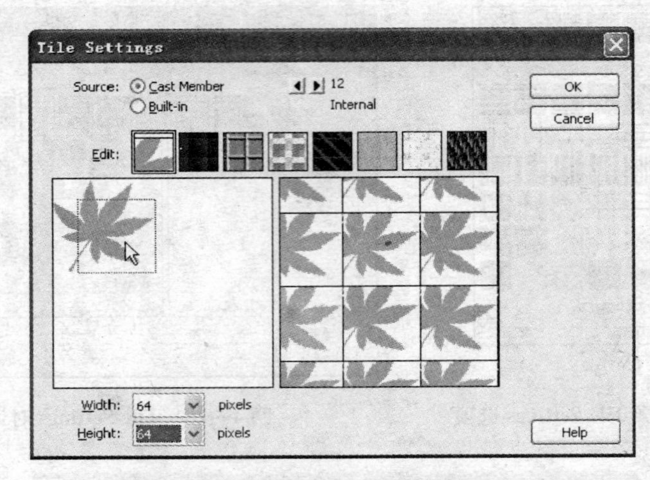

图 4—30　拖动虚线矩形框

Tile Settings 对话框的左下角有两个选项分别是 Width 和 Height，在其右侧的下拉列表中选择合适的数值，即可指定被用作贴图区域的宽和高，单位为像素（Pixels）。

右侧的预览区域中显示的是该自定义贴图被用来填充大面积图像时的预览效果。

要为当前的自定义贴图重新选择一个不同的演员，仍然是使用 Source 标签中的向前查找按钮或向后查找按钮来寻找演员表中的演员。

完成设置后，单击 OK 按钮。再次单击绘图工具箱 Pattern 按钮，在弹出的图案面板中可以看到，最下面一行的平铺图案中，第一个图案的位置已经变成了刚刚编辑的自定义贴图，如图 4—31 所示。以下是选择了自定义贴图后，用填充矩形工具在图像编辑区域创建的图像，如图 4—32 所示。

图 4—31　显示自定义贴图

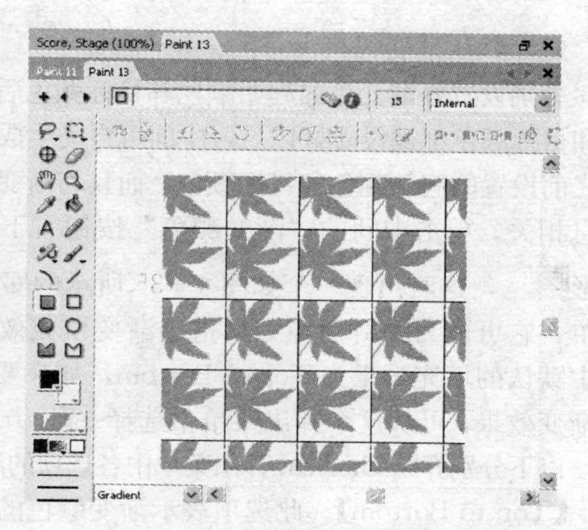

图 4—32　应用自定义贴图后的效果

4.2.5　渐变色填充

除了可以用单色和图案创建或填充图像外，Director 还为用户提供了一个非常受欢迎的工具，即 Gradient Colors  ，这个工具又称为渐变颜色指示器，主要利用渐变风格的色彩来创建或填充图像。

图 4—33　渐变颜色指示器

如图 4—33 所示的渐变颜色指示器，由 3 个工具按钮组成，都与设置渐变风格相关，由左至右分别是“起始颜色”“渐变颜色”和“目标颜色”。

比较典型的例子是：一个渐变色彩图像的一侧（或中心）为起始颜色，另一侧为目标颜色，（或边缘），在起始颜色和目标颜色之间，Director 软件自动创建出了两种颜色的渐变颜色，如图 4—34 所示。

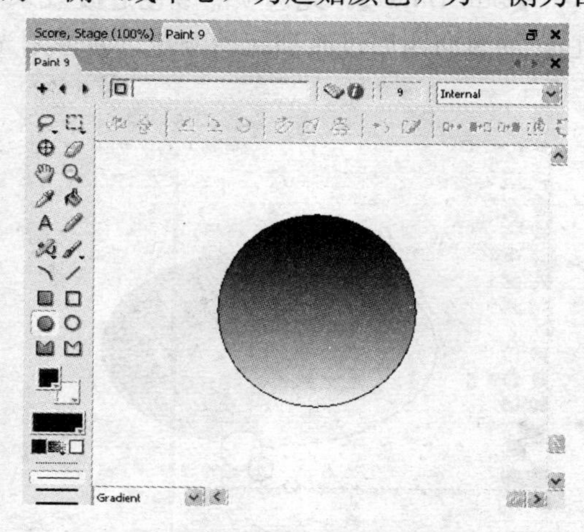

图 4—34　典型的渐变填充图像

要选择起始颜色，单击左侧的“起始颜色”按钮，将打开一个颜色框，选择一种颜色即可。使用相同的方法也可选择右侧“目标颜色”的色彩。这时发现，每当设置新的起始颜色之后，绘图工具箱中的前景色指示器的颜色变成和“起始颜色”一样的色彩。同样，在改变前景色之后，渐变色的“起始颜色”也随之发生变化，这说明 Paint 窗口中的前景色与渐变“起始颜色”总是保持一致的。

（1）默认渐变风格

分别设置好渐变色的起始颜色和目标颜色后，接下来即可设置渐变颜色。虽然起始颜色和目标颜色都被设置好以后，中间可自动生成渐变颜色，但应注意，渐变颜色不仅取决于之前设置的起始颜色和目标颜色，而且与渐变风格的选择息息相关。单击中间的“渐变颜色”按钮右下角的黑色三角形 ，这时出现一个如图 4—35 所示的 Gradient 弹出菜单，它可以为颜料桶等工具指定渐变填充效果。弹出菜单中默认的填充效果为 Top to Bottom，如果要手动指定一种渐变效果，可从这个弹出菜单中选择一种 Gradient 设置。

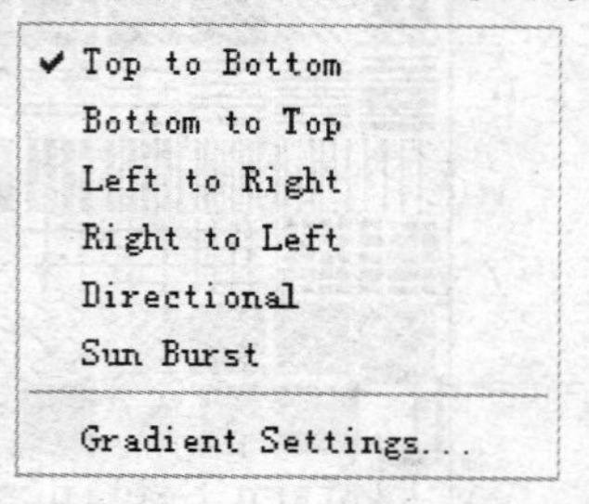

图 4—35　Gradient 弹出菜单

以下分别介绍 Gradient 弹出菜单中各选项的渐变效果：

【Top to Bottom】。此选项表示渐变颜色的上端是起始颜色，下端是目标颜色，中间则是过渡颜色。

【Bottom to Top】。此选项的渐变效果与 Top to Bottom 方向相反，渐变颜色的下端是起始颜色，上端是目标颜色，中间仍是过渡颜色。

【Left to Right】。此选项表示渐变颜色的左端是起始颜色，右端是目标颜色，中间则是过渡颜色。

【Right to Left】。此选项的渐变效果与 Left to Right 方向相反，渐变颜色的右端是起始颜色，左端是目标颜色，中间仍是过渡颜色。

【Directional】。此选项允许用户设置从起始颜色过渡到目标颜色的方向，这个方向不一定是水平或垂直的，它可以被用户设置为任何角度，如图 4—36 所示。

【Sun Burst】。此选项的颜色过渡效果如图 4—37 所示，目标颜色出现在图像的中心，逐渐向四周过渡到起始颜色，就像阳光照射的效果。

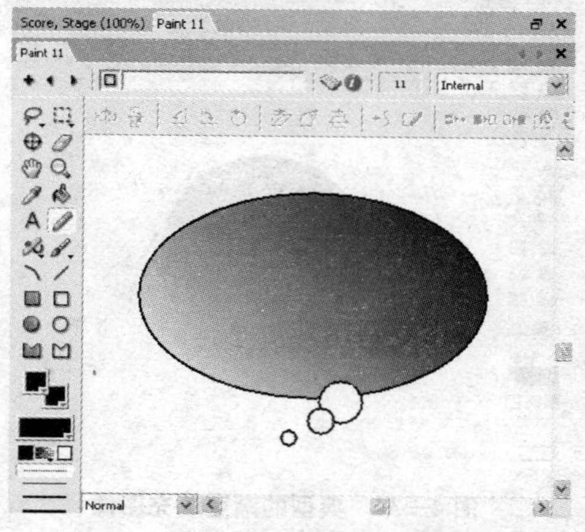

图 4—36　Directional 渐变可以是任何方向

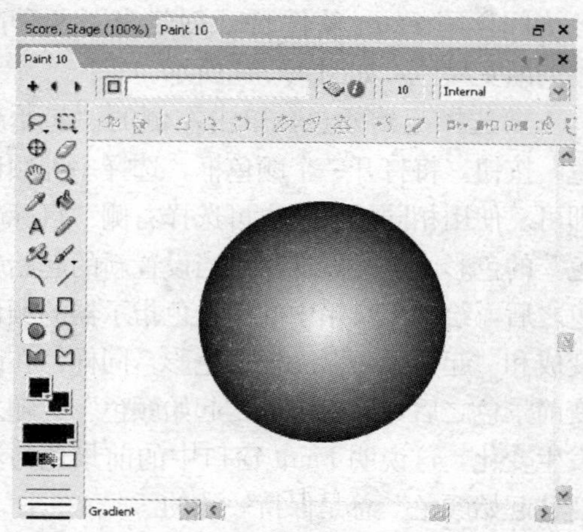

图 4—37　Sun Burst 渐变效果

(2) 自定义渐变风格

有时，只应用默认的渐变风格未免会显得效果单一，这时可以自定义渐变风格。

在 Gradient 弹出菜单的最下方有一个 Gradient Settings 选项，选择 Gradient Settings，将弹出如图 4—38 所示的 Gradient Settings 对话框，以下介绍如何在该对话框内自定义渐变风格。

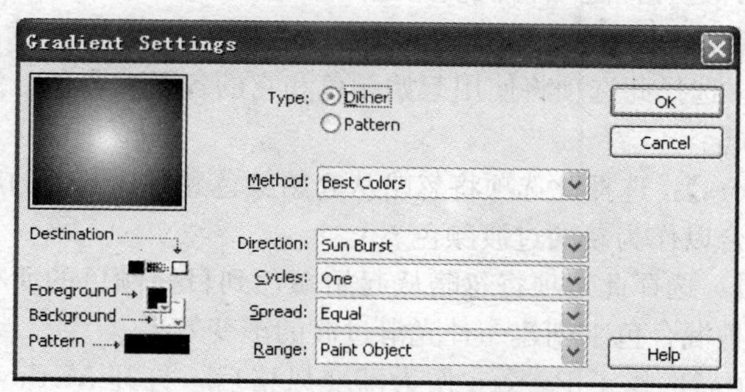

图 4—38 Gradient Settings 对话框

提示：双击“起始颜色”“渐变颜色”“目标颜色”中任何一个按钮，都可以打开 Gradient Settings 对话框。

其中左侧的前景颜色、背景颜色、目标颜色及其图案选项的操作与绘图工具箱中的操作一样的，这里不再赘述。以下介绍该对话框右侧的菜单。

【Type】。渐变风格类型。Type 选项下有两种渐变风格类型，分别是 Dither 与 Pattern。如果选择 Dither，起始颜色与目标颜色之间将应用光滑过渡效果。而如果选择 Pattern，将在颜色过渡时使用当前的颜色。

【Method】。过渡方式。当在 Type 选项后选择了 Dither 作为渐变风格后，可打开 Method 下拉列表，如图 4—39 所示，从中选择一种渐变颜色的过渡方式。其下有六个选项：

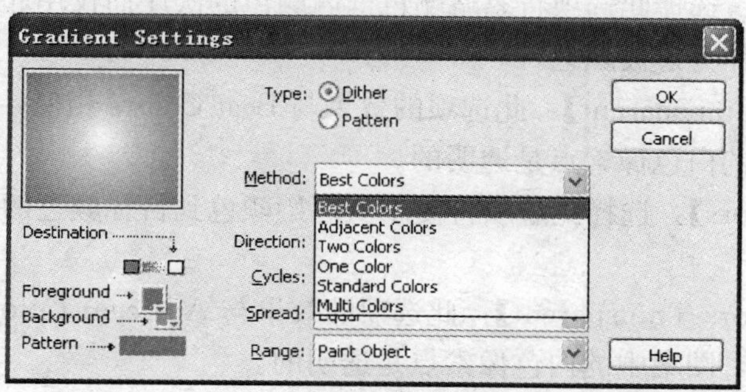

图 4—39 Dither 渐变风格的 Method 下拉列表

【Best Colors】：选择此选项将忽略掉调色板的颜色次序，创建一种从起始颜色到目标颜色的光滑过渡效果，并用抖动方式形成过渡颜色。

【Adjacent Colors】：选择此选项将使用从起始颜色到目标颜色的所有颜色，并采用抖动方式来混合它们。

【Two Colors】：选择此选项将仅使用起始颜色和目标颜色两种颜色，并用抖动方式将它们混合在一起形成过渡颜色。

【One Colors】：选择此选项将使用起始颜色和它的各级减弱色，然后采用抖动的方式将它们混合在一起。

【Standard Colors】：选择此选项将忽略从起始颜色到目标颜色的所有颜色，并用抖动方式增加几种混合以作为新的过渡颜色。

【Multi Colors】：选择此选项将忽略从起始颜色到目标颜色的所有颜色，并用随机抖动的方式增加几种混合色来创建一种光滑过渡的渐变效果。

当在Type选项后选择了Pattern作为渐变风格后，打开Method下拉列表，如图4—40所示，从中选择一种渐变颜色的过渡方式。其下有四个选项：

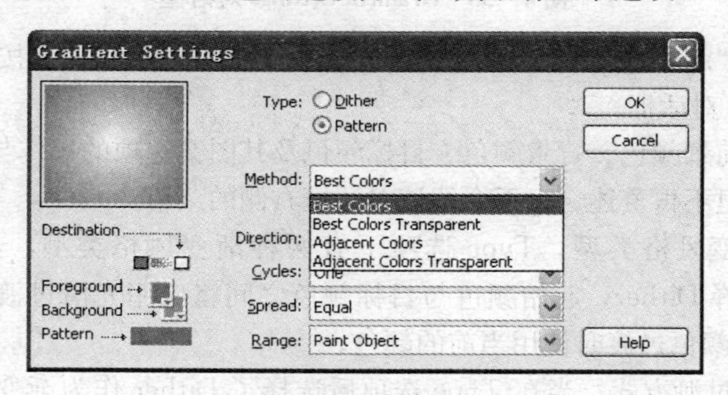

图4—40 Pattern渐变风格的Method下拉列表

【Best Colors】：选择此选项将忽略颜色框内颜色的次序而仅用起始颜色和目标颜色创建连续的混合色作为过渡颜色。

【Best Colors Transparent】：此选项的效果与Best Colors相似，只是当同时应用图案填充时，图案中的白色像素点是透明的。

【Adjacent Colors】：选择此选项将使用从起始颜色到目标颜色的所有颜色来创建过渡变色。

【Adjacent Colors Transparent】：此选项的效果与Adjacent Colors相似，只是当同时应用图案填充时，图案中的白色像素点是透明的。

【Direction】。渐变方向。其下拉列表中的选项是用于设置渐变色的渐变方向的，分别是：Top to Bottom、Bottom to Top、Left to Right、Right to Left、Directional和

Sun Bust 六个选项，实际上就是前面介绍的 Gradient 弹出菜单中的前六个选项，这里不再重复介绍。

【Cycles】。循环属性。其下拉列表中的选项用于设置渐变颜色的色彩循环属性。其下有七个选项：

【One】：选择此选项将只有一个从起始颜色到目标颜色的循环过程。

【Two Sharp】：选择此选项将出现两次循环渐变，从起始颜色到目标颜色，然后再从起始颜色到目标颜色，如图 4—41 所示。

【Two Smooth】：选择此选项将出现两次平滑渐变颜色循环，从起始颜色到目标颜色，然后从目标颜色到起始颜色，如图 4—42 所示。

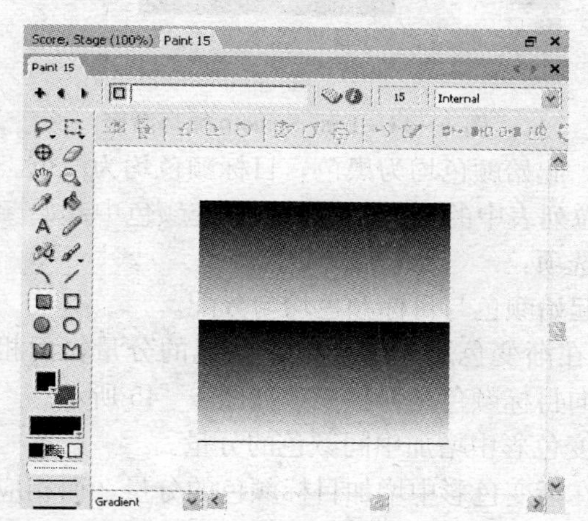

图 4—41　Two Sharp 循环渐变

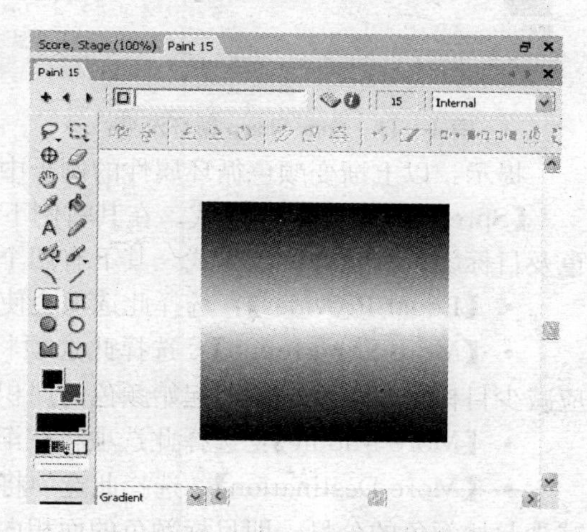

图 4—42　Two Smooth 循环渐变

【Three Sharp】：类似 Two Sharp，只不过此选项将出现从起始颜色到目标颜色三次循环渐变而已。

【Three Smooth】：选择此选项将出现三次平滑渐变颜色循环，从起始颜色到目标颜色，然后从目标颜色到起始颜色，最后再从起始颜色到目标颜色。

【Four Sharp】：选择此选项将出现从起始颜色到目标颜色四次循环渐变，如图 4—43 所示。

【Four Smooth】：选择此选项将出现四次平滑渐变颜色循环，从起始颜色到目标颜色，然后从目标颜色到起始颜色，再从起始颜色到目标颜色，最后从目标颜色到起始颜色，如图 4—44 所示。

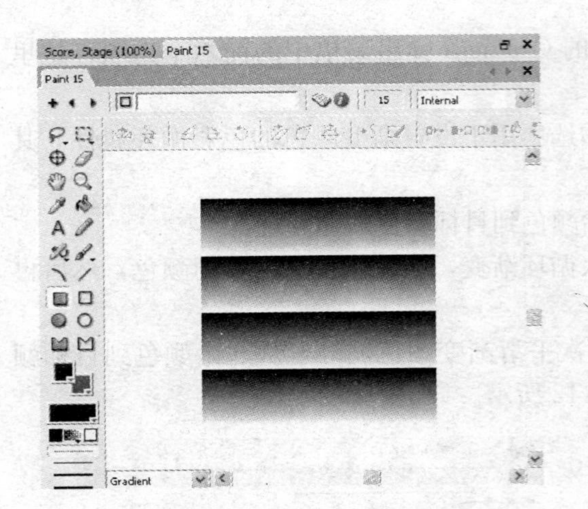

图 4—43　Four Sharp 循环渐变

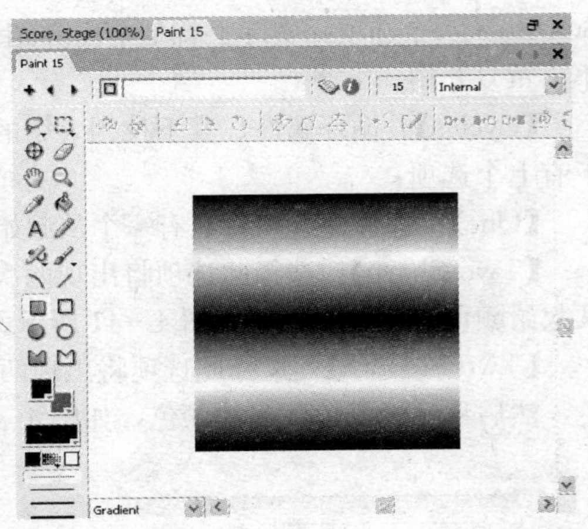

图 4—44　Four Smooth 循环渐变

提示：以上渐变颜色循环属性的例子中，起始颜色均为黑色，目标颜色均为白色。

【Spread】。延伸分配方式。在其右侧下拉列表中的选项用于设置渐变颜色中起始颜色及目标颜色的延伸分配方式。其下有四个选项：

- 【Equal Provides】：选择此选项会使起始颜色与目标颜色均匀分配。
- 【More Foreground】：选择此选项将在渐变色彩中增加起始颜色的分量，而相应减少目标颜色的分量，即起始颜色的面积向目标颜色延伸扩展，如图 4—45 所示。
- 【More Middle】：选择此选项将在渐变色彩中增加中间颜色的分量。
- 【More Destination】：选择此选项将在渐变色彩中增加目标颜色的分量，而相应减少起始颜色的分量，即目标颜色的面积向起始颜色延伸扩展，如图 4—46 所示。

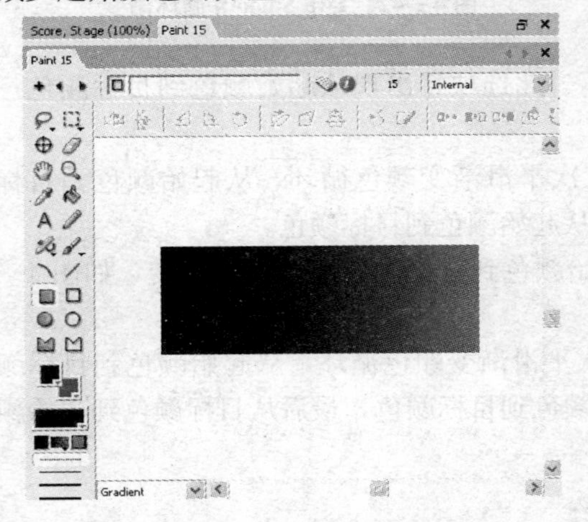

图 4—45　More Foreground 分配方式

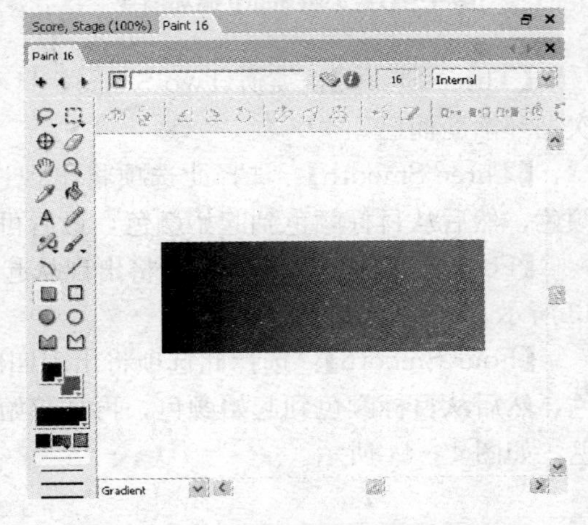

图 4—46　More Destination 分配方式

提示：以上延伸分配方式的例子中，起始颜色均为黑色，目标颜色均为一种灰色。

【Range】。渐变范围。在其右侧下拉列表中的选项用于确定颜色渐变的范围。其下有三个选项：

- 【Paint Object】：选择此选项将使渐变范围填满整个绘图对象，而不管该绘图对象在图像编辑区域中的位置。
- 【Cast Member】：选择此选项将使渐变区域填满整个演员。
- 【Window】：选择此选项将以整个图像编辑区域为填充对象，但仅填满所选定的对象。

4.2.6 Paint 窗口中的 Ink 功能

Ink 属性是对图像墨水效果的设置。关于 Ink 的属性设置，在此之前已涉及过。但前文中仅介绍了其对精灵的操作，对精灵来说的，当多个精灵被放置在不同通道中时，难免会有重叠的情况，默认情况下，通道标号高的精灵会覆盖标号低的精灵。例如，有时只想显示上面的精灵图像，而不想显示此精灵的底色，这时就需要用到精灵的 Ink 属性。

与精灵的 Ink 不同，此处要介绍的是 Paint 窗口中的 Ink 属性，这些墨水效果仅作用于 Paint 窗口中图像的创建，能够为画笔或填充矩形等工具设置各种墨水效果。

在 Paint 窗口的底部，也就是图像编辑区域的右下角，有一个小的 Ink 下拉菜单 Normal ，一般情况下，菜单中显示的是 Normal 项。这里说明一下，并不是 Ink 下拉菜单中的所有墨水效果都可以被所有绘图工具使用，例如橡皮擦工具仅能使用默认的 Normal 墨水效果，而颜料桶工具能使用的墨水效果也只有三种，图 4—47 是选择画笔工具后，Ink 下拉菜单中的所有墨水效果。以下介绍这些墨水的有关选项：

【Normal】。一般工具都将此选项默认为标准的墨水效果。选择 Normal 选项，表示用当前设定的前景色或选定的图案来创建图像。

【Transparent】。此选项用于图案填充时，使图案中仅出现前景色，而把背景色部分转化成透明像素。

【Reverse】。此选项用于反转当前图像与下方图像的重叠颜色，如果当前创建的图像使用的是图案填充，将仅把图案中前景色与下方图像重叠部分的颜色反转，而图案中背景色的效果与 Transparent 一样被转化成透明像素。

【Ghost】。此选项可用当前设置背景色创建图像。如果当前创建的图像使用的是图案填充，将会颠倒图像中前景色与背景色的位置，不仅如此，在最后的图案中将仅出现背景色，而前景色部分被转化成透明像素。

【Gradient】。此选项可使用当前设置的渐变颜色创建图像。假如已设置了渐变颜色，然而在创建图像时仍然没有渐变效果，那应该是这里出现了问题，这时只需选择

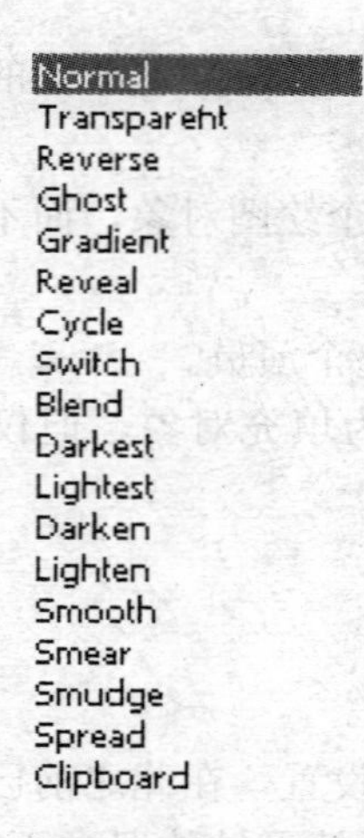

图 4—47 画笔工具对应的 Ink 墨水效果

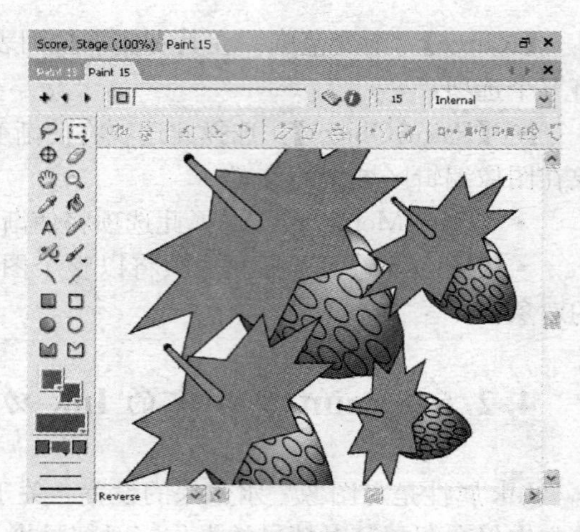

图 4—48 预览导入的位图演员

Gradient 选项即可。

【Reveal】。此选项非常特殊，可把现在创建着的位图演员的前一个位图演员映射到当前位图上来。下面举例说明此项的应用。

先导入一个画有草莓的位图演员，该演员在演员表中的编号为“15”，双击该演员可以在 Paint 窗口中预览其效果，如图 4—48 所示。

然后单击 Paint 窗口右上角的 New Cast Member 按钮，新建一个演员，并打开该演员的 Paint 窗口准备绘制该演员，其在演员表中的编号为“16”，这时可以看到，画有草莓的位图演员在它前面，如图 4—49 所示。这时在绘图工具箱里选择椭圆工具，并在 Ink 下拉菜单中选择 Reveal 选项，然后在图像编辑区域沿对角线拖拽鼠标创建一个椭圆图形。此时这个椭圆图形既不是用前景色填充的，也不是用图案填充的，而是用当前演员的前一个位图演员——草莓图像填充的，如图 4—50 所示。

这说明选择了Reveal墨水效果，可用演员表里的前一个位图演员进行绘图，即把

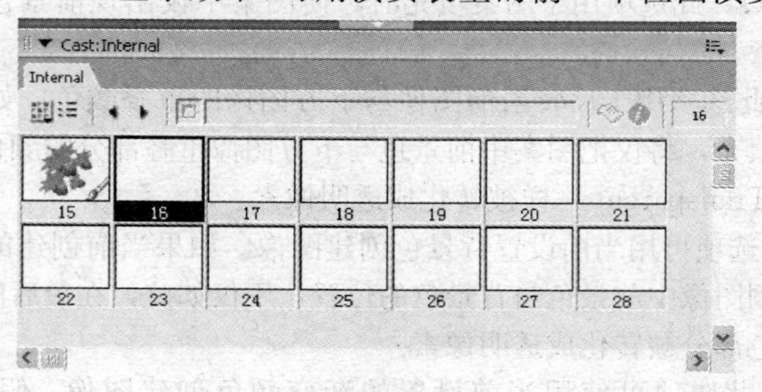

图 4—49 草莓演员在当前演员前面

图 4—50　Reveal 墨水效果

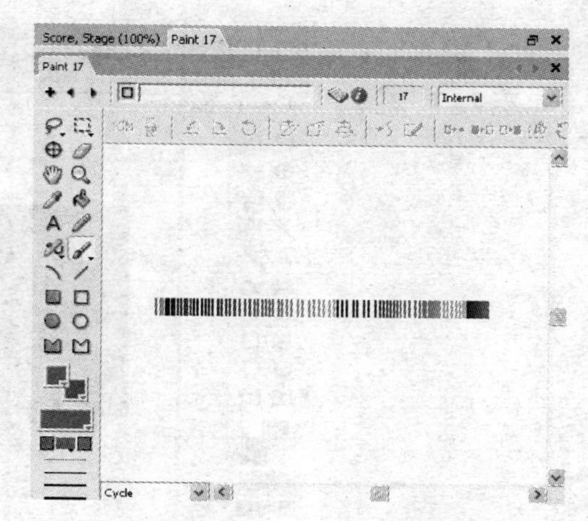

图 4—51　应用 Cycle 墨水效果的笔刷

前一个位图演员映射到当前位图。

【Cycle】。此选项主要用来设置画笔的循环颜色效果。设置渐变颜色后，Cycle 墨水效果可使画笔的颜色在调色板颜色里循环。它从起始颜色起，循环完所有颜色后，止于目标颜色，然后重复或反向重复刚才的过程，如图 4—51 所示。要设置具体的循环顺序可双击线型工具中的 Other Line Width 按钮 4 pixels ，打开如图 4—52 所示的 Paint Window Preferences 对话框，在 Color Cycling 里选择 Repeat Sequence（重复）或 Reverse Sequence（反向重复）。

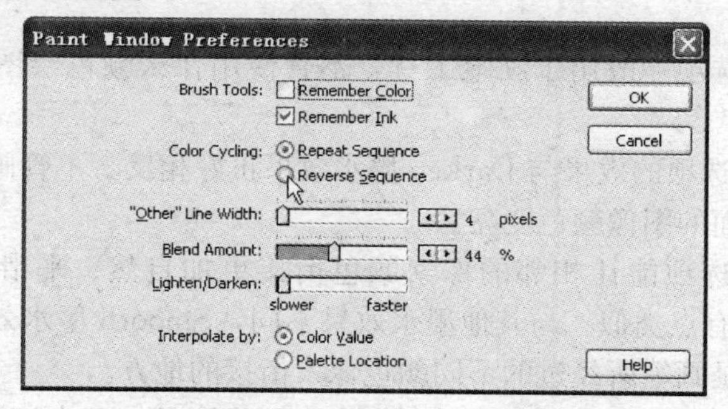

图 4—52　Paint Window Preferences 对话框

【Switch】。此选项可用来创建切换颜色效果，把前景色的像素颜色切换为目标颜色。但是要使用这种 Switch 墨水效果创建图像，需要把显示器调成 8 位（Bit）色深。

【Blend】。此选项把当前设置的前景色与其他下面背景的颜色混合，对于 16 位或 32 位色深的位图来说，效果较好，如图 4—53 所示。

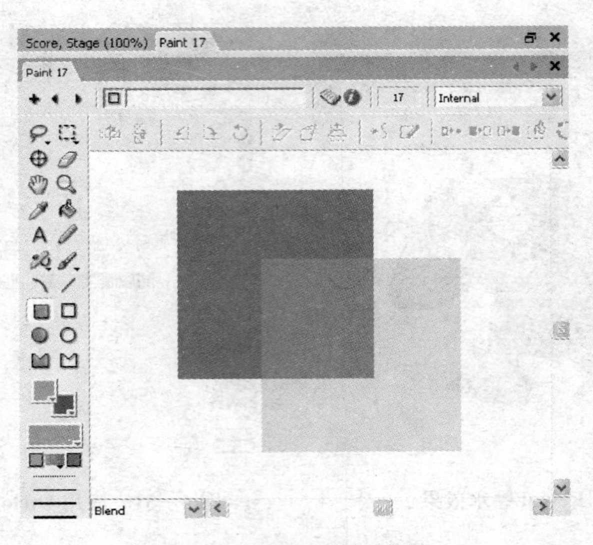

图 4—53　Blend 墨水效果

【Darkest】。选择此选项创建图像时，只有前景色比下面图像的像素颜色暗时，前景色才能完全覆盖下面的图像。假如前景色不比下面图像的像素颜色暗，这时前景色将与背景像素颜色叠加出一种比它们更暗的颜色，达到最后图像颜色的最暗化。

【Lightest】。此选项的效果与 Darkest 墨水效果正好相反。只有前景色比下面图像的像素颜色亮时，前景色才能完全覆盖下面的图像。假如前景色不比下面图像的像素颜色亮，这时前景色将与背景像素颜色叠加出一种比它们更亮的颜色，达到最后图像颜色的最亮化。

【Darken】。此选项一般用于画笔工具，不管使用什么颜色绘图，它都会使画笔下面的图像颜色变暗。

【Lighten】。此选项的效果与 Darken 墨水效果正好相反。不管画笔使用哪种前景色绘图，它都会使下面的图像颜色变亮。

【Smooth】。此选项能让相邻的像素颜色衔接更加自然、平滑，与 Adobe Photoshop 中的模糊工具有点类似。与其他墨水效果不同，Smooth 墨水效果与当前前景色没有关系，影响的只是画笔所经过的不同颜色像素衔接的地方。

例如，导入一幅有草原天空的风景图像作为图像演员，双击该演员可以在 Paint 窗口中预览其效果，如图 4—54 所示。这时在绘图工具箱里选择画笔工具，并在 Ink 下拉菜单中选择 Smooth 选项，然后用画笔在该图像中草原与天空相连的地方进行描绘，直到效果满意为止，可以看到图像中地平线的位置变得模糊、自然，有一种空气透视的感觉，如图 4—55 所示。

图 4—54　预览导入的风景图像

图 4—55　Smooth 墨水效果

【Smear】。此选项可制作一种把颜料涂抹在画布上的效果，尤其当笔刷作用在图像边缘像素上，这种涂抹效果将更加明显。与 Smooth 墨水效果一样，Smear 墨水效果也不受当前前景色的影响。

【Smudge】。此选项的效果与 Smear 墨水效果非常相似，只不过使用 Smudge 墨水效果时，颜料被涂抹的距离没有 Smear 那么长。Smudge 墨水效果也不受当前前景色的影响。举例如下。

例如，导入一幅漂亮的汽车图像作为图像演员，双击该演员可以在 Paint 窗口中预览其效果，如图 4—56 所示。在绘图工具箱里选择画笔工具，并在 Ink 下拉菜单中选择 Smudge 选项，然后用画笔在汽车的尾部进行描绘，直到效果满意为止，可以看到汽车的后方有一种速度的感觉，如图 4—57 所示。

图 4—56　预览导入的汽车图像

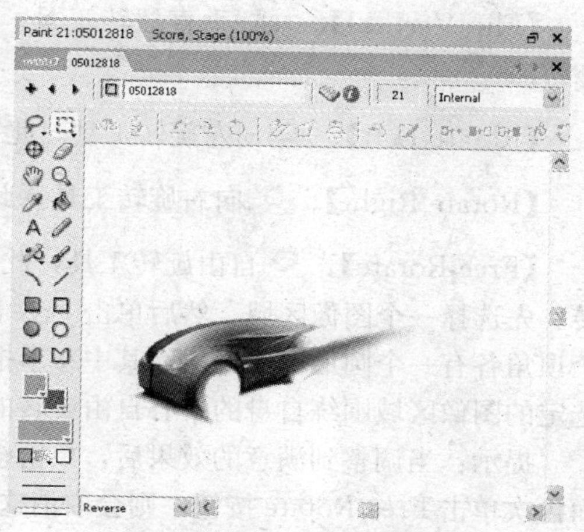

图 4—57　Smudge 墨水效果

【Spread】。此选项一般用于画笔工具，但它的效果很像先用吸管工具吸取鼠标着落点的颜色或图案，接着用吸取的颜色或图案来绘画。当鼠标着落点的位置是渐变颜色时，画笔画出的图像中也是多个像素颜色在起作用；当鼠标着落点的位置是图案时，画笔画出的图像将重复该图案。与前面几种墨水效果一样，Spread 墨水效果也不受当前前景色的影响。

【Clipboard】。在图像编辑区复制或剪切完图像，再应用 Clipboard 墨水效果绘图时，画笔将把剪贴板中的图像用作画的图案。当前前景色对 Clipboard 墨水效果有影响。

4.2.7 Paint 窗口中的效果工具

在图像编辑区域的上方有一个横向工具栏，即效果工具栏，如图 4—58 所示，其中有一些效果工具按钮。效果工具是用来控制演员的特殊效果的，如对演员进行旋转、镜像等操作。

图 4—58 效果工具栏

要应用这些效果工具，首先要在图像编辑区域中选择一个图像区域，然后执行效果工具栏里的对应的效果。以下分别对这些工具进行介绍。

【Flip Horizontal】。水平翻转工具。此工具可将选定的区域在水平方向上镜像翻转。

【Flip Vertical】。垂直翻转工具。此工具可将选定的区域在垂直方向上镜像翻转。

【Rotate Left】。向左旋转工具。此工具可将选定的区域逆时针向左旋转 90°。

【Rotate Right】。向右旋转工具。此工具可将选定的区域顺时针向右旋转 90°。

【Free Rotate】。自由旋转工具，此工具可将选定的区域以手动方式进行自由旋转。先选择一个图像区域，然后单击 Free Rotate 工具按钮，这时被选定图像区域的四个顶角各有一个圆形把手，拖动其中一个把手即可实现图像的自由旋转，这种旋转是让选定的图像区域围绕自身的中心自由旋转的。

提示：当调整到满意的效果后，单击被选定区域以外的地方，可确认当前的操作；而再次单击 Free Rotate 按钮，则会取消这一步操作。以下大部分工具也可以利用这种方法来确认或取消当前操作。

【Skew】。倾斜工具，此工具可将选定的区域进行倾斜操作。先选择一个图像区域，然后单击 Skew 工具按钮，按住鼠标拖拽选定图像区域的四个顶角，使矩形选区变成非直角的平行四边形。

【Warp】。弯曲工具。利用此工具可将选定区域一角上的控制点拖到一个新位置，实现对该图像区域的弯曲操作。先选择一个图像区域，然后单击 Warp 工具按钮，按住鼠标拖拽选定图像区域的四个顶角，实现扭曲的效果。

【Perspcetive】。透视工具。此工具与 Warp 工具有共同之处，都可将选定区域一角上的控制点拖到一个新位置，实现对该区域的变形操作。但这种透视变形过程中，该控制点两端的两条边中，有一条边的方向是不能改变的。

【Smooth】。平滑工具。此工具可对选定区进行光滑处理。先选择一个图像区域，单击 Smooth 工具按钮即可实现平滑选定区域内的像素操作。

【Trace Edges】。跟踪边缘工具。此工具可将选定区域内的像素变为白色，并在选区中的原始像素周围生成 1 像素宽度的描边。

【Invert】。反转工具。此工具可将选定区域内的像素颜色进行反转，如通过反转操作，原图中绿色像素变成了其互补色（红色），黑色像素变成了白色像素。

【Lighten】。加亮工具。此工具可将选定区域内的像素颜色变亮。

【Darken】。减暗工具。此工具可将选定区域内的像素颜色变暗。

【Fill】。填充工具。此工具可用当前前景色或图案填充选定区域内的像素。

【Switch Colors】。颜色转换工具。此工具可将选定区内包含前景色的全部像素转换为当前的目标色。

4.3 矢量图演员窗口：Vector Shape 窗口

Vector Shape 窗口与 Paint 窗口很相似，是一个矢量图形编辑器。在 Vector Shape 窗口中绘制的所有图形也都将变成 Cast 窗口中的演员，这时只要 Vector Shape 窗口中的一个图形发生变化，那么与其对应的 Cast 窗口中的图形演员以及舞台上的精灵将被同时更新。虽然 Vector Shape 窗口的功能比起专门的图形制作软件在功能方面有所欠缺，但基本可以满足一般需求的图形编辑。此外，由于矢量图本身就是被作为数学描述来存储的，它比一个相同的位图图像需要更少的内存和磁盘空间。矢量图形是基于轮廓填充生成的图形，所以不像位图那样会带来边缘锯齿的困扰。

4.3.1 打开 Vector Shape 窗口

执行 Window | Vector Shape 命令或单击工具栏中的 Vector Shape window 按钮，即可打开或隐藏如图 4—59 所示的 Vector Shape 窗口。可以看到，Vector Shape 窗口与 Paint window 十分相似，也是由演员控制区、图形编辑区域、绘图工具箱、效果工具栏等部分组成。这时再观察一下 Cast 窗口，会发现里面自动增加了一个矢量图演员。

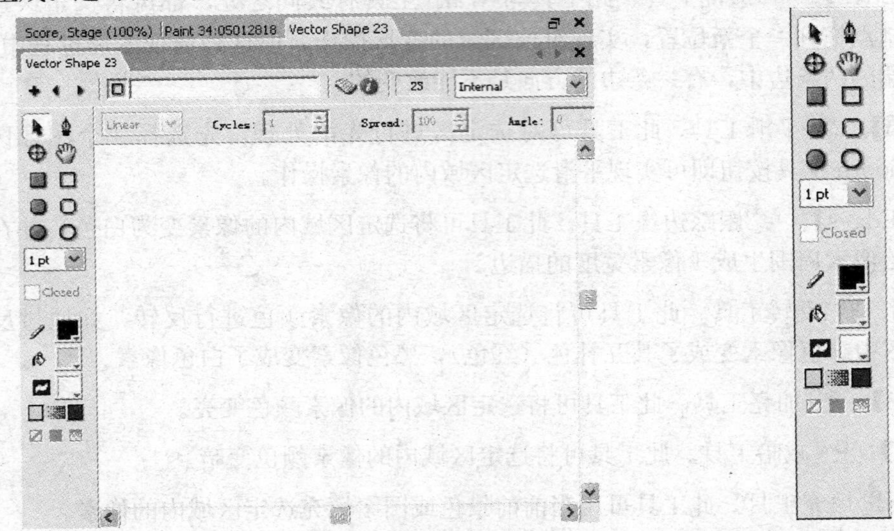

图 4—59 Vector Shape 窗口　　图 4—60 Vector Shape 绘图工具箱

4.3.2 Vector Shape 窗口中的绘图工具

Vector Shape 窗口中绘图工具箱内存放了绘图工具，如图 4—60 所示。以下分别对这些工具进行介绍。

【Arrow】。箭头工具。使用箭头工具可通过框选、拖动来选择或移动对象。如果点击的是某一个控制节点，这个节点会显示空心，这时拖动此节点以达到移动该节点的目的，如图 4—61 所示。

【Pen】。钢笔工具。用此工具连续单击可以创建直线，这时节点将形成一个角；也可以在单击之后按住鼠标并拖拽鼠标，创建控制柄并调整节点间的曲线弧度。这些曲线又被称为贝兹尔曲线，如图 4—62 所示。

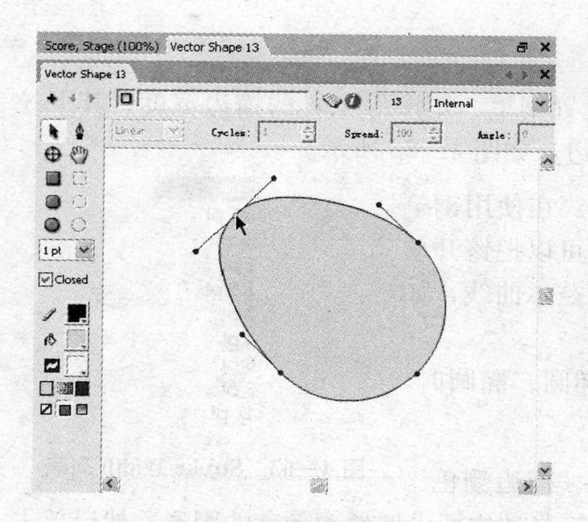

图 4—61　拖动圆形的一个节点

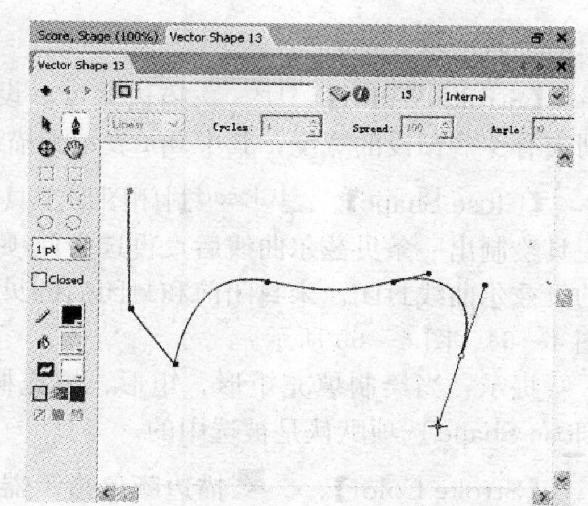

图 4—62　利用钢笔工具绘制贝兹尔曲线

一条曲线中的第一个节点是绿色，最后一个节点是红色，其他的节点是蓝色。节点在未选中时是实心的，已选择的节点是空心的。

提示：在绘制矢量形状时，曲线间的节点是圆点，其周围有控制柄；直线间的节点是方点，其周围没有控制柄。使用该钢笔工具在曲线上无节点的位置单击，还可增加节点。

【Registration Point】。定位点工具。定位点工具可以定位矢量图像的注册点，实际上就是确定图像中的一个位置。具体的功能与使用方法与前面提到的 Paint 窗口中的定位点工具是一样的。

【Hand】。手形工具。此工具用于移动 Paint 窗口中的矢量图形。具体的功能与使用方法与前文中提到的 Paint 窗口中的手形工具相似。但与 Paint 窗口中手形工具不同之处在于，Vector Shape 窗口中的图形将随着手形的移动，改变的是其在 Paint 窗口中的绝对位置。

【Filled Rectangle】。填充矩形工具。此工具用于创建填充了颜色的矩形。具体的功能与使用方法与前文中提到的 Paint 窗口中的手形工具相似。填充矩形的描边粗细通过选择绘图工具箱中不同粗细的线型来控制，边线颜色由 Stroke Color 所决定，而它内部的填充可通过 Fill Color 来选择。

【Rectangle】。矩形工具。此工具用于创建无填充颜色的矩形。矩形的创建方法与填充矩形是一致的。

【Filled Ellipse】。填充椭圆工具。此工具用于创建填充了颜色的椭圆图形，其使用方法与填充矩形工具一致。

【Ellipse】。椭圆工具。此工具用于创建无填充颜色的椭圆图形，其使用方法与矩形工具一致。

【Stroke Width】。 1 pt 描边宽度。设置钢笔、矩形等工具的描边宽度。其下拉列表有一些预设的宽度，其中 0pt 表示无描边，如图 4—63 所示。

【Close Shape】。 Closed 封闭图形工具。在使用钢笔工具绘制出一条贝兹尔曲线后，再选中此项可以把该开放的贝兹尔曲线封闭。未封闭前和封闭后的贝兹尔曲线，如图 4—64、图 4—65 所示。

提示：当绘制填充矩形、矩形、填充椭圆、椭圆时，Close Shape 选项默认是被选中的。

0 pt
.25 pt
.5 pt
1 pt
1.5 pt
2 pt
4 pt
6 pt
8 pt
12 pt

图 4—63　Stroke Width 列表

【Stroke Color】。描边颜色指示器。描边颜色工具用于设置矢量图形轮廓的颜色。先用箭头工具选中要设置轮廓颜色的图形，然后单击该工具，在弹出的颜色框中选择一种颜色即可。

【Fill Color】。填充颜色指示器。填充颜色工具用于设置矢量图形的内部填充颜色。先用箭头工具选中要设置内部填充颜色的图形，然后单击该工具，在弹出的颜色框中选择一种颜色即可。

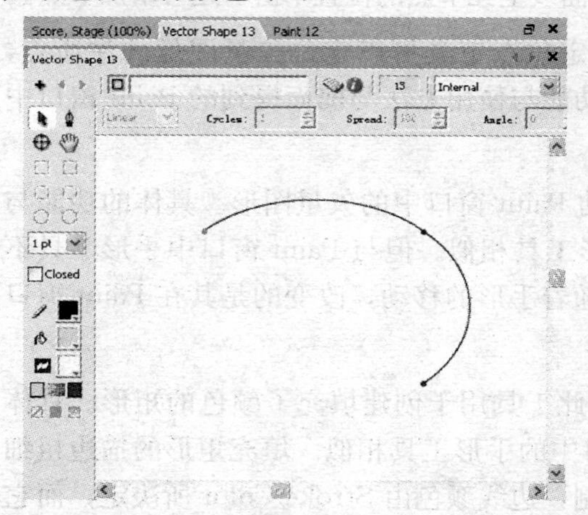

图 4—64　未封闭的贝兹尔曲线

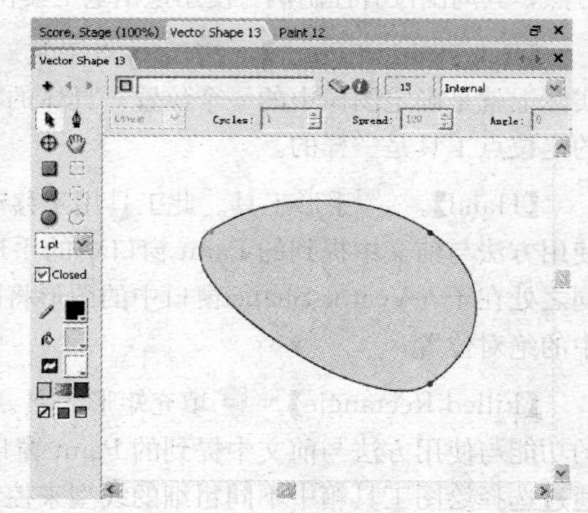

图 4—65　封闭后的贝兹尔曲线

【Background Color】。背景颜色指示器。背景颜色工具用于设置绘制图形的背景颜色，该背景的大小以绘制图形的最外端顶点为准。

【Gradient Colors】。渐变颜色指示器。渐变颜色指示器主要用来设置矢量图形的渐变色彩，它是由 3 个工具按钮组成的，都与设置渐变风格相关，由左至右分别是“起始颜色”“渐变颜色”“目标颜色”。“起始颜色”总是与填充颜色保持一致的，而目标颜色不受其他颜色的影响，如图 4—66 所示。

提示：要调节渐变颜色的一些参数，可在图形编辑区域上方的效果工具栏设置。例如，在 Gradient Type 下拉列表 Linear 中可以设置 Linear 或 Radial 渐变方式，在 Cycles 后的下拉列表 Cycles: 1 中可选择渐变色彩的循环次数。

【No Fill/Solid/Gradient】。这三个工具分别是无填充、实色填充、渐变色填充。例如，用箭头工具选择一个无填充的图形，这时单击 Gradient 工具按钮，该图形就会被填充上当前渐变颜色指示器中设置的渐变颜色，再次单击 No Fill 工具按钮，该图形又会变成无填充状态。

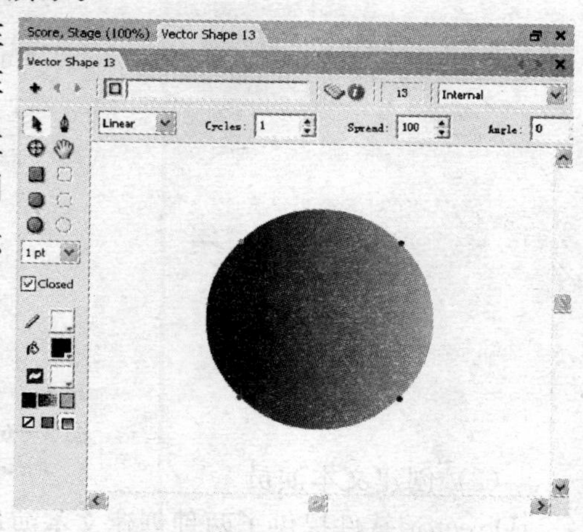

图 4—66 渐变颜色填充效果

4.4 文本演员和域文本演员

Director 中的文本演员分为两种：一种是文本演员（Text），另一种是域文本演员（Field）。其中文本演员的出现要比域文本演员晚一些（文本演员的首次出现是在 Director 5 版本中）。随着 Director 软件版本的不断更新，文本演员和域文本演员之间的区别已越来越模糊。

4.4.1 文本演员窗口：Text 窗口

Text 窗口是为文本演员设计的，实际上就是一个文本编辑器。用户在 Text 窗口中输入的所有文本将会变成 Cast 窗口中的演员，这时只要对 Text 窗口中的任何文本进行修改，那么与其对应的 Cast 窗口中的文本演员以及舞台上对应的文本精灵将被同时更新。

（1）打开 Text 窗口

执行 Window | Text 命令或单击工具栏中的 Text window 按钮，即可打开或隐藏如图 4—67 所示的 Text 窗口。Text 窗口的最顶端是演员控制区，下方面积最大的区域是文本编辑区域，而在文本编辑区域上方是文本工具条，用来设置文本的字体、字号等属性。

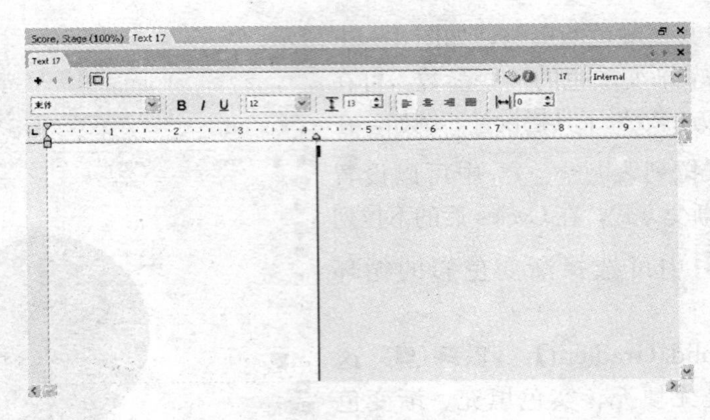

图 4—67　Text 窗口

（2）创建文本演员

Director 软件提供了两种创建文本演员的方法：一种是直接在舞台上创建，另一种是在 Text 窗口中创建。

直接在舞台上创建。要直接在舞台上创建文本演员，先要保证绘图工具箱顶端的视图模式为 Default 视图 default 或 Classic 视图 classic，只有在这两个视图下，绘图工具箱中 Text 工具 A 才是可用的。切换好视图后，选择绘图工具箱中 Text 工具 A，在舞台上拖拽并释放鼠标，一个文本插入点出现在该定义的区域，这时就创建了一个文本演员。此时用户不能调节该文本演员的默认高度，这个高度会随着输入文本的数量增加而自动调节。这时即可输入文本，如图 4—68 所示。此时，该文本演员已经出现在演员表中，而且其文本精灵也被放置在总谱中。

在 Text 窗口中创建。执行 Insert | Media Element | Text 命令，即可在演员表中添加一个文本演员，并打开 Text 窗口。如果这时 Text 窗口已经是打开的，可以单击窗口左上角的 New Cast Member 按钮来创建一个新的文本演员。在新打开的 Text 窗口中输入文本即可。

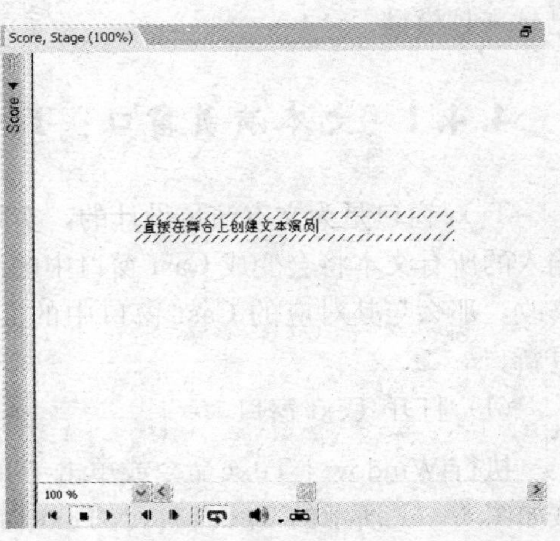

图 4—68　直接在舞台上创建文本演员

（3）Text 窗口的基本操作

在 Text 窗口中，面积最大的文本编辑区域被分隔成了两部分，左边白色区域是让用户输入文本的区域。开始输入文本后，可以看到文本到达白色区域右侧的分割线位置会自动回行，如图 4—69 所示。这时如果想改变默认的栏宽，可以用鼠标向左或右拖拽该分隔线，从而改变文本框的大小，如图 4—70所示，这里设置的文本框大小与该文本演员在舞台上显示的文本框大小一致。

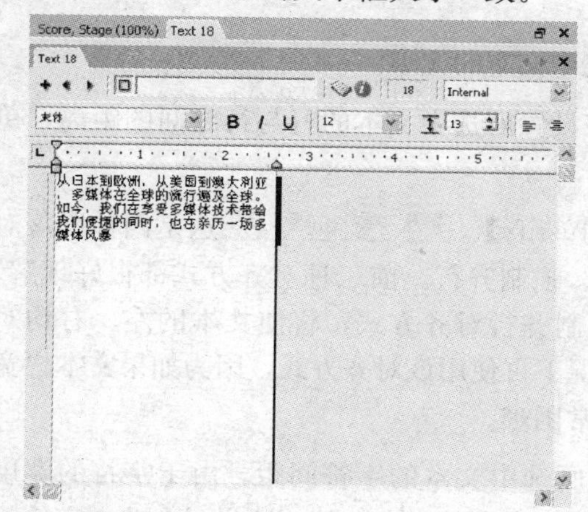

图 4—69 在 Text 窗口输入文本

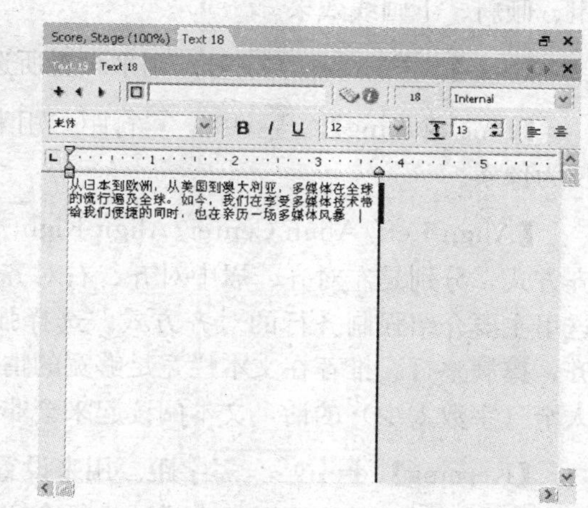

图 4—70 拖拽分隔线改变文本的栏宽

实际上，还可以直接在舞台上输入文本。选择舞台左侧工具箱中的文本工具 A，然后在舞台上单击鼠标即可开始输入文本。要结束当前的输入，只需在文本输入框以外的舞台区域单击鼠标。这种直接在舞台上输入文本的方法同样会把当前文本生成一个新演员，并出现在演员表里。

舞台上文本的移动与调整：在 Text 窗口编辑好文本后，再把该演员从演员表里拖到舞台上即可使用。要在舞台上移动文本的位置，可以直接点击选中该文本演员对应的精灵，这样就可以在舞台上移动该文本精灵了。同时还可以拖拽文本框右侧的控制点来调整文本框的尺寸。

再次编辑文本。要再次编辑某一文本演员，需双击演员表中的该演员，打开 Text 窗口即可重新对其编辑。同样，也可以双击舞台上该文本演员对应的精灵以达到编辑其中文本的目的，但这时不能移动该文本精灵或调整文本框的尺寸。

（4）编辑文本

虽然前面提到直接在舞台上编辑文本的方法很便捷，但只是进行一些最基本的编辑。要想对文本有更多的属性控制，还需要回到 Text 窗口中对文本进行重新编辑。在演员表中双击要进行编辑的文本演员即可在 Text 窗口里重新打开文本。

在文本编辑区域上方是文本工具条，其作用是设置文本的字体、字号等属性。以下介绍该工具条上的功能属性：

【Font】。宋体 字体。其下拉菜单中显示了当前计算机中安装的所有可用字体，要改变当前选中文本的字体，只需在其中选择一种字体即可。

【Bold/Italic/Underline】。B I U 这是三种文字样式，分别能为文本实现加粗、倾斜、下画线效果。

【Size】。12 字号。用来设置所选中文本的大小。

【Line Spacing】。13 行距。用来设置所选中文本的行与行之间的距离，单位为像素。

【Align Left/Align Center/Align Right/Justify】。这是四种段落对齐方式，分别是左对齐、居中对齐、右对齐、强制齐行。前三种对齐方式都很好理解，这里主要介绍强制齐行的对齐方式，选择强制齐行对齐方式，将使文本的左、右均对齐，撑满整行。推荐在文本栏宽足够宽的情况下再使用该对齐方式，因为如果文本栏宽太窄（字数太少）的话，文本阅读起来会非常困难。

【Kerning】。0 字距。用来设置所选中文本的字符间距。由于字符的宽度不一（如 A 和 W），可以加大或减小每个字符所占用的横向空间，这样只会改变字符间的距离，而不会改变字符本身的形状。

文本颜色。要更改文本颜色，可更改右侧工具栏中的前景色；要更改文本背景颜色，可更改右侧工具栏中的背景色。

标尺。要设置段落的左、右缩进，可滑动标尺底边的左侧（左缩进）或右侧（右缩进）的三角形滑块，可以用此功能来设置页边距；要设置首行缩进，可以向右拖动标尺顶端的首行缩进按钮。

提示：如果文本标尺被隐藏了，只需要执行 View | Rulers 命令即可把标尺显示出来。要改变文本标尺上的度量单位，可执行 Edit | Preferences | General 命令，General Preferences 对话框中的 Text Units 下拉列表中选择 Inches，Centimeters，或 Pixels 单位选项。也可以在标尺上单击鼠标右键，在弹出的菜单中选择相应的度量单位，同样可以改变标尺上的度量单位。

制表符。使用制表符可以不绘制表格就能方便地对文本进行对齐操作，后面会有运用制表符的具体实例。

（5）制表符的运用

前文中提到，要想方便地对文本进行对齐操作，一般情况下都会把文本放在表格中。而使用制表符可以让用户省去绘制表格的时间，而实现文本的对齐操作。下面是利用制表符创建的表格效果，如图 4—71 所示。下面以这个表格为例，看一下制表符工具是如何使用的。

先在标尺的最左侧选择制表符的类型：分别有左对齐制表符 L，右对齐制表符

┛，居中对齐制表符┻和小数点制表符┻。这里选择居中对齐制表符，选择好制表符之后即可开始添加，添加制表符的方法很简单，只需要在标尺上单击鼠标即可。分别在标尺的“1”“2”“3”三处分别添加一个居中对齐制表符，然后再次选择制表符的类型为小数点制表符，然后在标尺的“4”处添加一个小数点制表符，小数点制表符可实现一列数字中的小数点对齐效果。总共设置了四个制表符，效果如图 4—72 所示。

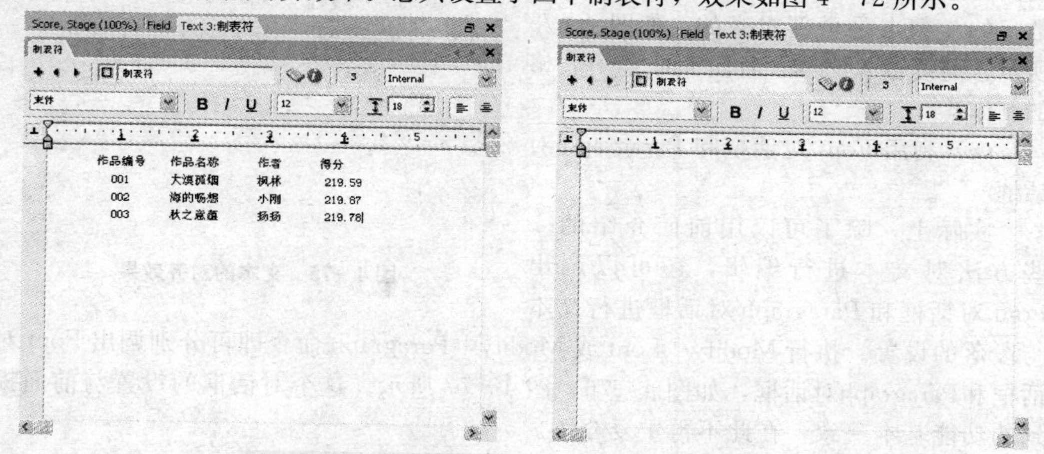

图 4—71　利用制表符创建的表格效果　　**图 4—72　制表符的设置**

设置好制表符后，就可以输入文本内容了。默认情况下，文字光标是停留在左上角的，按键盘上的 Tab 键，光标就会定位到第一个制表符处，即可开始输入文本，如图 4—73所示。重复刚才的操作，直到输完第一行文本，如图 4—74 所示。

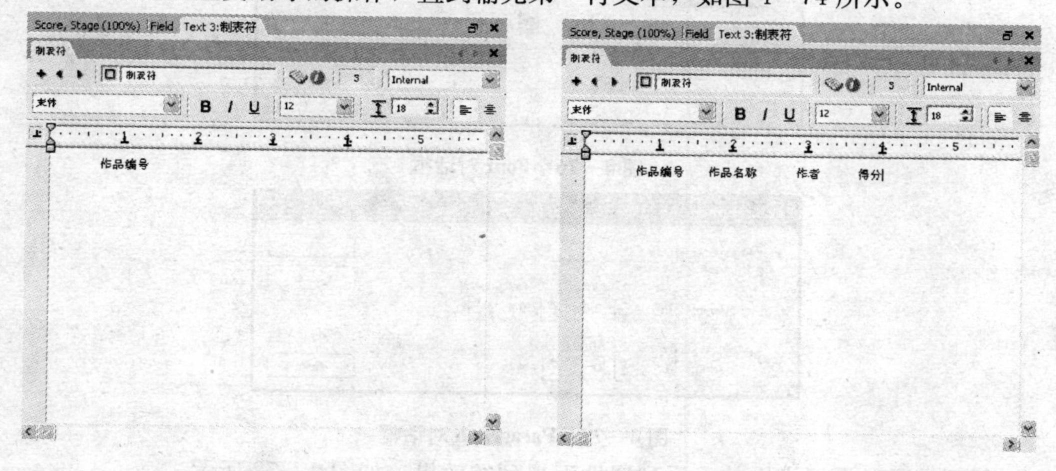

图 4—73　利用制表符输入文本　　**图 4—74　利用制表符输完第一行文本**

输完第一行文本后，按一下回车键把光标定位在第二行，然后再按Tab键，并输入文本，发现刚才输入的文本与第一行的“作品编号”是居中对齐的。继续重复前面的操作，可以看到“得分”下面一列数字的小数点是全部对齐的，如图4—75所示。继续输入文本，直至完成整个表格的制作。

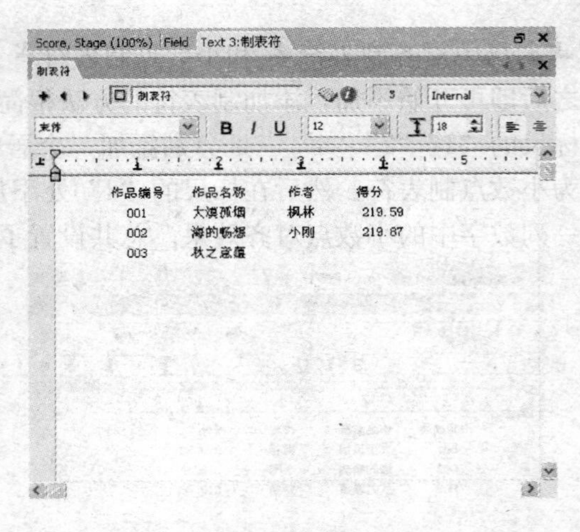

图4—75 文本的对齐效果

（6）利用Font对话框和Paragraph对话框

实际上，除了可以用前面介绍的一些方法对文本进行编辑，还可以调出Font对话框和Paragraph对话框进行文本与段落的设置。执行Modify | Font或Modify | Paragraph命令即可分别调出Font对话框和Paragraph对话框，如图4—76、图4—77所示。这个对话框的设置与前面提到的功能基本一致，在此不再重复介绍。

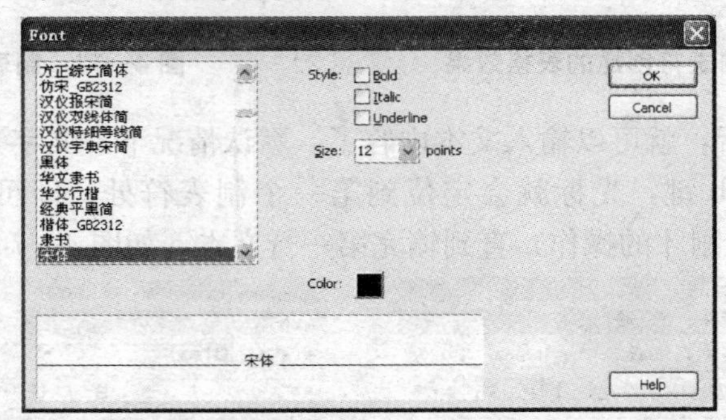

图4—76 Font对话框

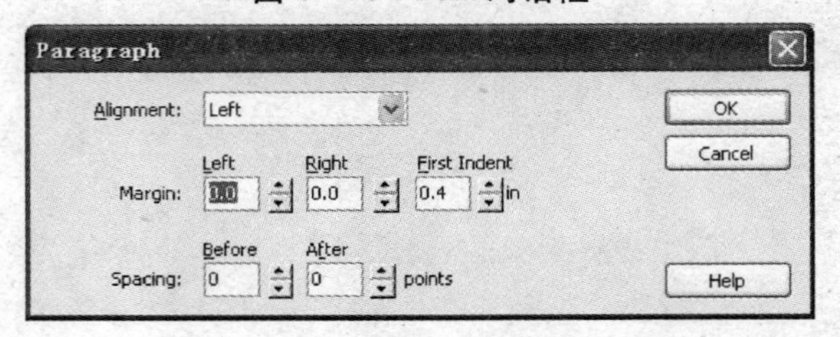

图4—77 Paragraph对话框

下面是通过设置文本的一系列属性而得到的效果，如图4—78所示。

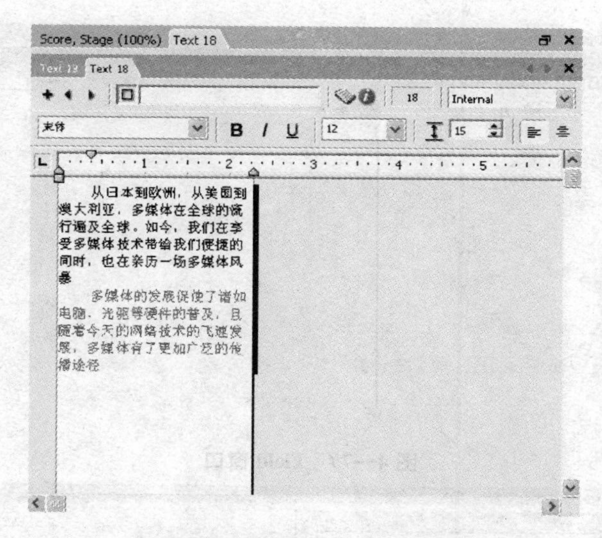

图 4—78 设置属性后的文本

4.4.2 域文本演员窗口：Field 窗口

当不需要文本的更多属性时，通常首选域文本演员，域文本演员的数据量要比文本演员小得多，这样也能减少影片的负担，加快放映速度。

(1) 打开 Field 窗口

域文本演员是在 Field 窗口中编辑生成的。执行 Window | Field 或 Insert | Control | Field 命令即可打开如图 4—79 所示的 Field 窗口。Field 窗口与 Text 窗口非常相似，只是比 Text 窗口少了一些选项，例如没有标尺，因为域文本演员编辑窗口不支持这些功能。但是，仍然能设置文本的字体、字号、文字样式、域宽及对齐方式。在 Field 窗口中只能使用左对齐、右对齐和居中对齐三种对齐方式，而不能使用强制齐行的对齐方式，这一项显示的是灰颜色。

(2) 创建域文本演员

Director 提供了两种创建域文本演员的方法：一种是直接在舞台上创建，另一种是在 Text 窗口中创建。

直接在舞台上创建。先把绘图工具箱顶端的视图模式切换到在 Classic 视图 classic ，然后单击绘图工具箱中的 Field 工具 abl ，在舞台上拖拽鼠标以定义一个 Field 区域，并且有一个插入点被放置在该 Field 区域的开始处，这时输入文本即可。当输入完成后，在文本域精灵外单击鼠标，以退出 Field 输入状态。

再利用命令菜单创建域文本演员。执行 Insert | Control | Field 命令，即可在演员

图 4—79 Field 窗口

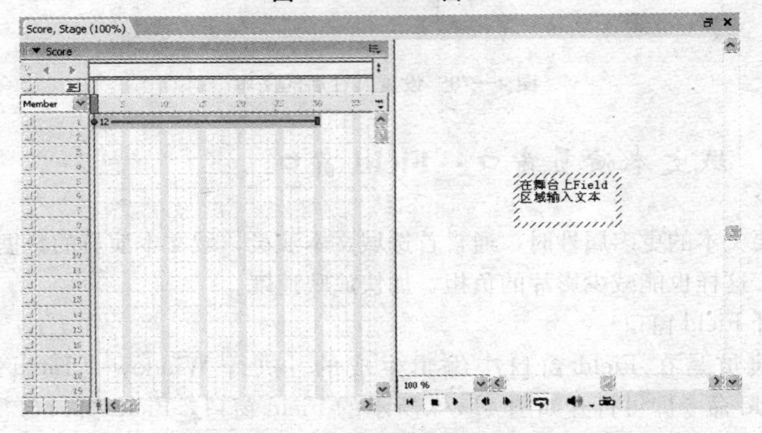

图 4—80 在舞台上 Field 区域输入文本

表中添加一个文本演员，同时该演员也出现在总谱和舞台上，这时在舞台上的 Field 区域输入文本即可，如图 4—80 所示。输入完成后，在文本域精灵外单击鼠标，退出 Field 输入状态。

这时，如果要对域文本的一些格式进行简单的设置，可执行 Window | Text Inspector 命令，打开如图 4—81 所示的 Text Inspector 对话框。

（3）指定域文本演员的设置

在 Cast 窗口中选中一个域文本演员，执行 Window | Field 命令，或双击该域文本演员，即可打开 Field 窗口并对域文本演员进行设置，这里的工具使用与 Text 中一样，如图 4—82 所示。这里也可以使用 Text Inspector 对话框对文本进行格式设置。

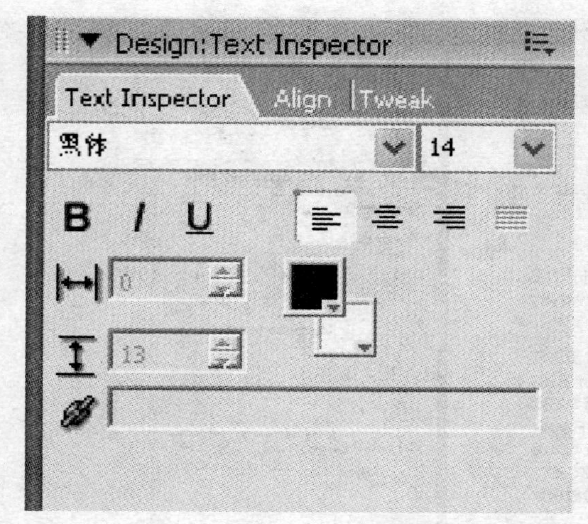

图 4—81　Text Inspector 对话框

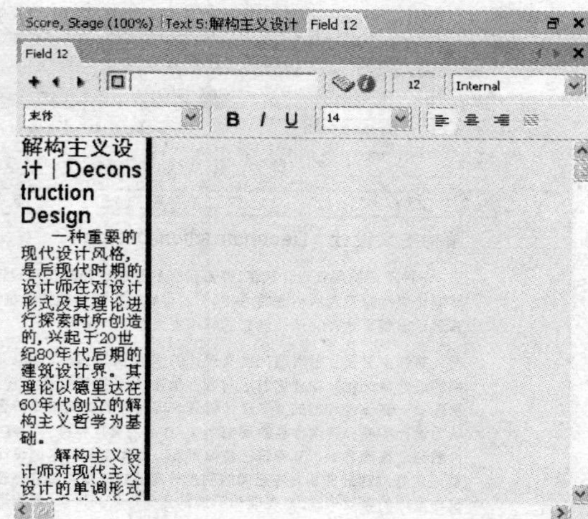

图 4—82　在 Field 窗口中对域文本演员进行设置

4.4.3 文本演员和域文本演员的选项

前文中介绍了一些文本的基本编辑知识，但有时仅用这些基本的编辑工具无法完成所需的设置，还需要设置更多、更复杂的选项，以提高控制文本的能力，从而更多地改变文本演员或域文本演员的外观。执行 Window | Property Inspector 命令，打开 Property Inspector 对话框，在对应的标签中可以对文本演员或域文本演员进行设置。

（1）文本演员的选项

以下以一个文本演员为例，来学习文本演员的选项设置。执行 Insert | Media Element | Text 命令即可创建一个文本演员，然后在该 Text 窗口中输入一些文本，如图 4—83 所示。

要设置文本演员的选项，需要在 Property Inspector 对话框中切换到 Text 标签，如图 4—84 所示。以下介绍在 Text 标签中对文本演员的一些设置。

【Display】。此选项用来设置文字的显示方式。其中默认的选项是 Normal，表示以正常模式显示。另一个选项是 3D Mode，表示以三维模式显示文本。即使选择了三维模式显示，在 Text 窗口也是看不到效果的，它只能在舞台上被预览。

【Framing】。此选项用来设置文本与外框的关系。其下拉列表中三个选项，它们分别是：Adjust to Fi、Scrolling、Fixed。下面分别介绍这三个选项：

- 【Adjust to Fit】：调整并适应文本外框的高度，这是默认设置。选择 Adjust to Fit 选项，可以使文本演员外框尺寸与其中的文本数量自动匹配。但这种匹配不可能绝对化，它只能自动调整文本演员外框的高度，而不能调整其宽度，因为外框的宽度是由演员的整体宽度决定的，而不是由其中的文本数量决定。

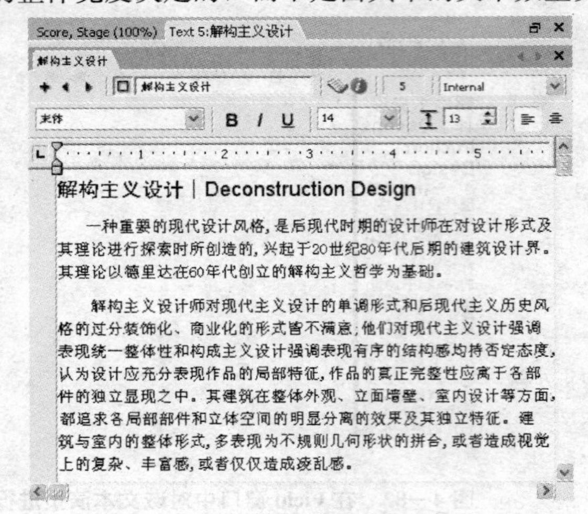

图 4—83　在 Text 窗口输入文本　　　图 4—84　Text 标签

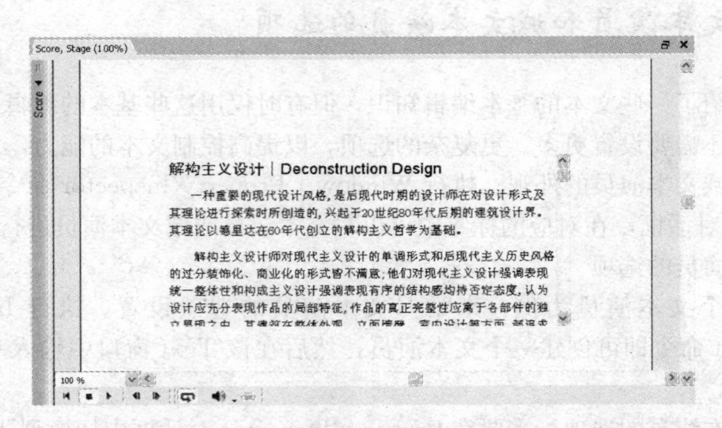

图 4—85　应用 Scrolling 方式滚动显示文本

• 【Scrolling】：应用滚动的方式显示文本精灵。选择 Scrolling 后，就能够在舞台上设置文本精灵的精确尺寸。如果文本在当前尺寸大小的外框内显示不完全，文本精灵的右侧将出现一个滚动条，用户可以通过拖动滚动条来阅读文本，如图 4—85 所示。Scrolling选项在遇到巨大的文本时是非常有用的。

• 【Fixed】：应用固定尺寸显示文本精灵。选择 Fixed 后，可以固定演员的尺寸。Fixed 选项允许用手动拉伸的方式缩放舞台上的文本精灵。这种缩放只影响文本精灵的外框尺寸，而不会导致其中的文本变形。如果文本在当前尺寸大小的外框内显示不完全，就会被裁切掉，如图 4—86 所示。

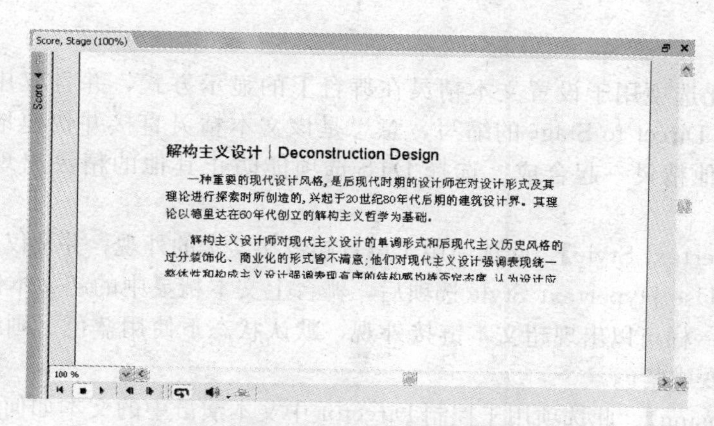

图 4—86　应用 Fixed 方式显示文本

提示：此选项最重要的作用是精确地控制舞台布局，不让文本区域覆盖掉后面的元素。当然，该选项自身也存在一些缺陷，即当文本外框的尺寸太小时，其中的一些文本将无法显示。

【Editable】。此选项用来设置文本演员的可编辑性。当选中 Editable 选项时，该文本演员在影片放映的过程中是可以编辑的；当此选项不被勾选时，则在影片放映的过程中，文本演员不可以被编辑，如要复制影片中的文字时是不被允许的。

【Wrap】。此选项用于增加舞台上的文本精灵外框的垂直尺寸，使所有的文本都是可见的，实际上这是一个自动回行的功能。当 Wrap 选项不被勾选时，无论一行文本有多长，都不会自动回行，下面是舞台上的文本精灵效果，如图 4—87 所示。因为大多数情况都需要自动回行功能，所以默认情况下，Wrap 选项是被选中的。

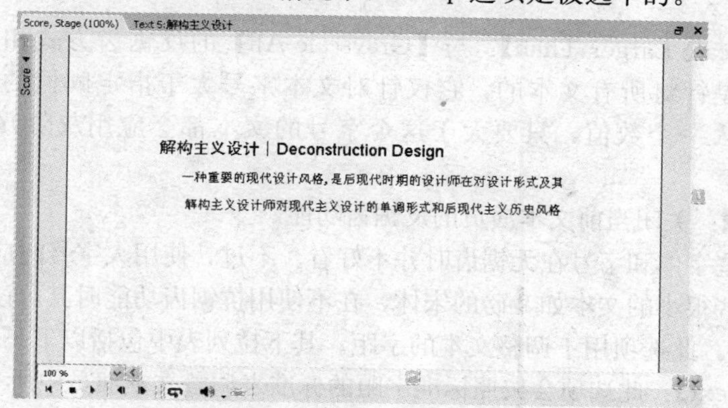

图 4—87　不勾选 Wrap 就不会自动回行

【Tab】。此选项用于设置文本插入点的跳转。当用户按下 Tab 键时，文本插入点将从舞台上的一个文本精灵跳转至另一个文本精灵，前提是这些文本精灵都被设置成为可编辑的精灵。

【DTS】。此选项用于设置文本精灵在舞台上的显示方式，并且仅用于文本演员类型。DTS 是 Direct to Stage 的缩写，意思是该文本精灵直接并快速地显示在舞台上，而不与其他精灵一起合成。选择 DTS 选项能防止其他的精灵出现在文本精灵之上。

【Use Hypertext Style】。此选项用于设置超链接文本的外观，并且仅用于文本演员类型。当勾选 Use Hypertext Style 选项后，舞台上文本精灵中的超文本链接部分会与 Web 浏览器中一样可以出现超文本链接外观，默认状态下使用蓝色下画线，链接文本被访问过后会变成紫色。

【Anti-Aliasing】。此选项用于控制 Director 中文本演员中的文本如何抗锯齿。抗锯齿文本通过使用颜色变化的方法（一种把文本图形与其周边背景混合，从而得到光滑边缘的技术），使文本的锯齿状转角及曲线的外观看起来更加平滑。使用抗锯齿文本能明显地改善舞台上显示大字号文本的性能，但它可能会使很小的文本变得模糊不清或者被扭曲。用户可以通过试验不同的大小设置而使字体的外观获得最好的效果。其下拉列表中包括以下五个选项：

- 【Auto】：根据该文本演员中的文本信息而开启自动反锯齿功能。
- 【Grayscale All】：使用灰阶方式对所有文本进行反锯齿操作。实际上就是在文本图形与其周边背景之间形成一种灰度渐变，从而实现平滑边缘的目的。
- 【Subpixel All】：此选项会把每个独立像素分为若干个子像素，即所谓的采样。利用这些子像素在文本图形与其周边背景之间形成多级渐变，从而实现平滑过渡边缘的目的。
- 【Grayscale Larger Than】：与【Grayscale All】的反锯齿方式相同，但此时的反锯齿功能不是针对所有文本的，它仅针对文本字号大于指定阈值的文本。在其后的文本框中输入一个数值，只要大于这个字号的文本都会应用灰阶方式进行反锯齿操作。
- 【None】：关闭当前文本演员的反锯齿功能。

提示：有些字体和字号在无锯齿时并不好看。不过，使用大字号时应尽量使用抗锯齿文本，而一些很小的文本如 9 磅的宋体，在不使用抗锯齿功能时其可读性更佳。

【Kerning】。此选项用于调整文本的字距。其下拉列表中包括以下三个选项：

- 【All Text】：此选项会按照标准字距的标准来调整文本演员中所有文本的字距。
- 【Larger Than】：此选项不是针对所有文本来调整字距的，它仅针对文本字号大于指定阈值的文本。在其后的文本框中输入一个数值，只要大于这个字号的文本都会应用调整字距功能。
- 【None】：关闭当前文本演员的字距调整功能。

【Pre-Render】。此选项的设置能使精灵更快地显示在舞台上。Pre-Render 又叫预渲染功能，设置预渲染选项能控制什么时候在磁盘中创建文本缓存区。假如不使用预渲染功能，当文本第一次在舞台上显示时，将产生明显的延迟现象，这是因为下载大量的抗锯齿文本会占据一段时间。如果选择了文本预渲染选项，会在当前文本演员被载入时创建文本缓存区，从而使精灵更快地显示在舞台上。Pre-Render 下拉列表中包括以下三个预渲染选项：

• 【None】：此选项不开启任何预渲染功能。

• 【Copy Ink】：此选项可以使应用 Copy 墨水效果的文本演员的预渲染功能最优化。与其他墨水效果的演员相比，应用 Copy Ink 选项渲染的文本演员显示速度更快。

• 【Other Ink】：此选项可以预渲染所有应用了其他墨水效果的文本。

Save Bitmap 功能。如果选择了一个 Pre-Render 选项，再通过选择 Save Bitmap，能使文本更快地显示在舞台上。Save Bitmap 功能使用 Pre-Render 选项，在用户等待下载实际的文本期间，会显示文本缓冲区存储的图像。在使用大量的抗锯齿文本时，这个功能十分有用。

Save Bitmap 功能还有更广泛的用途，比如，使用有 Pre-Render 选项的 Save Bitmap 功能，可以使一个没有安装日文字库的系统显示含有日文字符的文本精灵。应注意，使用 Save Bitmap 选项将增加当前文件的大小，因为此功能使用的是静态文本，不使用任何可编辑或可滚动的文本。

使用 Save Bitmap 功能。要对 Pre-Render 文本使用 Save Bitmap 功能，先在舞台上选择该文本精灵，然后在 Property Inspector 对话框中切换到 Text 标签，从 Pre-Render 弹出菜单中选择一个选项：

• 如果这个精灵的墨水效果为 Copy，就选择 Copy Ink 选项。

• 如果这个精灵的墨水效果为 Copy 之外的墨水类型，就选择 Other Ink 选项。

要使 Save Bitmap 功能起作用，必须在 Pre-Render 下拉列表中选择正确的选项。要查看精灵应用的墨水效果，可以在 Property Inspector 对话框中切换到 Sprite 标签，在 Ink 项后面的下拉列表中可以为精灵应用新的墨水效果。

（2）域文本演员的选项

下面以一个域文本演员为例，来学习域文本演员的选项设置。执行 Insert | Control | Field 命令即可创建一个文本演员，然后在该 Field 窗口中输入一些文本，如图 4—88 所示。

要设置域文本演员的选项，需要在 Property Inspector 对话框中切换到如图 4—89 所示的 Field 标签。以下介绍在 Field 标签中对域文本演员的一些设置。

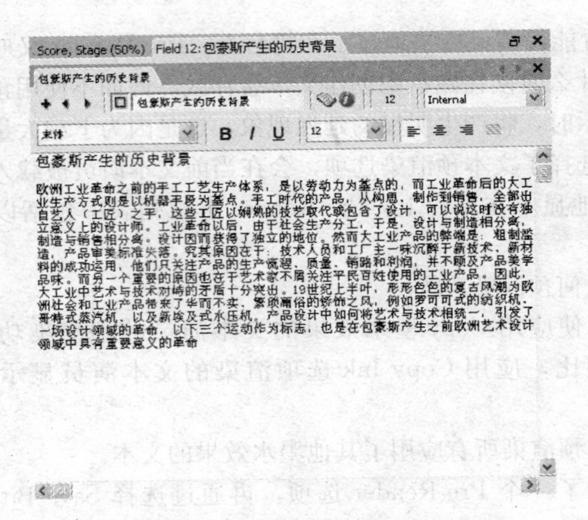

图 4—88 在 Field 窗口输入文本

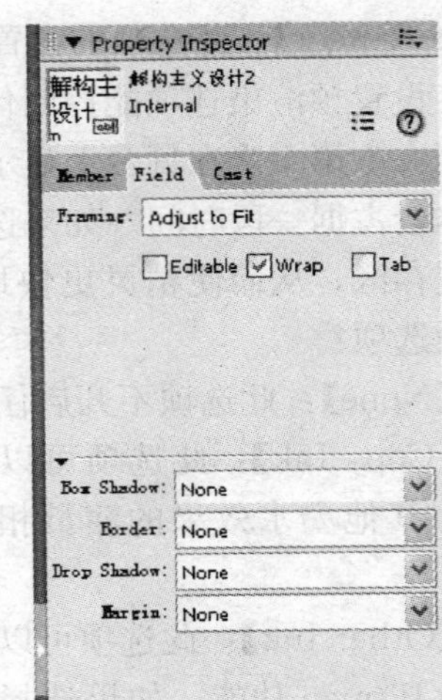

图 4—89 Field 标签

【Framing】。此选项用来设置文本与外框的关系。其下拉列表中四个选项，它们分别是：Adjust to Fit、Scrolling、Fixed、Limit to Field Size。前三个选项与在文本演员中的设置一样，只有 Limit to Field Size 才是仅用于域文本演员的。只有当域文本演员可编辑时，使用 Limit to Field Size 选项才有意义。在选择了该选项的情况下，用户只能向当前域文本演员键入其边框所能容纳得下的文本字数。如果不选择 Limit to Field Size 项，用户就可以向边框中输入很多文本，有可能超出域文本演员在舞台上的显示范围。可根据不同的情况作出选择。

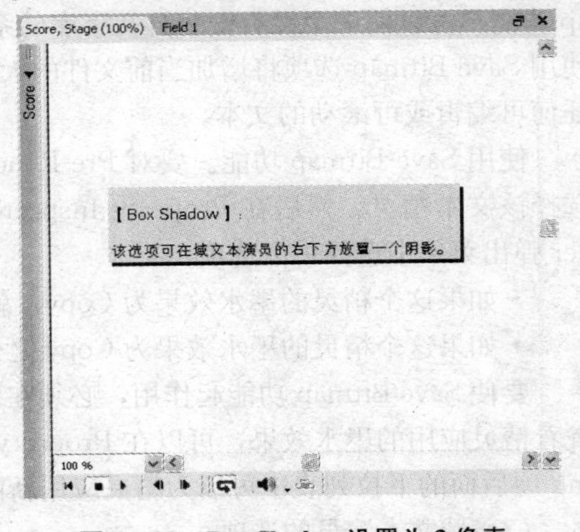

图 4—90 Box Shadow 设置为 3 像素

【Editable/Wrap/Tab】。这三个选项分别用来设置域文本演员的可编辑性、自动回行和插入点跳转。这些选项与文本演员的设置一样，可以参考文本演员的对应选项设置。

【Box Shadow】。该选项可在域文本演员的右下方放置一个阴影。这是一种非常经典的计算机显示效果，可使域精灵显得更加突出，但如果用不好的话，会影响影片的美观性。其下拉列表中有 6 个阴影大小选项：None（无）、One pixel（1 像素）、Two pixels（2 像素）、Three pixels（3 像素）、Four pixels（4 像素）、Five pixels（5 像素）。下面是 Box Shadow 设置为 3 像素大小的效果，如图 4—90 所示。

【Border】。该选项可在域文本演员的周围增加一个黑色边框，其下拉列表中有 6 个边框宽度选项：None（无）、One pixel（1 像素）、Two pixels（2 像素）、Three pixels（3 像素）、Four pixels（4 像素）、Five pixels（5 像素）。下面是 Border 设置为 2 像素大小的效果，如图 4—91 所示。

【Drop Shadow】。该选项可在文本字符的右下方添加阴影。当该域文本下面有背景图案，或者文本颜色与背景颜色十分接近时，就会造成阅读上的困难，这时就可以在文本字符的右下方添加阴影。Drop Shadow 可使文本显得更加突出，但如果用不好的话会适得其反。最终的效果会随着阴影与文本距离大小的不同而变化。其下拉列表中有 6 个距离选项：None（无）、One pixel（1 像素）、Two pixels（2 像素）、Three pixels（3 像素）、Four pixels（4 像素）、Five pixels（5 像素）。下面是 Drop Shadow 设置为 1 像素大小的效果，如图 4—92 所示。

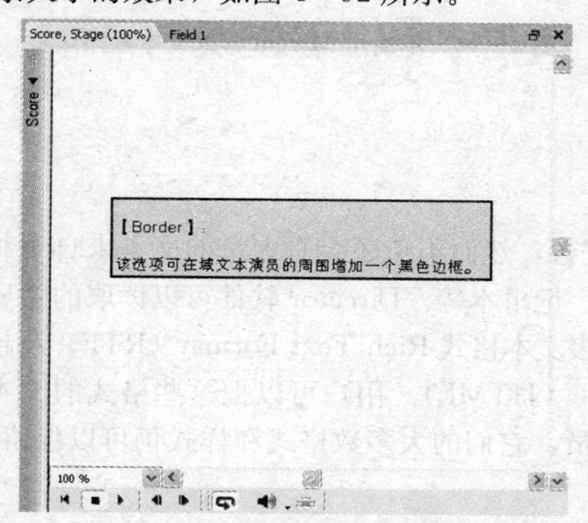

图 4—91 Border 设置为 2 像素

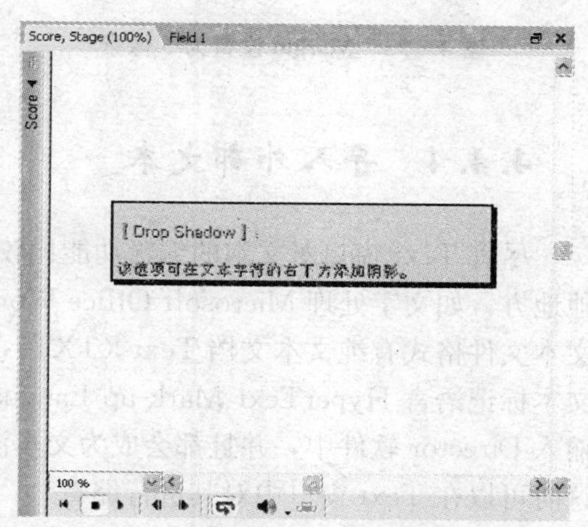

图 4—92 Drop Shadow 设置为 1 像素

【Margin】。该选项可为文本添加边距，又称边空，即在域文本演员的边框和文本之间添加一些像素。一般来说，如果使用 Border 功能为域文本演员添加了边框，就应该使用 Margin 添加边空，使内部文本与外部边框之间有一定的空间。其下拉列表中有 6 个边空的大小选项：None（无）、One pixel（1 像素）、Two pixels（2 像素）、Three pixels（3 像素）、Four pixels（4 像素）、Five pixels（5 像素）。下面是 Margin 设置为 5 像素大小的效果，如图 4—93 所示。

提示：不使用 Margin 功能为域文本演员添加边空是初学者容易犯的一个错误，这样会导致文本紧贴边框，视觉上非常难受。在此建议多媒体创作者多涉猎一些平面设计知识。如图 4－94 所示是没有使用 Margin 功能的效果，这样会导致文本紧贴边框。

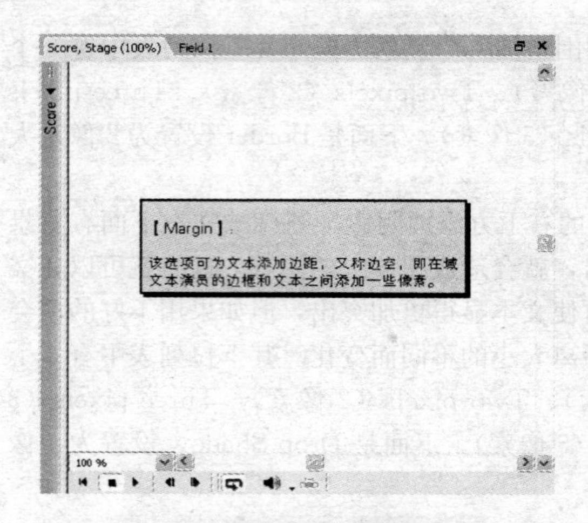

图 4—93 Margin 设置为 5 像素

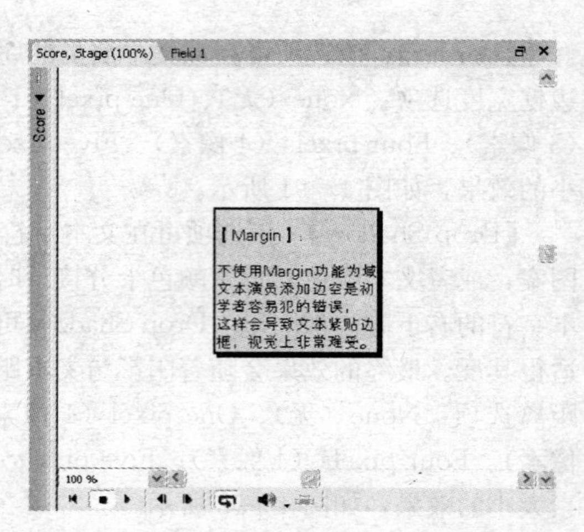

图 4—94 不使用 Margin 导致文本紧贴边框

4.4.4 导入外部文本

尽管 Text 窗口对文本的编辑功能比较完善，然而不免还会有大量的文本来自于其他地方，如文字处理 Microsoft Office Word、记事本等。Director 软件可以读取的主要文本文件格式有纯文本文档 Text（TXT），多文本格式 Rich Text Format（RTF）及超文本标记语言 HyperText Mark-up Language（HTML）。用户可以把这些格式的文本输入 Director 软件中，并且都会成为文本演员，它们的大多数格式和样式仍可以保留，这时可以在 Text 窗口中对其进行编辑。

提示：导入的外部文本仅能作为文本演员使用，而不能作为域文本演员来使用。

（1）纯文本文档的导入

纯文本文档 Text（TXT）所占磁盘空间非常小，因为纯文本文档没有任何格式，只是字符本身，目前一般的操作系统都使用记事本等程序来创建纯文本文档。当纯文本文档被导入到 Director 并成为文本演员后，并没有附带任何格式，这时可为其设定格式。

导入纯文本文档。纯文本文档的导入操作非常简单，执行 File | Import 命令或单击工具栏上的 Import 按钮，在弹出的 Import Files into 对话框中的文件类型下拉列表里选择 Text 格式，此处选择一个名为“多媒体资料”的记事本文档，如图 4—95 所示。

单击 Import 按钮后，弹出 Select Format 对话框，此处选择 Text 格式选项，如图 4—96所示。单击 OK 按钮后，该文本文档就会以演员的身份出现在演员表里。

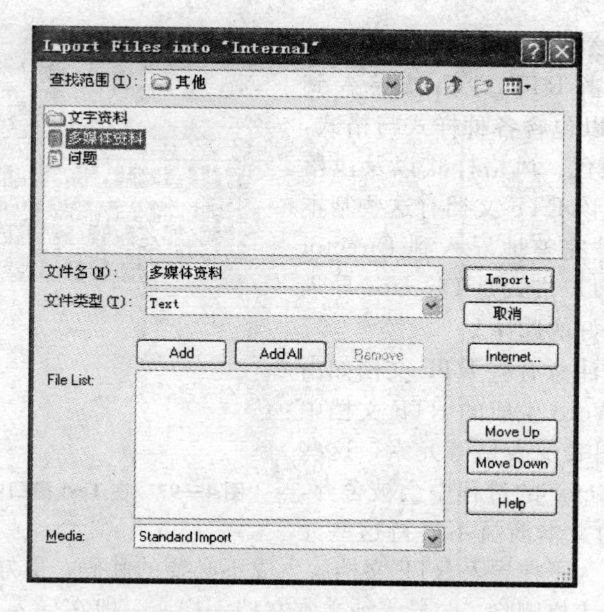

图 4—95　Import Files into 对话框

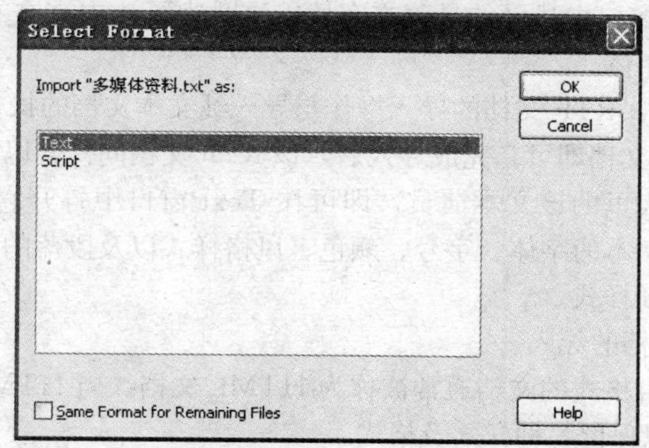

图 4—96　Select Format 对话框

双击演员表里的该文本演员，即可在 Text 窗口中打开它，如图 4—97 所示。可以看到，文档并没有附带任何格式，这时可以为其设定格式。

提示：当在 Text 窗口中打开纯文本文档演员时，发现有时会出现乱码，这时就需要用户自己来做一些手动的处理。一般情况下，导入纯文本文档后，双击该文本演员，Text 窗口中显示的是英文字体，这时为了让中文文本正常显示，需要为中文文本设置中文字体。

(2) RTF 文档的导入

人们习惯把 Rich Text Format 多文本格式的文档称为 RTF 文档，Microsoft Office

Word就可以生成该格式的文档。与纯文本文档不同的是，当RTF文档被导入到Director中时，可以包含各种样式与格式，如字体、字号、颜色、风格样式以及段落的不同设置，只要该RTF文档有这些基本的设置，就可以被完整地导入到Director软件中。因此，RTF格式是Director导入带格式的文本时最好的选择。

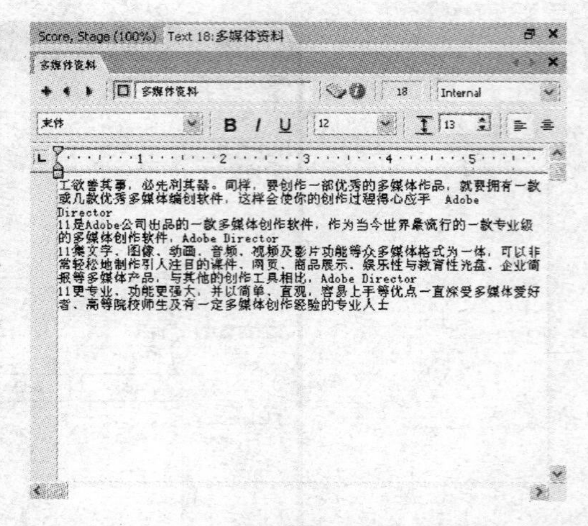

图4—97　在Text窗口中打开纯文本文档

尽管这样，应注意有些RTF文档如由Microsoft Office Word生成的RTF文档中可能含有图像、图表及表格等元素，这些元素在导入到Director的过程中会被舍弃，因为Director中的文本演员不支持这些元素的显示。所以，为了在导入RTF文档后生成不必要的乱码，最好在导入前先把文档中的图像、图表及表格删除。与导入纯文本文档一样，一般在导入RTF文档后，双击该文本演员，Text窗口中显示的是英文字体，这时为了让中文文本正常显示，需要为中文文本设置中文字体。

导入RTF文档。RTF文档的导入操作与导入纯文本文档的操作是一样的，只需选择需要导入的RTF文档即可。完成导入后，该RTF文档同样会以演员的身份出现在演员表里。双击演员表里的该文本演员，即可在Text窗口中打开它，如图4—98所示。可以看到该文档中文本的字体、字号、颜色、风格样式以及段落的设置仍然保留着，这时还可以为其设定新样式。

（3）HTML文档的导入

超文本标记语言格式的文档通常被称为HTML文档。当HTML文档被导入到Director中时，也可以保留各种样式及格式。

虽然也可以用一些文字处理程序创建HTML文档，但人们通常都是用专门的HTML编辑软件如Adobe Dreamweaver，Microsoft Frontpage等创建。Director也许不能导入最新版本的HTML中的所有样式及格式，但只要是能被Director识别的格式，均会对其进行很好的处理，例如那些能被Director识别的样式、字号、段落格式、文本超链接以及大多数基本标记都是被Director支持的。Director中甚至可以导入HTML文档中的表格，这成为Director的HTML导入功能中的亮点，但是在导入的过程中，HTML文档中的图形将被忽略掉。

导入HTML文档。HTML文档的导入操作与导入RTF文档的操作是一样的，只需选择需要导入的HTML文档即可。完成导入后，该HTML文档同样会以演员的身份出现在演员表里。双击演员表里的该 HTML 演员，即可在 Text 窗口中打开它，如图 4—99 所示。可以看到该文档中字体、字号、文本的超链接等样式、格式的设置仍然保留着，这时还可以为其设定新样式。

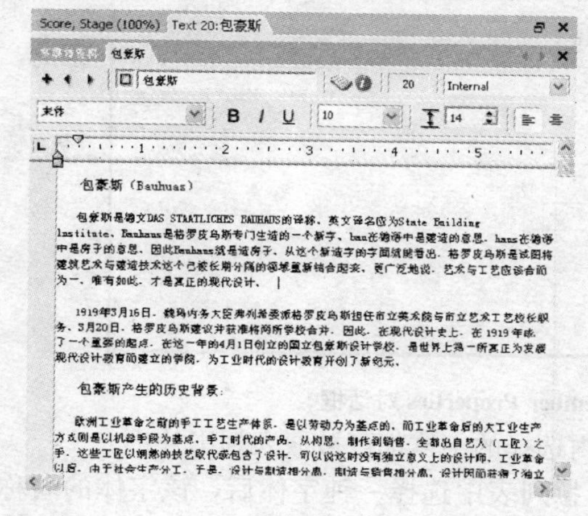

图 4—98 在 Text 窗口中打开 RTF 文档

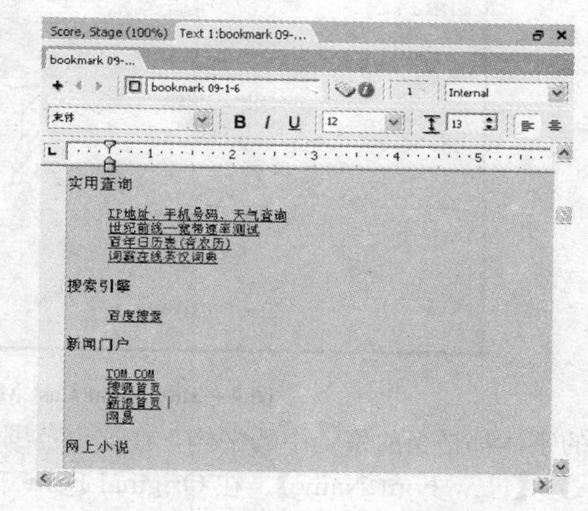

图 4—99 在 Text 窗口中打开 HTML 文档

4.4.5 在影片中嵌入字体

（1）嵌入字体功能介绍

在多媒体影片的创作过程中，可能会遇到以下情况：为了需要，在影片创作时使用了一些相对不常见的字体，而当用户在计算机中放映影片时，这些不常见的字体却不能正确显示其本来的面貌。在早期的 Director 版本中，特殊字体只能用于不可编辑的文本，对于允许用户编辑的文本，只能使用常见字体。

新的 Director 版本提供了一种较好的做法，即在创建文本演员或域文本演员之前，先在影片中嵌入准备使用的字体。

在影片中嵌入字体，即在 Director 影片中存储了所有的字体信息，这样就能使用嵌入的字体，即使该部分字体没有被安装在用户的计算机系统中，影片中的文字也能正确显示。由于被嵌入的字体仅可在电影中使用，用户无法把这些字体再输出并作为普通字体使用，因此在发布 Director 电影中的字体时，不会遇到法律上的纠纷。

（2）在影片中嵌入字体

要在电影中嵌入字体，执行 Insert | Media Element | Font 命令，这时会弹出一个如图 4—100 所示的 Font Cast Member Properties 对话框，以下介绍该窗口。

【Original Font】。在其下拉列表中可选择当前安装在系统中的一种字体，但是不能选择没被安装在当前系统中的字体。实际上，只要是出现在 Original Font 下拉列表中

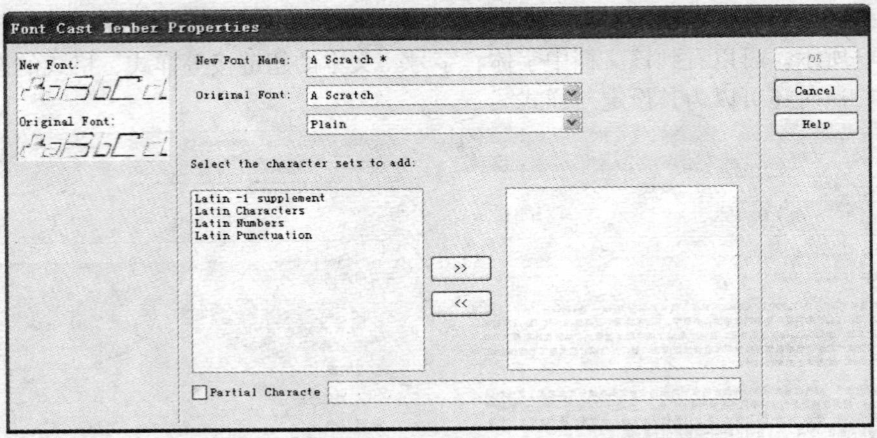

图 4—100 Font Cast Member Properties 对话框

的字体都是当前系统中的字体，在这个范围内选择的字体都可被嵌入到影片中。

【New Font Name】。在 Original Font 下拉列表中选择一种字体后，该字体的名称就会显示在 New Font Name 文本框内。仔细观察后，还会发现其字体名称后紧随一个星号（例如：A Scratch *），这个星号表示该字体是影片的内部字体，字体名称出现在 Director 中的所有的字体菜单上。大多数情况下，不应改变这个字体的名称。

提示：在 Original Font 下拉列表中选择一种字体后，New Font Name 中显示的字体名称后会紧随一个星号，这样 Director 会为影片中所有使用原始字体的文本使用嵌入字体，这样就省去了手动将嵌入字体应用于影片中现有文本的过程。

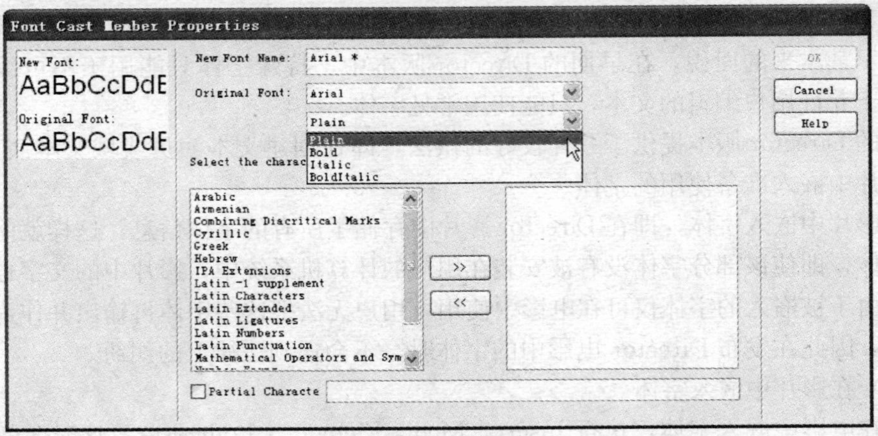

图 4—101 不同风格的 Bitmap 字体版本

在影片中嵌入一种字体时，通常包含该字体的 Bitmap 版本。对于小字体来说（一般小于 12 号），Bitmap 字体的效果经常会比抗锯齿字体看起来好得多。当然，添加一组 Bitmap 字符也会加大字体演员的文件量。要指定包含不同风格的 Bitmap 字体版本，应在 Original Font 选项右侧第二个下拉列表中选择 Plain（无风格）、Bold（粗体）、Italic（斜体）或 BoldItalic（粗斜体），这些选项会为文本提供非常好的字体外观，如图 4—101所示。

【Select the character sets to add】。在左侧列表框中列出了当前所选择字体的字符脚本设置，包括该字体支持的语言类型、符号、标点、数字、数学符号等。双击字符的名称即可将其嵌入到当前所选字体中，这些字符名称将显示在右侧列表框中，如图 4—102 所示。

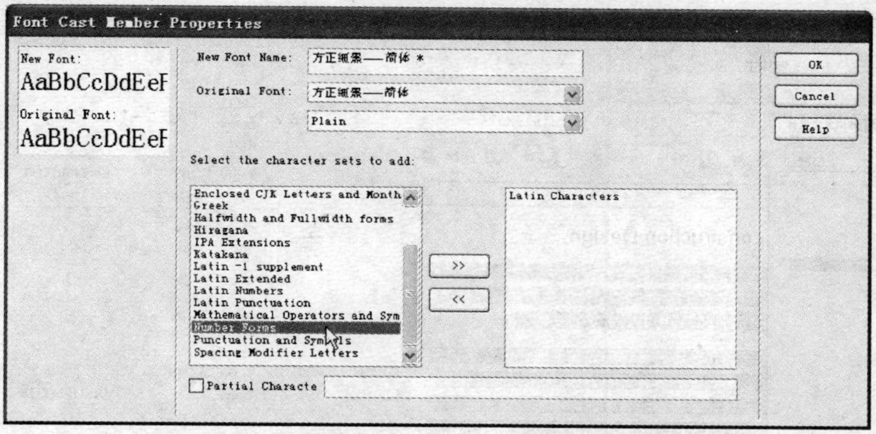

图 4—102　双击字符脚本将其嵌入到当前所选字体

【Partial Characte】。该选项让用户可以确切地选择哪些字符被包含在当前字体中。勾选 Partial Characte 项，并在后面的文本框中输入当前字体将要包含的字符。

单击 OK 按钮，完成字体的嵌入操作。

在影片中嵌入的字体将作为演员表中的演员存在于电影中，在 Windows 系统和 Macintosh 系统中均可显示，也就是说，即便用户的计算机中没有安装这些字体，也能正确显示。

假如需使用一种不常见的字体，而又没有在影片中嵌入该字体，并且用户的计算机也没有安装这种字体，那么用户的计算机就会用系统默认的字体来替换当前使用的字体。

当在影片中嵌入某种字体后，可以在 Text 窗口中为选中的文本选择一种字体，在字体下拉列表中，看到被嵌入字体的名称后面紧随一个星号（*），这样更容易区别其他非嵌入字体，如图 4—103 所示。

4.4.6 将文本转换为位图

有时为了特殊的需要，需要将文本或域文本演员转换为位图。这时它失去了文本本身的特性，而被转换成的位图图像可以在 Paint 窗口中被编辑。将文本转换为位图的操作是不能撤销的，因此在执行此操作时要非常谨慎。

将文本转换为位图的操作很简单，先在 Cast 窗口中选择将要转换为位图的一个或多个演员，执行 Modify | Convert to Bitmap 命令，如图 4—104 所示。这时发现 Cast 窗口中被选中的演员已经被转换成位图了。

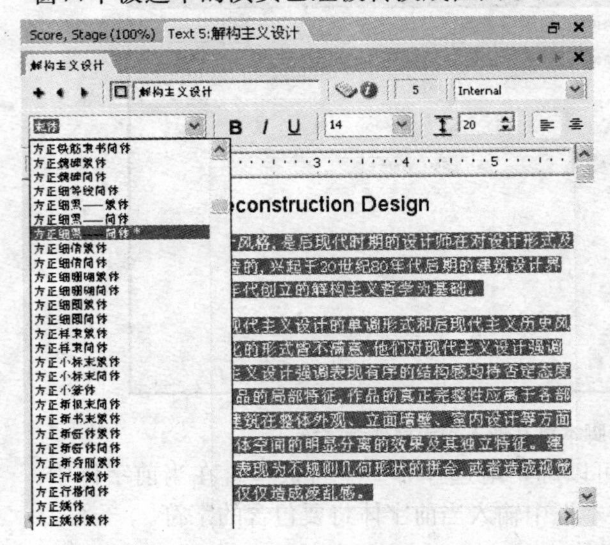

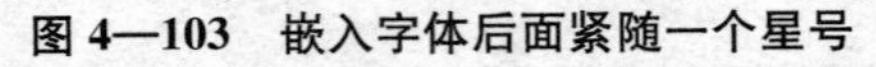
图 4—103 嵌入字体后面紧随一个星号

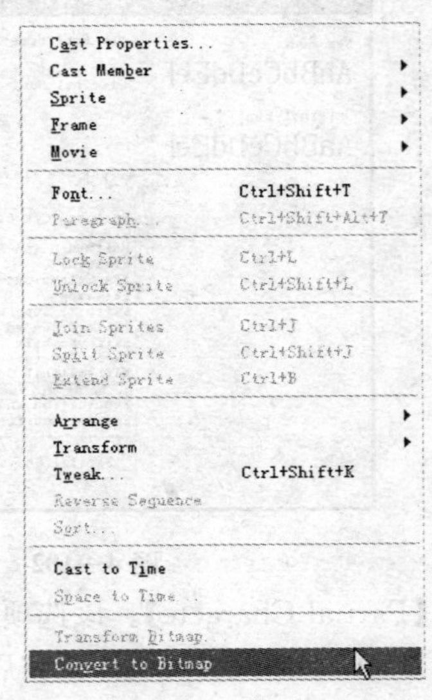

图 4—104 选择 Convert to Bitmap 选项

4.4.7 选择文本类型的因素

前文中提到 Director 中的两种文本演员，即文本演员（Text）和域文本演员，多数情况下，使用哪一种文本演员都有一定的道理，而选择具体使用哪一种文本演员应该考虑多种因素，表 4—1 列出了部分判断因素，供读者参考：

表 4—1 选择文本类型的因素

判断因素	文本类型
允许用户来编辑文本	文本/域
允许用户来编辑文本，但对其输入操作会有所限制	域

续表

要求文本外观必须光滑	文本
判断因素	文本类型
要求文本快速且清晰地显示	域
要求可显示大量的文本	域
要求文本的数据量尽可能小	域
要求能显示并设置缩进、行距、表格	文本
要求能自由地添加区域边框、边距和阴影	域
要求易于添加超文本链接	文本
要求文本易于被脚本语言控制	域
要求能够正常显示导入的 RTF 格式及 HTML 格式的文件	文本
易于多个平台之间转换，而要求不改变文本外观	文本

从表 4—1 中可以看出，相对域文本演员来说，文本演员附带了更多的属性，可使文本的外观平滑，但是其数据量比较大。当不需要文本的某种属性时，则首选域，域的数据量要比文本小得多，这样也能减少影片的负担，加快放映速度。

4.5 习题

4.5.1 填空题

1. 按格式划分，Director 11 中主要的图形图像演员可以分为________演员和________演员两大类。

2. 在 Paint 窗口中，Registration Point（定位点工具）可以定位位图图像的注册点，默认情况下，注册点位于位图演员的________。

3. 默认情况下，用放大镜工具在图像上单击，即可实现图像的放大。如果要缩小图像，首先选择放大镜工具，然后按住________键的同时在图像上单击，即可实现图像的缩小。

4. Paint 窗口中，在绘图工具箱内有一个渐变颜色指示器，它是由 3 个工具按钮组成，都与设置渐变风格相关，由左至右分别是起始颜色、渐变颜色和________。Paint 窗口中有前景色和背景色之分，其中，________前景色与渐变“起始颜色”总是保持一致的，改变其中一个颜色，另一个颜色也随之发生变化。

5. 假如设置了渐变颜色，然而在创建图像时仍然没有渐变效果，那应该就是 Ink

选项的问题。这时只需在图像编辑区域的右下角选择________选项即可，此选项可使用当前设置的渐变颜色创建图像。

6. 在Paint窗口的图像编辑区域上方有一个横向的工具栏，这就是________工具栏，利用其中的工具可对演员进行旋转、镜像等操作。

7. Director中的文本演员分为两种：一种是________演员，另一种是________演员。

8. Director软件可以读取的主要文本文件格式有纯文本文档、________格式及超文本标记语言。

4.5.2 简答题

1. 简要说明Director中Lasso（套索）工具的用法。
2. 简要说明一下色彩的色相、饱和度和亮度的概念。
3. 如何定义Favorite颜色？
4. 简要说明在Director影片中嵌入字体的原理。
5. 选择使用文本类型或域类型的演员，主要由哪些因素决定？

4.5.3 操作题

1. 利用Tile Settings对话框自定义一个贴图并应用该自定义贴图。
2. 利用制表符创建一个课程表。

第5章 初探 Director 动画技术

动画技术不仅应用在影视作品中，近些年也被广泛地应用在网页、多媒体的创作中，并已成为一种潮流。相信随着动画技术的不断进步，它将会有更广阔的生存空间。

本章节从 Director 动画原理、关键帧概念等动画基础谈起，进而把 Director 中的动画分为两类：逐帧动画和推算动画，并分别举例，接下来又介绍了逐步录制动画和实时录制动画这两种录制动画的方法，让动画创作者自由控制精灵在舞台上的运动轨迹。本章中还涉及一些高级动画技术，如空间到时间动画技术与胶片环动画技术的应用。

同时，本章还介绍了 Director 中的洋葱皮技术，这是创建动画时常用的绘图技巧，一般会用在位图图像创建的过程中，此处就再次涉及 Paint 窗口的使用，即洋葱皮技术能使用户在同一个 Paint 窗口观察两个或多个演员，从而达到一种瞻前顾后的功能。

本章最后提供了一些动画实例，例如用调色板产生动画、淡入淡出的动画效果等。

5.1 Director 动画原理

在学习动画技术之前，有必要先了解一下动画形成的原理。动画实际上是由静止画面组成的，它是根据人的视觉暂留现象，使若干不同的静止图像连续出现，利用人脑的滞留效应而形成运动幻像。概括地说，动画的形成过程就是连续、快速的呈现一系列图像的过程。

在 Director 中，播放头会随着时间推移而前进，并在舞台上显示每一帧画面。听起来很简单，但实际上 Director 动画比这复杂，当播放头遇到速度变化、声音、调色板、脚本等信息时，程序就会一次次处理这些信息，从而让抽象的信息变得容易为人所接受。

5.1.1 播放速率

在前面的章节中曾介绍过，动画中的每幅图像就是一帧（Frame）。观众看到的信息都位于各帧中，因而用“帧/秒（Frame Per Second）”这个术语来表示动画的播放速

率，即 FPS。按照人眼的视觉迟滞时间推算，每秒钟必须播放 24 幅画面才不会感觉到画面间的跳动，这样制作 1 分钟的动画就需要绘制 1440 幅画面。Adobe Director 11 默认速率是每秒播放 30 帧，假如想修改它的播放速率，可以通过执行 Edit | Preferences | Sprite 命令打开 Sprite Preferences 对话框进行设置。每秒钟播放的帧数决定了影片画面的平滑程度，这个数字越大，影片画面越平滑。但这个平滑程度不受仅每秒钟播放的帧数影响，同时也和计算机的处理能力息息相关，如果每秒钟播放的帧数超过了计算机的处理能力，画面就会产生跳跃现象。

5.1.2 关键帧概念

关键帧是一种特殊的帧，一般作为舞台中改变物体位置、大小、速度的开始帧与结束帧，即精灵运动或变化中的关键动作所处的那一帧，在精灵改变其特殊位置和其他属性方面起着关键作用。而位于关键帧之间的过渡帧则会被 Director 软件自动推算精灵的位置、状态等，这就是后面要介绍的推算动画。

在早期的传统动画创作中，熟练的动画师要把需要表现的动画中的每一幅画面手工绘制在纸上，然后再按每秒 24 幅的播放速度播放各个画面，很类似于幻灯片的切换。在这个过程中，每一幅画面在物体运动或变化中都起着关键的作用，都是关键画面，也即所谓的关键帧。

5.2 Director 中的动画分类

Director 中的动画形式分为两类：逐帧动画和推算动画。逐帧动画是每一帧中的画面内容都产生变化的一种动画形式，而在推算动画中，两个关键帧之间所需的画面可以由 Director 软件自动生成。

5.2.1 逐帧动画

早期的动画都是以逐帧的形式出现，它是每一帧中的画面内容都产生变化的一种动画形式。如果每一帧画面的内容都在更改，而不是仅仅简单地在舞台上移动，那么这时采用逐帧动画的形式是非常适合的，如图 5—1 所示是男孩奔跑过程中连续的关键帧画面。由于逐帧动画基本是一帧一帧不同内容的罗列，所以其文件量增加得比较快。

在 Director 的 Score 窗口中，默认情况下，精灵被放到通道中，它的长度是 30 帧。第一帧以小圆圈的形状显示，这就是关键帧，如图 5—2 所示，而精灵的最后一帧以矩

图 5—1　逐帧动画中的关键帧画面

形的形状显示，它不是关键帧。

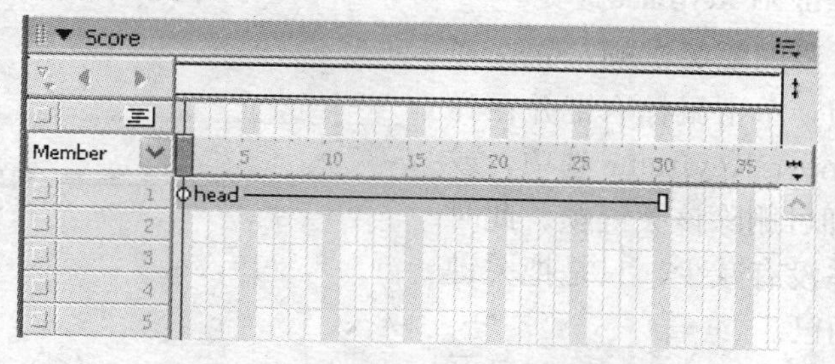

图 5—2　关键帧以小圆圈显示

关于关键帧的新建、选择、编辑等操作，在介绍 Score 窗口时已经涉及，此处作一复习与总结，只对部分操作进行相关的介绍。

（1）关键帧的操作

新建关键帧。当演员表中的演员被放到舞台或者总谱中时，其第一帧自然就成为了一个关键帧。而要改变精灵某些帧的属性，就需要新建关键帧。新建关键帧的方法有下面几种：

• 在需要插入关键帧的帧位置上单击鼠标右键，如图 5—3 所示，在弹出菜单中选择 Insert Keyframe 选项，新的关键帧就会出现在鼠标单击处，如图 5—4 所示。

• 在按住 Alt 键的同时，用鼠标把精灵的第一帧或最后一帧拖拽到需要插入关键帧的帧位置上。

• 把播放头定位在要插入关键帧的帧位置上，然后在舞台上单击鼠标右键，在弹出菜单中选择 Insert Keyframe 选项，这时新的关键帧会出现在播放头所处的帧位置。

移动关键帧。要改变某一关键帧在通道的位置时，可以拖动该关键帧到指定的位置，如图 5—5 所示。拖动精灵的第一帧和最后一帧还可以改变精灵所跨越的帧数。

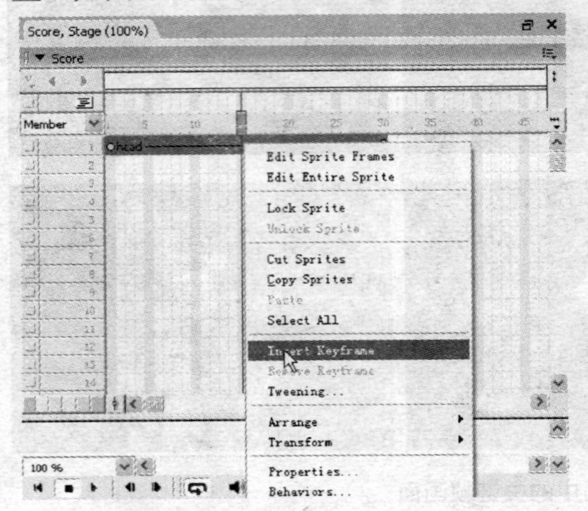

图 5—3　选择 Insert Keyframe 选项

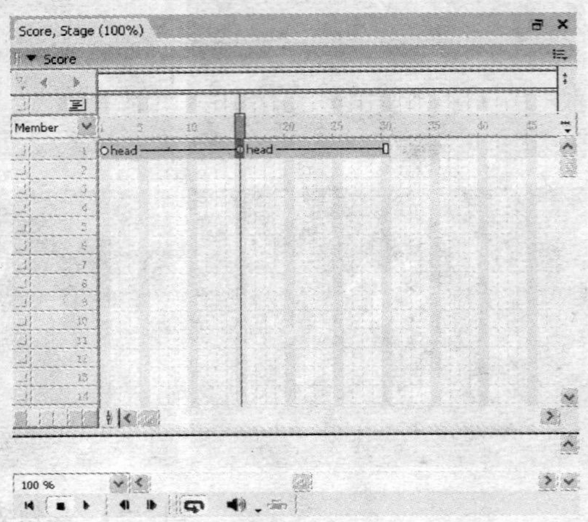

图 5—4　新的关键帧

删除关键帧。要删除关键帧，先选择总谱上的该关键帧，单击鼠标右键并在弹出菜单中选择 Remove Keyframe 选项，或直接按 Delete 键即可删除该关键帧。此时该通道中的帧数并没有减少，只是把关键帧变成了普通帧而已。

提示：关键帧之间的普通帧不能被单独选取，而关键帧可以。

（2）帧的选择

帧的选择有多种方法，以下做简单介绍：

• 单选。按住 Alt 键的同时，用鼠标单击需要选择的帧位置。

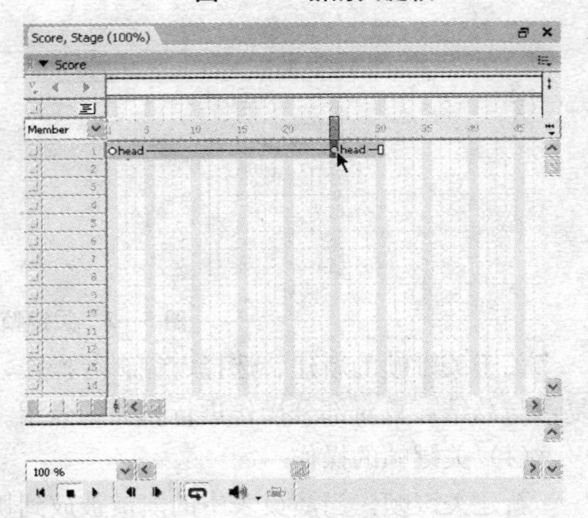

图 5—5　移动关键帧

• 多选。如果选择多个连续的帧，首先要按住 Alt 键，用鼠标单击起始帧位置，再结合 Shift 键按下结束帧位置，即可选择多个连续的帧。如果选择多个不连续的帧，首先要按住 Alt 键，用鼠标单击起始帧位置，再结合 Ctrl 键单击其他帧的位置，即可选择多个不连续的帧。

• 全选。执行 Edit | Select All 命令或按 Ctrl＋A 组合键，即可全选所有精灵。

5.2.2　推算动画

由于逐帧动画基本是一帧一帧不同内容的罗列，不仅制作起来比较耗时，而且其文件量增加得也比较快。而在推算动画中，两个关键帧之间所需的画面可以由 Director 软件自动生成。即用户告诉 Director 精灵在第一个关键帧和第二个关键帧中的属性和位置，Director 就可以让精灵的属性和位置状态从第一个关键帧逐渐变化至第二个关键帧，其间经过了多个普通帧。在推算动画中，系统只保存关键帧之间所更改的值，因此可最大程度地降低所生成文件的大小。

如果用户移动了关键帧的位置（比如把通道中精灵的长度延长），那么 Director 软件自动生成中间画面也会随之增加，这样一来，同样的时间内播放的画面数量增加了，各个画面之间变化的幅度就会减小，从而使动画更加流畅。

（1）推算动画的简单实例

首先，拖拽演员表中的一个图像演员到通道中，使图像充满整个舞台，如图 5—6 所示。

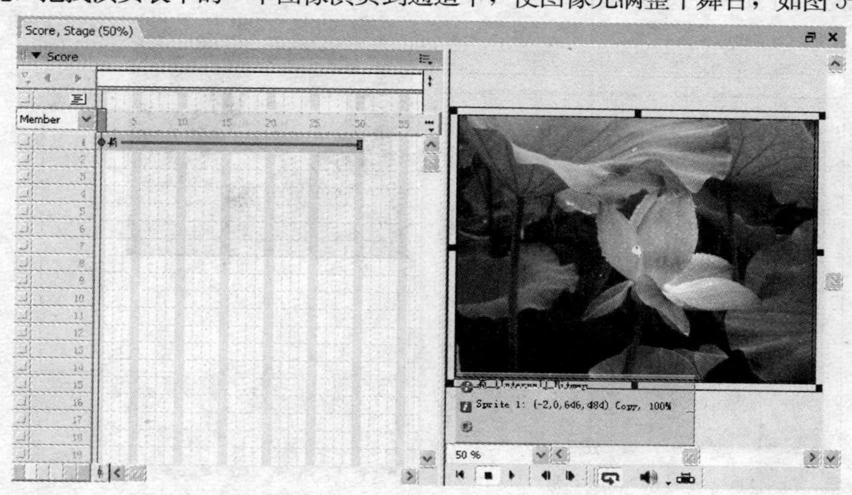

图 5—6　添加精灵到通道中

然后在精灵的最后一帧上单击鼠标右键，在弹出菜单中选择 Insert Keyframe 选项，这时精灵的最后一帧就变成了关键帧（以小圆圈的形状显示）。此时，选中精灵的第一个关键帧，把该关键帧对应的舞台上的精灵移出舞台的左上角，如图 5—7 所示。可以看到，在第一个关键帧与最后一个关键帧的图像精灵之间形成了一条直线，通常可称其为动画线。

现在可以拖动播放头看一看动画的播放效果，可以看到，随着时间的推移，图像是从舞台以外的左上角方向朝右下方进入舞台的，并充满整个舞台。而且图像精灵所经过

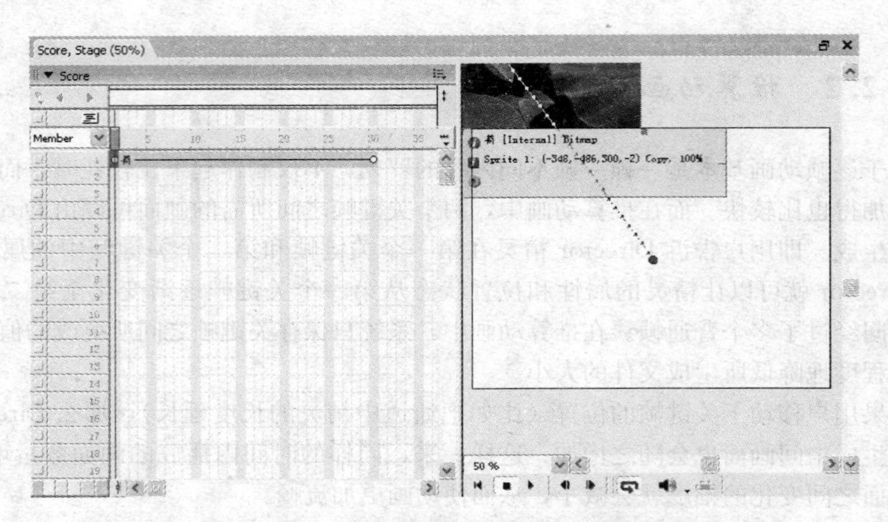

图 5—7 插入关键帧并把第一帧的精灵移出舞台

的路线就是刚才所说的那条动画线，如图 5—8 所示。

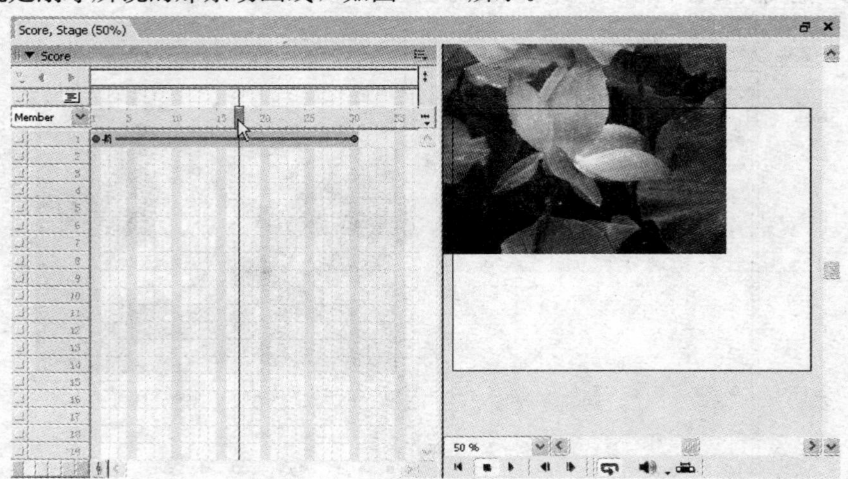

图 5—8 动画播放效果

在刚才的例子中，图像精灵的运动是受动画线控制的。这就涉及 Director 推算动画中一个不错的功能，即可以重新定位关键帧的中心位置，然后在两个不同位置的关键帧之间利用推算的方式，生成一条动画线，Director 自动生成的中间画面的位置就是依据该动画线进行定位的。

(2) 推算动画的控制

前面的实例中有一条动画线，其实，这条动画线不一定是直线，也就是说，推算动画不只是可以制作直线动画。用户可以在当前的动画基础上添加关键帧，并定义曲线动画。

以下举例说明。和刚才的步骤一样，首先拖拽演员表中的一个蜗牛图像到总谱通道中，并调整蜗牛在舞台中的位置。然后在精灵的最后一帧上单击鼠标右键，在弹出菜单中选择 Insert Keyframe 选项，这时精灵的最后一帧就变成了关键帧。现实中的蜗牛爬得很慢，因此可以拖动蜗牛精灵的最后一帧到第 60 帧，这样就增加了精灵所跨越的帧数，从而使播放时间延长了一倍，如图 5—9 所示。

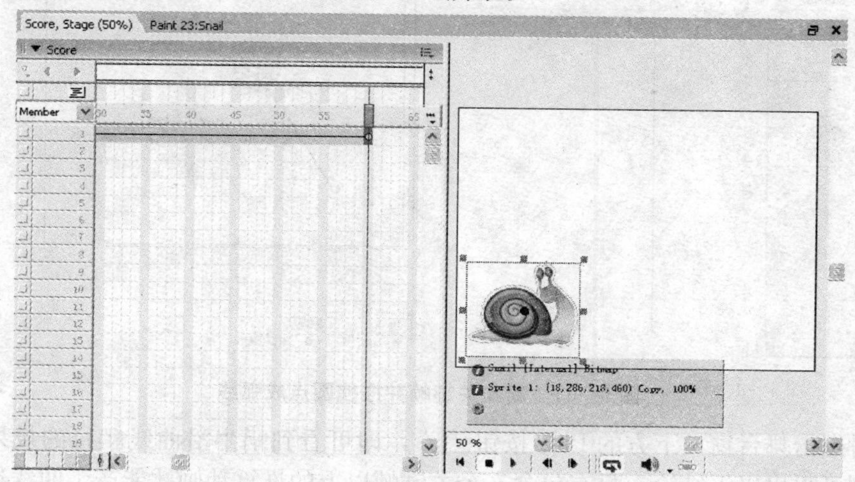

图 5—9　调整精灵位置并增加帧数

选中精灵的最后一个关键帧，把该关键帧对应的舞台上的蜗牛精灵移到舞台的右上角。第一个关键帧与最后一个关键帧的图像精灵之间形成了一条动画线，如图 5—10 所示。

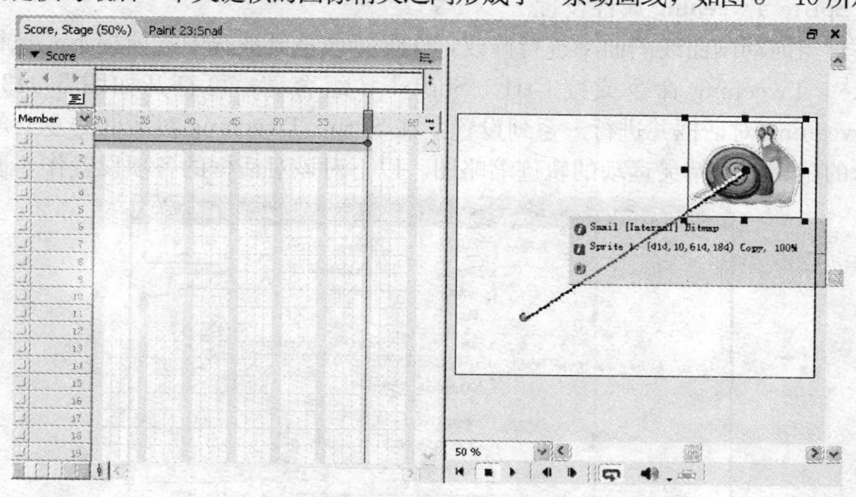

图 5—10　调整最后一帧的位置

接下来，在第 30 帧处新建一个关键帧，此时舞台中蜗牛精灵的动画线上也随之增加了一个圆形控制点（以下简称圆点），用鼠标拖拽该圆点，发现随着该圆点的位置移动，动画线被拖拽成了一条具有自然曲率的弧线，如图5—11所示。

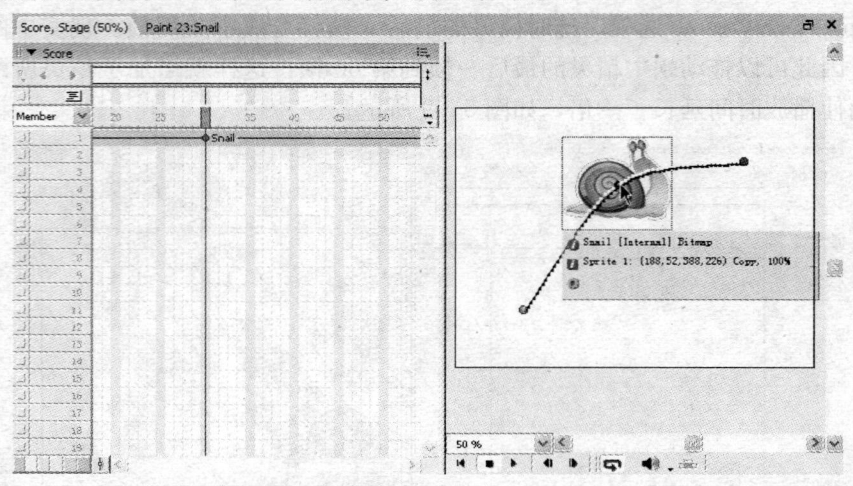

图5—11 新建关键帧并拖拽圆点成弧线

这时点击舞台窗口下方的Play按钮▶，即可看到蜗牛沿曲线爬行的效果。通过这个实例可得出以下结论：只有包含三个关键帧以上的推算动画才能产生曲线运动。

提示：如果在放映动画时发现动画不流畅，可以继续为动画添加关键帧。也就是说，单位时间内播放的画面数量越多，影片的画面过渡越平滑。

（3）Sprite Tweening属性设置

如要对当前动画曲线的曲率进行修改，在保持该精灵被选中的前提下，执行Modify | Sprite | Tweening命令或按Ctrl＋Shift＋B组合键，可打开如图5—12所示的Sprite Tweening对话框并进行一系列设置，在Sprite Tweening对话框的左上角方形区域中显示的是舞台上精灵运动的轨迹缩略图。以下对该对话框的各项设置作一说明。

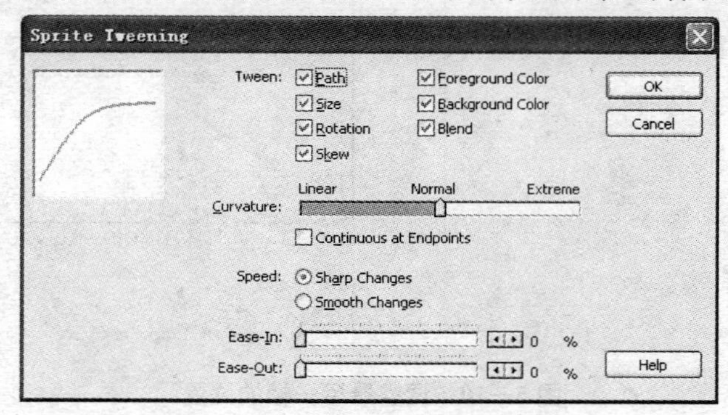

图5—12 Sprite Tweening对话框

【Tween】。该选项用来设置推算动画将使用哪些属性，其下有七个子选项的参数设置。

• 【Path】：选中该选项，在 Director 软件自动生成关键帧之间的画面时，如果涉及精灵运动轨迹（位置）的变化，则会对精灵的运动轨迹进行推算。

• 【Size】：选中该选项，在 Director 软件自动生成关键帧之间的画面时，如果涉及精灵尺寸大小的变化，则会对精灵的大小进行推算。

• 【Rotation】：选中该选项，在 Director 软件自动生成关键帧之间的画面时，如果涉及精灵的旋转角度变化，则会对精灵的旋转角度进行推算。

• 【Skew】：选中该选项，在 Director 软件自动生成关键帧之间的画面时，如果涉及精灵的倾斜角度变化，则会对精灵的倾斜角度进行推算。

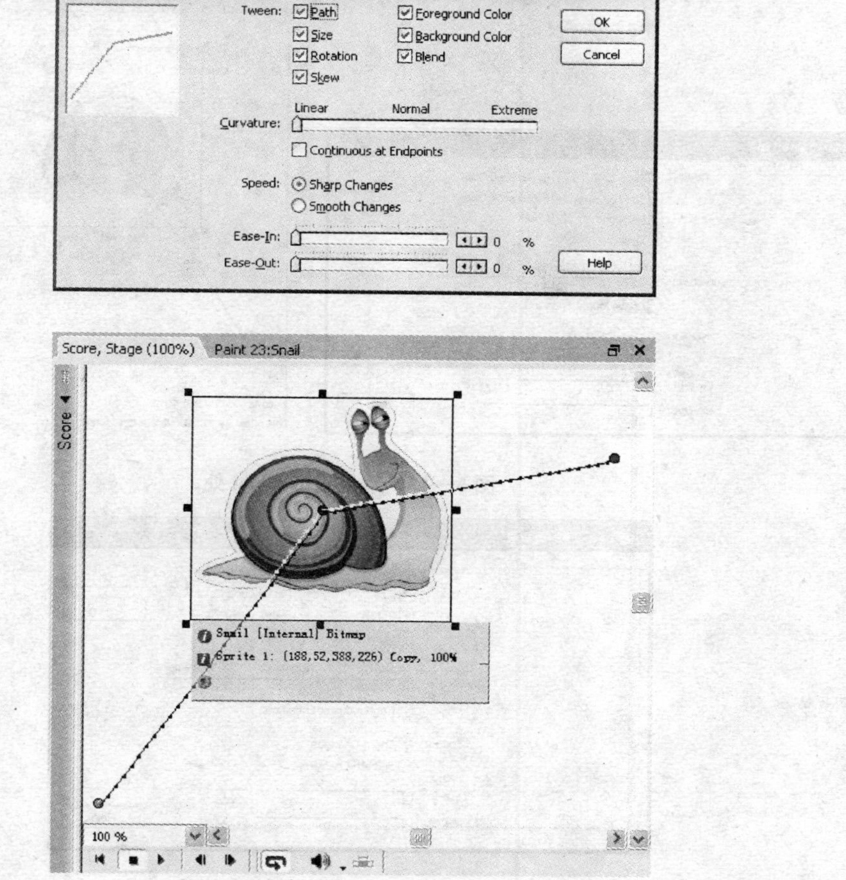

图 5—13　滑块在 Linear 处

• 【Foreground Color】：选中该选项，在 Director 软件自动生成关键帧之间的画面时，如果前景色的改变对精灵外观有影响，则会对精灵的前景色进行推算。

• 【Background Color】：选中该选项，在 Director 软件自动生成关键帧之间的画面时，如果背景色的改变对精灵外观有影响，则会对精灵的背景色进行推算。

• 【Blend】：选中该选项，在 Director 软件自动生成关键帧之间的画面时，如果混合透明值的改变对精灵外观有影响，则会对精灵的混合透明值进行推算。

【Curvature】。该选项中的滑块用来设置动画曲线的曲率。滑块越接近 Linear，精灵在关键帧之间移动时所经过的动画曲线越接近一条直线，如图 5—13 所示；当滑块在 Normal 时，精灵在关键帧之间移动时所经过的动画曲线可以说是系统默认的最佳曲线，如图 5—14 所示。当滑块在 Extreme 时，精灵在关键帧之间移动时所经过的动画曲线越不寻常，与最初状态差距越远，如图 5—15 所示。

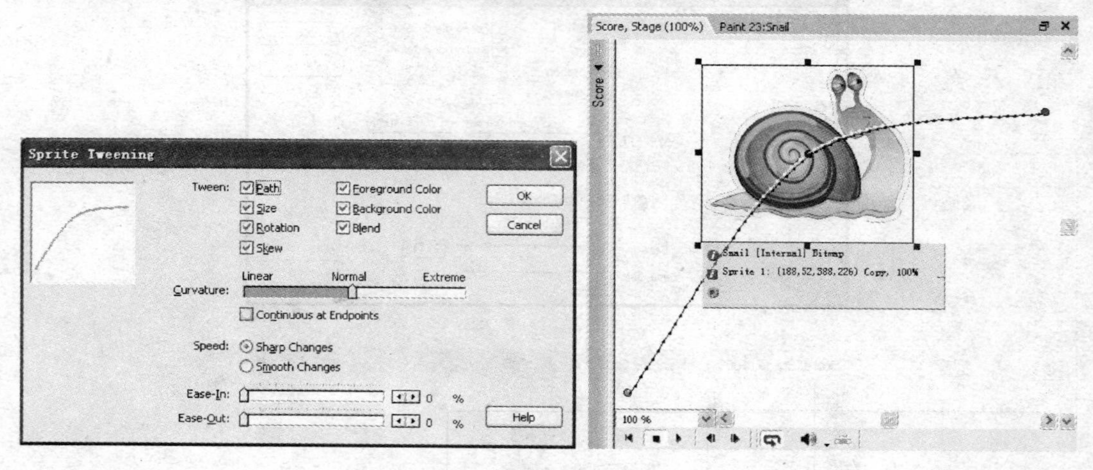

图 5—14　滑块在 Normal 处

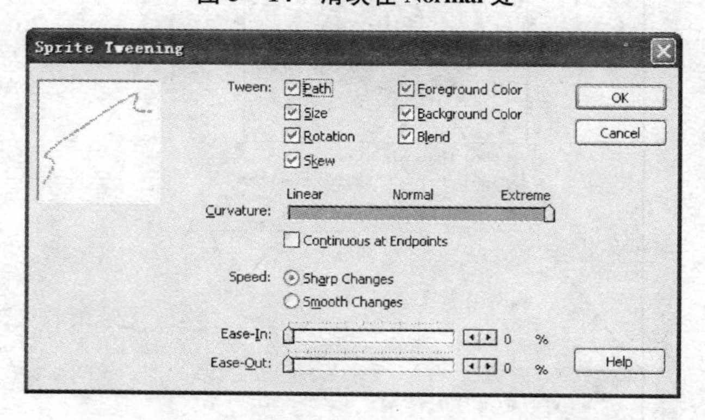

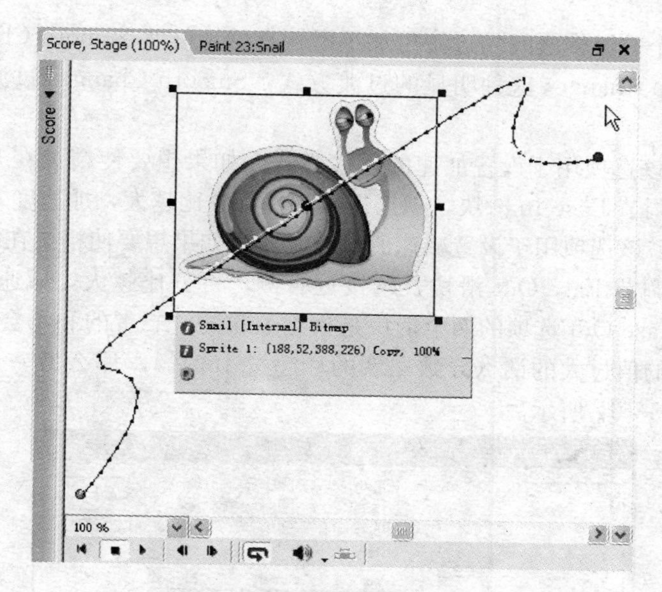

图 5—15　滑块在 Extreme 处

【Containuous at Endpoints】。该选项主要用于设置闭合的曲线路径，如图 5—16 所示。当精灵的动画曲线为闭合（环形）路径时，选中该选项，可使精灵从起始帧到结束帧的运动更加平滑、自然。

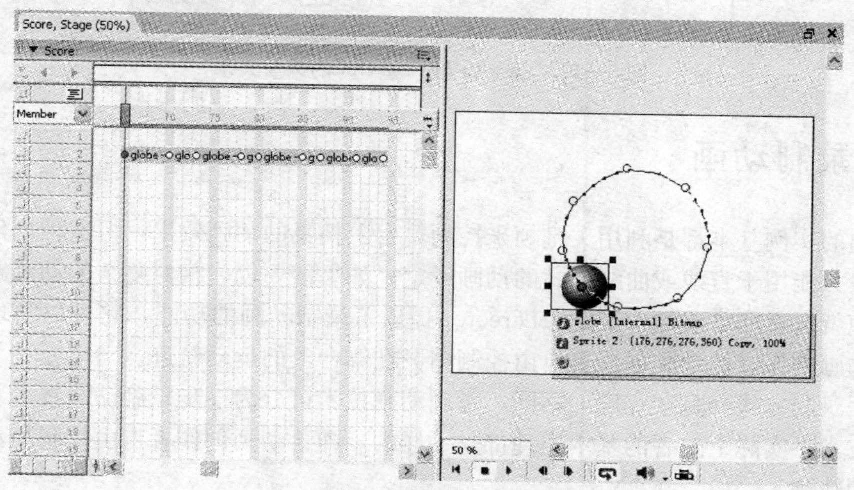

图 5—16　Containuous at Endpoints 用于设置闭合的曲线路径

【Speed】。该选项用于设置关键帧之间精灵的过渡方式。选择 Sharp Changes 选项，精灵在关键帧之间移动时，会以较快的速度显示两个关键帧之间的过渡画面；而选择 Smooth Changes 选项，精灵在关键帧之间移动时，会自动调整关键帧之间的画面显示速度，从而使两个关键帧之间的过渡更加平滑、自然。虽然 Smooth Changes 是默认选项，但相对 Sharp Changes 这种明显的过渡方式，Smooth Changes 过渡方式更加符合人们的视觉习惯。

【Ease-In】。该选项用于设置加速的过渡方式。如果想要使精灵在开始运动时产生加速度效果，可调节 Ease-In 滑块，越接近右侧，百分比越大，加速度效果越明显。

【Ease-Out】。该选项用于设置减速的过渡方式。如果想要使精灵在结束运动时产生减速度效果，可调节 Ease-Out 滑块，越接近右侧，百分比越大，减速度效果越明显。Ease-In 选项和 Ease-Out 选项的两个滑块是相互关联的，二者的和不会超过 100%。假设其中一个滑块的值过大的话（导致二者的和超过 100%），那么另一个滑块的值就会自动减小，如图 5—17 所示。

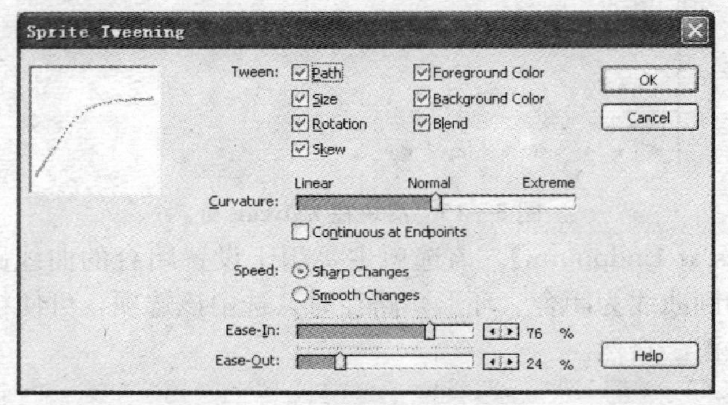

图 5—17　Ease-In 与 Ease-Out 的数值关系

5.3　录制动画

前面的实例基本都是利用关键帧来控制舞台上精灵的动画效果，但这种创建动画的方法一般只能用于直线或曲线形式的动画设定。如果需要创建相对复杂的动画路径，使用关键帧就显得非常麻烦。为此，Director 提供了录制动画的功能，它可以实现非线性移动的动画创作，让动画创作者自由控制精灵在舞台上的运动轨迹。

根据录制方式和复杂程度的不同，录制动画技术可分为逐步录制动画技术和实时录制动画技术，实际上二者的基本原理都是一样的，即让动画创作者自由控制精灵在舞台上的运动轨迹。

逐步录制动画技术是指创作者对精灵在每一帧中的动作进行实时控制的技术。而实时录制动画技术更加便捷，鼠标在舞台移动的过程中，Director 会记录下鼠标在舞台上移动的轨迹，并制作出所需要的动画效果。通过使用实时录制动画技术可以创作出相对复杂的动画效果，而且并不需要耗费很大的精力，这是因为使用实时录制动画技术录制动画时，创作者只要掌握好每一帧中的鼠标在舞台上的位置即可。实时录制动画技术的缺点在于其动画效果不够精细。

5.3.1 逐步录制动画

逐步录制动画（Step Recording）是最基本的动画创作手段，逐帧的意思就是一帧一帧地记录精灵每一帧的信息，包括精灵位置、大小、角度及混合模式等属性的变化。逐步录制动画技术对于创建不规则或动画线不太精确的动画是很有用的。

下面演示逐步录制动画技术的实现过程，大致可分为以下几个步骤。

第一步：准备工作。将演员从演员表拖拽到总谱或舞台上，执行 Window | Control Panel 命令或按 Ctrl＋2 组合键，打开 Control Panel（控制面板），如图 5—18 所示。

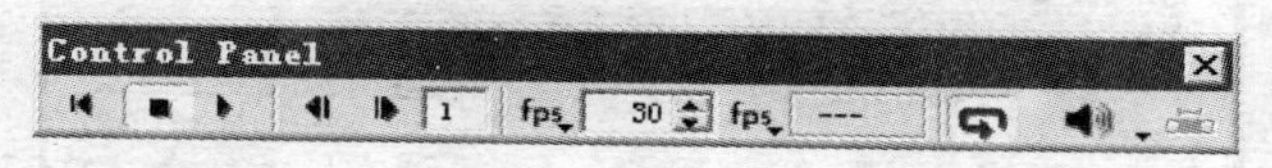

图 5—18　Control Panel

第二步：录制第一帧。如果播放头没在第一帧，单击 Rewind 按钮，将播放头移动到总谱第一帧的位置。然后执行 Control | Step Recording 命令，这时就启动了逐步录制动画功能。此时可以看到，被选择的精灵所在通道的左端（通道标号前面）出现一个红色箭头，它说明所选精灵正在被逐步录制。这时设置好第一帧处精灵的属性（如位置、大小、角度及混合模式等）。

第三步：录制其他帧。在控制面板中单击 Step Forward 按钮，将播放头放置于第二帧处并调整该帧中的精灵属性。后面的录制过程只是不断重复前面的操作步骤即可，目的是让帧与帧之间的画面有所区别。

第四步：结束录制。要结束录制，再次执行 Control | Step Recording 命令，或者直接单击控制面板上的 Play 按钮，即可结束当前的动画录制过程。

5.3.2 逐步录制动画实例

前面介绍了逐步录制动画技术的实现过程，原理很简单，实际上就是一帧一帧地记录精灵每一帧的信息。接下来根据前面介绍的实现步骤，来创作一个氢气球升空的动画效果。

（1）首先执行 File | New | Movie 命令或按 Ctrl＋N 组合键，创建一个新的影片文件，并对其进行保存。然后执行 File | Import 命令，选择两幅名字分别为“天空

背景”和“氢气球”的图像演员，如图 5—19 所示。单击 Import 按钮即可导入图像。

图 5—19 导入图像素材

(2) 接下来是准备工作。把演员从演员表拖到总谱中，默认情况下，精灵所占据的帧数是 30 帧，但此处不需要这么多帧数，用鼠标分别拖动两个精灵的第 30 帧到第 10 帧，即可把精灵的帧数修改为 10 帧。执行 Window | Control Panel 命令可打开 Control Panel 面板，单击上面的 Rewind 按钮，将播放头移动到精灵的第一帧处，如图 5—20 所示。

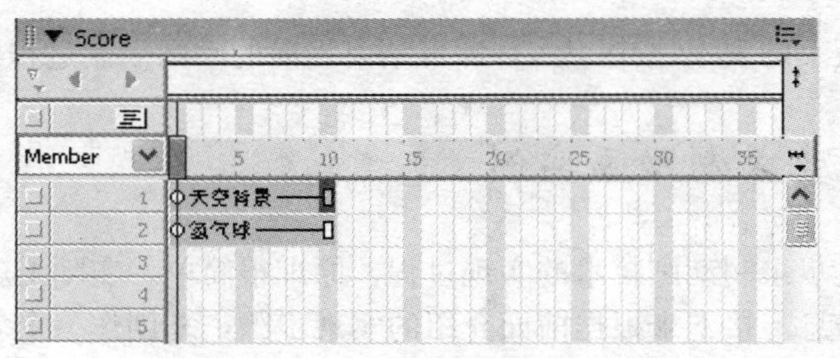

图 5—20 修改精灵的帧数并定位播放头

(3) 这时发现舞台上的氢气球太大，对其进行缩放，在 Property Inspector 属性对话框的 Sprite 标签中单击 Scale 按钮 Scale ，在弹出的 Scale Sprite 对话框中的 Scale 文本框中输入 20，如图 5—21 所示。单击 OK 按钮关闭该对话框，精灵缩小到原来的 20%，如图 5—22 所示。

(4) 这时发现氢气球四周的白色遮挡了后面的天空，可以在 Property Inspector 属性对话框的 Sprite 标签中的 Ink 下拉列表中选择 Background Transparent 墨水效果，也可以在舞台上按住 Ctrl 键单击氢气球精灵，如图 5—23 所示，在弹出菜单中选择 Background Transparent 墨水效果如图 5—23 所示，这时发现氢气球的白色背景透明了，如图 5—24 所示。

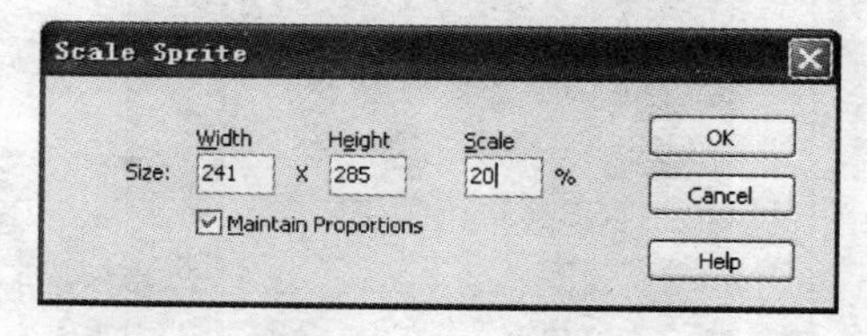

图 5—21　Scale Sprite 对话框

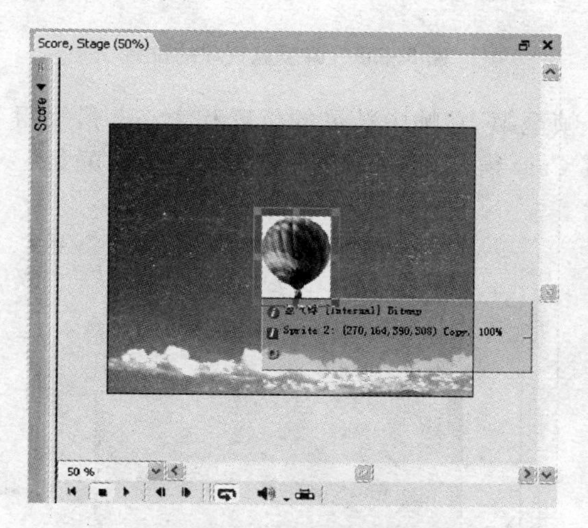

图 5—22　调整后的精灵大小

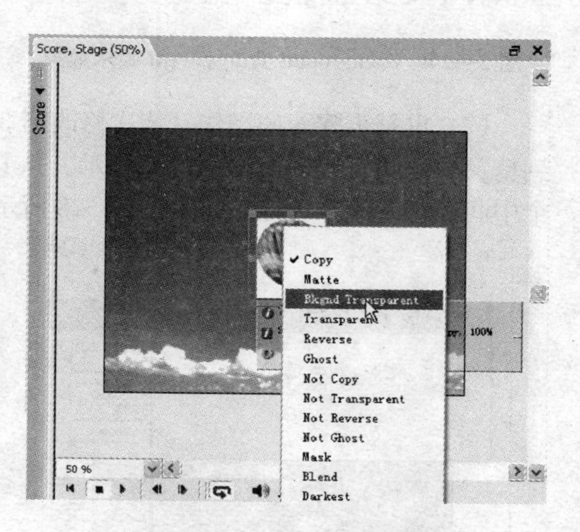

图 5—23　设置精灵的 Ink 属性

(5) 接下来执行 Control | Step Recording 命令，启动逐步录制动画功能。放置氢气球于舞台的下端，如图 5—25 所示。

(6) 单击控制面板中的 Step Forward 按钮 ，将播放头放置于第二帧处，并调整该帧中氢气球在舞台上的位置。然后在 Property Inspector 属性对话框的 Sprite 标签中单击 Scale 按钮 Scale ，在弹出的 Scale Sprite 对话框中的 Scale 文本框中输入 95，如图 5—26 所示，精灵缩小到当前大小的 95%。

图 5—24　Background Transparent 墨水效果

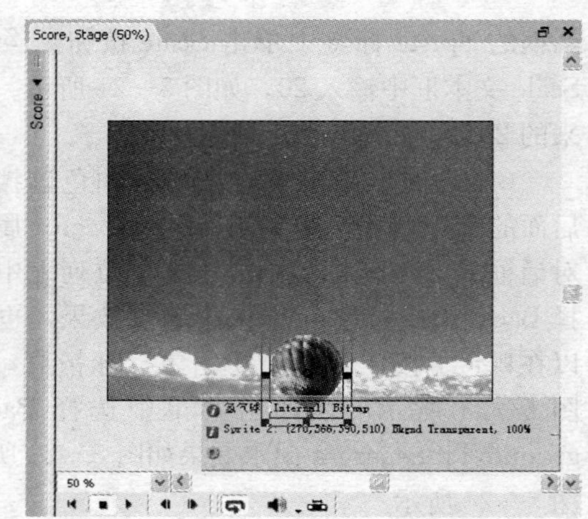

图 5—25　调整氢气球的位置

（7）重复步骤 6 的操作，依次修改第 3 帧至第 10 帧中精灵的位置和大小，最终得到精灵的动画轨迹，如图 5—27 所示。从其 Cast 窗口可以看到，氢气球通道中的每一个中间帧都变成了关键帧，如图 5—28 所示。

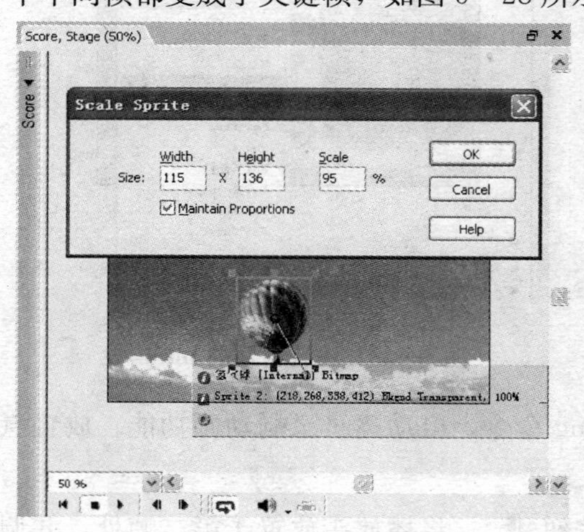

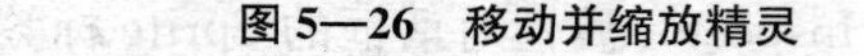

图 5—26　移动并缩放精灵

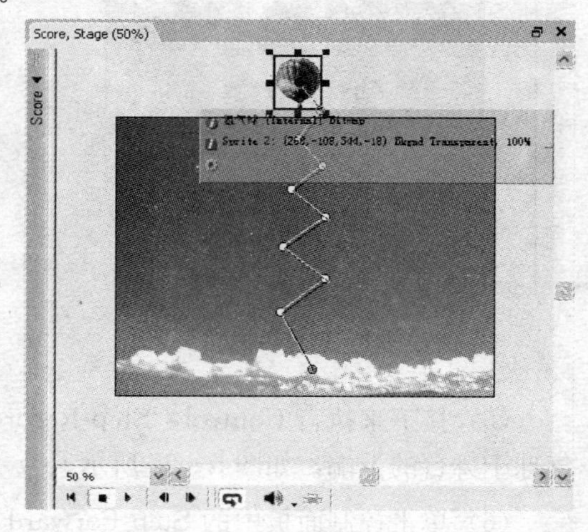

图 5—27　最终得到精灵的动画轨迹

（8）在控制面板中的 Tempo 文本框中设置影片的播放速率为 5 帧/秒，减慢影片的播放速率，如图 5—29 所示。单击 Play 按钮，查看影片的播放效果，氢气球会沿着制作的动画线徐徐上升，并在视觉上逐渐变小，如图 5—30 所示。

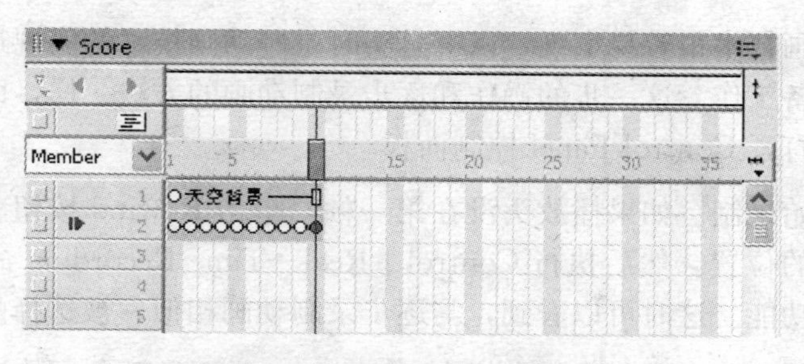

图 5—28　中间帧变成了关键帧

图 5—29　设置影片的播放速率为 5 帧/秒

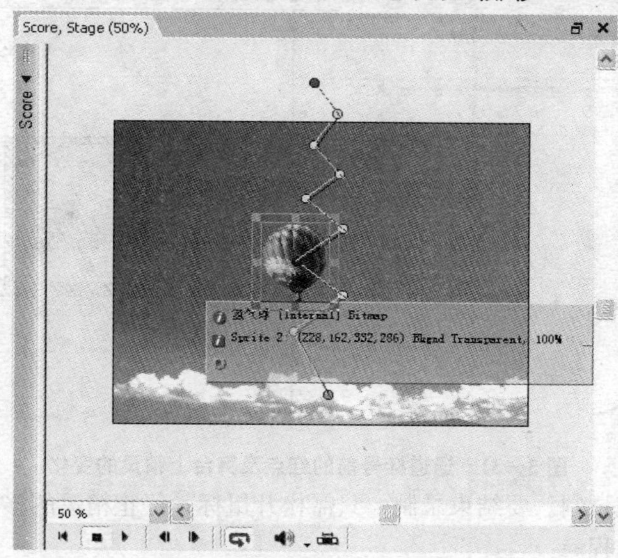

图 5—30　氢气球沿动画线上升

5.3.3　实时录制动画

相对逐步录制动画的方法而言，实时录制动画（Real-Time Recording）的方法更加便捷，鼠标在舞台移动的过程中，Director 会记录下鼠标在舞台上移动的轨迹，并根据该轨迹制作出精灵所需要的动画曲线。对于时间不太长的动画来说，采用逐步录制动画技术是没有问题的，但如需创作几百帧甚至更长时间的动画，使用逐步录制动画技术可能会耗费大量的时间与精力。而实时录制动画技术从一定程度上解决了这样的难题。

实时录制动画技术很容易实现，以下是实时录制动画技术的实现过程。

第一步：准备工作。这一步的操作和逐步录制动画的方法一样，即将演员拖拽到总谱或舞台上，并打开Control Panel控制面板。

第二步：开始录制。如果播放头没在第一帧，单击Rewind按钮，将播放头移动到总谱第一帧的位置。然后执行Control | Real—Time Recording命令，这时就启动了实时录制动画功能。这时可以看到，与逐步录制动画相似，被选择的精灵所在通道的左端（通道标号前面）出现一个红点标志，而且舞台上的该精灵周围出现了一个红色矩形边框，如图5—31所示。它们都说明了所选精灵正在被实时录制。这时单击并拖动精灵在舞台上移动，可以看到Score窗口中的播放头也随之移动。

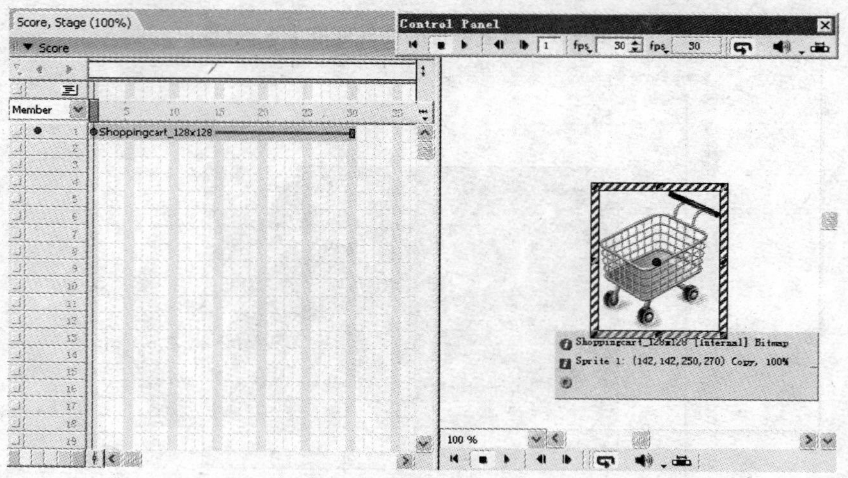

图5—31　通道标号前的红点及舞台上精灵的变化

第三步：结束录制。要结束录制，只需松开鼠标，停止精灵的移动，即可结束当前的实时录制动画过程。

提示：在实时录制动画之前，还可以在Control Panel控制面板中输入新的播放速率，一般会输入比默认值小的数字，减慢影片的播放速率，这样就可以留出充足的时间定位精灵在舞台上的位置。

与逐步录制动画技术不同的是，采用实时录制动画技术录制，通道中的每一个中间帧也会变成关键帧，属于逐帧动画的形式，但不论采用哪种方法录制动画，最后的动画效果都很相似。用户还可以对录制好的动画进行逐帧编辑，更可把逐步录制与实时录制两种录制动画技术结合起来，使其更好地为作品服务。

5.3.4　实时录制动画实例

前文中介绍了实时录制动画技术的实现过程，其原理非常简单，即 Director 软件记录鼠标在舞台上移动的轨迹，并根据该轨迹制作出精灵所需要的动画曲线。接下来根据前面介绍的实现步骤，来创作蝴蝶在花丛中飞来飞去的的动画效果。

（1）首先执行 File | New | Movie 命令或按 Ctrl＋N 组合键，创建一个新的影片文件，并对其进行保存。然后执行 File | Import 命令，选择两幅名字分别为“001 花”和“002 蝴蝶”的图像演员，如图 5—32 所示。单击 Import 按钮，弹出 Select Format 窗口，在该窗中选择采用哪种格式导入演员“002 蝴蝶”，“002 蝴蝶”是 GIF 动画格式（蝴蝶不停地扇动翅膀），所以在该对话框中选择 Animated GIF 一项，如图 5—33 所示。假如选择 Bitmap Image 一项，该演员就会以静止的位图形式导入（动画的第一帧将作为位图演员）。

图 5—32　导入图像素材

（2）以下为准备工作。把演员拖到总谱中，并执行 Window | Control Panel 命令可打开 Control Panel 面板，单击上面的 Rewind 按钮，将播放头移动到精灵的第一帧处，如图 5—34 所示。

（3）此时可以看到蝴蝶四周的颜色遮挡了后面的花朵，可以在 Property Inspector 属性对话框的 Sprite 标签中的 Ink 下拉列表中选择 Background Transparent 墨水效果，

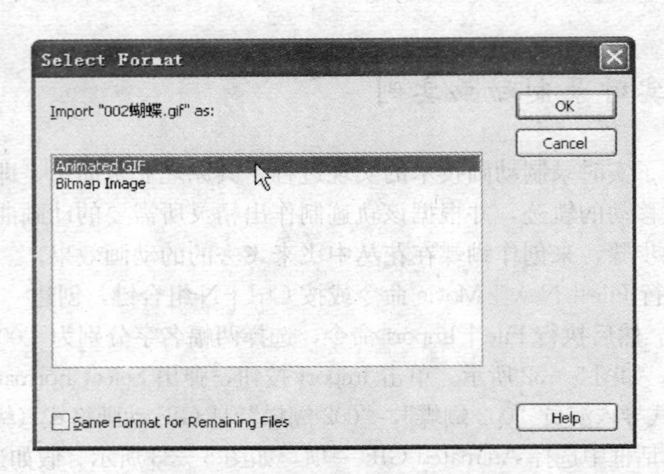

图 5—33　为 GIF 动画演员选择格式

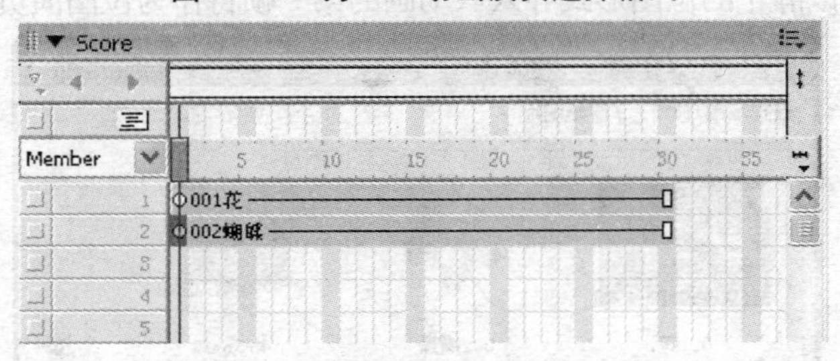

图 5—34　定位播放头到精灵的第一帧

也可以在舞台上按住 Ctrl 键单击蝴蝶精灵，如图 5—35 所示，在弹出菜单中选择 Background Transparent 墨水效果，这时发现蝴蝶精灵的背景变透明了，如图 5—36 所示。

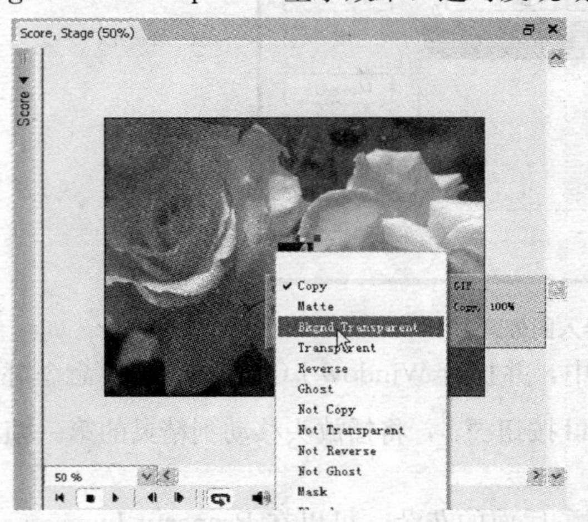

图 5—35　设置精灵的 Ink 属性图

图 5—36　Background Transparent 墨水效果

（4）执行 Control | Real-Time Recording 命令，启动实时录制动画功能，被选择的蝴蝶精灵所在通道的左端出现一个红点标志 ● 1 ，而且舞台上的蝴蝶精灵周围出现了一个红色矩形边框，如图 5—37 所示。

图 5—37　精灵周围出现红色边框

（5）在移动精灵的位置之前，先在控制面板中的 Tempo 文本框中输入影片的播放速率为 3 帧/秒，如图 5—38 所示，减慢影片的播放速率，同时也为操作留出更多的时间。

图 5—38　设置影片的播放速率为 3 帧/秒

（6）设置好播放速率，按住鼠标并拖动舞台上的蝴蝶精灵，鼠标移动所经过的路线会形成一条动画轨迹。

（7）确定好蝴蝶的动画轨迹后，即可释放鼠标，结束实时录制动画。此时 Director 软件会自动播放录制的动画，以便查看影片的播放效果，可以看到一只漂亮的蝴蝶在花丛中翩翩起舞，如图 5—39 所示。

（8）单击控制面板中的 Stop 按钮 ■ ，停止动画的播放，就能看到鼠标移动所形成的那条动画轨迹，刚才那只翩翩起舞的蝴蝶就是沿着这条轨迹飞的，如图 5—40 所示。同时还可以看到通道中的每一个中间帧都变成了关键帧。

提示：在创作实时录制动画时，精灵形成的关键帧数量常常会很多，如图 5—39 所示，蝴蝶的帧数就超过了花丛背景的帧数，这样播放时会造成后面几帧没有花丛做背

图 5—39 影片的播放效果

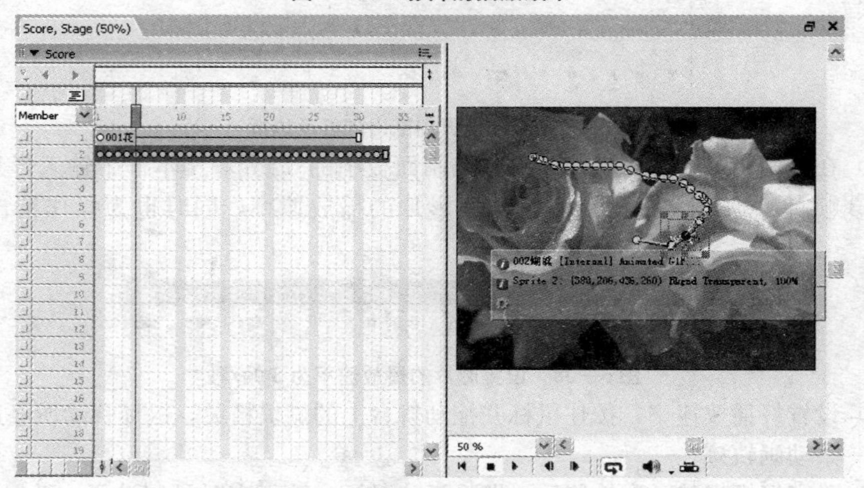

图 5—40 鼠标移动所形成的动画轨迹

景。此时可以用鼠标向右拖动花精灵的最后一帧，让它与蝴蝶精灵的帧数一样多，如图 5—41 所示。

(9) 如果觉得现在的播放速率太慢，可以在控制面板中的 Tempo 文本框中输入比当前快一些的播放速率，例如设置为 10 帧/秒，单击 Play 按钮 ▶ 即可预览播放效果。

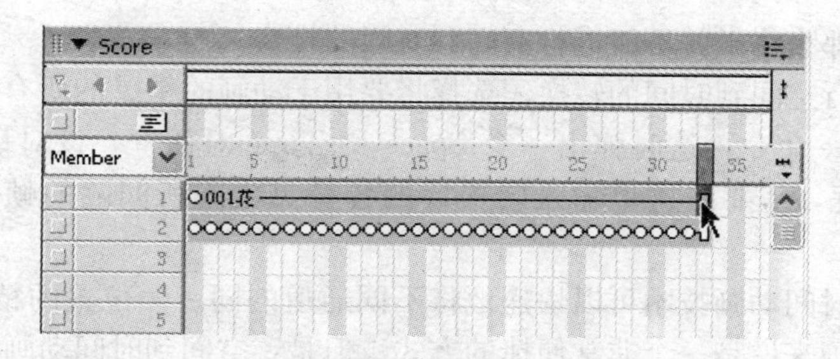

图 5—41　延长花精灵

5.4　空间到时间动画技术

前文中介绍的逐步录制动画技术和实时录制动画技术，虽然能让动画创作者自由控制精灵的运动轨迹，但在编辑某一帧时，却很难把握该帧的前后帧的相对位置及其他属性，也就是说，一段时间内只能显示一个精灵。比如在利用逐步录制动画技术创作“氢气球升空”的例子中，在确定第 2 帧的位置时，就不能看到第 1 帧和第 3 帧的相对位置。

Director 提供了解决一段时间内只能显示一个精灵的难题，这就是下面将要学习的空间到时间（Space to Time）动画技术。空间到时间动画技术能便捷地将逐帧动画的各个静止画面连接成动画，它是指在同一帧中把精灵在不同时间内所要显示的位置、大小、角度及混合模式等属性设置好，再将这些精灵转换到同一通道内的不同帧中。也就是先在空间概念上将精灵的动画概念表示出来，然后再让这些精灵在同一通道中的不同时间内依次出现，即转换到时间的意义上去。

应用空间到时间动画技术，能在同一帧中明确的观察各个时间内的精灵形态变化，尤其有利于控制精灵的相对位置和大小变化，它是 Director 软件中特有的典型动画技术。

5.4.1　空间到时间动画技术的实现过程

空间到时间动画技术并不太难掌握，下面介绍其基本实现过程。

第一步：排列精灵。将精灵按照动画的时间顺序放置在总谱中不同通道的同一帧位置。

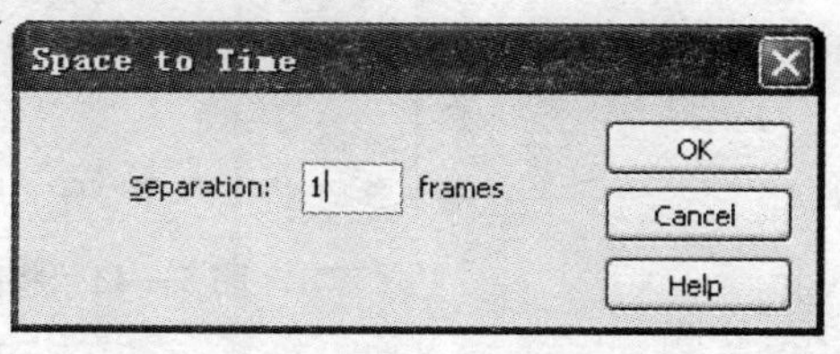

图 5—42　输入精灵的间隔帧数

第二步：修改帧跨度。在 Score 窗口中选择将要用于动画的精灵，将它们的帧跨度改为 1 帧。这个操作非常重要，假如精灵的帧跨度大于1帧，那么将来就不能进行空间到时间的转换。

第三步：进行空间到时间的转换。选择将要用于动画的精灵的所有帧，执行Modify | Space to Time命令，这时弹出一个Space to Time对话框，该对话框仅包括一个Separation文本框，需要在这里输入转换后的各精灵之间所间隔的帧数，如图5—42所示。

利用空间到时间动画技术可以快速地将不同通道的同一帧位置的精灵转化成动画，这对于多演员动画来说是一个非常便捷的方式。但是，空间到时间动画技术需要将精灵逐个放置在不同的位置，必要时还要调整各个精灵的其他属性，这样就造成了空间到时间动画技术的局限性，即该方式不适合创作时间较长的动画。

5.4.2 空间到时间动画实例

以下是一个“小球沿抛物线运动”动画实例的实现过程，其中应用了空间到时间动画技术。

(1) 要想使精灵在舞台上沿抛物线运动，可将抛物线位图放置在舞台上。此处先在Paint窗口绘制一条抛物线，并将其拖到舞台上，作为小球运动的轨迹参考，如图5—43所示。

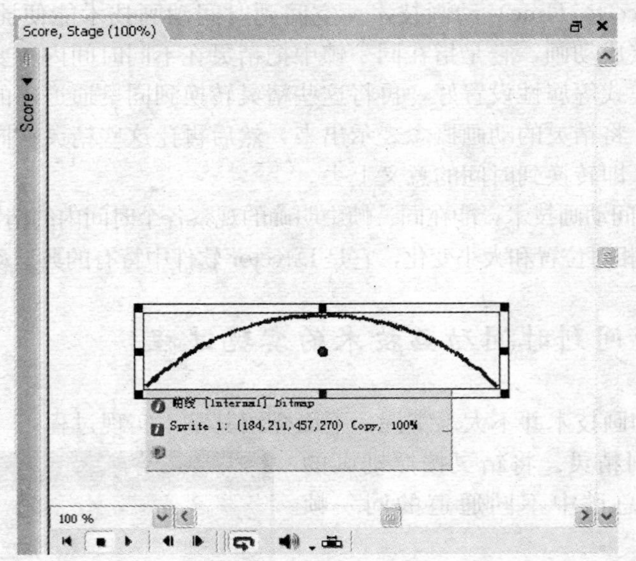

图5—43 将抛物线位图置于舞台

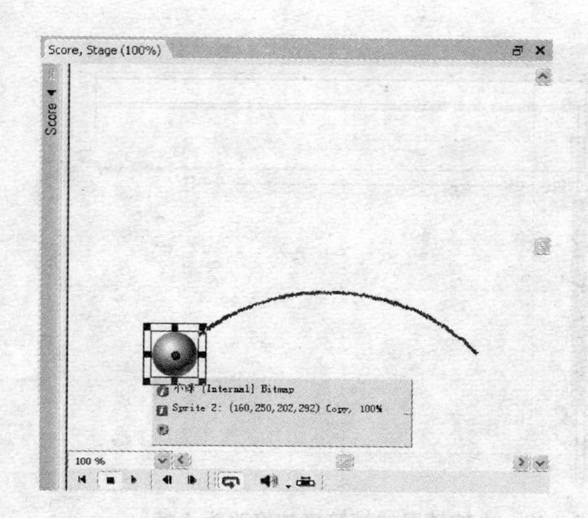

图 5—44　将小球置于抛物线的起点

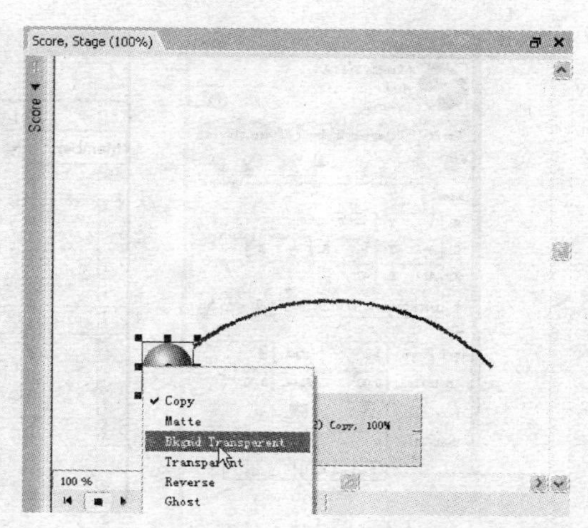

图 5—45　设置精灵的 Ink 属性

（2）将小球图像从演员表拖到舞台上，调整大小后，将其放置在抛物线的左端起点处，如图 5—44 所示，此时可以看到小球四周有白色背景，如果觉得它影响操作，可以在舞台上按住 Ctrl 键单击小球精灵。如图 5—45 所示，在弹出菜单中选择 Background Transparent 墨水效果，此时可以看到小球精灵的背景透明了。

（3）重复步骤 2 的操作，依次拖动多个小球到抛物线上。这时需要细微调整小球在抛物线上的位置，如图 5—46 所示。此时可以看到 Score 窗口中一共有 9 个通道被精灵占用。

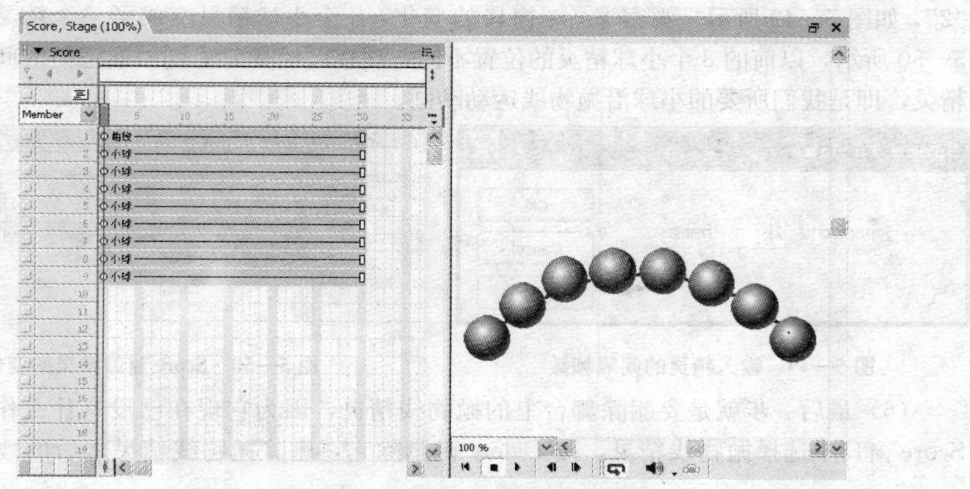

图 5—46　依次拖动多个小球到抛物线

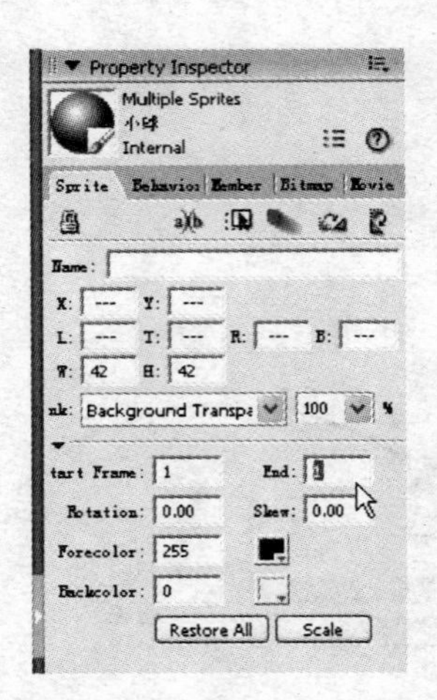

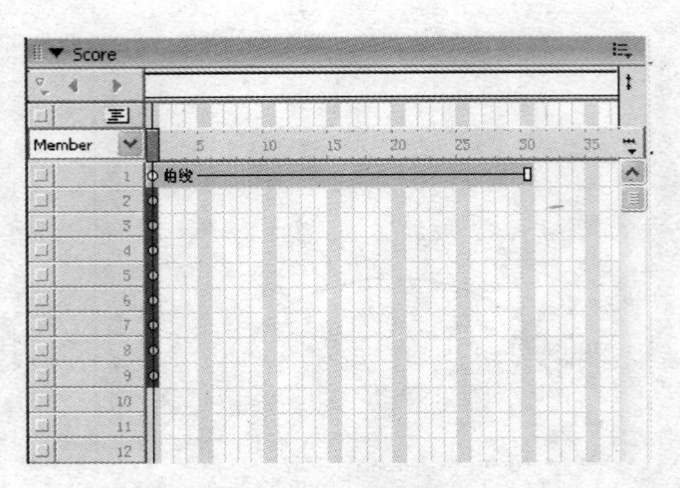

图 5—47　修改 End Frame 值为 1　　　　图 5—48　小球精灵的帧跨度被修改为 1 帧

（4）在 Score 窗口中选择其中的 8 个小球精灵，将它们的帧跨度改为 1 帧，方法是切换到 Property Inspector 属性对话框的 Sprite 标签，在 End Frame 文本框中输入数值“1”，如图 5—47 所示，此时可以看到 Score 窗口中 8 个小球精灵的帧跨度被修改为 1 帧，如图 5—48 所示。

（5）保持 Score 窗口中 8 个小球精灵的选中状态，执行 Modify｜Space to Time 命令，弹出 Space to Time 对话框，在 Separation 文本框中输入转换后的各个精灵之间所间隔的帧数，实际上指的是每个精灵在从空间到时间转变后所延续的帧数，这里输入“2”，如图 5—49 所示。观察 Score 窗口的变化，8 个小球精灵变成了一个精灵，如图 5—50 所示，以前的 8 个小球精灵的位置不同，现在已经变成了同一通道但时间不同的精灵，即是我们所要的小球沿抛物线运动动画。

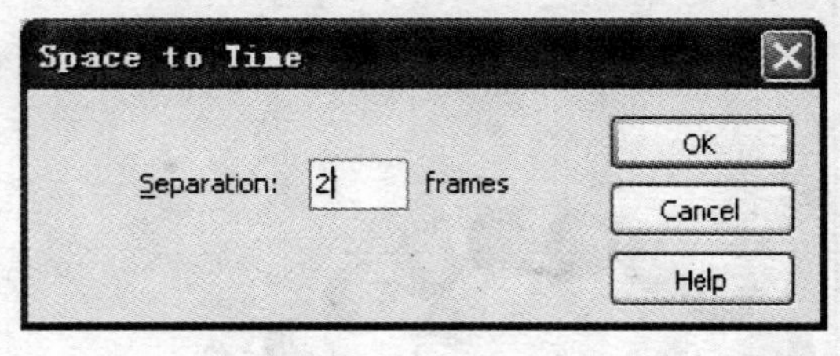

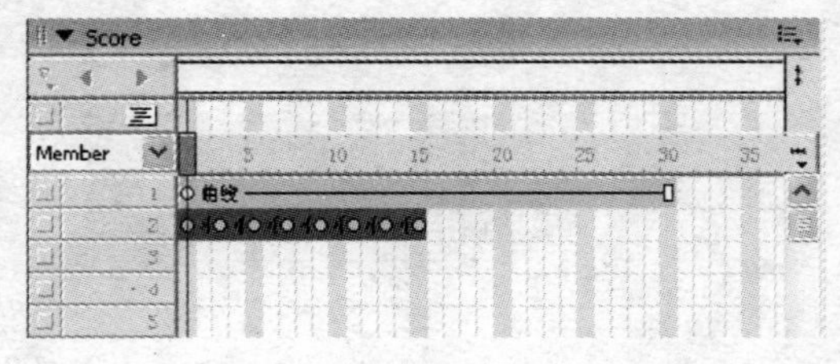

图 5—49　输入精灵的间隔帧数　　　　图 5—50　Score 窗口精灵的变化

（6）最后一步就是要删除舞台上的抛物线精灵，因为它现在已没有什么作用。在 Score 窗口中选择抛物线精灵，按 Delete 键删除它，删除抛物线精灵之后的效果如图 5—51 所示。单击控制面板中的 Play 按钮 ▶，查看影片的播放效果，可以看到舞台上的小球沿抛物线运动。如果觉得小球运动的速度太快，可以改变刚才所生成精灵的帧跨度来调节播放速度，方法仍然是利用 Property Inspector 属性对话框的 Sprite 标签，在

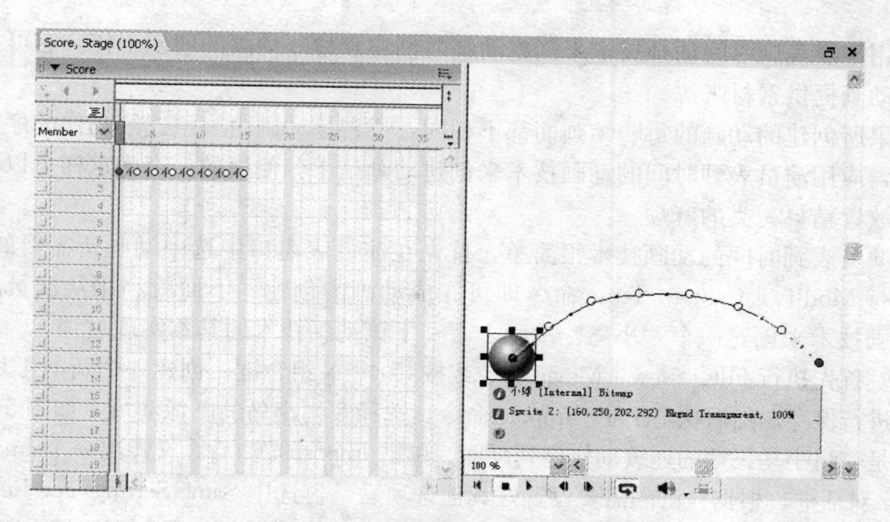

图 5—51　删除抛物线精灵之后的效果

End Frame 文本框里输入合适的数值即可。

5.5　胶片环动画技术

直观地讲，胶片环动画就是把一段周期性动作的动画打包，而变成一个独立的演员来使用。因为胶片环动画技术主要用于创建动画片段，所以又被称为循环影片技术（Film Loop），利用胶片环动画创作的影片片段通常会以独立演员的形式出现在多媒体影片中。

这种动画创建和应用方式方便、实用，效率很高，因为在影片创作的时候不需要对周期性动作重复制作，而是将一个连续播放的动画打包（固化其数据）并成为一个独立演员，在影片需要它的时候可以像其他演员一样被调用。胶片环动画还可以减少总谱中精灵所占的通道数目，因为利用胶片环动画技术可以使占据多个通道的动画压缩到一个通道中。

5.5.1　从演员表到时间的动画技术

在介绍从演员表到时间的动画技术之前，需要对创建胶片环动画的概念有所了解。创建胶片环动画就是创建动画片段，而它需要首先创建出精灵的动画，然后把这个动画过程转换成胶片环。所以要先创建出精灵的动画，而从演员表到时间的动画技术可以为创建该动画提供一种便捷手段。

顾名思义，从演员表到时间（Cast to Time）动画技术就是指通过演员表来创建动画。利用演员表到时间动画技术来创建动画是创建胶片环动画的前期工作，它可为创建胶片环动画提供素材来源。

如果所创建的动画的每一帧画面都不相同，或者该动画由一组连续动作的序列画面组成时，应用演员表到时间的动画技术来创建动画是十分便捷的，因为这样可以省去类似逐帧放置精灵一类的麻烦。

从演员表到时间的动画技术很简单，首先在演员表窗口中选中动画所需要的演员，然后执行 Modify | Cast to Time 命令即可完成动画的创建。下面就利用从演员表到时间的动画技术来创建一个“小鸟”动画，看一下该动画技术的基本实现过程。

（1）首先执行 File | New | Movie 命令或按 Ctrl+N 组合键，创建一个新的影片文件，并对其进行保存。然后执行 File | Import 命令，选择 8 幅小鸟的图像演员，如图 5—52 所示，这是一组小鸟飞翔的连续动作序列画面。单击 Import 按钮后，又弹出一个 Image Options for 对话框，根据自己的需要设置好其他选项后，再选中 Same Settings for Remaining Images 选项，如图 5—53 所示，单击 OK 按钮即可把这些序列画面导入到演员表窗口。

（2）执行 Control | Rewind 命令，将播放头移动到精灵的第一帧处，同时在演员表中选中 8 幅小鸟的图像演员，如图 5—54 所示。

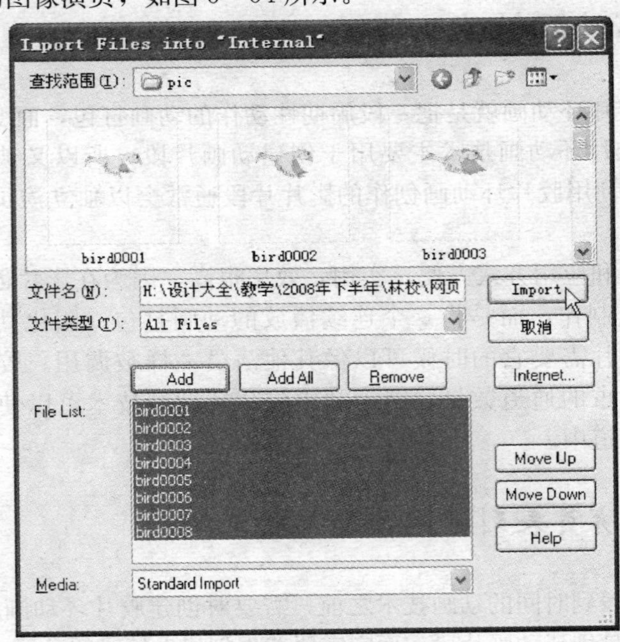

图 5—52 导入图像素材

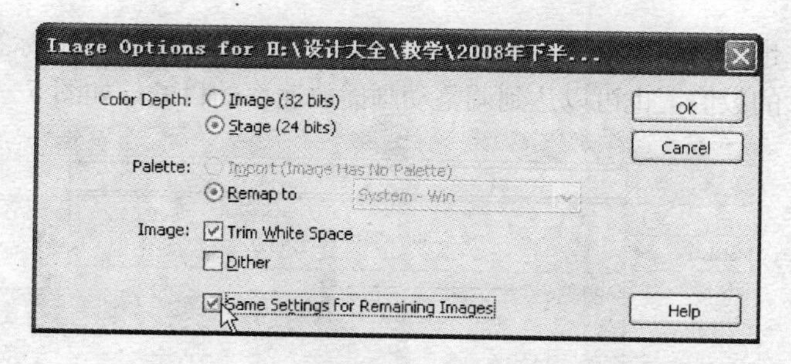

图 5—53　设置 Image Options for 对话框

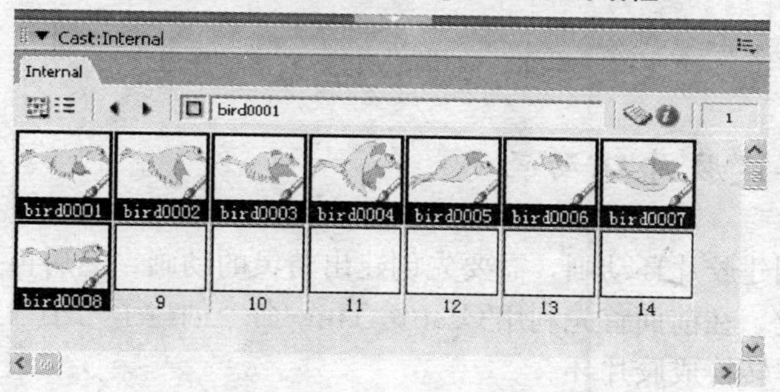

图 5—54　选中 8 幅小鸟的图像演员

（3）执行 Modify | Cast to Time 命令，这时舞台上出现一个小鸟精灵，总谱通道中也添加了新的精灵帧，每一帧都对应着演员表中一个小鸟演员，动画的创建到此完成，如图 5—55 所示。

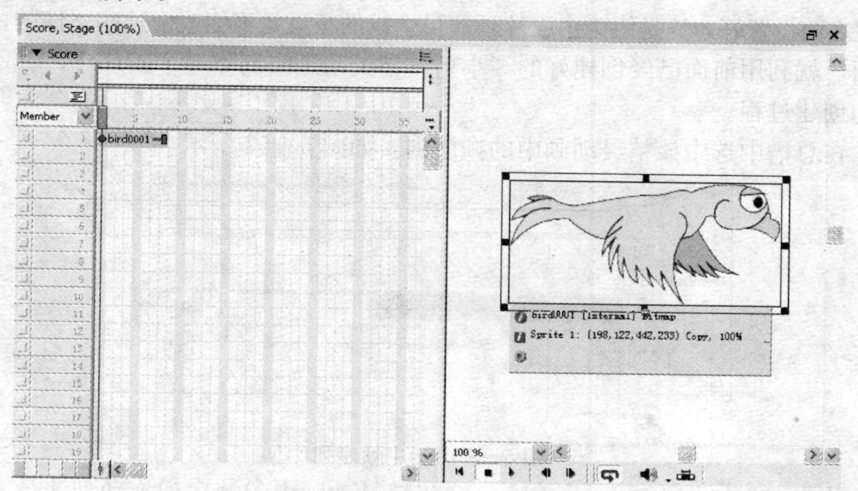

图 5—55　完成动画的创建

（4）播放影片以查看动画的效果，如果觉得小鸟的翅膀动作太快，可以用鼠标拖动精灵动画的最后一帧；也可以调出Property Inspector属性对话框，在Sprite标签中的End Frame文本框内输入更大的数值，也可以达到调整动画播放速率的目的，如图5—56所示。

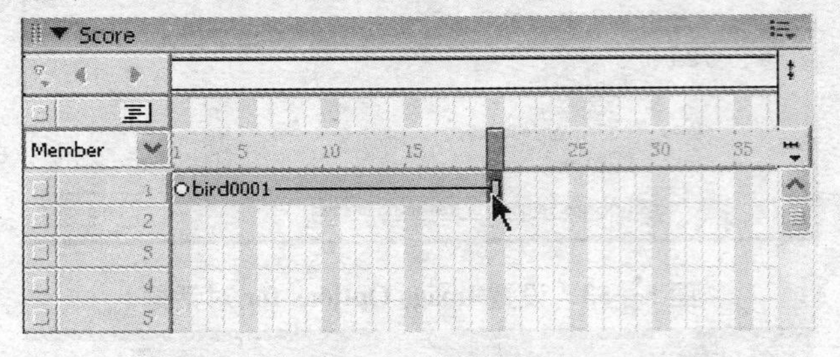

图5—56 拖动精灵以调整播放速率

5.5.2 创建胶片环动画

前文提到要创建胶片环动画，需要先创建出精灵的动画，然后再把这个动画过程转换成胶片环。因此，在前面首先利用Cast to Time命令创建了“小鸟”精灵的动画，以下就把该动画过程转换成胶片环。

把精灵的动画转换成胶片环动画，也是将一个连续播放的动画打包成一个独立演员的过程，这样还可以实现对精灵的更多控制。需要注意的是，在将“小鸟”精灵的动画转换成胶片环之前，需要调整该动画的播放速率，此调整是很有必要的，这是因为该动画一旦被转换成胶片环，它就不能被修改了。还有一些重要的属性如精灵动画的Ink墨水效果，也要在这之前设置好，这是因为由胶片环演员生成的精灵是不能改变这些属性的。

下面，就利用前面已经创建好的“小鸟”精灵动画来制作一个胶片环，看一下胶片环动画的创建过程。

（1）在总谱中选中该精灵动画中的帧序列，如图5—57所示。

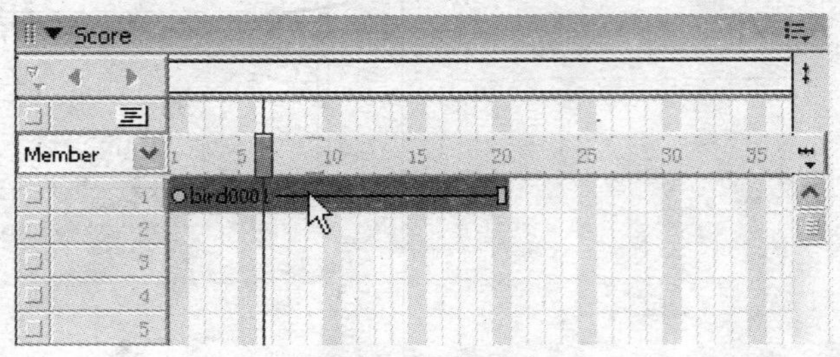

图5—57 选中帧序列

（2）执行Insert | Film Loop命令，或将精灵动画中的帧序列拖动到演员表窗口的一个空白演员中，如图5—58所示。这时弹出一个如图5—59所示的Create Film Loop对话框，在该对话框中可以修改胶片环动画的名字，最后单击OK按钮。

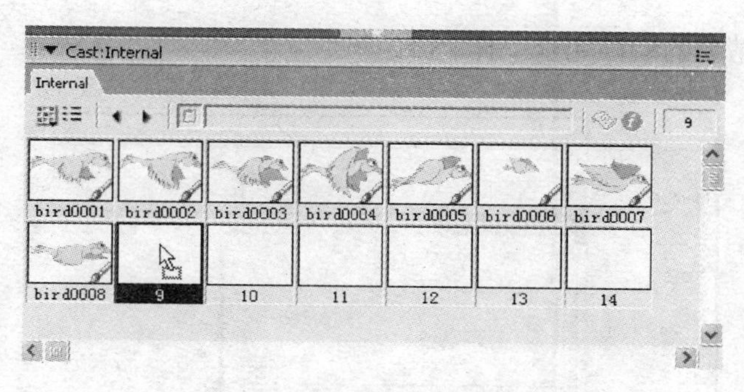

图 5—58　选中帧序列

（3）删除“小鸟”精灵的动画。创建完胶片环，即可删除用来创建胶片环的精灵动画，因为该胶片环一旦被创建好，就不需要总谱中“小鸟”动画的原始精灵了。但是要注意，演员表中小鸟的原始演员是不能被删除的，否则胶片环动画将不能正常显示。

图 5—59　修改胶片环动画的名字

到此为止，一个胶片环动画就创建好了，这时在演员表窗口中生成了一个新的胶片环演员，如图 5—60 所示，它的媒体类型图标是一卷胶片，非常容易识别。

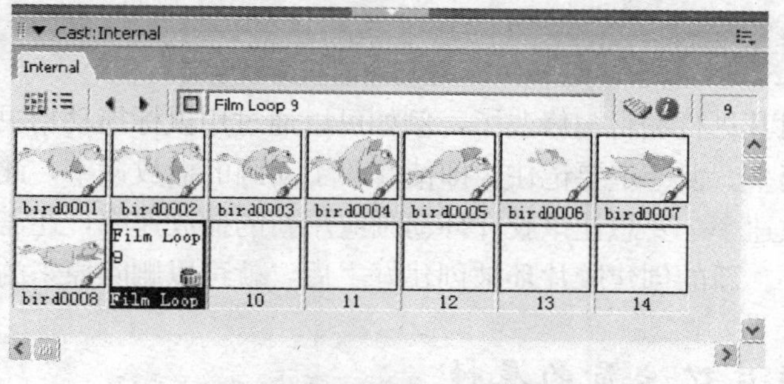

图 5—60　新的胶片环演员

胶片环动画的编辑与修改。创建好胶片环动画后，常会发现还有某些不太满意的地方（如动画的播放速率或快或慢），这就需要对其进行编辑与修改。但此时用来创建胶片环的动画精灵已经被删掉。没关系，以下介绍动画精灵的还原方法。

第一步，在演员表窗口中选中要修改的胶片环演员并单击鼠标右键，在弹出菜单中选择 Copy Cast Members 选项，这时就将该胶片环演员拷贝到了剪贴板。

第二步，在总谱窗口中选择某一帧并单击鼠标右键，在弹出菜单中选择 Paste Sprites 选项，这时就把剪贴板中的胶片环演员粘贴到了总谱通道中，如图 5—61 所示。这时可以看到总谱通道中被还原的精灵帧序列，如图 5—62 所示，它与用来创建胶片环的那个“小鸟”精灵的动画完全一样。

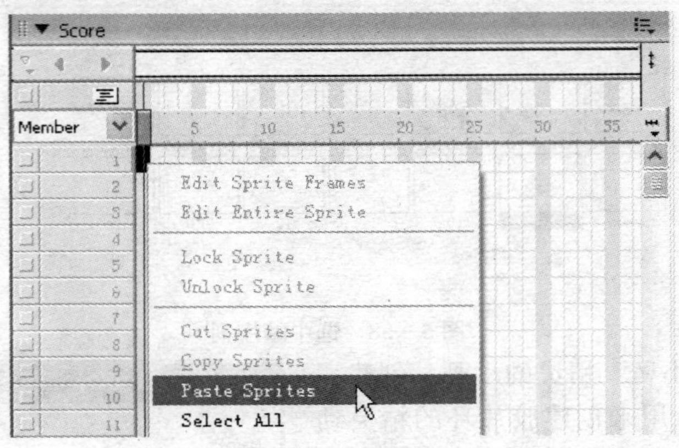

图 5—61 粘贴胶片环到总谱通道

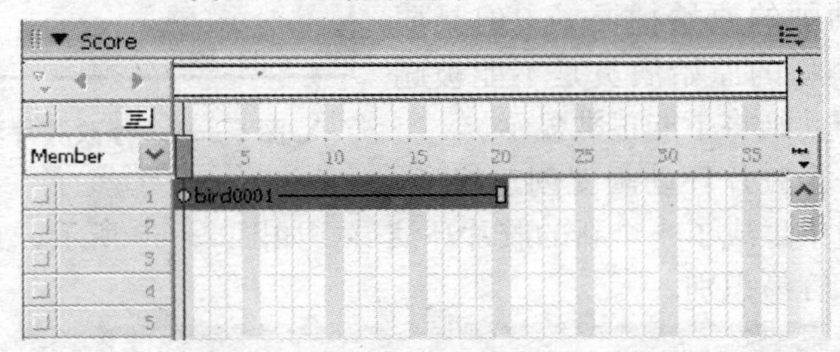

图 5—62 被还原的精灵帧序列

这时就可以对其进行编辑与修改了，例如可以通过用鼠标拖动精灵最后一帧的方式来改变动画的播放速率。但一定要记住，即使修改了动画的播放速率，此时胶片环动画也不会自动更新其播放速率。要想让该胶片环动画应用新的播放速率，还需要用前面所讲的方法重新创建胶片环。新的创建胶片环被创建好之后，就可以删除原来的胶片环了。

5.5.3 胶片环演员的属性

胶片环动画被创建后，会以胶片环演员的身份存在于演员表中，因此，像其他类型演员一样，用户也可以对其进行一些属性的设置。在演员表窗口中选中该胶片环演员，执行 Modify | Cast Member | Properties 命令，或者在该演员上单击鼠标右键，在弹出菜单中选择 Modify | Cast Member Properties 选项，如图 5—63 所示。这时就切换到如图 5—64 所示的 Property Inspector 属性对话框的 Film Loop 标签。当然，还有一种最便捷的切换到 Film Loop 标签的方法，就是双击该胶片环演员。以下介绍 Film Loop 标签中的选项设置。

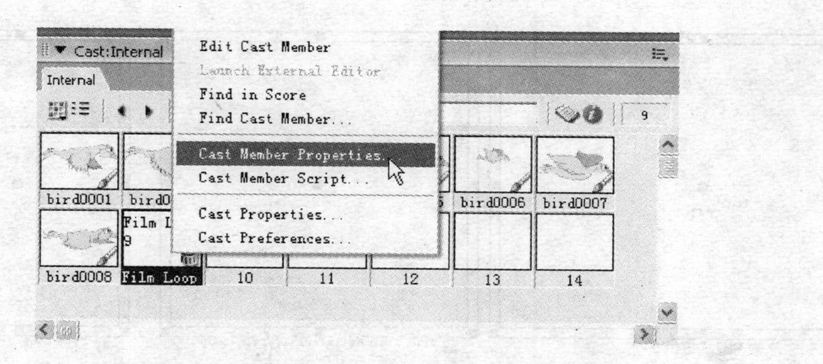

图 5—63 选择 Cast Member Properties 选项

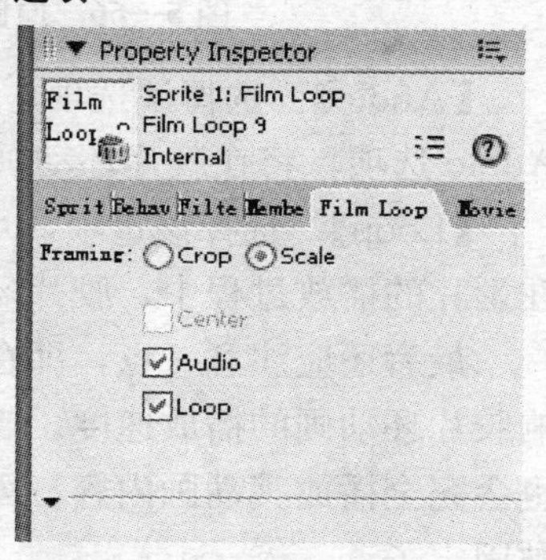

图 5—64 切换到 Film Loop 标签

【Framing】。该选项可以用来设置胶片环演员所生成的精灵外框的显示方式。如果选择 Crop 选项，胶片环精灵会一直以其默认大小显示，即便用鼠标向内拖动精灵的边框顶角，它还会保持原来的大小，只不过有一部分图像将被边框裁掉；如果选择的是 Scale 选项，这时再用鼠标向内或向外拖动精灵的边框顶角时，该胶片环精灵就会改变其大小显示，即随着外边框的变化而改变胶片环精灵的大小。下面分别是精灵原大小、选中 Crop 选项和选中 Scale 选项时的效果比较，如图 5—65 所示。

【Center】。默认情况下，Center 选项是不可用的，对胶片环精灵没有影响。只有当 Crop 选项被选中时，该选项才可用。首先保持 Framing 后的 Crop 选项被选中，这时如果没有选中 Center 选项，在缩放胶片环精灵时，它不会与其边框的中心点对齐；接下来选中 Center 选项，发现在缩放胶片环精灵的过程中，它一直与其边框的中心点对齐。下面分别是横向缩放胶片环精灵的过程中，精灵原来的状态与不选中 Center 选项、选中 Center 选项的效果比较，如图 5—66 所示。

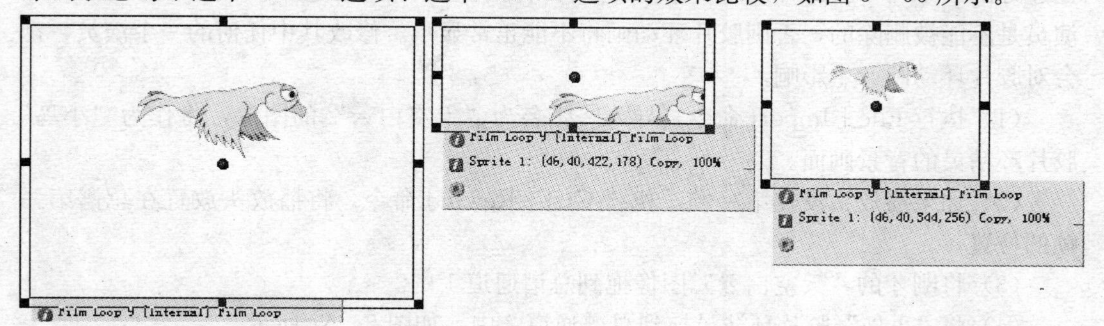

图 5—65 设置不同的精灵外框显示方式

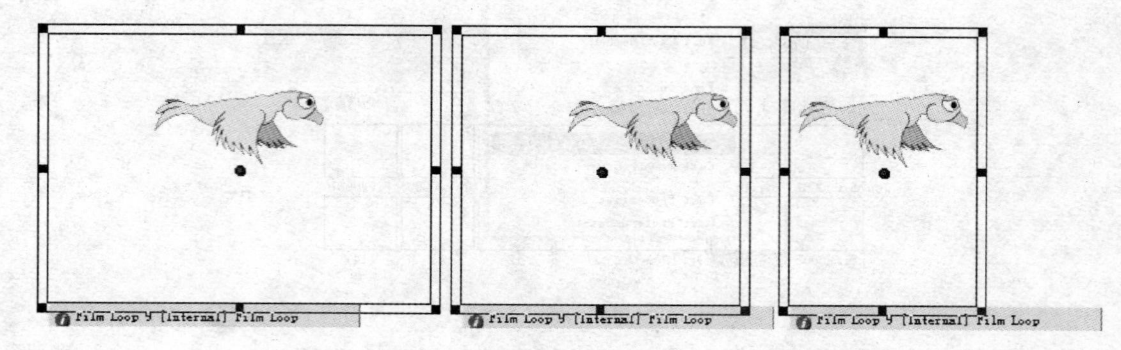

图 5—66 原图、不选中 Center 选项、选中 Center 选项的效果

【Audio】。选择该选项，可以在胶片环动画播放的过程中播放声音，而如果不选择Audio 选项，将在胶片环动画播放的过程中忽略其声音效果。

【Loop】。选择该选项，可以使胶片环动画循环播放，而如果不选择 Loop 选项，则在影片的播放过程中，胶片环动画仅播放一次。

最后还应注意一点，即在用鼠标拖动胶片环动画并对其进行拉伸或压缩，这并不影响胶片环动画的播放速度。当胶片环动画作为一个精灵时，即使它仅占有一帧的位置，也会完全播放其动画内容，因为胶片环就是一个封装打包后的动画，它的播放速度已经被固定了。

5.5.4 应用胶片环动画

通过学习胶片环动画的创建过程和属性设置，会发现其操作非常简单。创建好胶片环动画并对其属性进行设置后，接下来就是如何应用胶片环这一关键环节，以下通过已创建好的“小鸟”胶片环动画，来学习胶片环如何应用。应注意，演员表中小鸟的原始演员是不能被删除的，否则胶片环动画将不能正常显示。修改其中任何的一个演员，都会对胶片环动画产生影响。

(1) 执行 File | Import 命令，导入一张名为“天空白云”的图像，将作为“小鸟”胶片环精灵的背景画面。

(2) 如果播放头没在第一帧，执行 Ctrl | Rewind 命令，将播放头放置在总谱第一帧的位置。

(3) 将刚才的“天空白云”图像拖到总谱通道 1 中。

(4) 将“小鸟”胶片环演员拖到总谱通道 2 中，如图 5—67 所示。

(5) 按住 Alt 键的同时，在“小鸟”胶片环精灵最后一帧的位置上单击鼠标右键，如图 5—68 所示，在弹出菜单中选择 Insert Keyframe 选项，新的关键帧就会出现在鼠

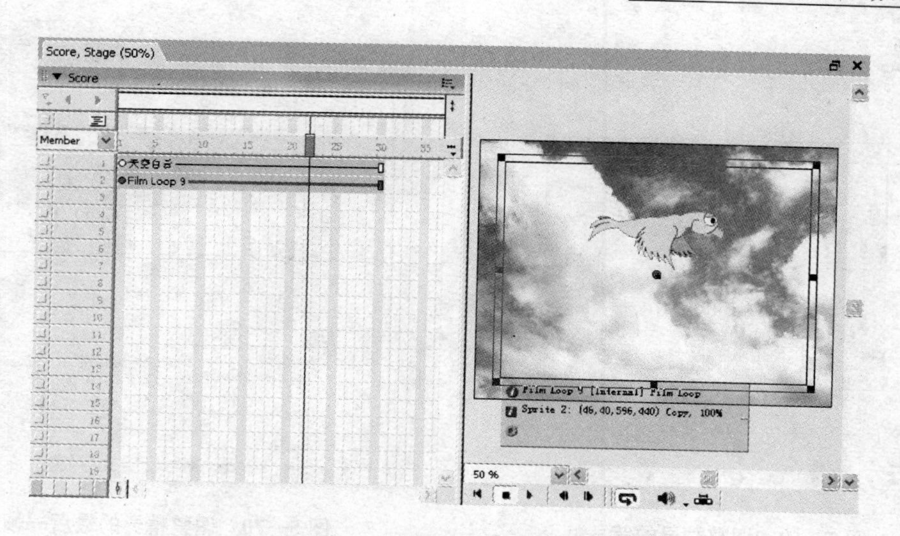

图 5—67　将胶片环演员拖到总谱

标单击处。

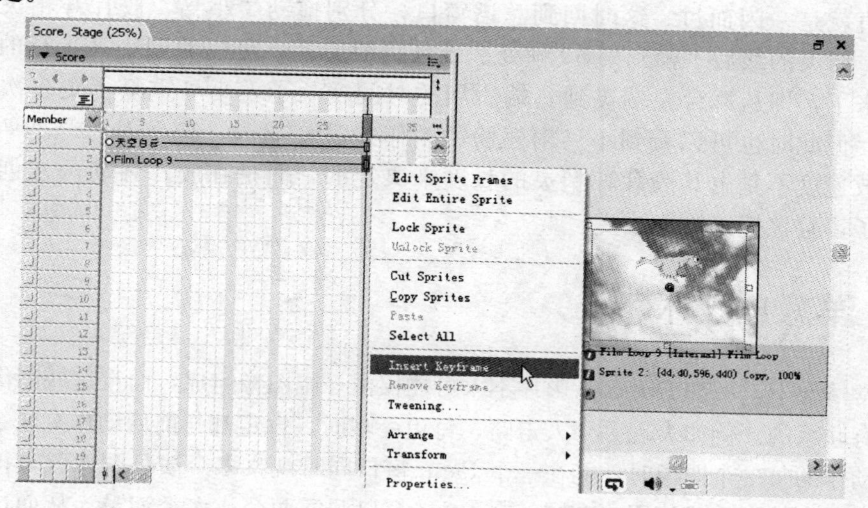

图 5—68　插入新的关键帧

（6）选中“小鸟”胶片环精灵的第一帧，用鼠标拖动舞台上的小鸟精灵到舞台的左端，直至拖出舞台，如图 5—69 所示；然后再选中“小鸟”胶片环精灵的最后一帧，用鼠标拖动舞台上的小鸟精灵到舞台的右端，直至拖出舞台，如图 5—70 所示。

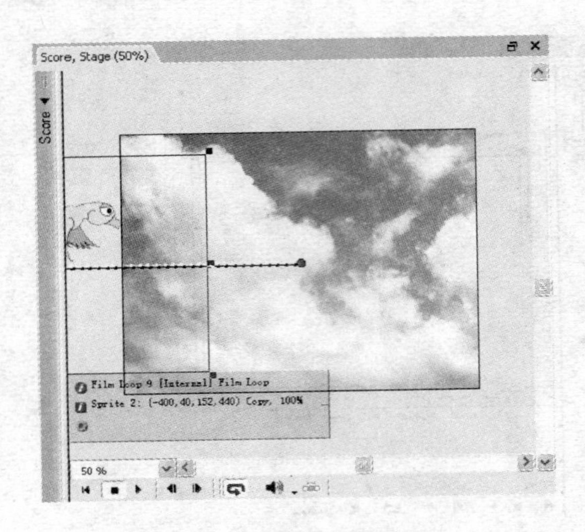

图 5—69 调整精灵的第一帧

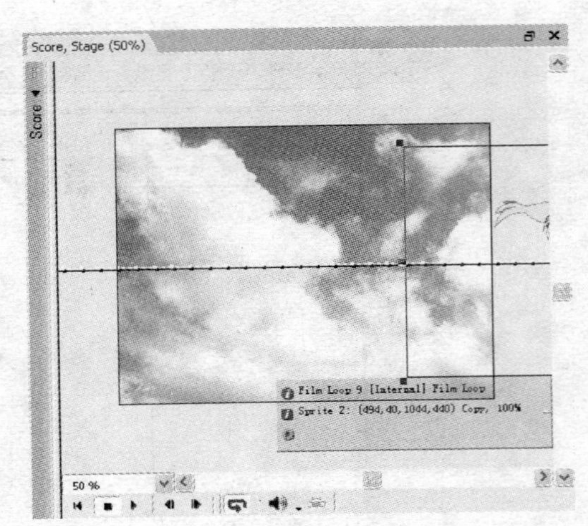

图 5—70 调整精灵的最后一帧

(7) 现在可以播放并观察影片的效果，但发现小鸟从舞台左端飞到右端的速度太快，简直就是一闪而过。这时回到总谱窗口，分别拖动“小鸟”胶片环精灵与“天空白云”精灵的最后一帧到第 60 帧处。重新播放影片，可以看到小鸟飞行的速度确实慢下来了，即从舞台左端飞到右端所用的时间变长了，小鸟重复了更多次的扇翅膀动作。但此时也可以看到小鸟扇翅膀的动作并没有减慢。这是因为“小鸟”胶片环的播放速度不是由其胶片环精灵的长度来决定的，而是在胶片环动画被创建之时就确定了，且该速度不能改变。

5.6 洋葱皮技术

通常情况下，一部 Director 影片不太可能仅由一幅图像组成，而且这些图像之间往往都是有联系的。例如表现一个人走路，每迈一步时，肯定都与前后动作有联系。在绘制走路动作的每一个图像时，能在一个 Paint 窗口同时观察多个演员图像就显得十分重要了。洋葱皮技术就能使用户在同一个 Paint 窗口观察两个或多个演员，从而达到一种瞻前顾后的效果。

洋葱皮（Onion Skin）技术是从传统单元格动画的创作中继承过来的。在传统动画的创作过程中，动画创作者常使用一种类似于洋葱皮的薄而透明的纸来绘制动画序列草图，如果将这种透明的纸放在透明灯箱的上面，就可以同时透过好几张纸上的图像。动画创作者经常用一只手的几个指尖按住若干张纸，并对这些纸上的图像进行定位，由于每张纸都是透明的，所以创作者可以观看到前面几张纸上的图像，然后再参照这些图像绘制出后面的图形。

动画的形成是由一系列差别微妙的静态图像连续、快速显示的结果。要得到这样由一系列图片构成的动画，往往要借助于洋葱皮技术，只不过计算机动画中的洋葱皮技术是一种数字式洋葱皮而已。无论是功能上还是操作上，应用洋葱皮技术都要比传统单元格动画中的洋葱皮要方便得多。

5.6.1　认识 Onion Skin 面板

Director 中的洋葱皮技术是创建动画时常用的绘图技巧，一般会用在位图图像创建的过程中，这就涉及 Paint 窗口的使用；而要在 Paint 窗口绘制图像的过程中使用洋葱皮技术，还需要调出 Onion Skin 面板。因此，Onion Skin 面板是配合 Paint 窗口使用的，否则 Onion Skin 面板就失去了它本身的意义。

执行 View | Onion Skin 命令，即可调出如图 5—71 所示的 Onion Skin 面板，它包含几个按钮和数字文本框，下面对 Onion Skin 面板的功能进行介绍。

图 5—71　Onion Skin 面板

【Toggle Onion Skinning】。切换洋葱皮按钮，该按钮用来开启或关闭洋葱皮功能。在位图绘制的过程中，不一定任何时候都用得到洋葱皮功能，因此，在不用时可以将其关闭。

【Preceding Cast Members】。该选项用于设置当前演员之前所显示的演员个数。洋葱皮功能的默认设置是显示当前演员的前一个位图演员，可以在 Preceding Cast Members 选项后的文本框中输入数值，让它显示更多之前的位图演员。这些位图演员的颜色将逐个变浅显示，并总是隐在被编辑的位图演员之后。显示这些图像的目的是参考这些图像，进而创建新的位图或调整当前演员。

【Following Cast Members】。与 Preceding Cast Members 选项的功能相似，该选项用于设置当前演员之后所显示的演员个数。排在后面的演员总是隐在被编辑的位图演员之后。

例如，演员表中有如图 5—72 所示的 5 个位图演员，在 Onion Skin 面板的 Preceding Cast Members 后输入数字 2，如图 5—73 所示。然后双击第 3 个位图演员，此时它会在 Paint 窗口中被打开，可以看到第 4 个和第 5 个位图演员以较浅的颜色显示在当前演员的后方，而第 5 个演员比第 4 个演员还要模糊，这就是洋葱皮效果，如图 5—74 所示。

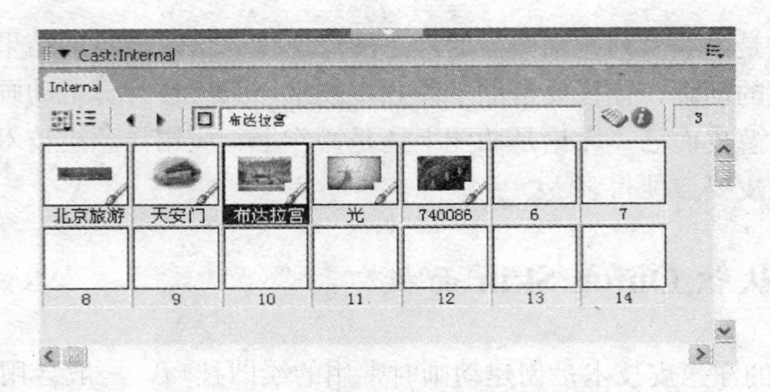

图 5—72　演员表中的 5 个位图演员

图 5—73　设置 Onion Skin 面板的数值

图 5—74　Paint 窗口中的洋葱皮效果

【Set Background】。该选项用于设置背景图像。使用前面的 Preceding Cast Members 和 Following Cast Members 功能显示演员的方法是比较标准的显示方式，这种显示演员的方式受其在演员表中次序的影响。很多时候，用户需要在不相邻的演员之间使用洋葱皮技术，这就需要使用设置背景的功能。

Set Background 功能的实现方法如下：在 Paint 窗口中编辑图像时，单击 Set Background 按钮即可把当前演员设置为背景。以后在 Paint 窗口中编辑其他位图演员时，都会显示该背景，而不管它是否与当前演员相邻，也不管 Preceding Cast Member 和

FollowingCast Member 的数值设置。

【Show Background】。该选项用于显示或隐藏背景图像。保持洋葱皮功能被开启，把 Preceding Cast Member 和 Following Cast Member 的数值都设为 0，然后单击 Show Background 按钮。这样无论当前编辑的是哪个图像演员，其后面都是这个背景。也可以把标准的洋葱皮显示方式与这种背景洋葱皮显示方式结合起来使用，以获得多幅背景图像。

【Trace Background】。该选项用于跟踪背景。单击该按钮，在创建新的位图演员时，背景将自动后移一个位置，不断更新背景图像。例如，已经设置了第 3 个演员为背景，在编辑到第 9 个演员时单击了 Trace Background 按钮，那么在新建第 10 个位图演员时，作为背景的就变成第 4 个演员。这说明 Trace Background 功能可以使背景自动随着新建位图数量的递增而改变。

5.6.2　洋葱皮技术的运用

洋葱皮技术是配合 Paint 窗口使用的，否则它就失去了存在的意义。接下来，介绍如何在 Paint 窗口中创建图像的同时，结合洋葱皮技术轻松地创作一个钟摆动画效果。

（1）首先执行 File | New | Movie 命令或按 Ctrl＋N 组合键，创建一个新的影片文件，并对其进行保存。

（2）单击工具栏中的 Paint Window 按钮，打开 Paint 窗口。如图 5—75 所示，用椭圆工具、画笔工具等绘制一个简单的钟摆图像（也可以在其他绘图软件中绘制好，再粘贴到该 Paint 窗口），绘制完成后，在演员表中将其命名为“钟摆”。

（3）此处介绍一种在 Paint 窗口中快速选取图像的方法，只需要双击工具栏中的 Marquee 工具即可将钟摆选中，再单击效果工具栏中的 Free Rotate 按钮，拖动四个顶角中的其中一个把手，即可实现图像的自由旋转。调整好角度后，单击被选定区域以外的地方，可确认当前的操作，如图 5—76 所示。再次选中 Marquee 工具，双击钟摆图像以选中它，在其图像上单击鼠标右键，在弹出菜单中选择 Copy Bitmap 选项，复制时钟演员的图像到剪切板，如图 5—77 所示。

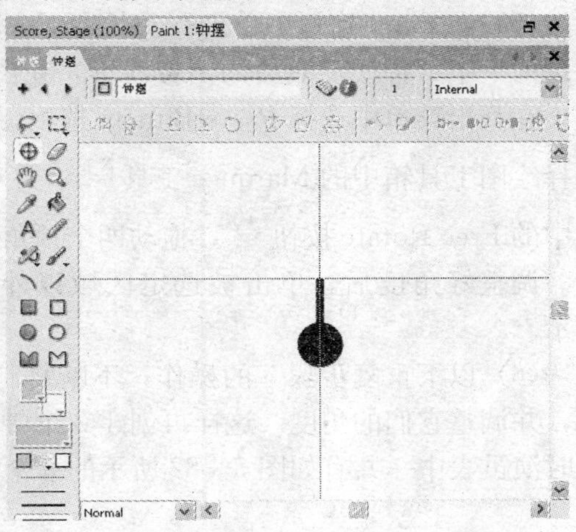

图 5—75　绘制钟摆

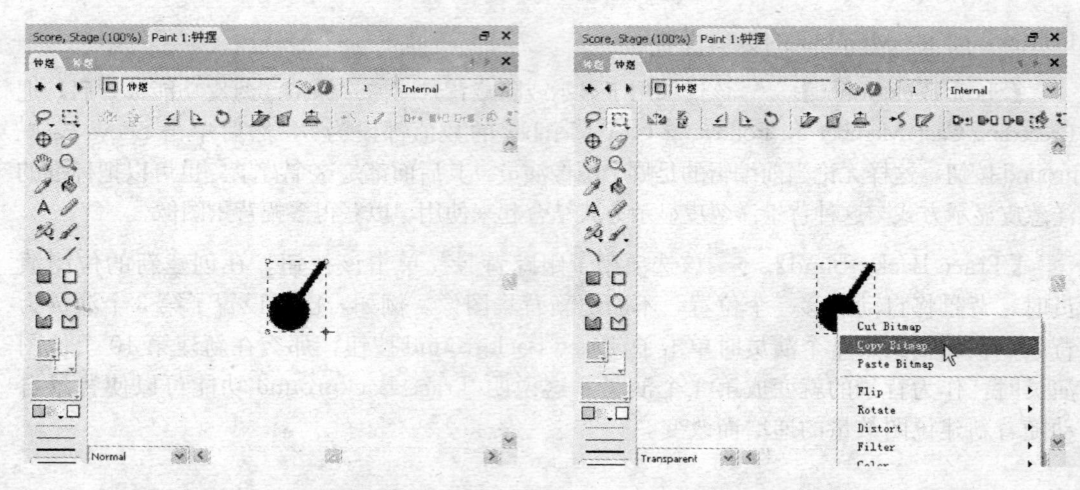

图 5—76 调整钟摆的角度　　　　图 5—77 复制钟摆演员的图像

(4) 执行 View | Onion Skin 命令，调出 Onion Skin 面板。单击面板上 Toggle Onion Skinning 按钮，开启洋葱皮功能。然后设置 Preceding Cast Members 的数值为 4，如图 5—78 所示。

图 5—78 开启并设置 Onion Skin 面板

(5) 在 Paint 窗口中单击 New Cast Member 按钮即可新建一个位图演员，此时出现前一个“钟摆”演员的图像浅影，在图像编辑窗口单击鼠标右键，如图 5—79 所示，在弹出菜单中选择 Paste Bitmap 选项，把复制的前一个时钟演员粘贴到当前窗口。选择绘图工具箱中的 Marquee 工具，并双击钟摆图像以选中它，然后单击效果工具栏中的 Free Rotate 按钮，拖动四个顶角中的其中一个把手，即可实现图像的自由旋转。调整好角度后，单击被选定区域以外的地方，可确认当前的操作，如图 5—80 所示。

(6) 以下重复步骤 5 的操作，不断复制前一个演员的副本，作为下一个演员的原形，并调整它们的角度。这样再创建 3 个钟摆演员，最后得到如图 5—81 所示的效果。此时演员表中一共有如图 5—82 所示的 5 个演员。

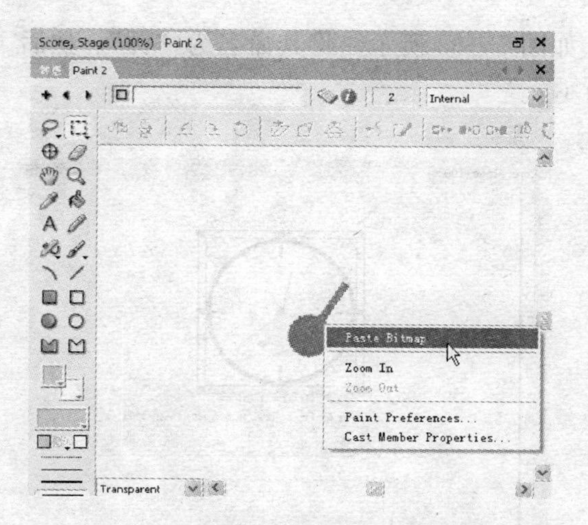

图 5—79　粘贴钟摆演员的图像

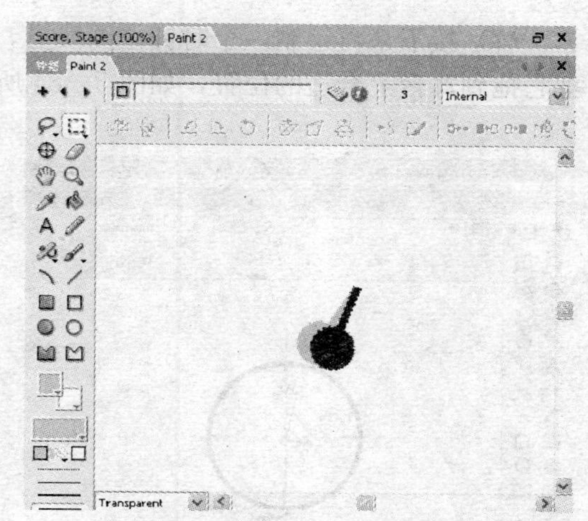

图 5—80　调整钟摆的角度

图 5—81　绘制完所有演员

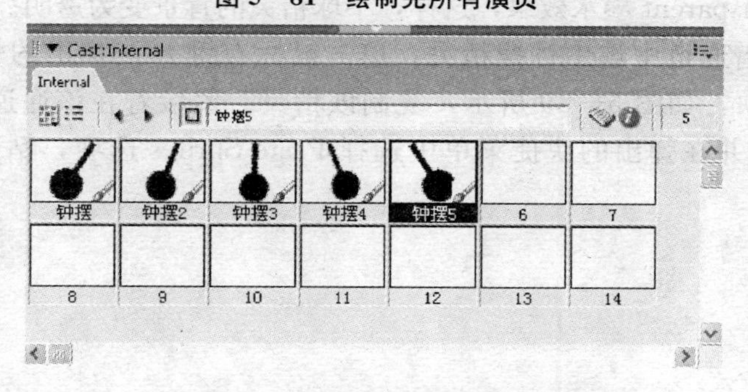

图 5—82　演员表中的演员

（7）接下来再绘制一个时钟位图演员，如图 5—83 所示，将其命名为“钟”。然后把它拖到舞台上合适的位置，如图 5—84 所示。

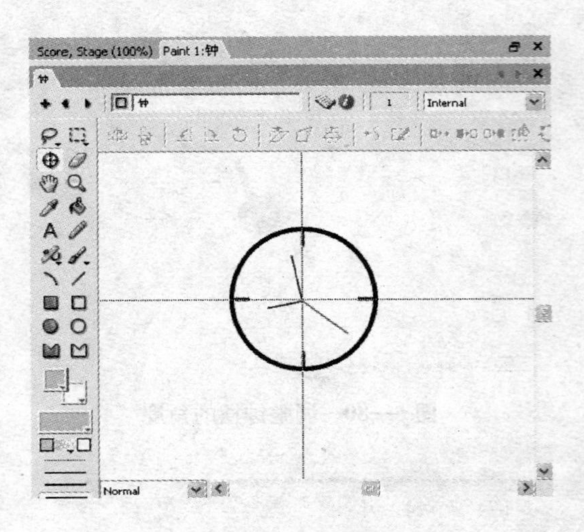

图 5—83　绘制时钟

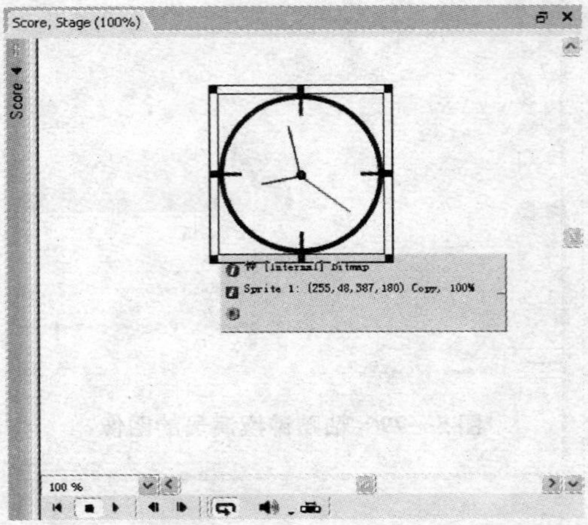

图 5—84　将时钟拖到舞台

（8）此时可以关闭洋葱皮功能。在演员表中选中前面绘制好的 5 个钟摆演员，如图 5—85 所示。单击通道 2 的第一帧，定位播放头。然后执行 Modify | Cast to Time 命令，这时舞台上出现一个钟摆精灵，总谱通道 2 中也添加了新的精灵帧，如图 5—86 所示，每一帧都对应着演员表中一个钟摆演员。

（9）调整钟摆在舞台上的位置，然后播放动画以便预览效果。如发现钟摆的速度太快，可以用鼠标拖动钟摆精灵的最后一帧，将其帧跨度延长至 35 帧，同时也顺便调整通道 1 中时钟精灵的帧跨度，如图 5—87 所示。

（10）在舞台上按住 Ctrl 键单击钟摆精灵，如图 5—88 所示，在弹出菜单中选择 Background Transparent 墨水效果，这样，小球精灵的背景变为透明。

（11）在总谱通道中选中钟摆精灵，单击鼠标右键并在弹出的快捷菜单中选择 Copy Sprites 选项，如图 5—89 所示，复制该精灵。紧接着在该通道中的第 36 帧上单击鼠标右键，并在弹出的快捷菜单中选择 Paste Sprites 选项，粘贴精灵帧，如图 5—90 所示。

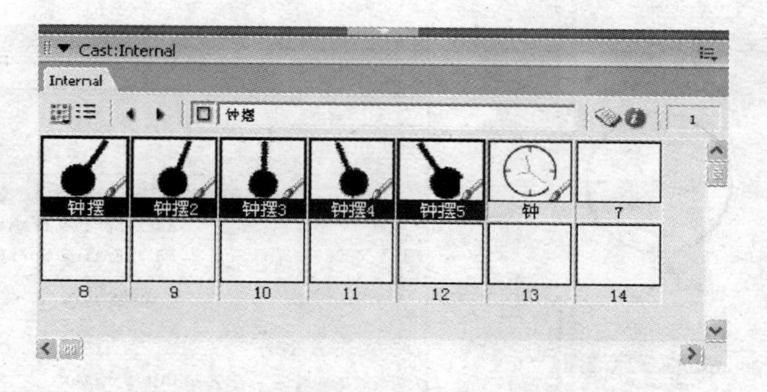

图 5—85 选中 5 个钟摆演员

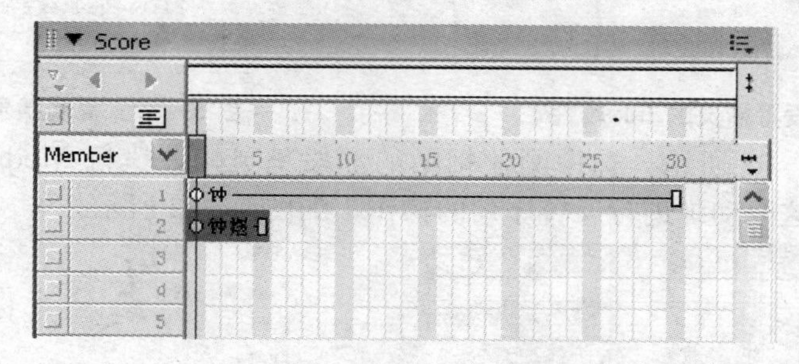

图 5—86 通道中生成新的精灵帧

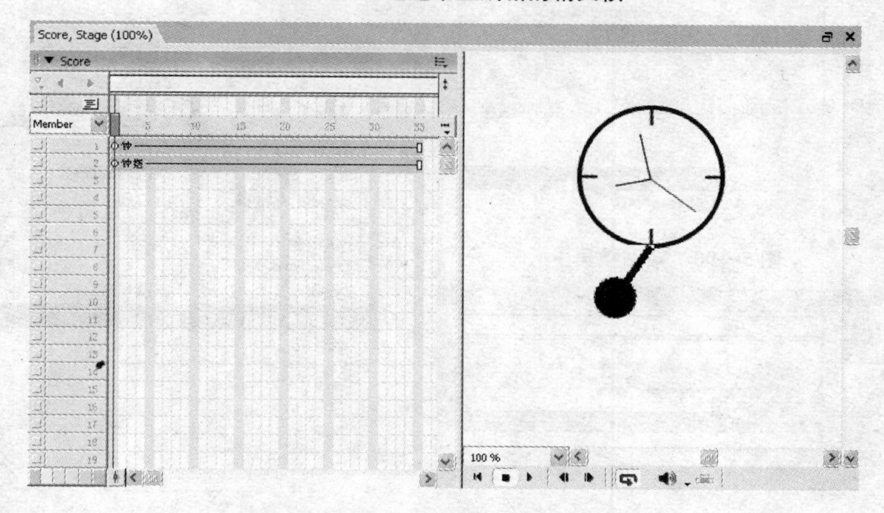

图 5—87 调整精灵的位置与帧跨度

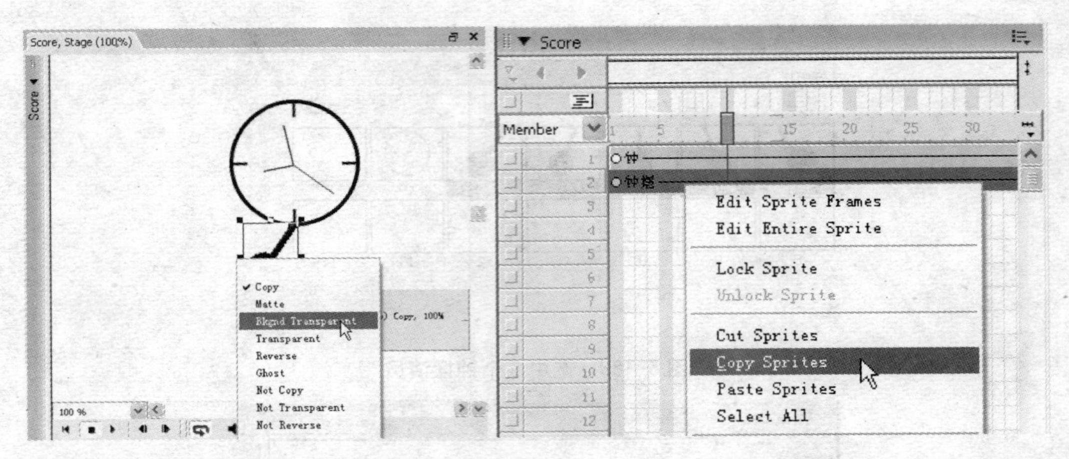

图 5—88　设置精灵的 Ink 属性　　　　图 5—89　复制精灵

（12）如图 5—91 所示，选中刚才粘贴的那段精灵帧，执行 Modify｜Reverse Sequence 命令，将这段动画进行反转序列的操作，如图 5—92 所示。

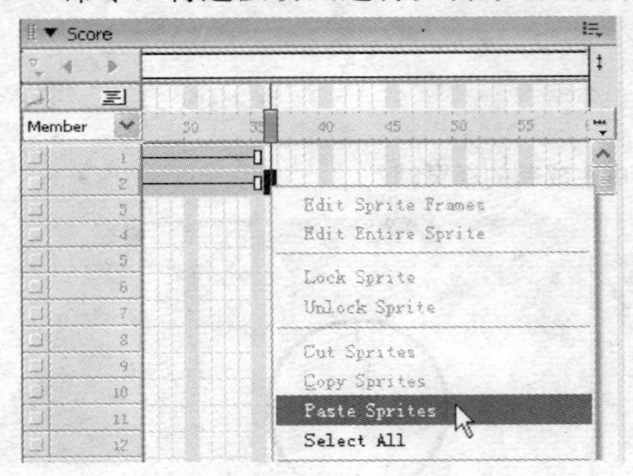

图 5—90　粘贴精灵

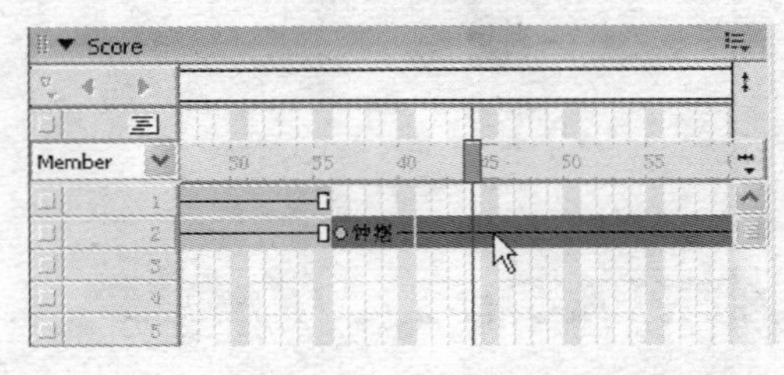

图 5—91　选中刚才粘贴的精灵帧

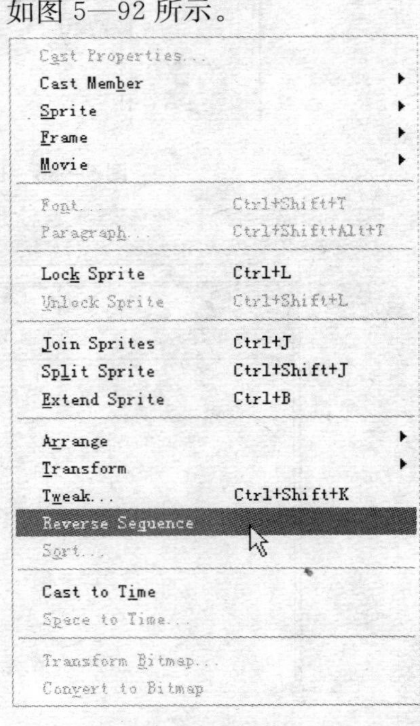

图 5—92　将动画进行反转序列

（13）最后调整通道 1 中的时钟精灵，使其帧跨度与钟摆的总长度相同，即都为 70 帧，下面是最后的动画效果，如图 5—93 所示。

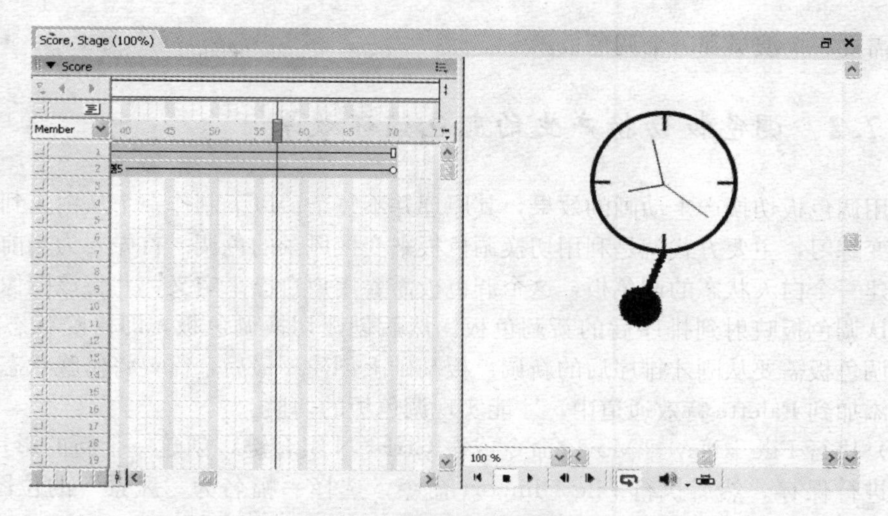

图 5—93　最后的动画效果

5.7　利用调色板产生动画

可以说调色板是一组色彩集合。在动画的创作过程中，调色板的作用是控制影片放映时的视觉效果，更确切地说是控制颜色。

5.7.1　再谈调色板

合理地选用调色板可以有效地减少影片大小，加快影片的运行速度。前文中曾提到，调色板（Palette）可以说是一组色彩集合，它的工作原理是：在放映影片时，计算机如果要把影片中各个颜色显示出来，首先做的一项工作就是让影片中的精灵在调色板中找到与自身对应的颜色，颜色一一对应之后，就可以在计算机显示器上显示影片了。

实际上，Director 环境中的调色板只针对 8 位（256 色）或更低色深的位图图像，即只有 8 位以下色深的图像才带有调色板。在前面学习调色板的过程中，曾介绍过诸如 8 位调色板的有限颜色深度的缺点，但并不能说明其没有任何利用价值。例如，利用调色板的切换来制作颜色循环的动画效果，就是对调色板的一个非常好的应用。

例如，有一个小球从舞台的左边运动到舞台右边的动画，小球开始向右边运动时的初始颜色为红色，随着它的运动，有规则地用不同的调色板重新绘制它，这样，每次切换调色板时，小球的颜色就会改变。又如，利用调色板的切换可将一幅沙漠景色变换为用清凉的蓝色和绿色调描绘的黄昏景色。当然，这种效果也可以通过使用多个不同颜色的演员来实现，但那样无疑会占据大量的磁盘空间，利用切换调色板来实现颜色的循环，只需要一个演员和一个调色板。

5.7.2 调色板切换产生的颜色循环效果

使用调色板切换产生动画的效果，其原理并不复杂。以下制作一个从白天到傍晚的颜色渐变练习，主要方式就是利用切换调色板来变换风景的色调。首先要为当前的位图图像创建一个白天状态的调色板，这个调色板需要用户自己来定义，并将该图像中的色彩由默认调色板映射到排序后的新调色板。然后创建切换调色板，即傍晚状态的调色板，该调色板需要从刚才排序后的新调色板基础上创建。最后，需要将傍晚状态的切换调色板添加到Palette特效通道中，才能实现调色板的切换。

（1）执行File | New | Movie命令或按Ctrl＋N组合键，创建一个新的影片文件，并对其进行保存。然后执行File | Import命令，选择一幅名为“风景”的位图图像，如图5—94所示，单击Import按钮即可导入图像，这时该图像即出现在演员表中。

图5—94 导入图像素材

（2）为当前的位图图像创建一个白天状态的调色板。执行Window | Color Palettes命令或者双击绘图工具箱中的前景色图标，打开Color Palettes面板，如图5—95所示。在当前调色板中的任何颜色上双击鼠标，Director将拷贝此调色板的一个副本，并弹出Create Palette对话框提示输入一个名称。这里输入Palette _ day，如图5—96所示。单

击 OK 按钮，新调色板就会出现在演员表窗口中。

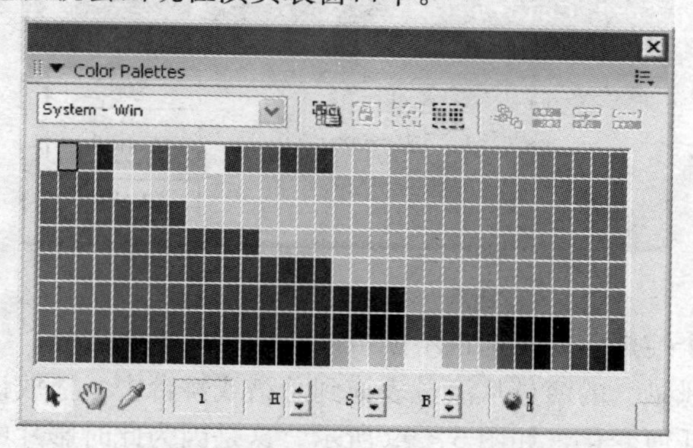

图 5—95　Color Palettes 面板

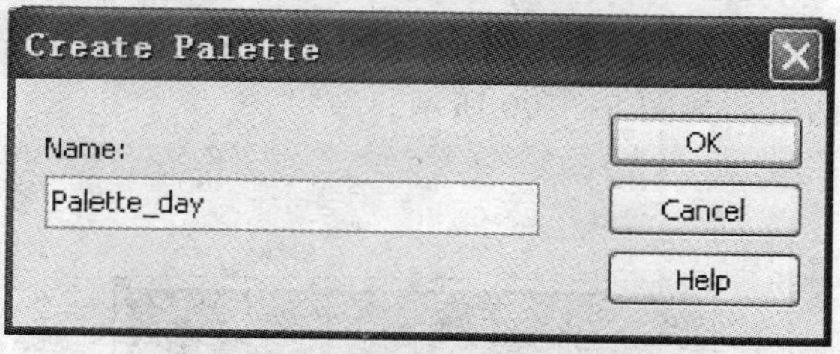

Create Palette
Name:
Palette_day
OK
Cancel
Help

图 5—96　为新调色板键入名称

（3）为颜色排序，这样有利于后面选择特定颜色的操作。在 Palette _ day 调色板中，选择 Arrow Tool 工具，在第二个颜色块上单击，再按住 Shift 键，单击倒数第二个颜色块，选中这些颜色，如图 5—97 所示。单击 Sort 按钮为颜色排序，这时弹出一个 Sort Colors 对话框，选择 Hue 选项，如图 5—98 所示，单击 Sort 按钮，根据色相为颜色排序。

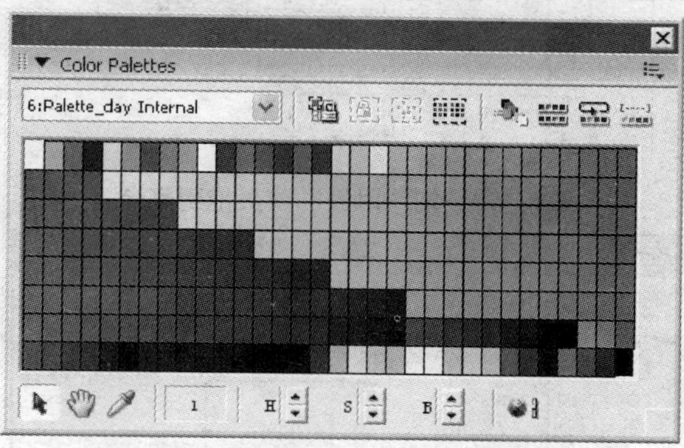

图 5—97　选择颜色

提示：以上操作中没有选中第一个和最后一个色块，这是因为该调色板中的第一个

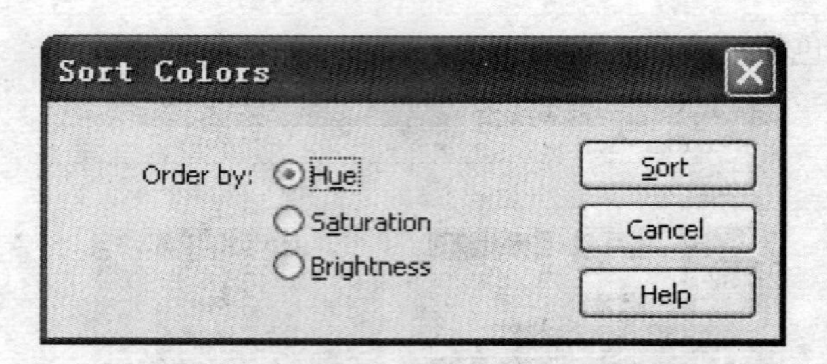

图 5—98 选择 Hue 选项

纯白色块和最后一个纯黑色块永远也不能被改变，所以不必选择。

(4) 把名为“风景”的演员从演员表拖到总谱或舞台中，播放该影片，发现该演员的颜色并没有发生任何变化，如图 5—99 所示。这是因为此时影片中的位图使用的仍是系统默认调色板（如 System—Mac，System—Win）。要为位图重新映射不同的调色板，需选择演员表中的“风景”演员，执行 Modify | Transform Bitmap 命令，此时弹出 Transform Bitmap对话框，如图 5—100 所示。

图 5—99 把“风景”演员拖到舞台

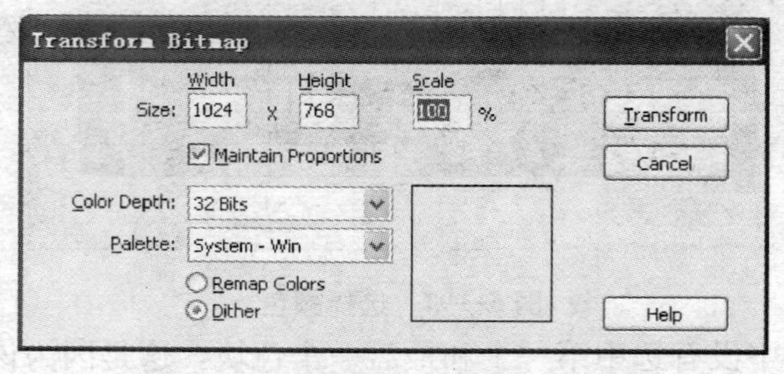

图 5—100 Transform Bitmap 对话框

（5）在 Transform Bitmap 对话框中，Color Depth 右侧弹出的下拉列表中选择 8 Bits，因为在 Director 环境中，调色板只对 8 位或更低色深的位图图像起作用。一旦在 Color Depth 选项中选择了 8 Bits，这时 Palette 右侧弹出的下拉列表中就会全部显示系统内置的 10 个调色板，同时还显示了刚才创建的自定义调色板。这里选择前面创建的 Palette _ day 调色板。最后选择 Remap Colors 选项，该选项是用新调色板中固有颜色来替换演员中原来最相似的颜色，如图 5—101 所示。单击 Transform 按钮，弹出如图 5—102 所示的窗口，提示：刚才的操作不能撤销，是否继续执行变换？单击 OK 按钮关闭此窗口，完成“风景”演员重新映射调色板的操作。

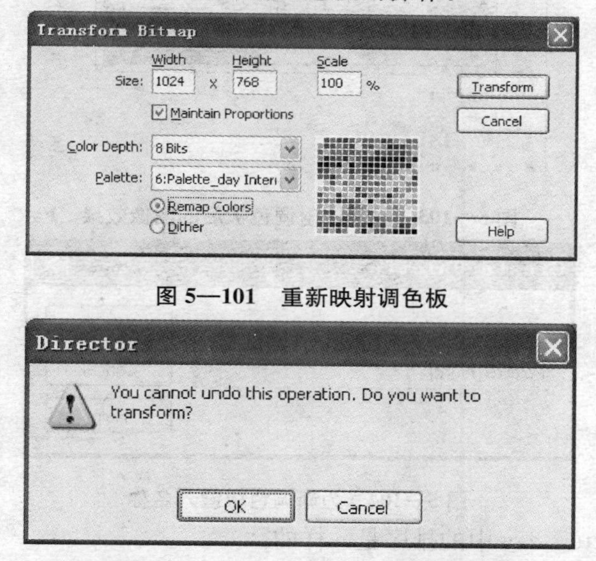

图 5—101　重新映射调色板

图 5—102　单击 OK 按钮关闭此窗口

现在查看一下舞台上重新映射调色板后的“风景”精灵的色彩变化，如图 5—103 所示，相对原来的色彩，现在图像层次没有原来细腻。

（6）在刚才的新调色板基础上创建切换调色板，即傍晚状态的调色板。执行 Window | Color Palettes 命令或者双击绘图工具箱中的前景色图标，打开 Color Palettes 面板。先切换到 System-Win 调色板，在当前调色板中的任何颜色上双击鼠标，Director 将拷贝此调色板的一个副本，并弹出 Create Palette 对话框提示输入一个名称。这里输入 Palette _ night，如图 5—104 所示，单击 OK 按钮，新调色板就会出现在演员表窗口中。这一步与前面创建 Palette _ day 调色板是一致的。

（7）在 Palette _ night 调色板中，选择 Arrow Tool 工具，在第二个颜色块上单击，再按住 Shift 键，单击倒数第二个颜色块，选中这些颜色。单击 Sort 按钮为颜色排序，弹出 Sort Colors 对话框，选择 Hue 选项，单击 Sort 按钮，根据色相为颜色排

图 5—103　重新映射调色板后的图像效果

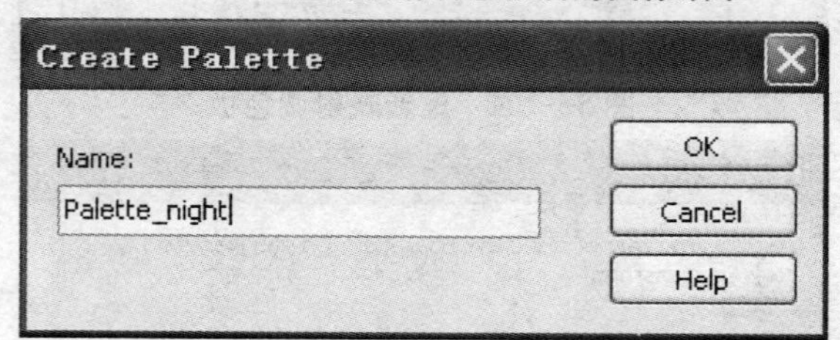

图 5—104　为新调色板键入名称

序。这一步与 Palette _ day 中的排序是一样的。

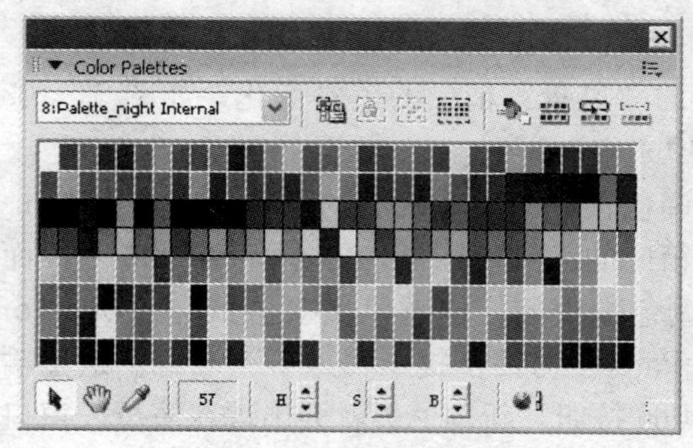

图 5—105　选中蓝色和灰色

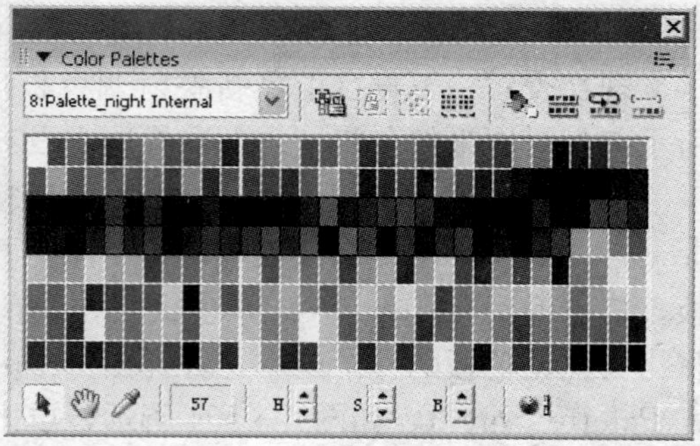

图 5—106　调节后的颜色效果

（8）细心观察当前的 Palette _ night 调色板，可以看到在按色相排序的颜色部分（第一个纯白色块和最后一个纯黑色块以外的颜色），色块 57～123 大体上为蓝色或灰色。选择 Arrow Tool 工具，在色块 57 上单击，再按住 Shift 键，单击色块 123，选中这些蓝色和灰色，如图 5—105 所示。单击 H（Hue）选项的向上按钮若干次，使所选蓝色和灰色的色相更蓝更冷；单击 S（Saturation）选项的向上按钮若干次，使蓝色的饱和度更高，蓝颜色的感觉更强烈；单击（B）Brightness 选项的向下按钮若干次，降低蓝色和灰色的明度，也就是亮度，使调节后的颜色亮度为原来的三分之一甚至更暗。如图 5—106 所示是对所选颜色调节后的效果。

（9）如果想让最后的效果更佳，还可以再调节 Palette _ night 调色板中的绿颜色。用前面选择蓝色和灰色的方法，选择以绿色为主的色块 124～191。单击 H（Hue）选项的向上按钮若干次，使所选绿色的色相更趋近于青色，使它们更冷；单击 S（Saturation）选项的向上按钮若干次，使青色的饱和度更高；单击（B）Brightness 选项的向下按钮若干次，降低青色的亮度，使调节后的颜色亮度为原来的三分之一甚至更暗。如图 5—107 所示是对所选绿颜色调节后的效果。调节好这些颜色后，就可以关闭 Color Palettes 面板了。

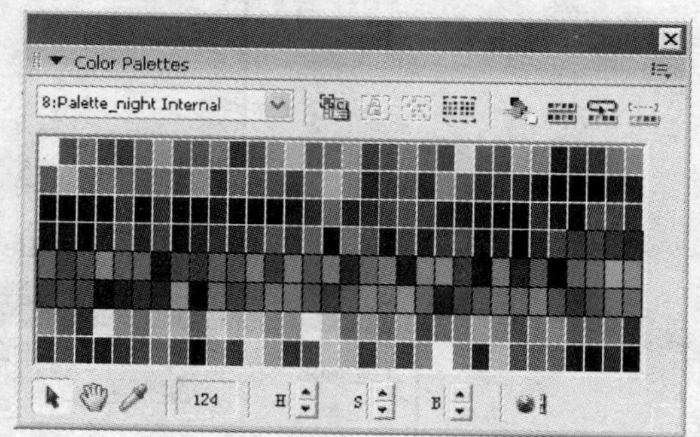

图 5—107　对绿颜色调节后的效果

（10）以上完成了准备工作，接下来需要将傍晚状态的切换调色板添加到 Palette 特效通道中，这样才能实现调色板的切换。

回到总谱窗口，在 Palette 特效通道中的第二帧上双击鼠标左键，此时弹出 Frame Properties：Palette 对话框，从 Palette 选项下选择将应用于傍晚状态的 Palette _ night 调色板；为 Action 选项选中 Palette Transition 项，用来设置帧与帧之间的平滑过渡效果；选择了 Palette Transition 项后，Options 选项下出现了三个选项，选择 Don’t Fade 项，不使用淡入效果；拖动 Rate 选项右侧的滑块减慢调色板切换速度，这里设置为 2，减慢切换速度后，可以在一定程度上避免调色板切换过程中的画面闪动。下面是对 Frame Properties：Palette 对话框的设置情况及 Palette 特效通道的状态，如图 5—108、图 5—109 所示。

（11）继续在 Tempo 特效通道中的第二帧上双击鼠标，此时弹出一个 Frame Properties：Tempo 对话框，选中 Wait for Mouse Click or Key Press 选项。选择该选项后，当放映到此帧时，影片暂停，鼠标会不停闪动。这时要想让影片继续放映，需要单击鼠标或者按下键盘上的按键。下面是对 Frame Properties：Tempo 对话框的设置情况及 Tempo 特效通道的状态，如图 5—110、图 5—111 所示。

（12）到此，就完成了一个从白天到傍晚的颜色渐变练习，放映即可观看该影片。

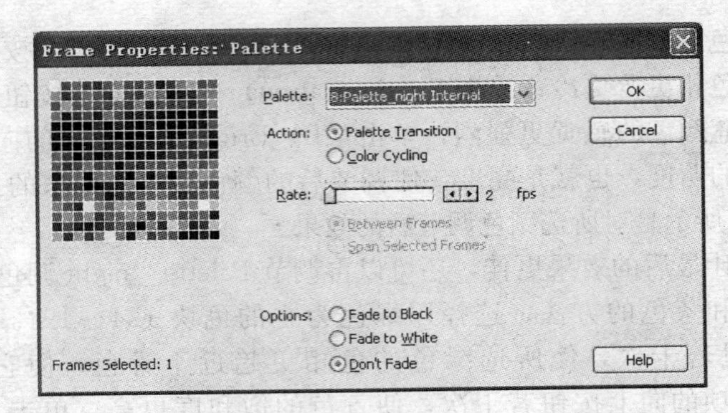

图 5—108　Frame Properties：Palette 对话框的设置

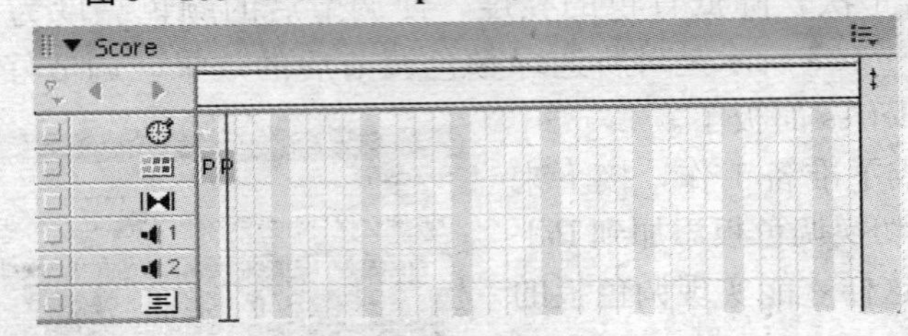

图 5—109　Palette 特效通道的状态

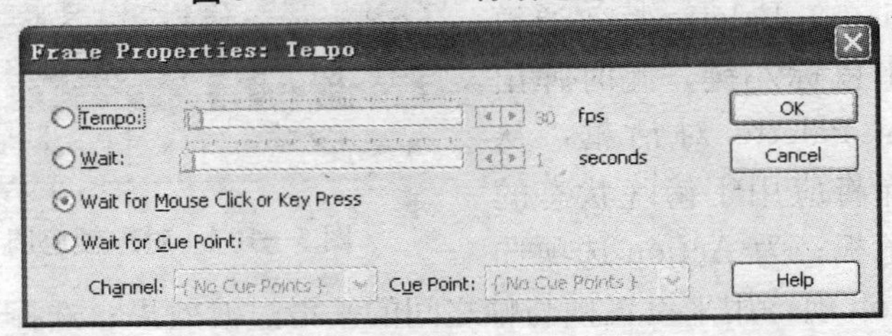

图 5—110　选中 Wait for Mouse Click or Key Press 选项

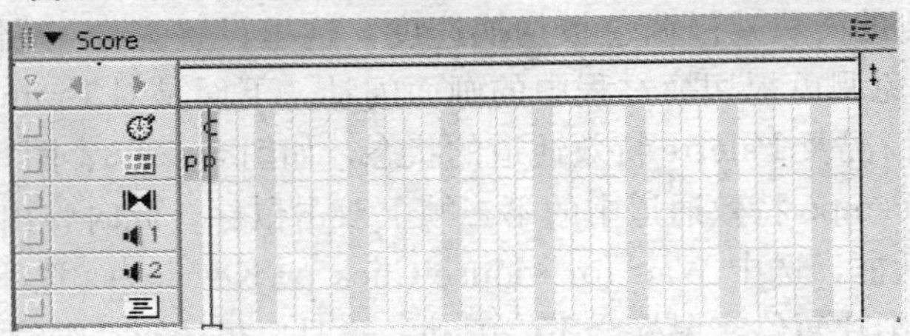

图 5—111　Tempo 特效通道的状态

5.8　淡入淡出动画效果

本书在前面介绍特效通道的内容中，已经提到过 Transition 特效通道中的很多转场效果，Adobe Director 11 提供了 50 余种内置转场效果。实际上转场效果就是在两帧之间创建的简短动画，从而实现不同画面之间的过渡。但是这些效果都是 Director 内置的一些模块，不允许多媒体创作者随意修改，只能是调节一些转场持续时间、平滑度等方面的参数。一旦 Director 内置的 Transition 转场效果不能满足影片的需要时，就需要创作者自己来创作转场效果。

在经常看到的电影场景的转换中，其中一种非常熟悉的转场效果就是将当前画面渐渐淡化，同时将下一画面渐渐显露出来，即人们常说的淡入淡出动画效果。接下来用三幅不同的图像作为素材，来做一个淡入淡出的转场效果练习。

（1）执行 File | New | Movie 命令或按 Ctrl＋N 组合键，创建一个新的影片文件，并对其进行保存。然后执行 File | Import 命令，选择三幅名字分别为“01boat”、“02tree”和“03snow”的风景位图图像，如图 5—112 所示。单击 Import 按钮即可导入图像，这时该图像就出现在演员表中了。

图 5—112　导入三幅图像素材

（2）将导入的 3 幅风景位图从演员表窗口拖到总谱或舞台上，这样就分别在总谱的 3 个通道中各生成 1 个精灵，如图 5—113 所示。

（3）用鼠标拖动通道 1 中精灵的最后一帧，将其帧跨度调整为 20 帧；用鼠标拖动通道 2 中精灵的最后一帧，将其帧跨度设置为 15～35 帧；用鼠标拖动通道 3 中精灵的最后一帧，将其帧跨度设置为 30～55 帧，每个精灵的帧跨度均为 20 帧，如图 5—114

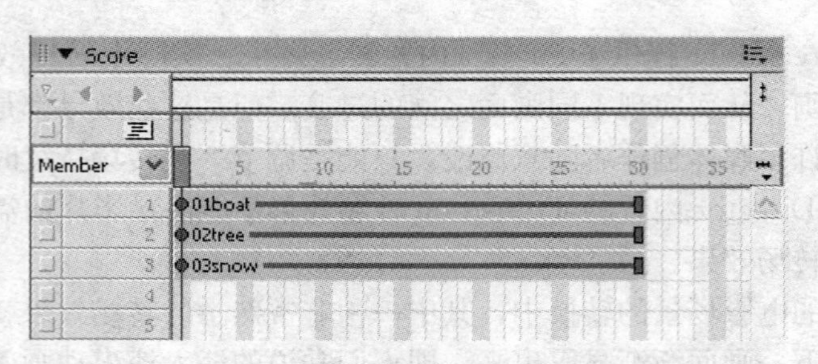

图 5—113 在 3 个通道中各生成 1 个精灵

所示。

(4) 单击通道 1 中精灵的第 1 帧，在按住 Alt 键的同时，分别将其拖动到第 5 帧、第 15 帧和第 20 帧处，即可分别创建三个关键帧；单击通道 2 中精灵的第 15 帧，在按住 Alt 键的同时，分别将其拖动到第 20 帧、第 30 帧和第 35 帧处，即可分别创建三个关键帧；单击通道 3 中精灵的第 30 帧，在按住 Alt 键的同时，分别将其拖动到第 35 帧、第 50 帧和第 55 帧处，即可分别创建三个关键帧。下面是分别为三个精灵创建关键帧后的状态，如图 5—115 所示。

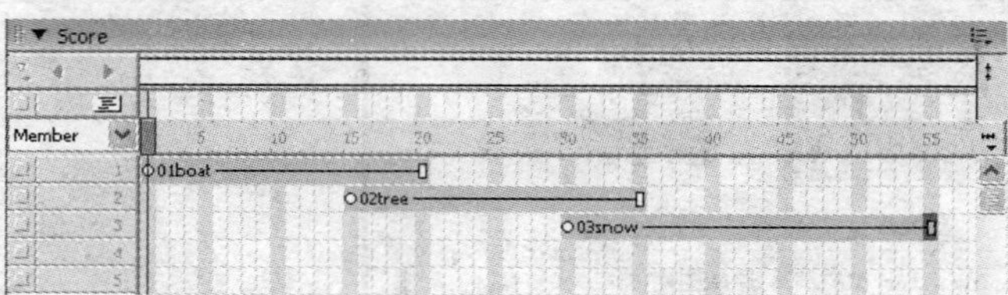

图 5—114 设置各精灵的帧跨度

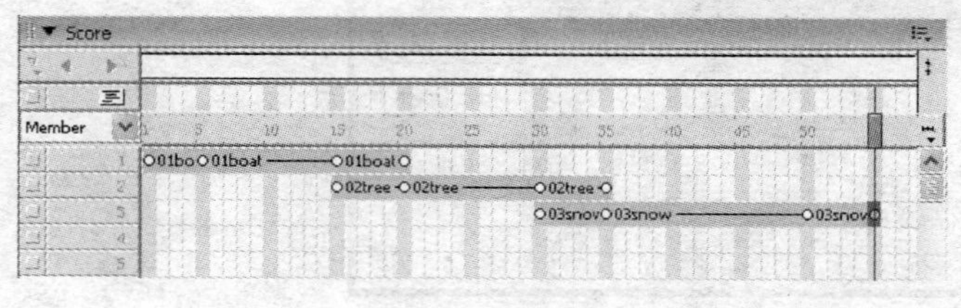

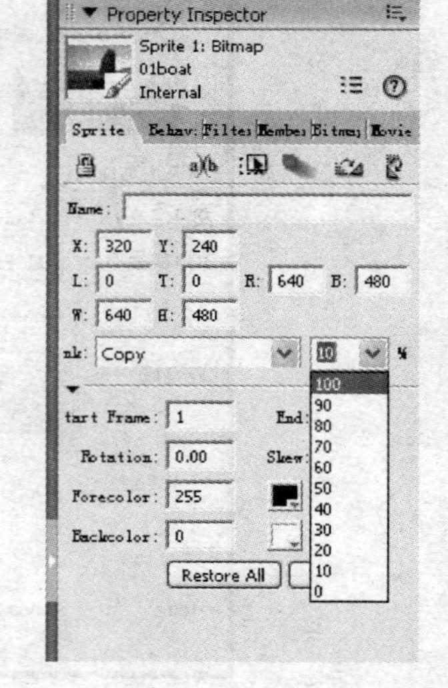

图 5—115 分别为三个精灵创建关键帧

图 5—116 在下拉列表中选择 10%

(5) 执行 Window | Property Inspector 命令，在打开的 Property Inspector 对话框中切换到 Sprite 标签。分别单击通道 1 中精灵的第 1 帧和第 20 帧处的关键帧，在 Sprite 标签中的 Blend 下拉列表中选择 10%；分别单击通道 2 中精灵的第 15 帧和第 35 帧处的关键帧，在 Sprite 标签中的 Blend 下拉列表中选择 10%；单击通道 3 中精灵的第 30 帧和第 55 帧处的关键帧，在 Sprite 标签中的 Blend 下拉列表中选择 10%，如图

5—116所示。

（6）执行 Control | Play 命令，观看淡入淡出的转场动画，如图 5—117 所示是播放头走到第 17 帧时的画面效果。如果觉得图像切换得太快，可以继续跳帧每个精灵的帧跨度。

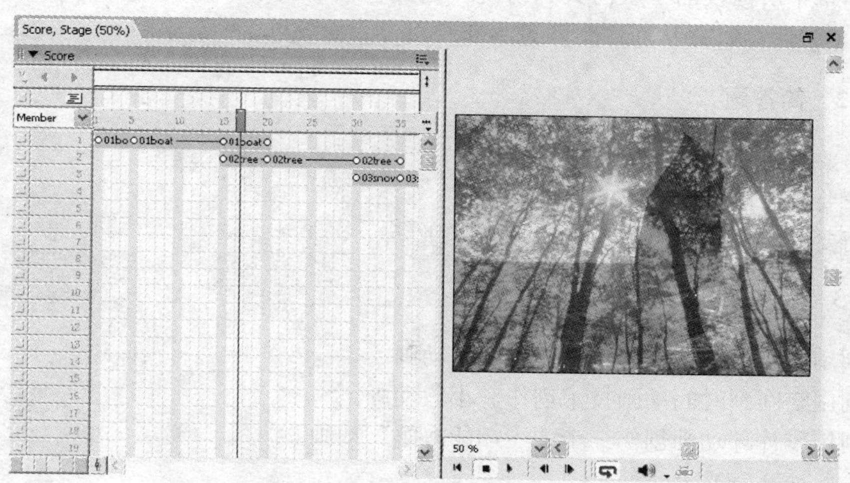

图 5—117　播放头走到第 17 帧时的画面效果

5.9　习题

5.9.1　填空题

1. 在 Director 11 中默认的速率是每秒播放________帧。一般称精灵运动或变化中的关键动作所处的那一帧为________，在精灵改变其特殊位置和其他属性方面起着关键作用。

2. Director 中的动画形式分为两类：________动画和________动画。前者是每一帧中的画面内容都产生变化，而后者中的两个关键帧之间所需的画面可以由 Director 软件自动生成。

3. 根据录制方式和复杂程度的不同，录制动画技术可分为________录制动画技术和________录制动画技术。

4. ________动画技术可以先在空间概念上将精灵的动画概念表示出来，然后再让这些精灵在同一通道中的不同时间内依次出现，即转换到时间的意义上去。

5. ________动画指的是把一段周期性动作的动画打包，而变成一个独立的演员来使用。胶片环动画技术主要用于创建动画片段，其又称为循环影片技术（Film Loop）。

6. 从演员表到时间动画技术是指通过________来创建动画。

7. ________技术能使用户在同一个Paint窗口观察两个或多个演员，从而达到一种瞻前顾后的效果。

8. 本章中所涉及的“从白天到傍晚”的调色板动画中，主要是利用切换调色板来变换风景的________，从而产生颜色不断________的效果。

5.9.2 简答题

1. 简要说明胶片环动画的原理。
2. 简要说明洋葱皮技术的原理。
3. 简要说明利用调色板产生动画的原理。

5.9.3 操作题

1. 利用逐步录制动画技术创作一小段动画。
2. 利用空间到时间动画技术创作一小段动画。
3. 利用胶片环动画创作一个“飞翔的海鸥”动画。

第6章 交互多媒体设计：Behaviors的应用

交互性是多媒体区别于传统交流媒体的主要特点之一，如果一个多媒体作品不具有交互功能，那它就称不上是合格的多媒体作品。直观地来讲，交互就是人与机器的沟通，例如用鼠标单击一个按钮，程序就继续播放暂停的影片。

Director 6.0 以前的版本创建交互性多媒体作品，必须使用 Lingo 脚本语言，即要向 Director 影片中添加交互性元素，就要学习其内建的 Lingo 脚本语言。Director 内建的 Lingo 脚本语言可以使影片具有良好的交互性，但对于一些不熟悉脚本语言的多媒体创作者来说，在短期内掌握 Lingo 脚本语言有一定的难度。从 Director 6.0 版本开始，随着 Behaviors（行为）的嵌入，多媒体创作者可以不使用 Lingo 脚本语言，而是使用 Behaviors。这样，不熟悉 Lingo 脚本语言的创作者也能制作出一些常见的交互效果。

6.1 Director 中的 Behaviors

Behaviors 就是 Director 中的行为，行为是一个预先制定好的 Lingo 脚本模块，允许重复使用，可以为多个精灵或帧设置同样的行为，并使用不同的参数。直观地说，行为就是一小段 Lingo 程序，只不过它简化了编写和调试 Lingo 脚本程序的过程。一般情况下，多数行为都是用来响应一些常见的交互式事件，如单击鼠标或键盘按键、时间帧的跳转。当事件发生时，就会触发行为的产生，如播放声音的行为被触发，一个声音就开始播放。又如，需要在当前帧暂停影片的播放时，就可以将某一行为拖到当前帧上，这时电影播放到该帧就会停下来。可以说，Behaviors 为非程序人员用 Lingo 脚本进行程序设计而提供了一种受欢迎的拖放式解决方案。

在 Director 中包含各种各样的基本行为模块，这些行为都放置在了 Library Palette 面板（库面板）中。应用行为的方式多种多样，创作者可以使用 Director 内置的行为模块，也可以使用无需编程的 Behavior Inspector，还可以使用由第三方开发的行为组件。当然，如果创作者有一定的编程基础，还可以手动编写 Lingo 或 JavaScript 脚本来创建行为。

对 Behaviors 有一个初步认识之后，还应了解在应用 Behaviors 的过程中需要注意的一些事项。

（1）当为精灵应用行为时，创作者可以为同一个精灵设置多个行为，这些行为可以相同也可以不相同。

（2）如果希望控制整个影片而非精灵，需要总谱通道中的某一帧应用行为。当为总谱通道中的某一帧应用行为时，创作者只能为同一帧设置 1 个行为，此行为对该帧中所有的精灵都起作用。

（3）行为有独立的参数设置，每个行为可以有不同的参数控制。

（4）Director 提供多种方式来为精灵或帧添加互动行为，Behavior Inspector 面板是利用直接拖放方式添加行为的窗口，而利用 Behavior Inspector 面板则可以创建或修改简单的互动行为，如想使用更复杂的互动行为就要编写 Lingo 语言脚本了。

6.2 应用行为

应用行为的操作方法一般有两种，一种是拖放式添加行为，这种方法要结合 Library Palette 面板；另一种方法是利用 Behavior Inspector 面板添加行为。以下介绍这两种应用行为的方法。

6.2.1 利用 Library Palette 面板添加行为

应用行为的对象既可以是精灵，也可以是帧。虽然有这样的划分方式，但其添加行为的操作都是一致的：当对帧添加行为时，要将行为拖拽到总谱的 Script 特效通道中；当精灵应用行为时，要将行为拖拽到总谱或舞台的精灵上。这里再次强调，当为总谱通道中的某一帧应用行为时，创作者只能为同一帧设置一个行为。如果该帧上已经应用了一个行为，那么后来附加上的行为将替换掉原来应用的行为。而在一个精灵上则可添加多个行为，如影片放映一段时间后暂停、单击鼠标后跳转到某帧等，这些动作就可以同时应用在同一个精灵上。

要使用拖拽的方法直接为精灵或帧附加精灵，需执行 Window | Library Palette 命令，打开如图 6—1 所示的 Library Palette 面板。Director 中各种各样的基本行为模块都放置在了 Library Palette 面板中，因此它被称为库面板。

Library Palette 面板结构很简单，这里不具体介绍。单击 Library Palette 面板上方的 Library List 按钮，在弹出式菜单中列出了 Director 内嵌的行为列表分类，如图 6—2 所示。可以看到 Director 内嵌的行为库有 Components、3D、Accessibility、Animation、Controls、Internet、Media、Navigation、Paintbox 和 Text 等 10 类行为，其

中有一些类型中又含有若干个动作子菜单。Library Palette 面板上默认显示的是 Components 类中的 11 个行为，用户还可以让其他类型的行为显示出来。当鼠标指向某一行为的图标时，旁边会出现如图 6—3 所示的对该行为的文字描述，这样创作者就可以查看该行为的功能及用法。

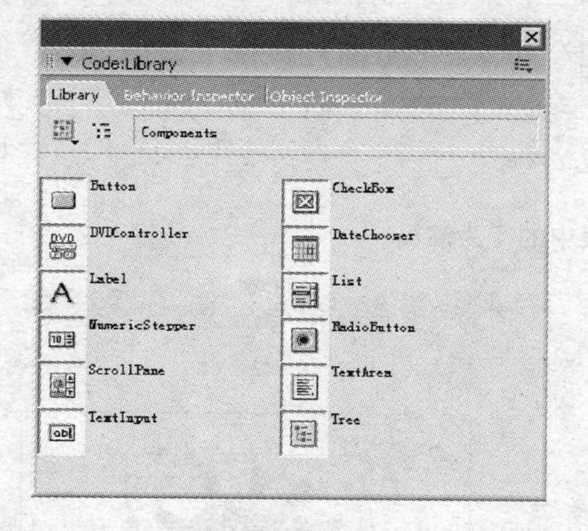

图 6—1　Library Palette 面板

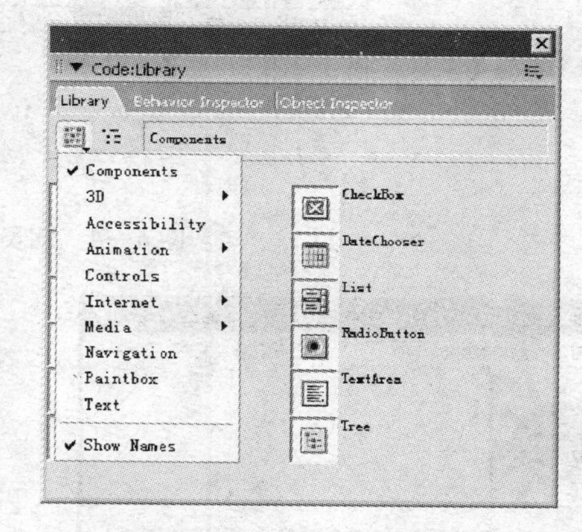

图 6—2　行为分类

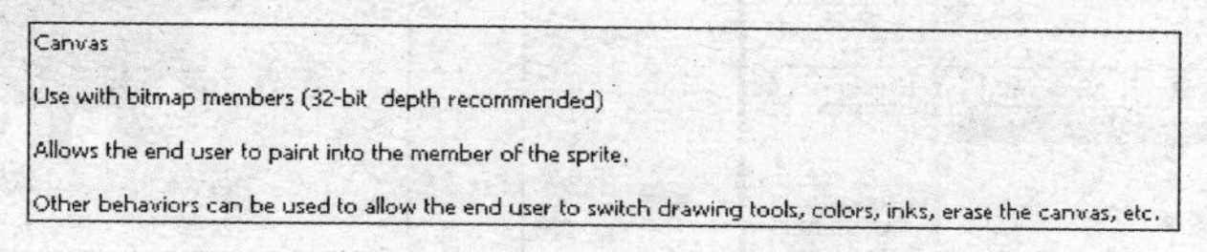

图 6—3　行为图表旁弹出的文字描述

要为舞台上的精灵应用行为，只需用鼠标按住 Library Palette 面板中行为的小图标，将其拖到舞台上该精灵上，释放鼠标即可。如果在舞台上选择多个精灵，再将行为拖到这些精灵上，就可以将该行为同时应用于这些精灵上。

要在总谱中某一帧处添加行为，只需用鼠标按住 Library Palette 面板中行为的小图标，将其拖到总谱中 Script 特效通道中的对应帧上，释放鼠标即可。

一般在添加行为时都会出现一个参数设置对话框，设置好这个对话框中的参数，单击 OK 按钮即可完成行为的添加。

当行为被应用到精灵或帧上后，演员表中也会自动增加该行为的缩略图，如图 6—4 所示，说明这个行为已经成为一个行为演员了。

以下以一个简单的“转动的齿轮”练习为例，介绍用 Library Palette 面板添加行为的过程。

（1）首先执行 File | New | Movie Panel 命令或按 Ctrl＋N 组合键，创建一个新的影片文件，并对其进行保存。然后执行 File | Import 命令，如图 6—5 所示，选择一幅名为“齿轮”的位图演员。单击 Import 按钮后导入该演员。

（2）将刚才导入的“齿轮”演员拖到舞台上，然后选择该精灵，如图 6—6 所示。

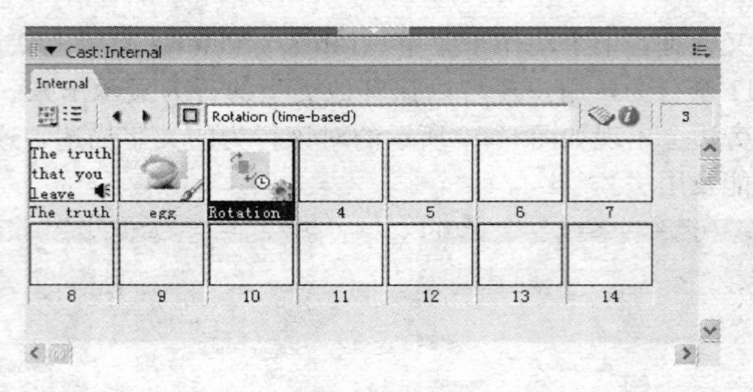

图 6—4　演员表中的行为演员

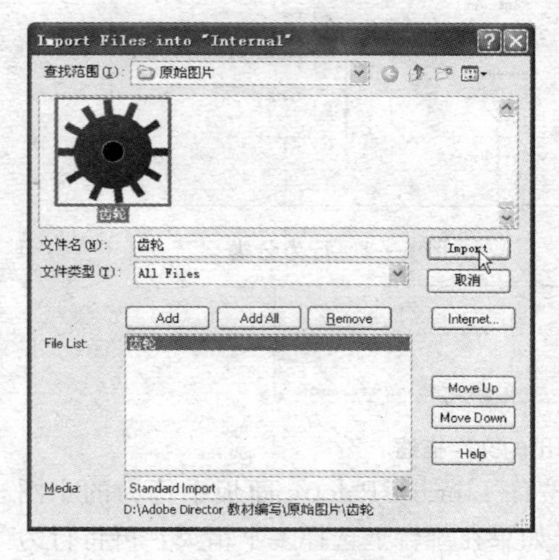

图 6—5　导入图像素材

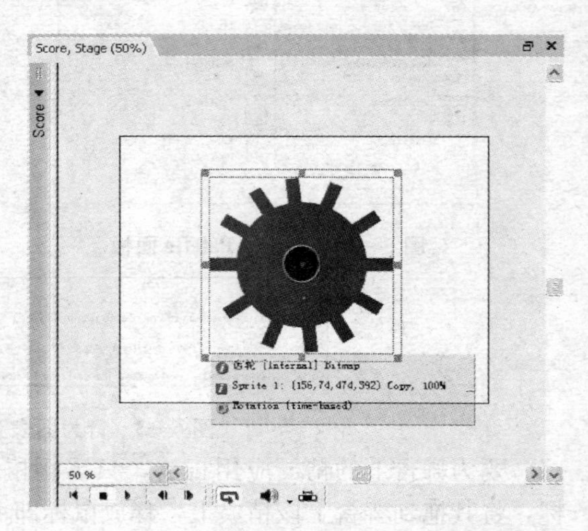

图 6—6　将"齿轮"演员拖到舞台并选中

(3) 执行 Window | Library Palette 命令打开 Library Palette 面板，单击 Library Palette 面板左上角的 Library List 按钮，在弹出式菜单中选择一个行为分类。这里选择 Animation 下的 Automatic 类型，这时 Library Palette 面板中显示了 Automatic 类型下的所有行为，如图 6—7 所示。

(4) 当鼠标指向某一行为的图标时，旁边会出现对该行为的文字描述。此处需要让"齿轮"精灵转起来，所以需要选择一个旋转的行为。通过查看文字描述，选择了名为 Rotation (time－based) 的行为。只需用鼠标按住 Rotation (time－based) 行为的小图标，将其拖到舞台或总谱上的"齿轮"精灵上，释放鼠标即可。这时弹出一个如图 6—8 所示的参数设置对话框，设置其中的参数。为精灵应用了 Rotation (time－based) 行为后，发现演员表中增加了该行为的缩略图。

(5) 播放该影片，发现"齿轮"精灵转了起来。

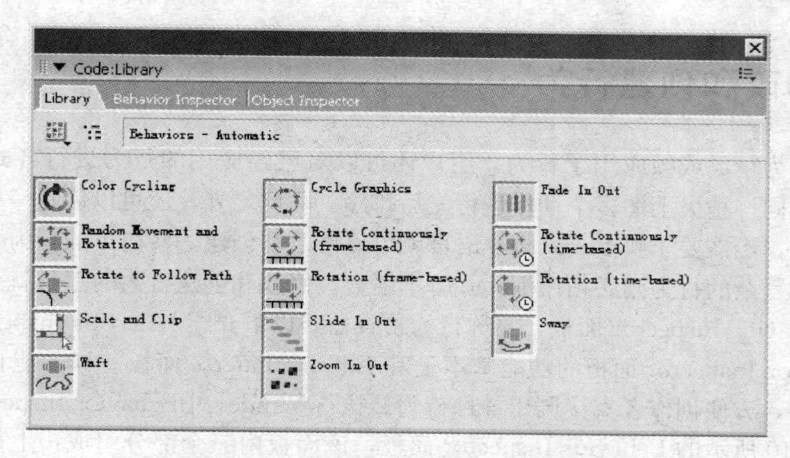

图 6—7　Automatic 类型下的所有行为

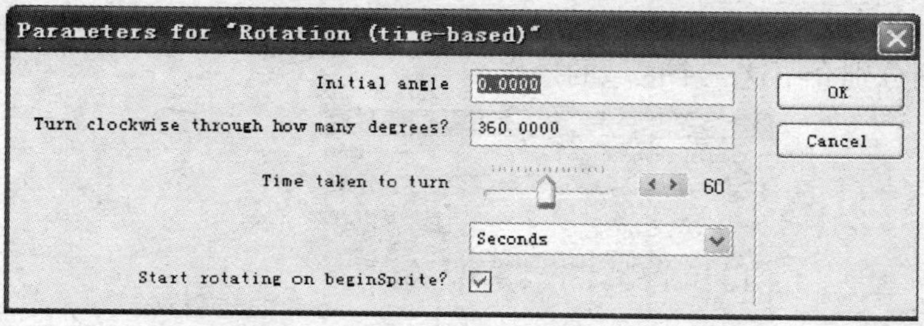

图 6—8　Rotation（time－based）行为的参数设置

6.2.2　利用 Behavior Inspector 面板添加行为

利用 Library Palette 面板为精灵或帧添加行为后，Behavior Inspector 面板中就列出这个行为。如果需要将相同的行为添加到新的精灵或帧上，可以利用 Behavior Inspector 面板快速找到该行为，并添加到新的精灵上或帧上。

（1）将一个新演员拖到舞台上。

（2）执行 Window｜Behavior Inspector 命令打开 Behavior Inspector 面板，单击面板左上角的 Behavior Popup 按钮 ✚，在弹出式菜单中显示用户应用过的所有行为，在其中选择一个行为即可添加到当前新的精灵上，如图 6—9 所示。

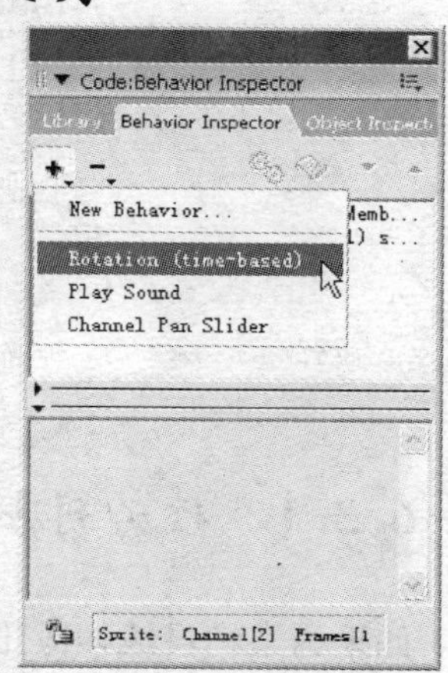

图 6—9　选择一个应用过的行为

6.3 修改和创建行为

前文中为精灵或帧应用了行为，用户还可以对已经应用的行为进行各式各样的修改，包括对同一精灵上的多个动作进行先后排序。除此之外，还可以创建一些行为。在这个过程中，不需要了解 Lingo 脚本语言就可以修改和创建一些简单的行为。当然，要编辑和创建复杂的行为则必须用 Lingo 脚本语言。修改和创建行为的工具就是前文中提到过的 Behavior Inspector 面板，又称行为检查器，以下介绍 Behavior Inspector 面板。

Behavior Inspector 面板的功能基本上和 Library Palette 面板一样，能自动生成各种处理程序，方便创作者直接调用各种行为。执行 Window | Behavior Inspector 命令打开如图 6—10 所示的 Behavior Inspector 面板，该面板由三个部分组成：上面是行为列表区，单击左上角带加号的 Behavior Popup 按钮可以创建一个行为；中间是行为事件区，包括 Events 和 Actions 两部分；最下面是行为信息区，主要提供对某一行为的描述信息。下面分别介绍这三个区域的操作。

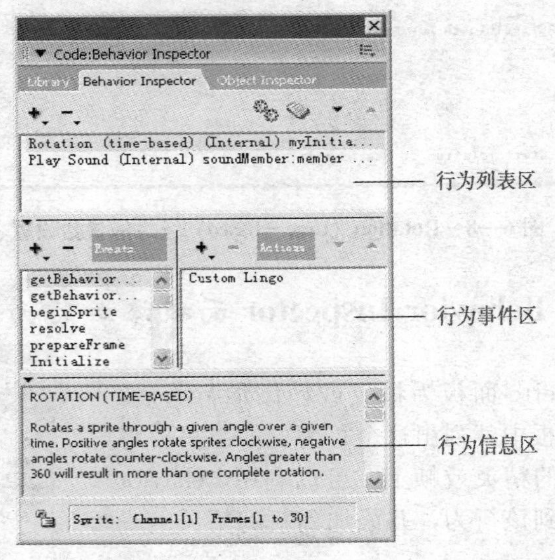

图 6—10 Behavior Inspector 面板

6.3.1 行为列表区

如果为某精灵或帧应用了行为，那么这些已经应用过的行为就会显示在行为列表区内。在行为列表区内，用户可以通过单击 Behavior Popup 按钮，把已经应用过的行为添加到新的精灵或帧上，也可为应用过该行为的精灵或帧再次添加同样的行为。

清除行为。当不想应用某行为的时候，还可以将其删除，单击带减号的 Clear Behavior 按钮，在弹出的下拉列表中选择 Remove Behavior 项即可将选中的行为清除，或者选择 Remove All Behaviors 项，将全部应用过的行为清除。

调整行为的顺序。在行为列表区中，还可以为行为调整先后顺序，在影片播放时，会根据行为的先后顺序来调用这些行为。

下面介绍行为列表区内按钮的具体功能。

【Behavior Popup】。弹出行为按钮。单击此按钮，在弹出式菜单中显示了用户应用过的所有行为，在其中选择一个行为即可添加到当前选中的精灵。如果选择其中的 New Behavior 项，可以新建一个行为。

【Clear Behavior】。清除行为按钮。单击此按钮，在弹出的下拉列表中选择 Remove Behavior 项即可将选中的行为清除，若选择 Remove All Behaviors 项，可将全部应用过的行为清除。

【Parameters】。参数设置按钮。前文中曾介绍过，添加某些行为时会弹出一个参数设置对话框，现在单击 Parameters 按钮就可以再次调出该对话框并重新设置其中的参数。

【Script window】。打开脚本窗口按钮。单击此按钮，可将选择的行为在脚本窗口中打开，脚本窗口可显示该行为的代码。如果熟悉 Lingo 脚本语言，可以在此编辑或修改该行为。

【Shuffle Down/ Shuffle Up】。这是两个排序按钮。当一个精灵上有多个动作时，可利用这两个按钮将应用到精灵上的行为下移和上移。在行为列表区内选中一个行为，单击 Shuffle Down 按钮或 Shuffle Up 按钮，即可调整该行为的位置。这种定位的作用是：行为所在位置的不同，其相应的执行时间也会不同，上层的行为在响应时间上要先于下层的行为。

除了在这里为一个精灵的多个行为排序，还可以利用 Property Inspector 面板的 Behavior 标签来为行为排序，如图 6—11 所示。

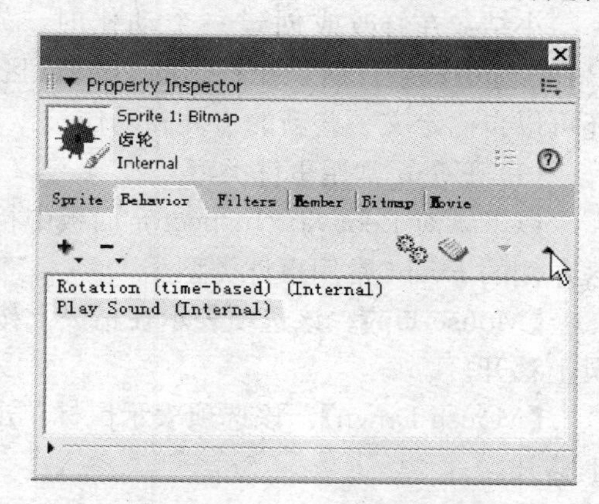

图 6—11　为行为排序

6.3.2　行为事件区

接触过网页设计软件 Adobe Dreamweaver 的人可能对行为的概念有一定的认识，在

Adobe Dreamweaver这个软件中也有一个行为的概念，它包括事件和动作两部分。同样，Adobe Director中的行为也是由Events（事件）和Actions（动作）两部分组成的，那么“事件”到底是什么概念，而“动作”又是什么呢？以下用一个球员踢球的例子，直观地解释行为、事件和动作的概念。

“球员把球踢进球门”，在这件事中，“球”是一个对象；“踢”是球员施加给对象的，被称为事件；而踢球导致的结果是“进球门”，这是对象的动作。接下来把这件事与Director中的行为联系起来。在Director行为中，被添加行为的精灵或帧就相当于“球”这个对象；Events（事件）相当于“踢”这个动作，虽然在计算机中执行的事件是类似于点击鼠标这样的事情；而Director中的Actions（动作）指的是在点击鼠标后使影片开始播放之类的事情，即相当于“进球门”。

在Director中，所有行为的执行都是在发现一个事件发生之后，才会执行一个动作。Behavior Inspector面板中几乎列出了可以在行为中使用的所有事件和动作，多媒体创作者不使用Lingo脚本语言，也可以利用该面板创建和修改行为，这样，不熟悉Lingo脚本语言的创作者也能制作出一些常见的交互效果。而且，不熟悉Lingo脚本语言的创作者可以通过测试由Behavior Inspector面板创建的行为来了解脚本的基本实现方式，提前一步接触脚本语言。

行为事件区内按钮的功能与在行为列表区内的按钮相似，这里不再一一介绍。在行为列表区选中某一行为，然后在行为事件区单击Event Popup按钮，可以看到Event Popup下拉列表中列出了全部的常用事件类型，如图6—12所示。与事件一样，动作为选择的事件添加属性值，在选中某一事件后，单击Action Popup按钮，就可以为该事件选择其引发的动作，Action Popup下拉列表中列出了全部的常用动作类型，如图6—13所示。也就是说行为事件区左侧的每个事件都对应右侧的某些动作。

小结：在修改或创建一个动作时，先在行为事件区左侧选择Event如（Mouse Up），选中该事件后，在右侧的Action区中选择该事件的动作即可，有兴趣的创作者还可以自己定义一些新的事件和动作。

（1）Event常用事件类型

以下，对Behavior Inspector面板中行为事件区进行介绍，首先认识一下行为事件区左侧的Event常用事件类型。

【Mouse Up】。该选项表示在精灵上按下鼠标并释放，在这一过程中鼠标没有在精灵上移开。

【Mouse Down】。该选项表示鼠标单击精灵的过程，在这一过程中鼠标没有在精灵上移开。

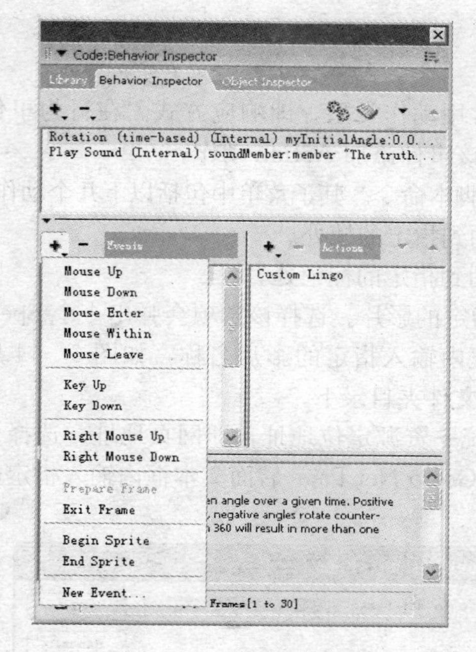

图 6—12　常用事件类型

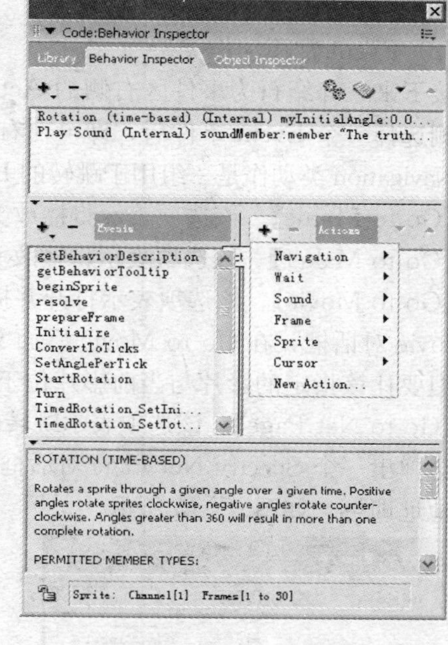

图 6—13　常用动作类型

【Mouse Enter】。该选项表示鼠标指针进入精灵的区域时。

【Mouse Within】。该选项表示鼠标指针保持在精灵的区域时。

【Mouse Leave】。该选项表示鼠标指针已离开一个精灵的区域。

【Key Up】。该选项表示按下键盘上某一个按键并释放，仅针对可编辑文本精灵或域精灵起作用。

【Key Down】。该选项表示按下键盘上某一个按键，仅针对可编辑文本精灵或域精灵起作用。

【Right Mouse Up】。该选项表示鼠标右键单击并释放后的状态。

【Right Mouse Down】。该选项表示鼠标右键单击时的状态。

【Prepare Frame】。该选项表示播放头已经离开影片的前一帧，但还没有进入下一帧。

【Exit Frame】。该选项表示播放头已经退出当前帧。

【Begin Sprite】。该选项表示当播放头移动到含有一个首次出现的精灵帧上时，系统调用的事件。

【End Sprite】。该选项表示当播放头离开一个精灵并跳转到不包含该精灵一帧时，将运行的语句。

【New Event】。该选项表示接收来自一个脚本或者互动行为的特定消息，需要为这个事件指定一个名称。

(2) Event 常用动作类型

接下来，介绍行为事件区右侧的 Action 常用动作类型，即响应方式。在行为事件区左侧选择一个 Event 事件后，即可在右侧为该事件添加 Action 动作。

Navigation 类动作是一组用于跳转的 Lingo 脚本命令。其子菜单中包括以下几个动作：

【Go to Frame】。该选项表示将播放头移动到指定的帧处。

【Go to Maker】。该选项表示将播放头移动到指定的标记处。

【Go to Movie】。该选项表示打开并播放指定的影片。选择该选项会弹出一个 Specify Movie 对话框，在 Go to Movie 后面文本框内输入指定的影片名称，如图 6—14 所示，但要让该指定的影片与当前影片位于同一文件夹目录下。

【Go to Net Page】。该选项表示跳转到某统一资源定位地址，即网页地址。选择该选项会弹出一个 Specify Net Page 对话框，在 Go to Net Page 后面文本框内输入指定的网页地址即可，如图 6—15 所示。

图 6—14 Specify Movie 对话框

图 6—15 Specify Net Page 对话框

【Exit】。该选项表示结束脚本运行，退出当前影片的放映。

Wait 类动作指的是等待鼠标单击、按任意键或持续一段时间。其子菜单中包括以下几个动作：

【On Current Frame】。该选项表示停留在当前帧处，只有在下一个行为脚本发生（将要进入，还未进入）时才进入下一个事件。

【Until Click or Key Press】。该选项表示停留在当前帧处，只有在单击鼠标或按键盘上某个按键时才进入下一帧。

【For Time Duration】。该选项表示停留在当前帧处，只有在持续指定的一段时间后，才进入下一个事件。

Sound 类动主要作用于控制播放内、外部的声音文件以及设置音量。其子菜单中包括以下几个动作：

【Play Cast Member】。该选项表示播放特定的内部声音文件。

【Play External File】。该选项表示播放特定的外部声音文件。选择该选项会弹出 Specify Sound File 对话框，在 Play External Sound File 后面文本框内输入指定的外部声音文件名称，如图 6—16 所示。但要保持该外部声音文件与当前影片位于同一文件夹目录下。

图 6—16　Specify Sound File 对话框

【Beep】。该选项表示播放当前系统中的警报声。

【Set Volume】。该选项用于将系统音量标准设置为指定大小。

Frame 类动主要作用于改变影片的速率、过渡等需要用特殊通道才能控制的内容。其子菜单中包括以下几个动作：

【Change Tempo】。该选项用于将影片的播放速率设置为指定的值。

【Perform Transition】。该选项用于为影片设置特定的转场效果。

【Change Palette】。该选项用于为影片设置特定类型的调色板。

Sprite 类动作主要用于改变舞台上精灵的位置、切换精灵以及设置精灵的墨水效果。其子菜单中包括以下几个动作：

【Change Location】。该选项用于将当前精灵移动到指定的坐标处。这里应注意，选择该选项会弹出如图 6—17 所示的 Specify Location 对话框，在 Change Location to 后面文本框内输入坐标时，一定不要丢掉括号内两个坐标值之间的逗号。

【Change Cast Member】。该选项用于将生成当前精灵的演员替换为指定的演员。选择该选项会弹出一个如图 6—18 所示的 Specify Cast Member 对话框，在 Change Cast Member to 后面的下拉列表中选择一个新演员即可。

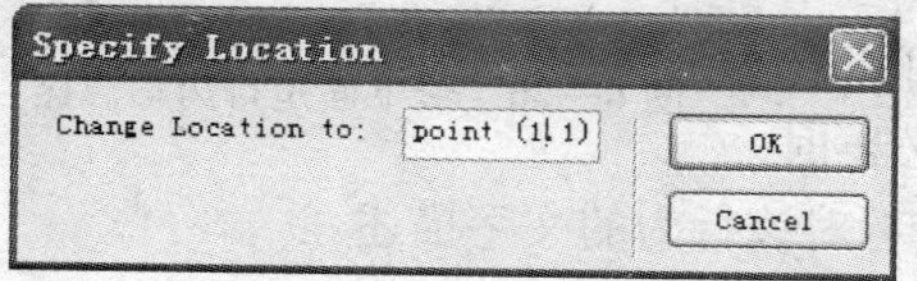

图 6—17　Specify Location 对话框

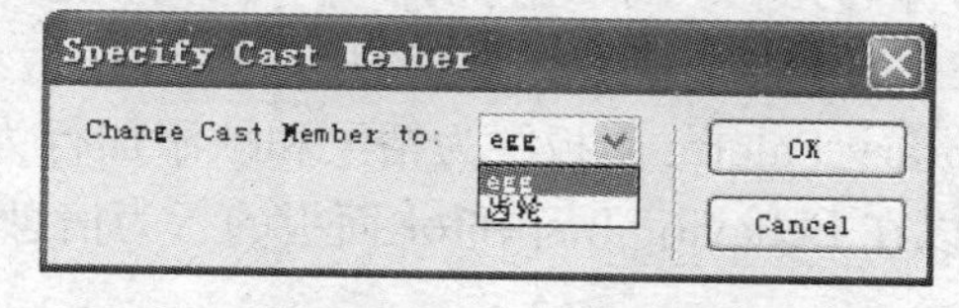

图 6—18　选择一个新演员

【Change Ink】。该选项用于为当前精灵切换到指定的墨水效果。

Cursor 类动作主要用于改变和恢复光标的外观。其子菜单中包括以下几个动作：

【Change Cursor】。该选项用于将鼠标光标改变为指定的类型，选择该选项会弹出如图 6—19 所示的 Specify Cursor 对话框，可在 Change Cursor to 的下拉列表中选择一个光标形状。

图 6—19　Specify Cursor 对话框

【Restore Cursor】。该选项用于恢复当前系统中的光标类型。

New Action 动作用于执行一个 Lingo 函数或者发送一个消息给一个处理程序，但需要为其指定一个名称。

提示：当设置好动作后，再次双击某动作，即可再次调出其参数对话框，进行参数的修改。

6.3.3 行为信息区

Behavior Inspector 面板的最下面是行为信息区，主要提供对某一行为的描述信息，这些信息是对某一个行为的功能阐述和参数说明，如图 6—20 所示。通过这些描述信息，创作者可以方便地查看和了解行为的属性设置，以便对其参数进行修改。

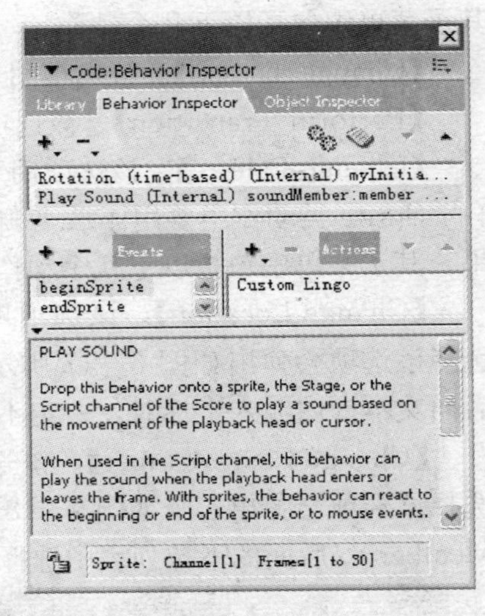

图 6—20 最下面是行为信息区

在 Library Palette 面板中，当鼠标指向某一行为的图标时，旁边会出现一个黄色矩形框，上面的文字是对该行为的描述。然而有时黄色矩形框并不能完全显示这些文字信息，尤其对于文字描述特别多的行为非常不方便。这时可利用 Behavior Inspector 面板中最下面的行为信息区显示这些文字描述，解决该问题，因为当文字描述特别多时，行为信息区右侧会出现一个滑块。有了行为信息区这个助手，就可以在 Library Palette 面板中为精灵和帧添加行为，必要时可以在 Behavior Inspector 面板的行为信息区查看对该行为的文字描述。

6.4 行为库

Director 中各种各样的基本行为模块都放置在 Library Palette 面板中，因此它被称为库面板，它包含了庞大的 Director 内置行为库。通过前面的学习可以知道，执行 Window | Library Palette 命令即可打开 Library Palette 面板，此处主要介绍该面板 Library List 按钮下面的弹出菜单选项，在弹出式菜单中列出了 Director 内嵌的行为分类，如图 6—21 所示。Adobe Director 11 中的内嵌行为包括 3D 行为、Accessibility（辅助）类行为、Animation（动画）类行为、Controls（控制）类行为、Internet（网络）类行为、Media（媒体控制）类行为、Navigation（导航控制）类行为、Paintbox（绘图工具）类行为和 Text（文本和域文本）类行为。由于篇幅有限，此处仅介绍这些行为分

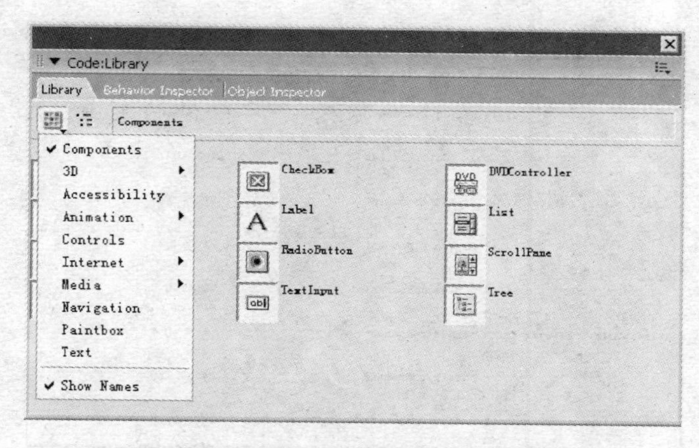

图 6—21　Library Palette 面板中的行为分类

类中一些比较常见的行为，另外有一些行为如 3D 行为会在后面的章节中涉及。

6.4.1　Animation（动画）类行为

Animation 类的行为主要用于交互动画的创作。此类行为包括这样三个子类行为：Automatic 类，Interactive（交互控制）类，Sprite Transitions（精灵转场）类。

（1）Automatic 类

Automatic 类行为可以使用户在掌握并应用各种动画技术的同时，再添加一些动画行为，令动画创作工作事半功倍。

• Color Cycling

功能：使精灵的颜色循环变化。

适用的精灵类型：图像、文本（不含域文本）、Flash 动画和 GIF 动画。

主要参数，如图 6—22 所示。Color mode：从下拉列表中选择颜色模式，包括调色板颜色或 RGB 颜色。Cycle period：设置循环周期，单位为秒。Color Cycles：设置颜色周期，如果设为－1，则持续循环变色。Start color：设置循环的开始颜色，可分别调节 R、G、B 的颜色值。Final Color：设置循环的结束颜色，可分别调节 R、G、B 的颜色值。

提示：当为精灵设置好行为参数后，可在 Behavior Inspector 面板的行为列表区双击该行为，即可再次调出其参数设置对话框，并进行参数的修改。

• Cycle Graphics

功能：循环显示两个演员及它们之间的演员，形成动画。这里演员循环的顺序是根据演员在演员表中的先后位置决定的。

适用的精灵类型：图像、文本、域文本、矢量图形和 Flash 动画。

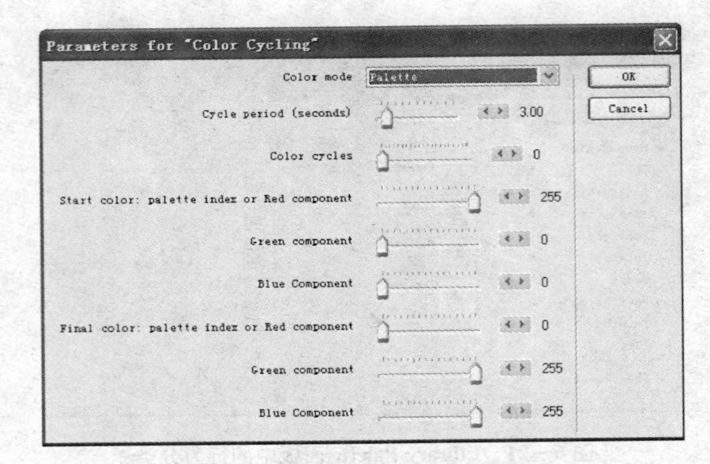

图 6—22　Color Cycling 行为的参数设置

主要参数，如图 6—23 所示。First member of series：从下拉列表中选择用于循环显示的第一个精灵。Last member of series：从下拉列表中选择用于循环显示的最后一个精灵。Play images at a maximum speed：设置精灵循环显示的最大速度，还可以选择该速度的单位，如 Images Per Second（画面/秒）。Cycle：设置精灵的循环顺序，可选择 Backwards（向后）或 Forwards（向前）。Start cycling on begin Sprite：在播放头移动到含有一个首次出现的精灵帧上时，开始播放该循环动画。

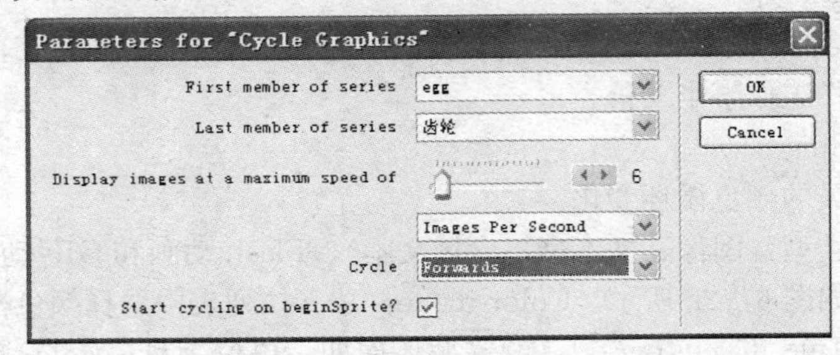

图 6—23　Cycle Graphics 行为的参数设置

- Fade In Out

功能：舞台精灵渐入或渐出。

适用的精灵类型：图像、文本、矢量图形、Flash 动画和 GIF 动画。

主要参数，如图 6—24 所示。Fade in or out：选择渐入或渐出。Maximum Fade Value：最大值，即渐入后或渐出前的最大淡化值。Minimum Fade Value：最小值，即渐入前或渐出后的最小淡化值。Start automatically，when clicked，or by message：此选项用来设置渐入或渐出在什么情况下发生，其中有 Automatic（自动），Click（鼠标点击），Message（接收到某个演员的消息时）。Fade Cycles：设置循环次数，0 为循环一次，－1 为永久循环。Time period for fade：用于设置渐入或渐出过程所持续的时间。

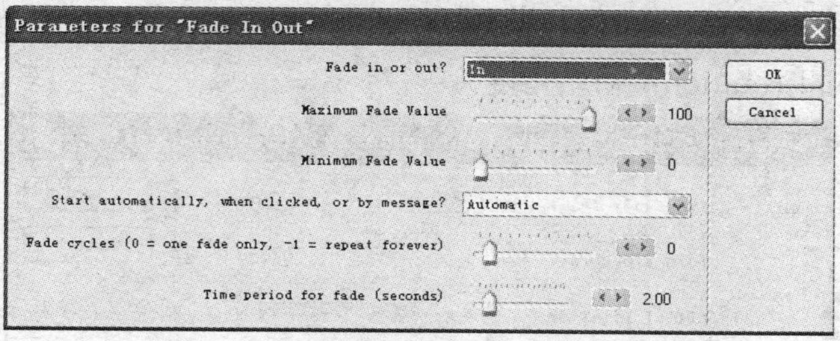

图 6—24　**Fade In Out** 行为的参数设置

• Random Movement and Rotation

功能：使精灵随机移动和旋转。

适用的精灵类型：图像、文本、域文本、矢量图形、Flash 动画和 GIF 动画。

主要参数，如图 6—25 所示。Limit of movement（left），Limit of movement（top），Limit of movement（right），Limit of movement（bottom）：分别用于设置随机移动的左、上、右、下四个方向的界线。Speed of movement：设置随机移动的速度。Loopiness：设置随机移动的循环周期。Speed of rotation：设置随机移动过程中的旋转速度。Wackiness：设置随机移动的旋转角度。

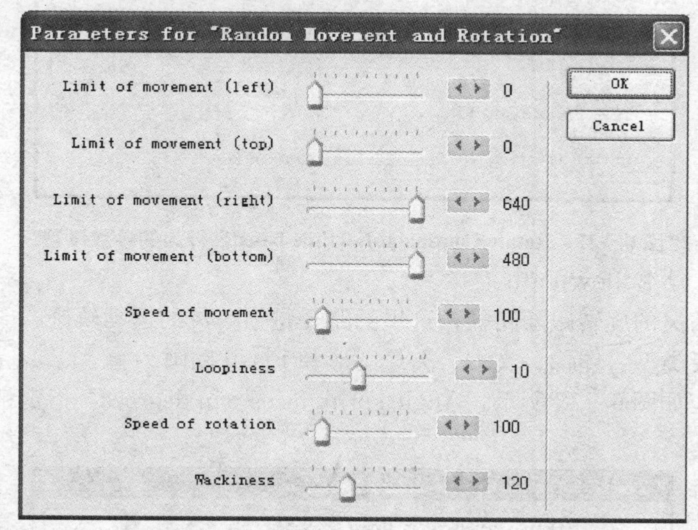

图 6—25　**Random Movement and Rotation** 行为的参数设置

• Rotate Continuously (frame-based)

功能：使精灵连续旋转（以帧速率为基础）。

适用的精灵类型：图像、文本、矢量图形和 Flash 动画。

主要参数，如图 6—26 所示。Rotate degress per frame：设置每帧所旋转角度，角度设置得大，旋转速速也会快。Turn clockwise：顺时针方向旋转，如果不选中该项，则为逆时针。Initial rotation：初始角度。

Parameters for "Rotate Continuously (frame-based)"
Rotate degrees per frame　10.00
Turn clockwise?
Initial rotation　-19.00
OK
Cancel

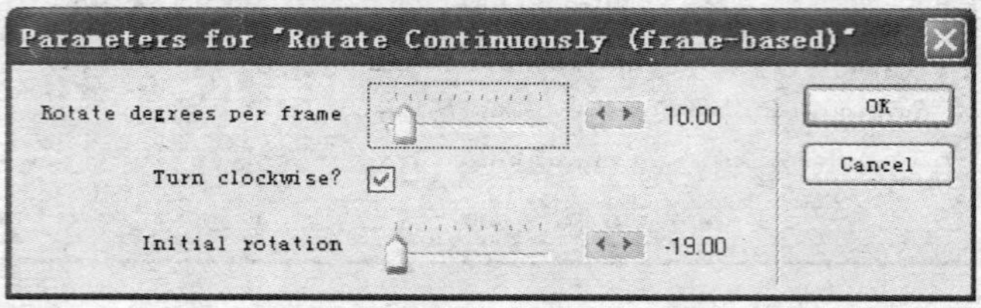

图 6—26　Rotate Continuously (frame-based) 行为的参数设置

• Rotate Continuously (time-based)

功能：使精灵连续旋转（以时间速率为基础）。

适用的精灵类型：图像、文本、矢量图形和 Flash 动画。

主要参数，如图 6—27 所示。Rotate once every：旋转一周所用的时间，在下面可以选择其时间单位，默认为 Seconds（秒）。Turn clockwise：顺时针方向旋转，如果不选中该项，则为逆时针。Initial rotation：初始角度。

Parameters for "Rotate Continuously (time-ba...
Rotate once every　60
Seconds
Turn clockwise?
Initial rotation　39.86
OK
Cancel

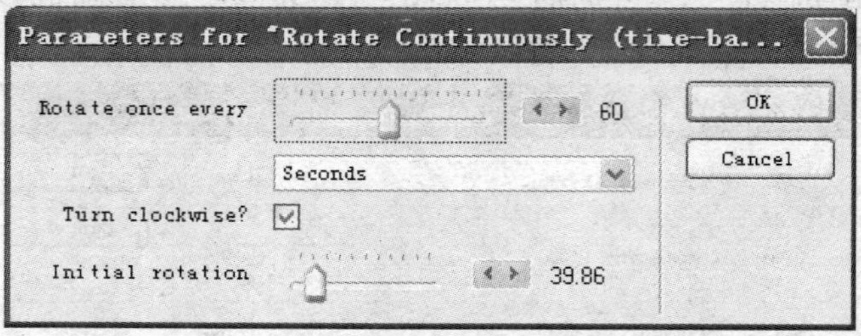

图 6—27　Rotate Continuously (time-based) 行为的参数设置

• Rotation to Follow Path

功能：使精灵的旋转跟随路径，这里的路径是指精灵的运动轨迹。

适用的精灵类型：图像、文本、矢量图形和 Flash 动画。

主要参数，如图 6—28 所示。Angle sprite faces，in degrees：指定精灵的哪条边跟随路径旋转。

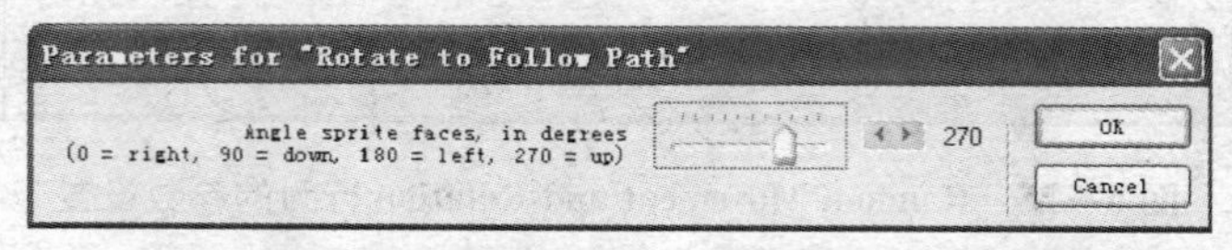

图 6—28　Rotation to Follow Path 行为的参数设置

• Rotation (frame-based)

功能：旋转精灵（以帧为基础）。

适用的精灵类型：图像、文本、矢量图形和 Flash 动画。

主要参数，如图 6—29 所示。Initial angle：初始角度。Turn clockwise through how many degrees：通过顺时针旋转最终所完成的角度。Rotation sprite for how many frames：完成此次旋转需要多少帧的长度，默认值为 2 帧，如果觉得太快，可以把值设置的大一些。Start rotating on beginSprite：在播放头移动到含有一个首次出现的精灵帧上时，开始播放该旋转动画。

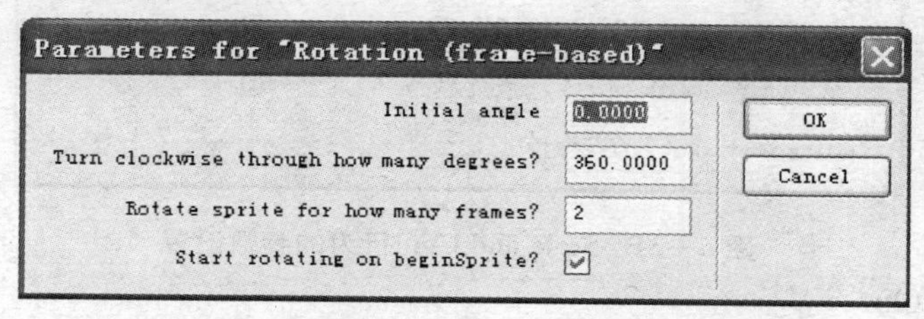

图 6—29　Rotation（frame-based）行为的参数设置

• Rotation（time-based）

功能：旋转精灵（以时间为基础）。

适用的精灵类型：图像、文本、矢量图形和 Flash 动画。

主要参数，如图 6—30 所示。Initial angle：初始角度。Turn clockwise through how many degrees：通过顺时针旋转最终所完成的角度。Time taken to turn：完成此次旋转所需要的时间，在下面可以选择其时间单位，默认为 Seconds（秒）。

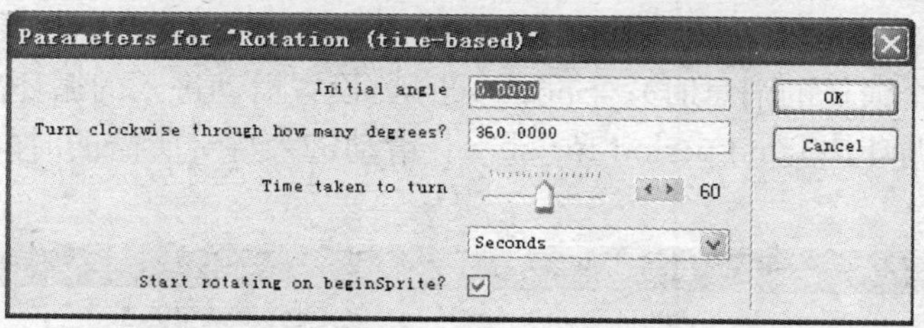

图 6—30　Rotation（time-based）行为的参数设置

• Scale and Clip

功能：缩放和裁切精灵。

适用的精灵类型：仅应用于矢量图形和 Flash 动画。

主要参数，如图 6—31 所示。Scale over：设置精灵的缩放时间，在下面可以选择其单位，默认为 Frames（帧）。Start at what scale：选择缩放开始时的精灵比例大小，还可以自定义其比例。Stop at what scale：缩放结束时的精灵比例大小，还可以自定义其比例（注意，在设置开始时或结束的比例时，如果其中一个值大于 100%，就要对精灵进行剪切）。Scaling initially active：在最初播放精灵时就应用该缩放效果。

Parameters for "Scale and Clip"

Scale over 60

Frames

Start at what scale? Half

(Custom scale only) 100

Stop at what scale? Double

(Custom scale only) 100

Scaling initially active?

OK

Cancel

图 6—31 Scale and Clip 行为的参数设置

• Slide In Out

功能：精灵以滑动方式进入或离开舞台。

适用的精灵类型：图像、文本、域文本、矢量图形、Flash 动画和 GIF 动画。

主要参数，如图 6—32 所示。Slide in or out：选择进入或者退出。Automatic slide direction（point uses values entered below）：可选择精灵以滑动方式进入或离开舞台运动方向。Point Horizontal Value/Point Vertical Value：如果前面 Automatic slide direction 一项选择的是 Point（从某一具体的点进入舞台），这里可以设置该进入点的水平坐标和垂直坐标。Start automatically，when clicked，or by message：此选项用来设置滑动进入舞台在什么情况下发生，其中有 Automatic（自动），Click（鼠标点击），Message（接收到某个演员的消息时）。Slide cycles：设置滑动进入的循环次数，0 为循环一次，−1 为永久循环。Time period for slide：滑动进入舞台所需的时间，数值越大，速度越慢。

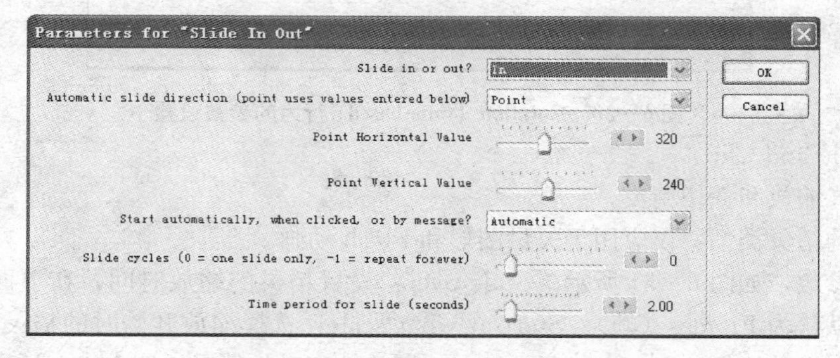

图 6—32 Slide In Out 行为的参数设置

• Sway

功能：使精灵往复旋转摆动。

适用的精灵类型：图像、文本、矢量图形和 Flash 动画。

主要参数，如图 6—33 所示。Angle to rotate in each frame：设置每一帧精灵的摆动角度，即幅度。Number of frame to move in each direction：设置精灵完成一个方向上（半周期）的摆动周期所需的帧数，输入的数值越大，速度越慢。

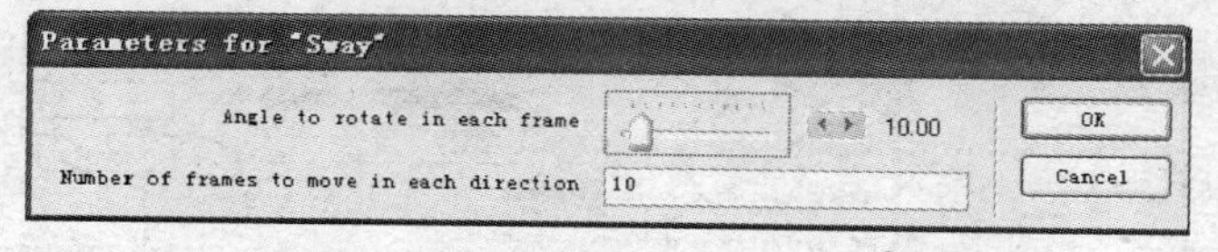

图 6—33　Sway 行为的参数设置

• Waft

功能：使精灵随机漂动，有点像气泡上升的感觉。

适用的精灵类型：图像、矢量图形和 Flash 动画。

主要参数，如图 6—34 所示。Angle to rotate in each frame：设置每一帧精灵的漂浮旋转角度，即幅度。Maximum frames to rotate in each direction：完成一个方向上的漂浮旋转所需要的最大帧数。Maximum horizontal shift in each frame：设置每一帧精灵在漂浮的过程中，其在水平方向上位置移动的最大像素值。Maximum frames to shift in each direction：精灵在各个方向上漂浮旋转的最大帧数。Number of frames to reach the surface：精灵从原来的位置漂浮到目的地所需的帧数，数值越大，速度越慢。Height of surface：设置从精灵漂浮的目的地到原来位置的距离，单位为像素。

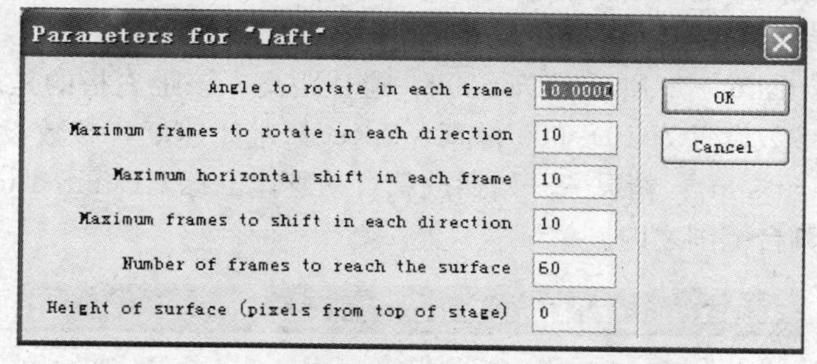

图 6—34　Waft 行为的参数设置

• Zoom In Out

功能：使精灵以缩放的方式进入或退出舞台。

适用的精灵类型：图像、文本、矢量图形、Flash 动画、GIF 动画和 QuickTime 动画。

主要参数，如图 6—35 所示。Zoom in or out：设置进入或退出。Start automatically，when clicked，or by message：此选项用来设置在什么情况下发生会以缩放方式进入或退出舞台，其中有 Automatic（自动），Click（鼠标点击），Message（接收到某个演员的消息时)。Horizontal zoom coordinate：精灵进入舞台前或退出舞台后的水平坐标。Vertical zoom coordinate：精灵进入舞台前或退出舞台后的垂直坐标。Zoom cycles：设置进入或退出舞台的循环次数，0 为循环一次，－1 为永久循环。Time period for zoom：精灵缩放过程所用的时间，单位为秒。

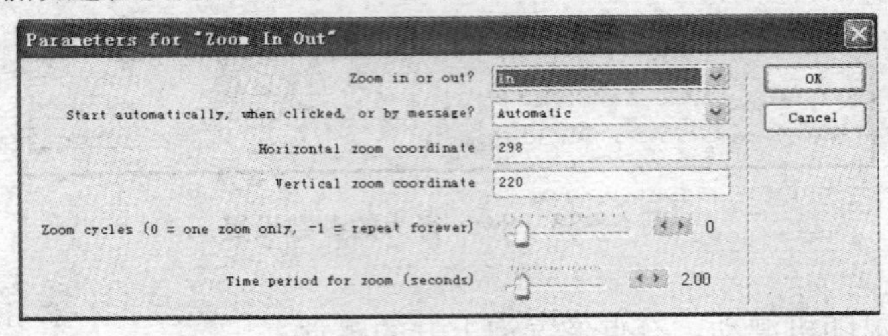

图 6—35 Zoom In Out 行为的参数设置

(2) Interactive（交互控制）类

交互就是人与机器的沟通，利用 Interactive 类行为可以轻松地为鼠标或精灵添加一些实时交互的功能。以下对 Interactive 类行为进行介绍。

• Avoid Mouse

功能：使精灵远离并避让鼠标指针，也就是让鼠标指针无法接触精灵。随着鼠标指针靠近精灵，该精灵开始移动并与鼠标指针保持一定的距离。

适用的精灵类型：适用于所有精灵类型，但对于直接写屏（Direct to stage）的动画格式，移动精灵会导致显示混乱。

主要参数，如图 6—36 所示。Distance：避让距离，该距离指的是从鼠标指针到精灵中心的距离，参数设置为 10～600 像素。Speed：避让速度，参数设置为 20～1 000 像素/秒。Active at start：精灵一开始播放就自动避让鼠标。Limited to stage area：把避让行为限制在舞台范围之内。

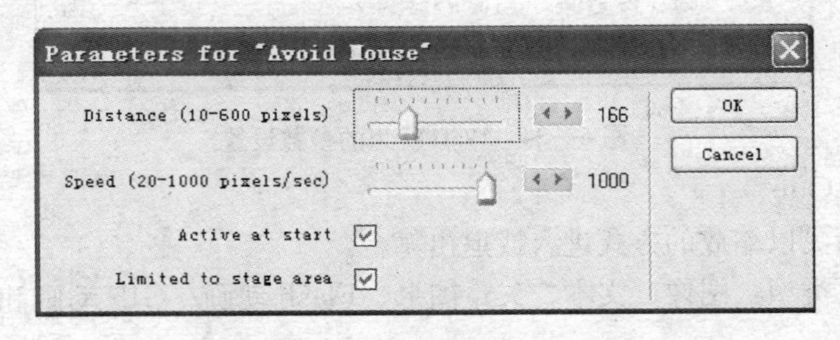

图 6—36 Avoid Mouse 行为的参数设置

• Avoid Sprite

功能：可使当前精灵避让另一个精灵。

适用的精灵类型：适用于所有精灵类型，但对于直接写屏（Direct to stage）的动画格式，移动精灵会导致显示混乱。

主要参数，如图6—37所示。Avoid Channel：指定当前精灵避让哪一个通道的精灵，其默认避让的是比当前通道标号高1的通道精灵，用户可以输入其他通道的标号。Distance：避让距离，该距离指的是从当前精灵中心到另一个精灵中心的距离，参数设置为10～600像素。Speed：避让速度，参数设置为20～1 000像素/秒。Active at start：精灵一开始播放就自动避让另一个精灵。Limited to stage area：把避让行为限制在舞台范围之内。

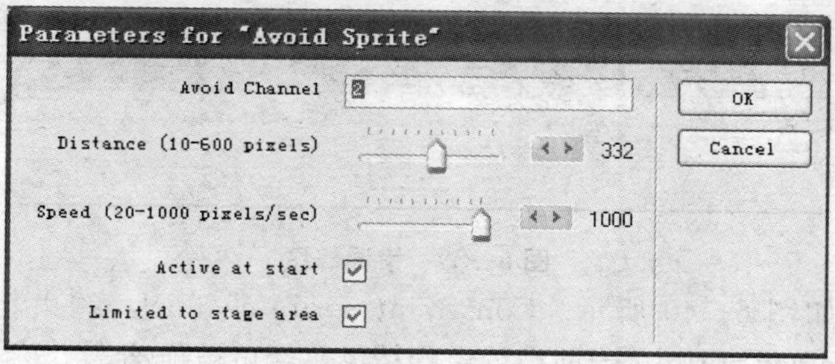

图6—37　Avoid Sprite行为的参数设置

• Constrain to Line

功能：用鼠标点击并拖动精灵时，能使精灵沿着指定的方向线移动。

适用的精灵类型：适用于所有精灵类型，但对于直接写屏（Direct to stage）的动画格式，移动精灵会导致显示混乱。

主要参数，如图6—38所示。Constraint direction（relative to current position）：约束精灵的移动方向，该方向是相对精灵的当前位置而言的。Distance：鼠标拖动精灵移动的距离，即设置一条精灵移动的路径。Initial position on line：设置精灵的初始位置，即精灵第一次出现在移动路径上的位置，这个位置是相对移动距离的，其参数设置为0～1，比如，当设为0时，相当于把精灵放置在移动路径的最左端，这时仅能把精灵向右拖动。Point Horizontal Value/ Point Vertical Value：如果前边Constraint direction一项选择的是Point（具体的点），这两处可以设置该点的水平坐标和垂直坐标。Broadcast position to sprite：此选项用于设置滑块的位置。

• Constrain to Sprite

功能：将精灵约束在另一个精灵的矩形区域内。使用户能够将精灵沿着另一个角色的矩形边框在舞台内移动。

适用的精灵类型：图像、矢量图形等。

注意事项：如果在指定行为时，当前精灵如果没有与舞台上的任何精灵重叠，或者

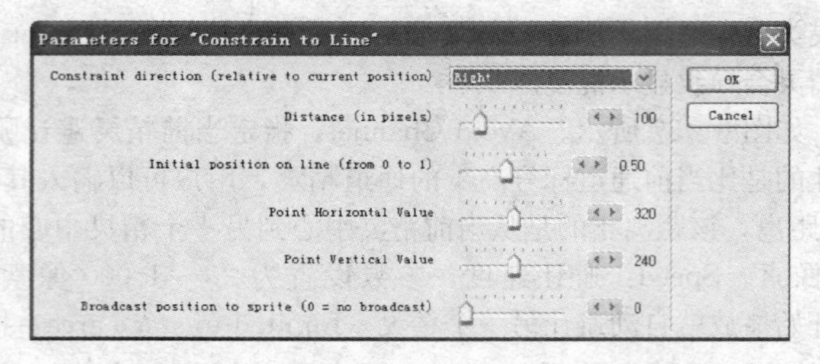

图 6—38 Constrain to Line 行为的参数设置

当前精灵不小于与其重叠的精灵，将产生如下错误信息，如图 6—39 所示。

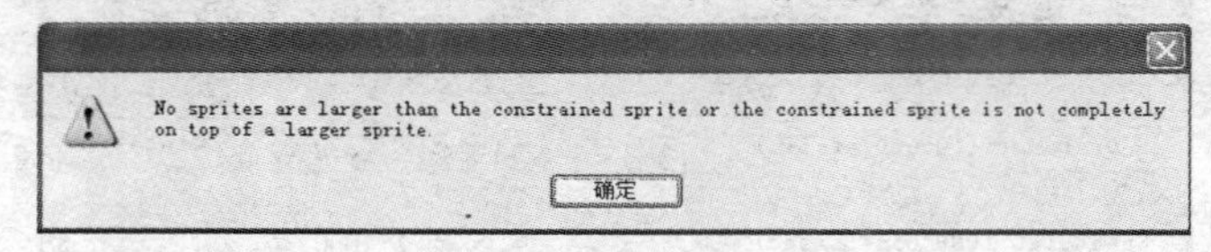

图 6—39 错误信息

主要参数，如图 6—40 所示。Constraint sprite channel：约束精灵所在的通道。Draggbale constrained sprite：当前被约束的精灵是否可被拖动。

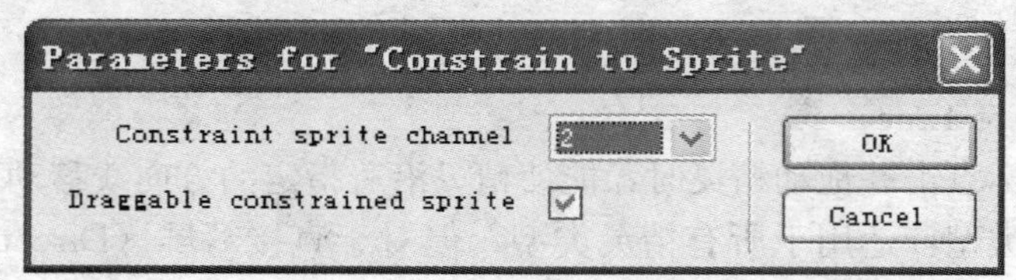

图 6—40 Constrain to Sprite 行为的参数设置

• Drag and Toss

功能：拖动并抛掷精灵。按住鼠标在精灵上拖动，释放鼠标后即可将精灵抛掷于舞台之外。

适用的精灵类型：图像、矢量图形等。

注意事项：该行为必须配合 Vector Motion 行为，否则将产生如图 6—41 所示的错误提示。所以，要想得到拖动并抛掷精灵的效果，就要把当前 Drag and Toss 行为与 Vector Motion 行为添加到同一个精灵上。

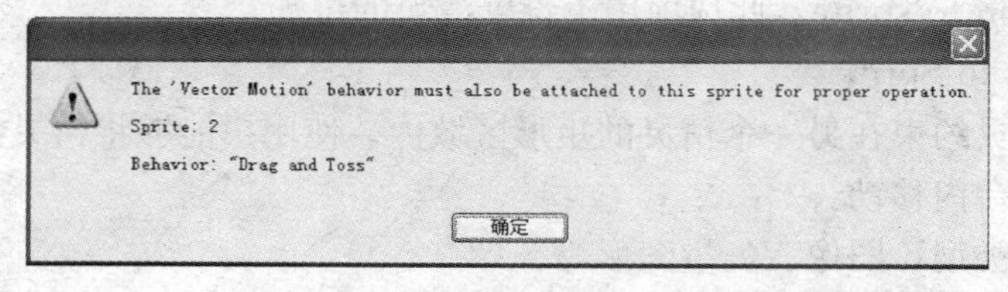

图 6—41 错误信息

主要参数，如图 6—42 所示。Sensitive period：设置拖动精灵时的敏感程度，其参数设置为 0.10～0.50 秒。Sprite jumps to mouse on mouseDown：当在舞台上按下鼠标（不要立刻释放鼠标）时，添加了该行为的精灵就会跳转至鼠标按下的位置。

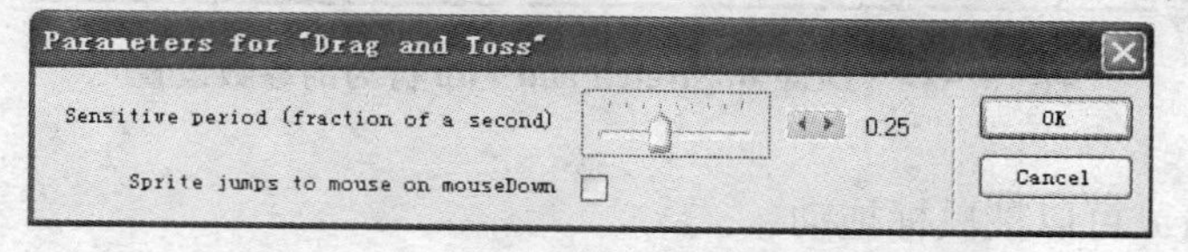

图 6—42　Drag and Toss 行为的参数设置

• Drag Quad Points

功能：可以通过移动调整精灵的顶点使精灵产生变形，即可以让用户能够抓住演员的一个顶角并拖动。

适用的精灵类型：图像、文本。

主要参数，如图 6—43 所示。Enable quad restoration with option/alt key：设置复位键，按 option（Mac）/alt（Windows）键的同时，单击精灵图像或文本精灵可将精灵恢复原状。

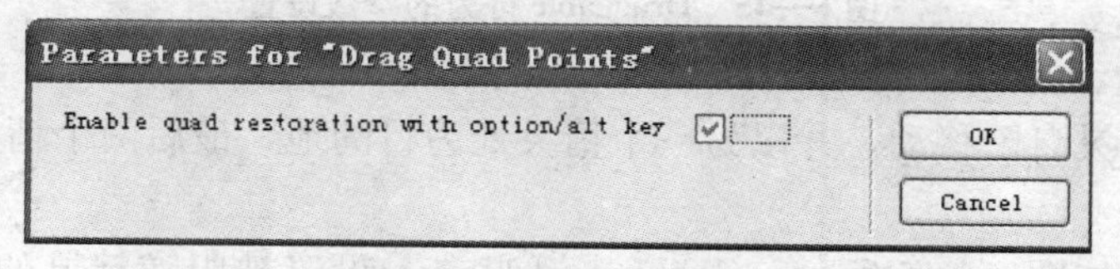

图 6—43　Drag Quad Points 行为的参数设置

• Drag to rotate

功能：通过用鼠标拖动精灵，实现精灵围绕精灵注册点旋转的效果。

适用的精灵类型：图像、文本、矢量图形和 Flash 动画等。

主要参数：无。

• Drag to Scale

功能：通过用鼠标拖动精灵，实现精灵缩放的效果。

适用的精灵类型：图像、矢量图形和 Flash 动画等。

主要参数：无。

• Drag to Stretch and Flip

功能：通过用鼠标拖动精灵，实现精灵在垂直或水平方向上翻转的效果。

适用的精灵类型：图像、矢量图形和 Flash 动画等。

主要参数，如图 6—44 所示。To restore original dimensions，click while pressing：设置复位键，按 option、Command、Shift（Mac）/alt、Ctrl、Shift（Windows）键的同时，单击精灵即可将其恢复原状。

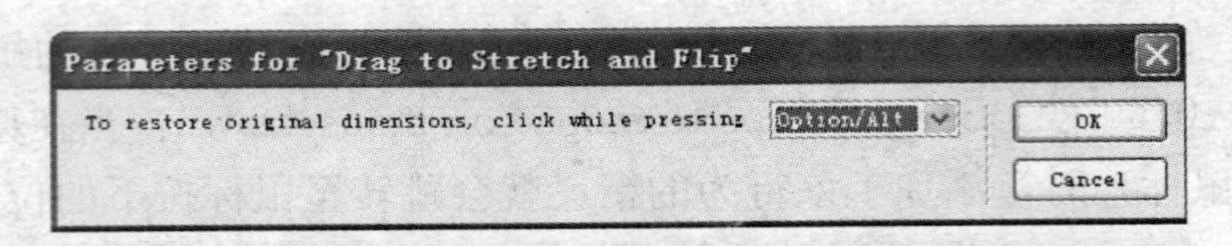

图 6—44 Drag to Stretch and Flip 行为的参数设置

• Draggable

功能：使精灵可以被鼠标拖动。

适用的精灵类型：图像、矢量图形、文本等。

主要参数，如图 6—45 所示。Constrain to stage：将精灵的拖动限制在舞台范围内。

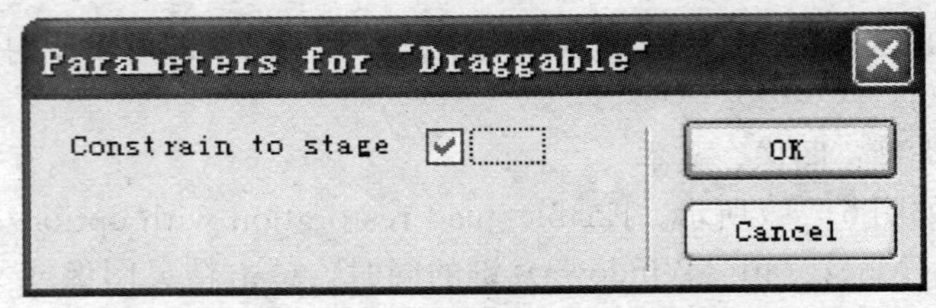

图 6—45 Draggable 行为的参数设置

• Follow Sprite

功能：使精灵自己移动，并以另一个精灵处为目的地，最后两个精灵的注册点是重叠的。

主要参数，如图 6—46 所示。Sprite to follow：设置被跟随精灵的所在通道标号。Speed：设置精灵跟随的移动速度，单位为像素/秒。Limited to stage area：将精灵的跟随限制在舞台范围内。

图 6—46 Follow Sprite 行为的参数设置

• Move，Rotate and Scale

功能：移动、旋转和缩放精灵。不按任何辅助键，可点击并拖动精灵；如果按下一个辅助键，可以缩放精灵；按下另一个辅助键，可以旋转精灵。

适用的精灵类型：图像、矢量图形和 Flash 动画。

主要参数，如图 6—47 所示。Press which key to rotate sprite：设定旋转功能键。Press which key to scale sprite：设定缩放功能键。

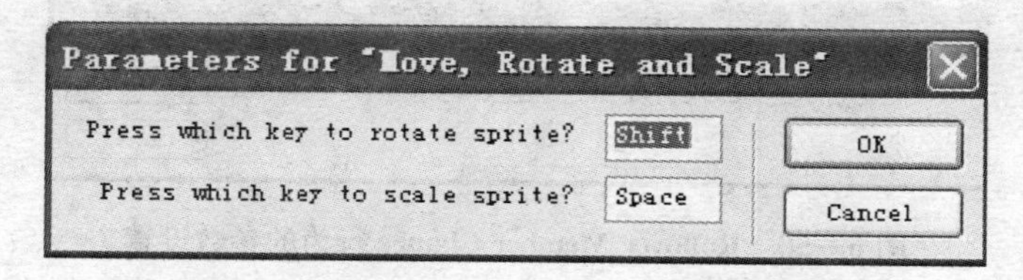

图 6—47　Move，Rotate and Scale 行为的参数设置

• Multiple Sprite Drag

功能：一次拖动一组精灵，即一个精灵被拖动，其他精灵也会随之移动。

适用的精灵类型：适用于所有精灵类型。

主要参数，如图 6—48 所示。Drag Group：输入分组号，有相同组号的精灵可以被同时移动。

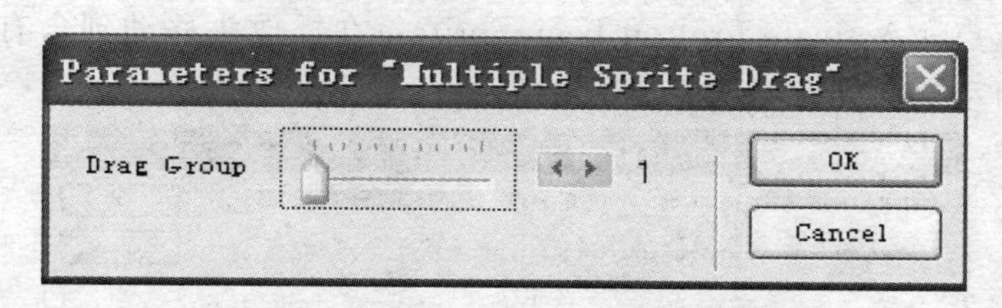

图 6—48　Multiple Sprite Drag 行为的参数设置

• Rollover Cursor Change

功能：指定当光标进入某一个精灵后的光标形状。

适用的精灵类型：适用于所有精灵类型。

主要参数，如图 6—49 所示。Use which cursor：指定一个光标形状。

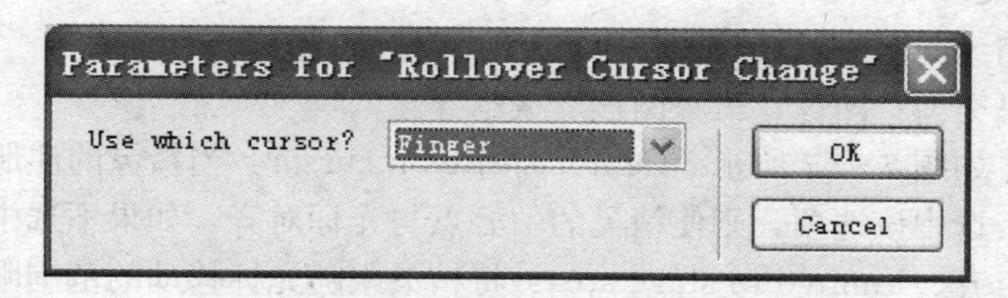

图 6—49　Rollover Cursor Change 行为的参数设置

• Rollover Member Change

功能：指定当光标进入某一个精灵后，系统用指定的演员替换当前精灵。

主要参数，如图 6—50 所示。Display which member on rollover：指定替换的演员。

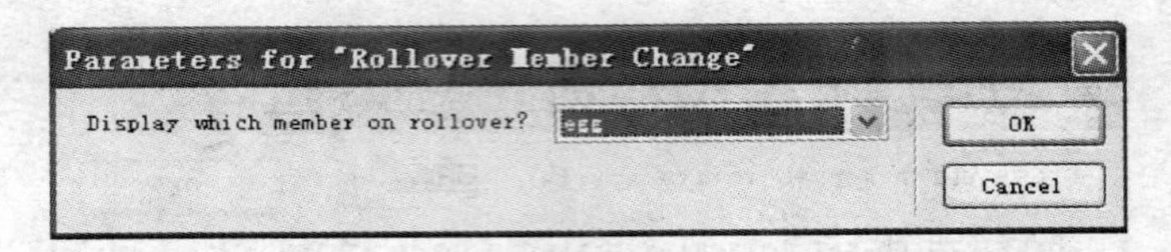

图 6—50 Rollover Member Change 行为的参数设置

• Snap to Grid

功能：点击或拖动精灵时自动捕捉到网格。能够为精灵定义一套不可见的网格，当该网格被激活时，精灵将与距自己最近的网格点对齐。

适用的精灵类型：图像、矢量图形、文本等。

主要参数，如图 6—51 所示。Snap which point of sprite to grid：选择精灵用来与网格对齐的边。Horizontal spacing：设置水平网格的间距。Vertical spacing：设置垂直网格的间距。Horizontal origin point：设置水平网格的起点。Vertical origin point：设置垂直网格的起点。Activate grid on beginSprite：在播放头移动到含有首次出现的该精灵帧上时，自动捕捉到网格功能开始生效。

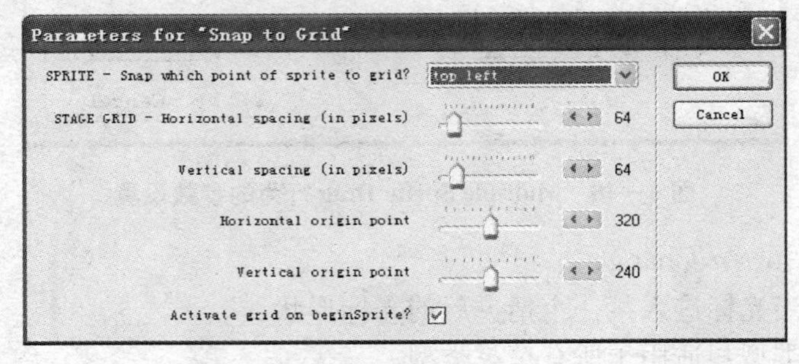

图 6—51 Snap to Grid 行为的参数设置

• Sprite Track Mouse

功能：使精灵跟随光标移动，并使它处于光标的下方。

适用的精灵类型：图像、矢量图形、文本等。

主要参数，如图 6—52 所示。Center sprite on cursor：当精灵的注册点与中心点不在同一位置时，选中该选项，则使精灵的中心点与光标对齐，如果不选中它，光标会与精灵的注册点对齐。Limited to stage area：将精灵跟随光标移动的范围限制在舞台范围内。

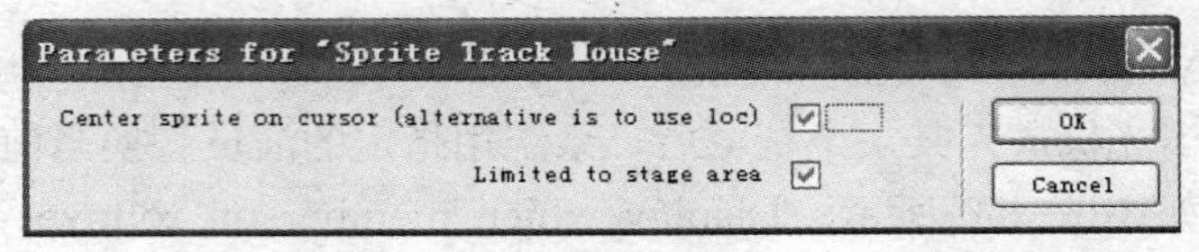

图 6—52 Sprite Track Mouse 行为的参数设置

• Turn to Fixed Point

功能：使精灵移动时总是指向舞台上的某一个点。

适用的精灵类型：图像、矢量图形、文本和 Flash 动画等。

主要参数，如图 6—53 所示。应当注意，以下三个参数是排他性的选择，优先考虑最高选择。只有第一个选项设置为“ignore”时，第二个选项才能生效；只有在前两项分别为“ignore”和“0”时，第三个选项才能生效。Always face point on stage (Highest priority)：这是最高选项，用来选择精灵指向舞台上的哪个点，这里有 9 个系统预设的位置和 1 个“ignore”（忽略）选项。Always face CURRENT position of sprite：设置精灵的标号，当第一个选项设置为“ignore”时，可指定一个精灵标号，这个精灵所在的位置会作为当前精灵所指向的方向，而这个精灵的移动不会受到当前精灵的影响。Enter a fixed point：这是最低选项，用来自定义一个位置，在前两项分别为“ignore”和“0”时，可以输入一个任意位置的坐标，这个坐标的方向就作为当前精灵所指向的方向。注意，在 Enter a fixed point 后面输入坐标值时，一定不要丢掉括号内两个坐标值之间的逗号。

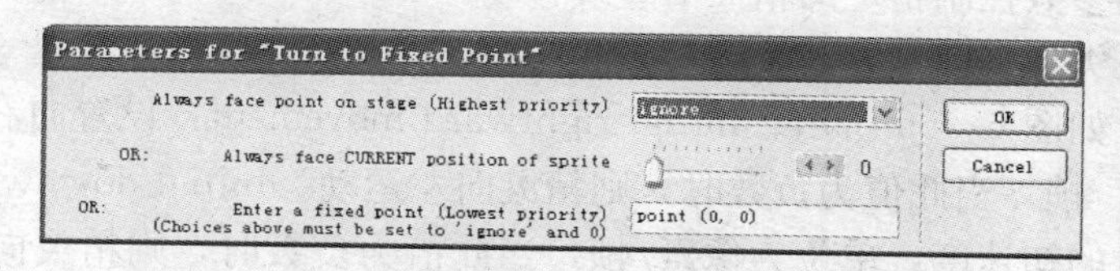

图 6—53　Turn to Fixed Point 行为的参数设置

• Turn Towards Mouse

功能：使精灵总是指向鼠标光标。

适用的精灵类型：图像、矢量图形和 Flash 动画等。

主要参数，如图 6—54 所示。Turn：其下拉列表中的选项用于设置动作方式，第一个下拉列表选项用于选择精灵的指示方向 towards the mouse（指向鼠标）或 away from the mouse（背向鼠标）；第二个下拉列表选项用于选择鼠标在发生什么动作时，才能使精灵指向光标，选项包括 while the mouse is down（当鼠标按下时），while the mouse is up（当鼠标没有按下时），while the mouse is clicked（当鼠标单击时），while the mouse is released（当鼠标释放时），always（总是，无论鼠标处于什么状态）。Otherwise：设置返回值，当停止鼠标的上述动作时，精灵处于何种状态，包括 return to the initial position（回到原来的位置），remain in the new position（停留在改编后的位置）。

• Turn Towards Sprite

功能：指向另一个精灵，即使那个精灵也在移动。

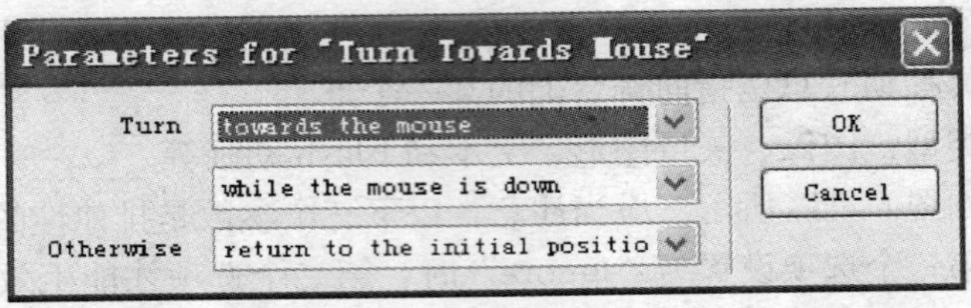

图 6—54　Turn Towards Mouse 行为的参数设置

适用的精灵类型：图像、矢量图形和 Flash 动画等。

图 6—55　Turn Towards Sprite 行为的参数设置

主要参数，如图 6—55 所示。Turn：选择当前精灵是指向还是背向另一个精灵，包括 towards（指向）和 away from（背向）。Sprite：设置目标精灵，即输入被朝向或背向精灵的所在通道标号。

• Vector Motion

功能：利用参数控制指定的精灵沿直线移动。

适用的精灵类型：图像、矢量图形、和文本。

主要参数，如图 6—56 所示。Initial rightward movement：设置向右移动时的初速度，单位为像素/帧，当此值为负数时，则精灵向左运动。Initial downward movement：设置向下移动时的初速度，单位为像素/帧，当此值为负数时，则精灵向上运动。Friction：设置摩擦力，摩擦力越大，精灵所移动的距离越短。

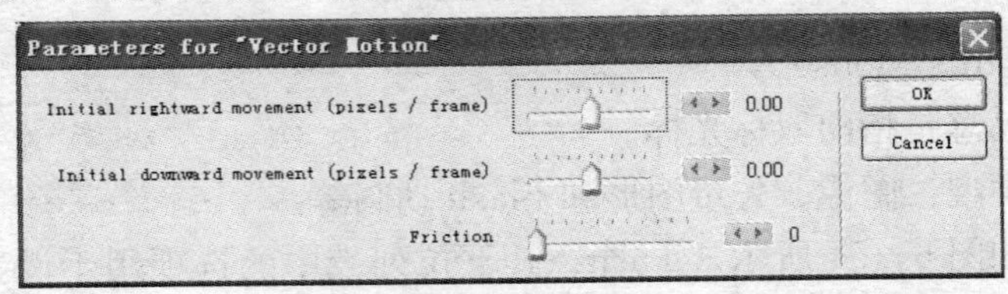

图 6—56　Vector Motion 行为的参数设置

（3）Sprite Transitions（精灵转场）类

在介绍特效通道的章节中，曾提到 Transition 特效通道的作用是创建帧与帧之间的转场效果。转场效果是在两帧画面之间创建的简短动画，从而实现不同画面之间的过渡。而这里所介绍的是精灵的转场，即对精灵添加简短的动画。以下对 Sprite Transitions 类行为进行介绍。

• Barn door

功能：使精灵产生开门或关门的效果。

适用的精灵类型：图像、矢量图形、文本和 Flash 动画等。

主要参数，如图 6—57 所示。When transition appears：设置关门或开门的方式和时间，两个选项分别为 beginning of sprite（精灵开始时的关门效果）和 end of sprite（精灵结束时的开门效果）。Duration：设置精灵开门或关门效果所持续的帧数。Direction：设置精灵的开门方向，两个选项分别为 Horizontal Doors（水平方向）或 Vertical Doors（垂直方向）。

图 6—57　Barn door 行为的参数设置

• Pixelate

功能：设置精灵清晰度转换的效果，即高分辨率与低分辨率的转换。

适用的精灵类型：图像、矢量图形、文本和 Flash 动画等。

主要参数，如图 6—58 所示。When transition appears：设置精灵清晰度转换的方式和时间，两个选项分别为 beginning of sprite（精灵开始时，精灵由低分辨率图像转换为高分辨率图像）和 end of sprite（精灵结束时，精灵由高分辨率图像转换为低分辨率图像）。Duration：设置精灵清晰度转换所持续的帧数。Lowest Resolution（horizontal）：设置精灵水平方向上的最低像素数。Lowest Resolution（Vertical）：设置精灵垂直方向上的最低像素数。Minimum pixel dimension：设置最小像素尺寸。

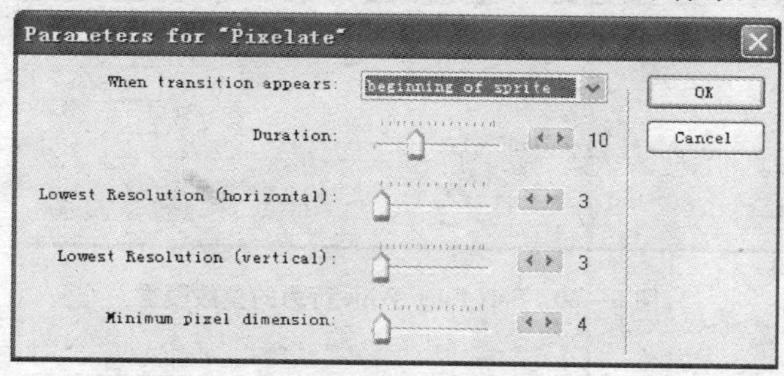

图 6—58　Pixelate 行为的参数设置

• Slide

功能：设置精灵的推入或推出效果。

适用的精灵类型：图像、矢量图形、文本和 Flash 动画等。

主要参数，如图 6—59 所示。When transition appears：设置关门或开门的方式和时间，两个选项分别为 beginning of sprite（精灵开始时的推入舞台效果）和 end of sprite（精灵结束时的推出舞台效果）。Duration：精灵的推入或推出效果所持续的帧数。Direction：设置精灵推入或推出舞台的方向，其中有 8 个选项供用户选择，如 left to right（从左到右的方向），bottom right to top left（从右下方到左上方）。

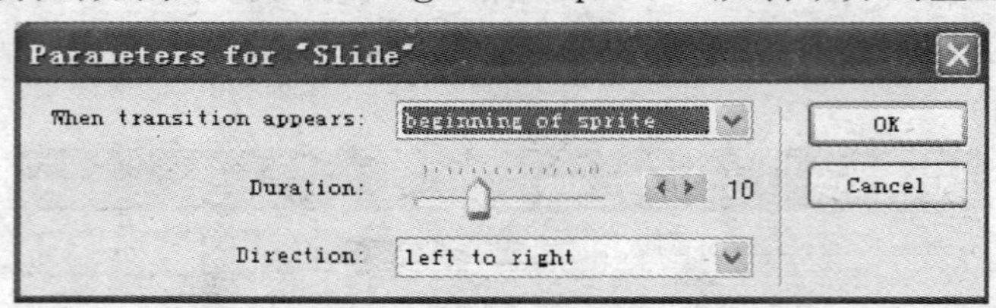

图 6—59　Slide 行为的参数设置

• Soft Edge Wipe

功能：设置精灵柔边展现或柔边擦除的效果，该柔边效果类似于 Adobe Photoshop 中的 Feather 效果。

适用的精灵类型：图像、矢量图形、文本和 Flash 动画等。

主要参数，如图 6—60 所示。When transition appears：设置精灵柔边展现或擦除的方式和时间，两个选项分别为 beginning of sprite（精灵开始时的柔边展现效果）和 end of sprite（精灵结束时的柔边擦除效果）。Duration：精灵柔边展现或擦除的效果所持续的帧数。Direction：设置精灵柔边展现或擦除的方向，其中有 4 个选项供用户选择，如 left to right（从左到右的方向），bottom to top（从下到上的方向）。Blend Width：设置柔边的混合宽度，单位为像素，像素数越高，边缘的模糊效果越强烈。

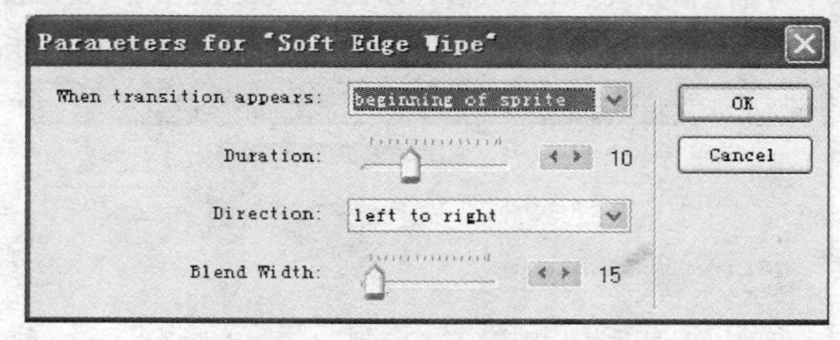

图 6—60　Soft Edge Wipe 行为的参数设置

• Stretch

功能：产生水平或垂直方向上的压缩或展开效果。

适用的精灵类型：图像、矢量图形、文本和 Flash 动画等。

主要参数，如图 6—61 所示。When transition appears：设置精灵压缩或展开的方式和时间，两个选项分别为 beginning of sprite（精灵开始时的展开效果）和 end of sprite（精灵结束时的压缩效果）。Duration：精灵压缩或展开效果所持续的帧数。Direction：设置精灵压缩或展开的方向，其中有 9 个选项供用户选择，如 left to right（从左到右的方向），to or from center（从四周到中心或从中心到四周的方向）。

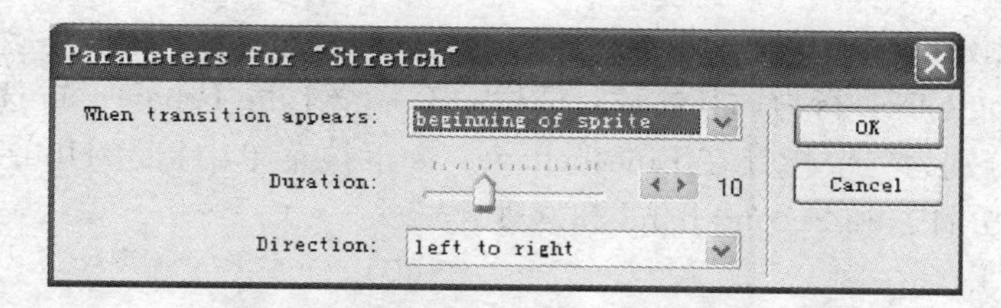

图 6—61 Stretch 行为的参数设置

• Wipe

功能：设置精灵展现或擦除的效果。

适用的精灵类型：图像、矢量图形、文本和 Flash 动画等。

主要参数，如图 6—62 所示。When transition appears：设置精灵展现或擦除的方式和时间，两个选项分别为 beginning of sprite（精灵开始时的展现效果）和 end of sprite（精灵结束时的擦除效果）。Duration：精灵展现或擦除效果所持续的帧数。Direction：设置精灵压缩或展开的方向，其中有 11 个选项供用户选择，除了 8 个常规方向（水平、垂直或对角线）外，还有三个非常规方向，即 rectangle to/from center（从中心到四周或从四周到中心的矩形展现或擦除），diamond to/from center（从中心到四周或从四周到中心的菱形展现或擦除），circle to/from center（从中心到四周或从四周到中心的圆形展现或擦除）。

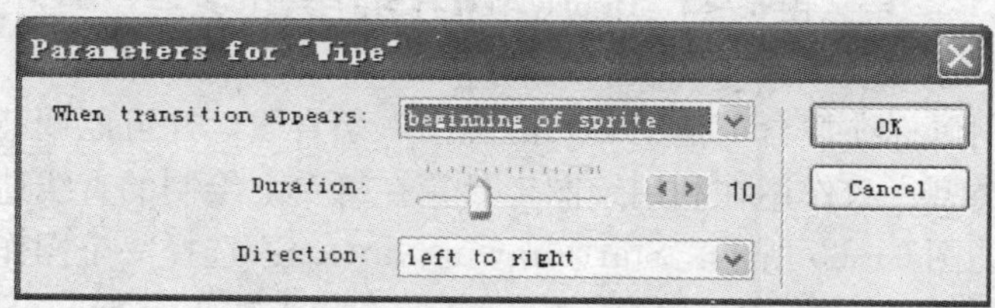

图 6—62 Wipe 行为的参数设置

6.4.2 Controls（控制）类行为

Controls 类的行为主要用于实现对影片中精灵的控制。此类行为包括 12 个行为，下面就对它们进行介绍。

• Analog Clock

功能：此行为用来创建一个显示当前系统时间的指针式模拟时钟。

适用的精灵类型：矢量图形、Flash 动画等。

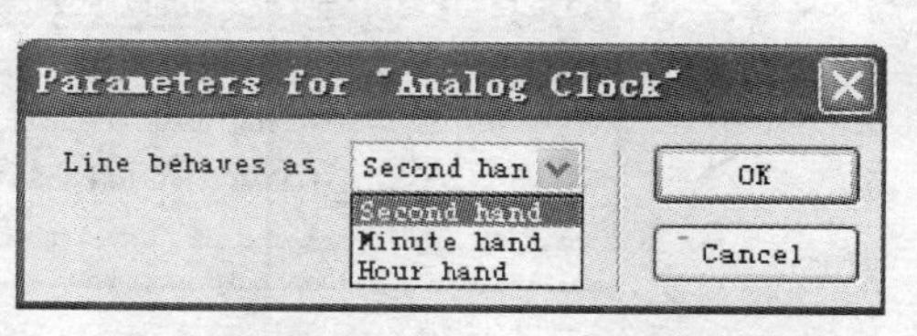

图 6—63 Analog Clock 行为的参数设置

主要参数，如图 6—63 所示。在看参数设置前，需要创建或导入 3 个矢量图形作为钟表的时针、分针和秒针。然后分别向 3 个指针添加 Analog Clock 行为，其参数对话框中有一个 Line behaves as 选项。根据指针的长短不同，分别为三个指针在 Line behaves as 下拉菜单中指定 Hour hand（时针）、Minute hand（分针）和 Second hand 和（秒针）。

• Display Text

功能：等待一个事件或 Lingo 指令后显示一段文字，直观来说，就是用来显示一个包含有文字的信息栏。Display Text 行为一般与后面要学习的 Tooltip 行为结合使用，这样当鼠标指向精灵时，就可以显示信息栏。

适用的精灵类型：域文本和精灵文本。

主要参数，如图 6—64 所示。Display Text sprite behaves asa：选择信息框的外观，包括两种类型，status bar（fixed size and position）指的是采用固定尺寸和位置的信息框，tooltip（dynamic size and position）指的是采用动态尺寸和位置的 Tooltip 风格信息框。

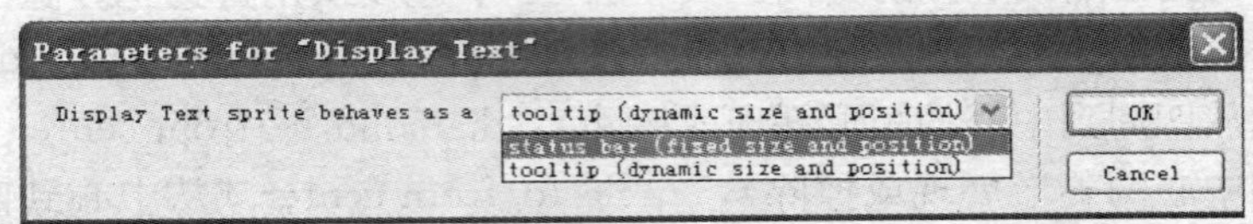

图 6—64 Display Text 行为的参数设置

• Draw Connector

功能：用户用鼠标在舞台上拖动时，能画出一条直线，并可以调节其终点。

适用的精灵类型：只作用在利用绘图工具箱在舞台上绘制的直线造型精灵上。

主要参数，如图 6—65 所示。Start drawing line on：选择一个操作选项，执行此操作开始绘制直线的起点，默认选项是 Mouse Down（当按下鼠标）。Stop drawing line on：选择一个操作选项，执行此操作完成该直线的绘制，默认选项是 Mouse Up（当释放鼠标）。Line sprite reacts to the mouse：设置直线对鼠标的反应，默认选项是 regularly（画出一条直线后，当再次按下鼠标时，就会擦除当前的直线并重新绘制新的直线）。User may adjust the end points of the line：在什么情况下允许用户调节直线的终点，默认选项 at any time（任何时候都可以通过拖拽直线的终点以调节直线）。

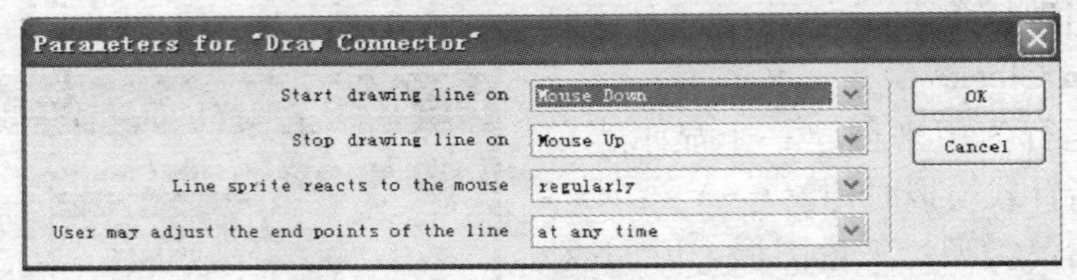

图 6—65 Draw Connector 行为的参数设置

• Dropdown List

功能：由一个域精灵创建一个下拉式列表框，可设定每个列表选项的显示内容，并可设定每个选项所要执行的动作指令。

适用的精灵类型：只应用于域文本精灵。

主要参数，如图 6—66 所示。Name of this list：可输入列表的名称。Contents of list：选择列表中的项目显示内容，其中的选项分别为 Current contents of the field（每个列表项目显示的是域文本本身的文本内容），Markers in this movie（每个列表项目显示的当前影片中包含的标记名称，这些标记名称可在标记通道中设置），Movies with the same path name（每个列表项目显示的是与当前影片在同一文件夹目录的影片名称）。Purpose of list：选择列表框的动作方式，其中的两个选项分别为 Select：return the selected item when called（回到当前所选择的项目），Execute：go movie ｜ go marker ｜ do selectedLine（执行指定的动作，如跳转到某一个标记帧处）。Checkmark to indicate currently selected item：设置被选中项目前面标记符号。Use standard style：使用传统风格。

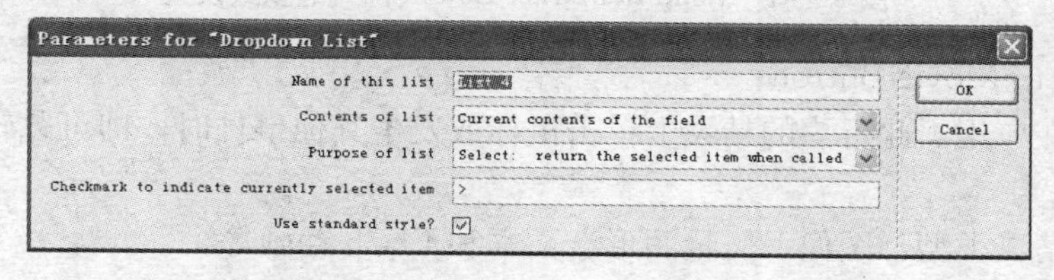

图 6—66　Dropdown List 行为的参数设置

• Jump Back Button

功能：使精灵具有退回按钮的功能，把用户向回带几帧，例如利用 Jump Back Button 行为创建"前一页"按钮的互动行为，会使播放头跳回前一个浏览过的标记画面。其功能与 Jump Forward Button（向前跳按钮），Jump to Marker Button（跳至标志按钮）或 Jump to Movie Button（跳至影片按钮）行为相反。注意，Jump Back Button 行为要与后面要学习的 Jump to Marker Button 和 Jump to Movie Button 行为配合使用。

适用的精灵类型：图像、矢量图形、文本和 Flash 动画等。

主要参数：无。

• Jump Forward Button

功能：使精灵具有前进按钮的功能，把用户向前带几帧，例如利用 Jump Forward Button 行为创建"下一页"按钮的互动行为，会使播放头跳回下一个标记画面。其功能与 Jump Back Button（向后跳按钮）相反。

适用的精灵类型：图像、矢量图形、文本和 Flash 动画等。

主要参数：无。

• Jump to Marker Button

功能：在应用了此行为的精灵上单击鼠标或发生其他事件时，即可跳转到指定的标记。

适用的精灵类型：图像、矢量图形、文本和Flash动画等。

主要参数，如图6—67所示。On mouseUp，jump to marker：设置跳转的前进方向，除了系统默认的方向，其下拉菜单中还显示了用户自定义的标记名称。Jump Mode：设置跳转的方式。Remember current marker for Back button：记住当前位置，选择此项，可以让该行为记住哪个标记画面是已经被用户访问过的。

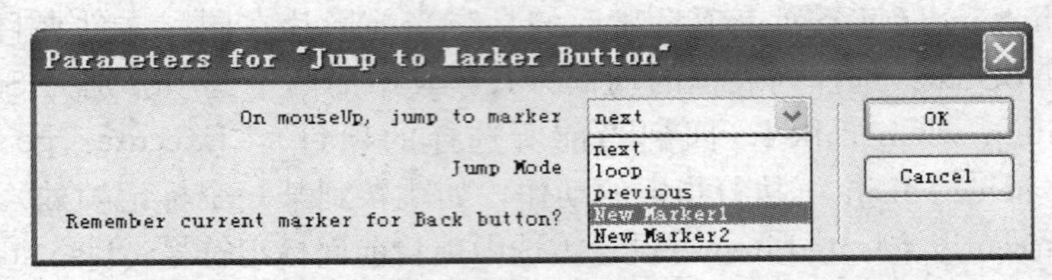

图6—67 Jump to Marker Button行为的参数设置

• Jump to Movie Button

功能：在应用了此行为的精灵上单击鼠标或发生其他事件时，即可跳转到指定的影片。

适用的精灵类型：图像、矢量图形、文本和Flash动画等。

主要参数，如图6—68所示。On mouseUp，go to movie：输入跳转目标的影片名称或路径。Marker in the other movie：这是一个可选项，在其中可输入目标电影的某个标记名称。Jump Mode：设置跳转模式。Remember current marker for Back button：记住当前位置。

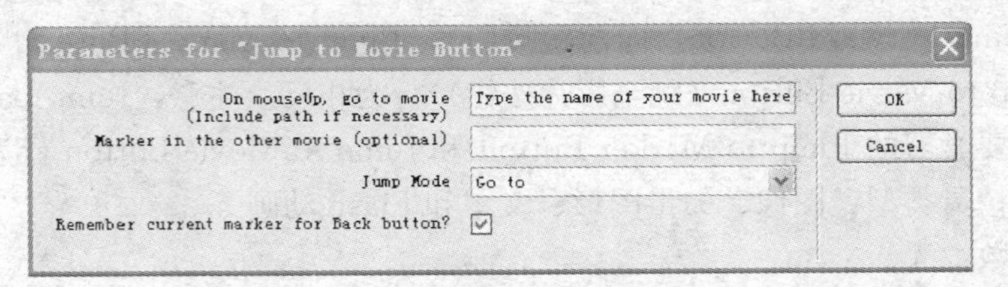

图6—68 Jump to Movie Button行为的参数设置

• Multi-State Button

功能：建立一组多状态单选按钮。可以为每个按钮指定三个不同状态（一般状态、鼠标经过和鼠标按下）。可以直接设置按钮的图片变化，每幅图片又分为关闭状态和开启状态两种，所以一共为六张图片。同一个Group ID的按钮互斥。

适用的精灵类型：图像、矢量图形、文本和Flash动画等。

主要参数，如图6—69所示。OFF STATE（关闭）状态下的Standard member：当鼠标不在该精灵范围内的时候，所显示的精灵。Rollover member：当鼠标经过该精灵范围内的时候，所显示的精灵。MouseDown member：当鼠标按下该精灵的时候，所显示的精灵。ON STATE（开启）状态下的Standard member，Rollover member，MouseDown member设置与OFF STATE状态的设置相似。when switched ON：当按钮开启时所发送的命令。when switched OFF：当按钮关闭时所发送的命令。ID string for the group：为一组按钮创建一个ID，一组按钮只能创建一个ID，这也是单选按钮组的特征。

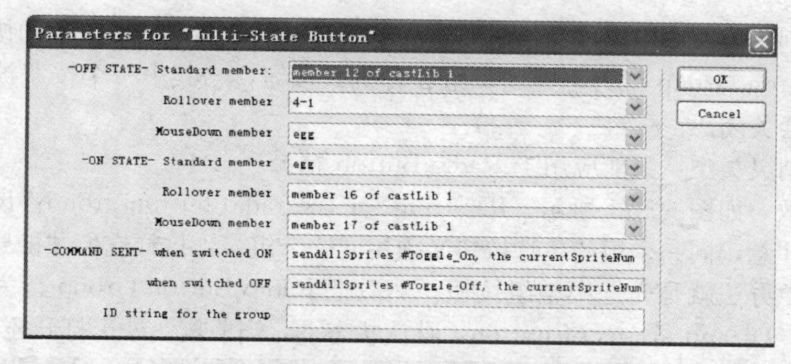

图6—69　Multi-State Button行为的参数设置

• Push Button

功能：创建一个标准按钮。可以为每个按钮指定四个不同状态（一般状态、鼠标经过、鼠标按下和失效状态），可在参数对话框中设定按钮音效，还可以指定其传送事件和时间传送的方式。

适用的精灵类型：几乎可适用于所有精灵类型。

主要参数，如图6—70所示。Standard member for sprite：当鼠标不在该精灵范围内的时候，所显示的精灵。Rollover member：当鼠标经过该精灵范围内的时候，所显示的精灵。MouseDown member：当鼠标按下该精灵的时候，所显示的精灵。Disabled member：当该精灵为失效状态的时候，所显示的精灵。Sound to play on mouseDown：当鼠标按下该精灵时所播放的声音文件，此选项可为精灵设定按钮音效。Sound to play on mouseUp：当在该精灵上释放鼠标时所播放的声音文件。Button is initially：设置初始状态下，该按钮精灵是否受鼠标事件的影响。Sprites which cover the button：设置按钮精灵允许或阻止所有鼠标事件。Action on mouseUp：当释放鼠标后，所发送的消息类型，还可以在下面一行的文本框中输入自定义所发送的消息类型。

• Radio Button Group

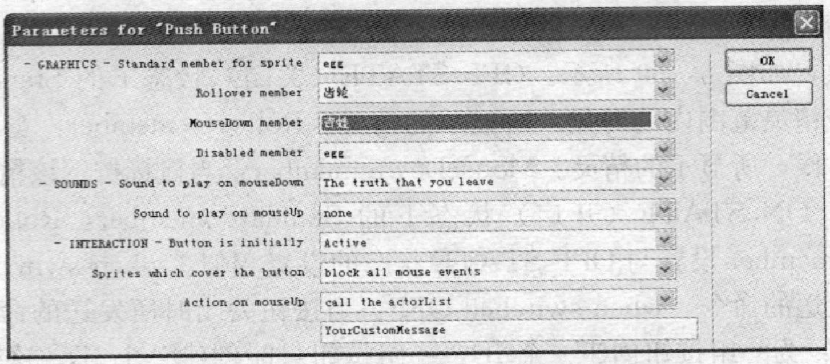

图 6—70　**Push Button 行为的参数设置**

功能：创建单选按钮组，并指定按钮的组号和初始状态，同一组号的按钮互斥。利用 Radio Button Group 行为可控制一组收音机式按钮，当其中一个按钮被打开时，其他的按钮就会关闭。

适用的精灵类型：只能应用于 Radio Button 精灵。

主要参数，如图 6—71 所示。ID string for the radio button group：设置单选按钮组的组号，注意，同一个组的单选按钮必须用同一个组号，这样它们才能互斥，统一其组号的最简单办法就是先选中整组按钮，然后把 Radio Button Group 行为统一添加到这些按钮上。Default status of button：默认状态下，当前按钮处于打开还是关闭状态。

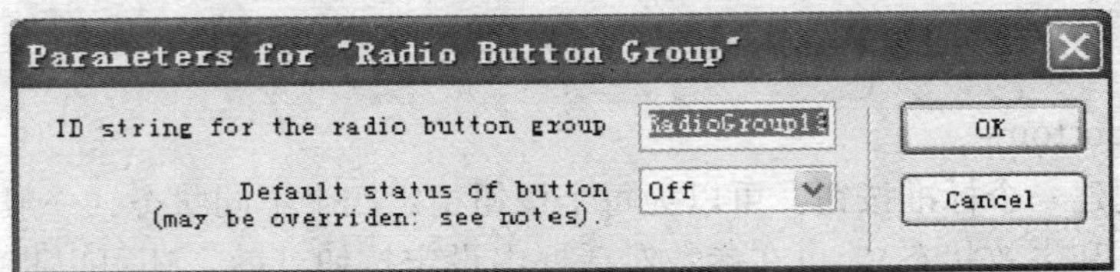

图 6—71　**Radio Button Group 行为的参数设置**

- Tooltip

功能：当鼠标指向精灵时显示提示一个工具提示信息，但要与前面学习过的 Display Text 行为结合使用。与 Display Text 互动行为配合，可制作提示信息。

适用的精灵类型：适用于所有精灵类型。

主要参数，如图 6—72 所示。Text of tool tip：输入将要显示的提示信息。Pause before showing tool tip（ticks）：从鼠标移动到精灵上到显示提示信息的延迟时间，最长延迟时间为 2 秒。Hide tool tip if user clicks on sprite：鼠标点击精灵时是否隐藏提示。Tool tip position relative to sprite：提示信息相对于精灵的位置（如中心、左上角、右上角、跟随鼠标等）。Use which sprite to display tooltip：设置精灵的编号，这个精灵将作为提示信息显示的载体，但一定要在该精灵上添加 Display Text 行为。

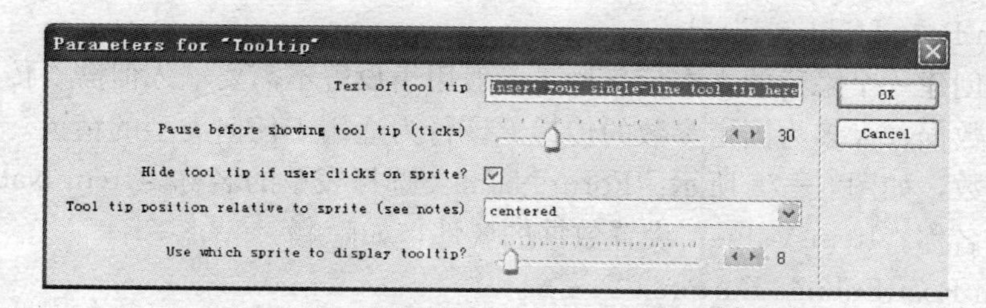

图 6—72　Tooltip 行为的参数设置

6.4.3 Internet（网络）类行为

Media 类行为主要用于实现浏览数据时的交互。此类行为包括两个子类行为：Forms 类和 Streaming 类。

（1）Forms 类

Forms 即表单类行为，这些行为包括创建传输数据所需要的窗口、按钮等，Forms 类中的大多数对象只能应用于域文本精灵对象，以创建用于上传或发送数据的菜单等。以下简要介绍 Forms 类中的一些行为。

- Form Post-Dropdown List

功能：为某精灵添加一个下拉菜单，当按下该精灵时，可将同名称表单下的所有项目数据传送至网络服务器主机。

主要参数，如图 6—73 所示。Form Name：为下拉菜单命名。Item Name：为该下拉菜单中的列表项命名。

- Form Post-Field

功能：该行为可添加到文本或域文本上，使用户能够键入将要发送至网络服务器主机的数据。

主要参数，如图 6—74 所示。Form Name：键入表单的名称。Item Name：键入表单的列表项名称。

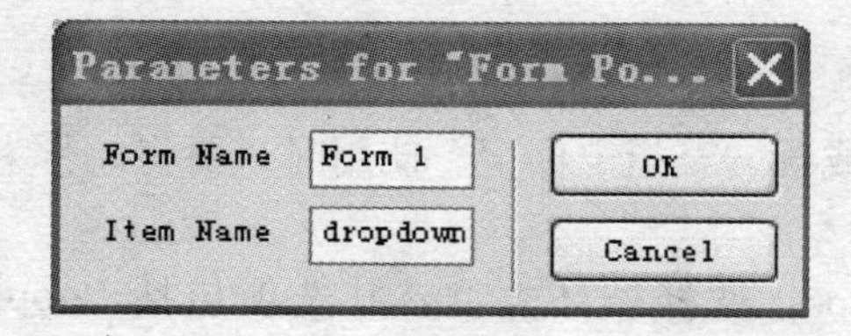

图 6—73　Form Post-Dropdown List 行为的参数设置

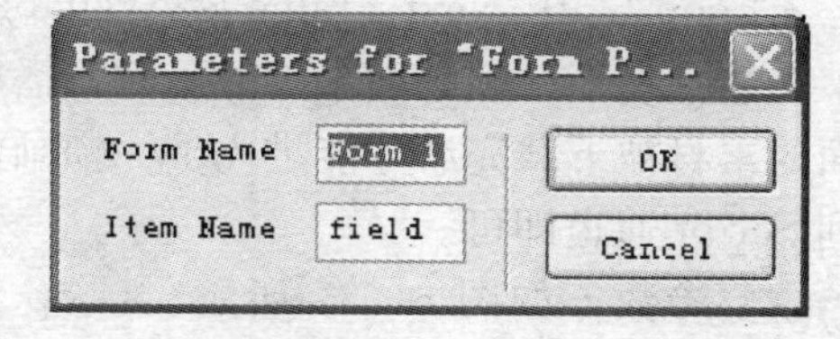

图 6—74　Form Post-Field 行为的参数设置

• Form Post-Hidden Field

功能：创建一个隐藏的文本信息栏，一般用于设置不需要输入但需要传送给网络服务器主机的数据，大多为固定参数的传递。该行为适用于任何类型的精灵。

主要参数，如图 6—75 所示。Form Name：选择表单的名称。Item Name：键入表单的列表项名称。Item Value：设置数据的属性，如隐藏。

• Form Post-Submit Button

功能：创建一个与前面提到的发送界面行为共同使用的提交按钮。

主要参数，如图 6—76 所示。Form name：选择表单的名称。URL：填入数据将要发送到的网页地址。Timeout：设置在取消发送数据前，多长时间算作超时，单位为秒。

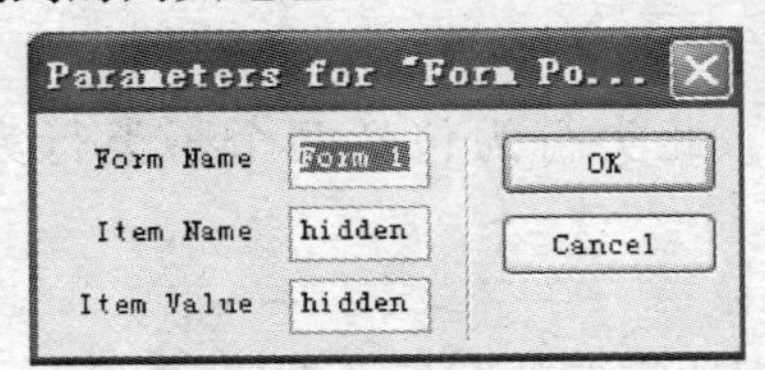

图 6—75　Form Post-Hidden Field 行为的参数设置

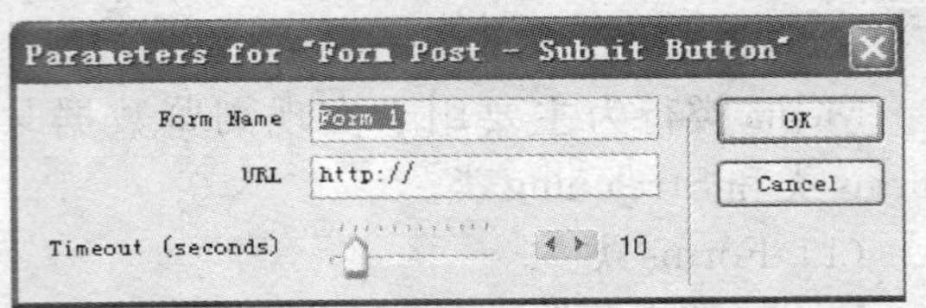

图 6—76　Form Post-Submit Button 行为的参数设置

（2）Streaming 类

Streaming 即流式行为，这些行为主要控制流媒体精灵播放时的时间，如设置等待和跳转功能。流媒体是指采用流式传输的方式在 Internet 播放，如音频、视频或多媒体文件。流媒体在播放前并不下载整个媒体文件，而是只将开始的部分内容存入内存，在计算机中对数据包进行缓存并使媒体数据正确的输出。流媒体的数据流可随时传送随时播放，与单纯的下载方式相比，这种对多媒体文件边下载边播放的流式传输方式不仅使启动延时大幅度地缩短，而且对系统缓存容量的需求也大大降低，极大减少了用户用在等待下载上所花的时间。应注意，流媒体是一种新的媒体传送方式，而非一种新的媒体。使用了 Streaming 类行为的媒体文件需要上传到网络服务器上测试，才能看到效果。以下简要介绍 Streaming 类中的一些行为。

• Loop Until Next Frame is Available

功能：在下一帧画面未能显示时，播放头将在某一帧中循环（等待），直至下一帧画面的素材被下载完后才能进入下一帧画面或跳转至指定标记。使用时只要将此行为添加到 Script 通道即可。

主要参数，如图 6—77 所示。Loop Type：选择循环类型，其选项包括 Loop on Current Frame（在当前帧处循环，为默认选项），Loop To Specified Frame（在指定的帧处循环），如果影片的标记通道中包括一个以上的标记，则会出现第三个选项 Loop To Specified Marker（在指定的标记处循环）。Loop to Frame：如果在 Loop Type 选项中选择的是 Loop To Specified Frame 选项，则需键入播放头要前进的帧标号。Loop to Marker：如果在 Loop Type 选项中选择的是 Loop To Specified Marker 选项，则需选择播放头要前进的标记名称。

Parameters for "Loop Until Next Frame is...
Loop Type　Loop On Current Frame　OK
Loop to Frame　1　Cancel
Loop to Marker　New Marker

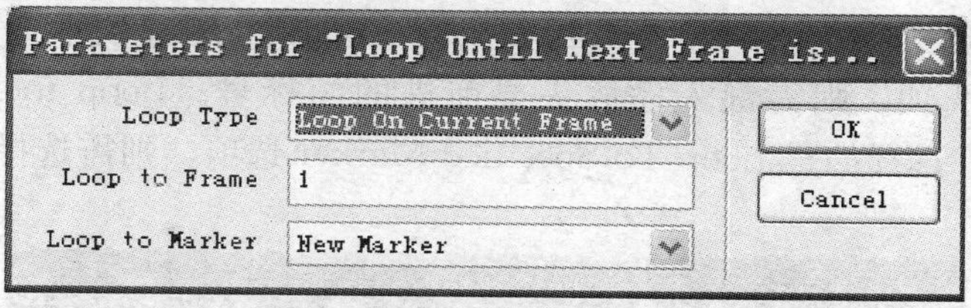

图 6—77　Loop Until Next Frame is Available 行为的参数设置

- Loop Until Member is Available

功能：播放头在某一帧中循环（等待），直到指定的演员被下载完后才能进入下一帧画面或跳转至指定标记。使用时只要将此行为添加到 Script 通道即可。

主要参数，如图 6—78 所示。Wait for Member：选择播放头循环要等待下载的演员名称。Loop Type：选择循环类型，其选项包括 Loop on Current Frame（在当前帧处循环，为默认选项），Loop To Specified Frame（在指定的帧处循环），如果影片的标记通道中包括一个以上的标记，则会出现第三个选项 Loop To Specified Marker（在指定的标记处循环）。Loop to Frame：如果在 Loop Type 选项中选择的是 Loop To Specified Frame 选项，则需键入播放头要前进的帧标号。Loop to Marker：如果在 Loop Type 选项中选择的是 Loop To Specified Marker 选项，则需选择播放头要前进的标记名称。

Parameters for "Loop Until Member is Available"
Wait For Member　The truth that you leave　OK
Loop Type　Loop On Current Frame　Cancel
Loop to Frame　1
Loop to Marker　New Marker

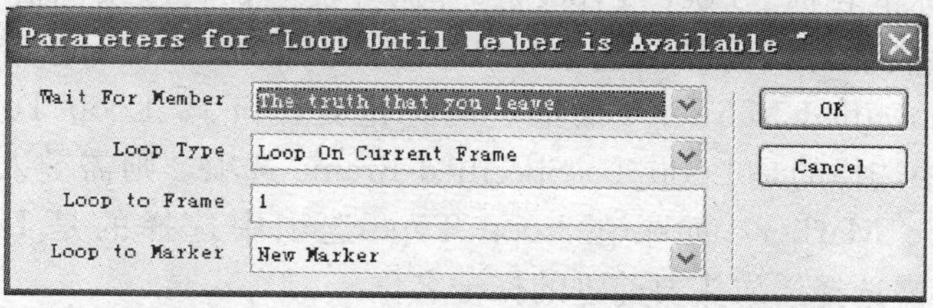

图 6—78　Loop Until Member is Available 行为的参数设置

- Loop Until Media in Frame is Available

功能：播放头在某一帧中循环（等待），直到指定帧中的媒体被下载完毕后才能进入下一帧画面或跳转至指定标记。使用时只要将此行为添加到 Script 通道即可。

注意事项：如果指定的媒体文件不是作为内部演员，而是作为链接使用的文件（导入演员时在 Media 选项中选择的是 Link to External File），在创作含有该媒体文件的影片前，将此媒体上传到服务器，再通过网页文件的路径链接该演员到演员表，以产生正确路径。

主要参数，如图 6—79 所示。Wait for Media in Frame：键入被等待的媒体文件所在帧的标号。Loop Type：选择循环类型，其选项包括 Loop on Current Frame（在当前帧处循环，为默认选项），Loop To Specified Frame（在指定的帧处循环），如果影片的标记通道中包括一个以上的标记，则会出现第三个选项 Loop To Specified Marker（在指定的标记处循环）。Loop To Frame：如果在 Loop Type 选项中选择的是 Loop To Specified Frame 选项，则需键入播放头要前进的帧标号。Loop to Marker：如果在 Loop Type 选项中选择的是 Loop To Specified Marker 选项，则需选择播放头要前进的标记名称。

图 6—79 Loop Until Media in Frame is Available 行为的参数设置

• Loop Until Media in Marker is Available

功能：播放头在某一帧中循环（等待），直到两标记间一系列帧中的媒体被下载完毕后才能进入下一帧画面或跳转至指定标记。使用此标记的前提是影片的标记通道中包括一个以上的标记，使用时只要将此行为添加到 Script 通道即可。

主要参数，如图 6—80 所示。Wait for Range of Media in Marker：选择被等待的媒体文件所在的帧标记名称。Loop Type：选择循环类型，其选项包括 Loop on Current Frame（在当前帧处循环，为默认选项），Loop To Specified Frame（在指定的帧处循环），Loop To Specified Marker（在指定的标记处循环）。Loop To Frame：如果在 Loop Type 选项中选择的是 Loop To Specified Frame 选项，则需键入播放头要前进的帧标号。Loop To Marker：如果在 Loop Type 选项中选择的是 Loop To Specified Marker 选项，则需选择播放头要前进的标记名称。

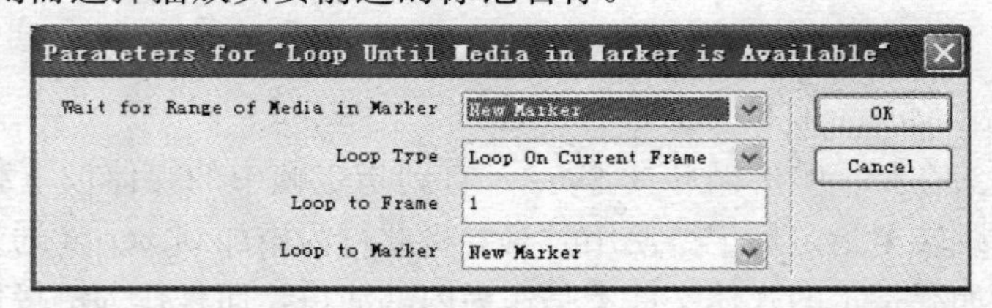

图 6—80 Loop Until Media in Marker is Available 行为的参数设置

• Jump When Member is Available

功能：在指定的演员下载完毕后，才播放下一帧画面或跳转到指定的画面。使用时只要将此行为添加到 Script 通道即可。

主要参数，如图 6—81 所示。Wait for Member：选择播放头所等待的演员名称。Jump Type：选择跳转方式，其选项包括 Jump To Next Frame（跳转至下一帧画面），Jump To Specified Frame（跳转至指定的帧画面），如果影片的标记通道中包括一个以上的标记，则会出现另一个选项 Jump To Specified Marker（跳转至指定的标记处）。Jump To Frame：当下载完指定的演员，要指定播放头的跳转目标，如果在 Jump Type 选项中选择的是 Jump To Specified Frame 选项，则需键入播放头要跳转到的帧标号。Jump To Marker：如果在 Loop Type 选项中选择的是 Jump To Specified Marker 选项，则需选择播放头要跳转到的标记名称。

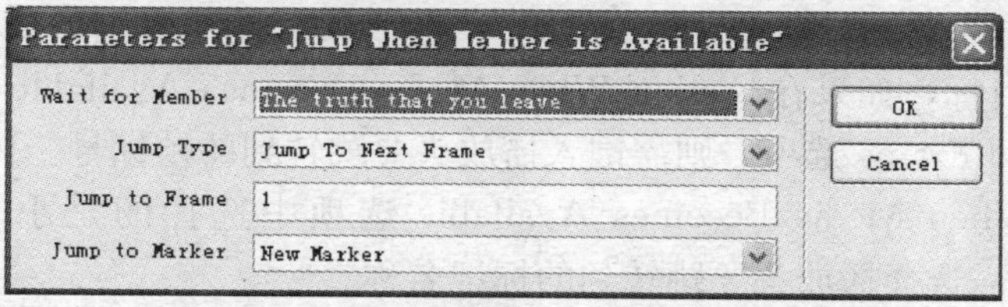

图 6—81　Jump When Member is Available 行为的参数设置

• Jump When Media in Frame is Available

功能：直到指定帧中的媒体演员被下载完毕后，才播放下一帧画面或跳转到指定的画面。使用时只要将此行为添加到 Script 通道即可。

主要参数，如图 6—82 所示。Wait for Media in Frame：选择播放头等待的媒体文件所在帧的标号。Action When Media Becomes Available：当指定帧中的媒体演员被下载完毕后所执行的动作，其选项包括 Jump To Next Frame（跳转至下一帧画面），Jump To Specified Frame（跳转至指定的帧画面），如果影片的标记通道中包括一个以上的标记，则会出现另一个选项 Jump To Specified Marker（跳转至指定的标记处）。Jump To Frame：当下载完指定的媒体演员后，要指定播放头的跳转目标，如果在 Action When Media Becomes Available 选项中选择的是 Jump To Specified Frame 选项，则需键入播放头要跳转到的帧标号。Jump To Marker：如果在 Action When Media Becomes Available 选项中选择的是 Jump To Specified Marker 选项，则需选择播放头要跳转到的标记名称。

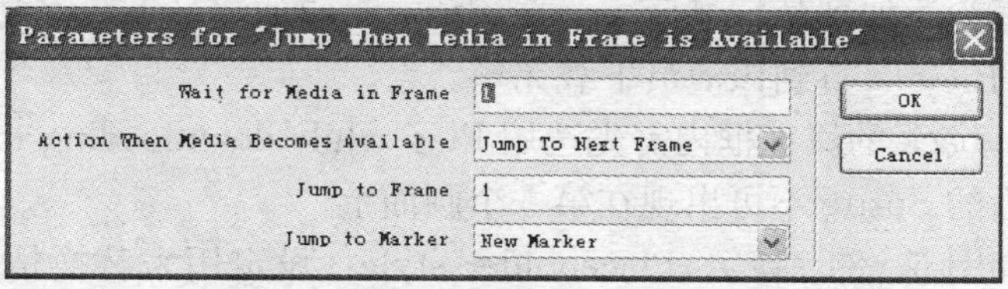

图 6—82　Jump When Media in Frame is Available 行为的参数设置

• Jump When Media in Marker is Available

功能：直到指定的两标记间一系列帧中的所有媒体演员被下载完毕后，才播放下一帧画面或跳转到指定的画面。使用此标记的前提是影片的标记通道中包括一个以上的标记，使用时只要将此行为添加到 Script 通道即可。

主要参数，如图 6—83 所示。Wait for Range of Media in Marker：选择被等待的媒体文件所在的帧标记名称。Action When Media Becomes Available：当指定帧范围内的媒体演员被下载完毕后所执行的动作，其选项包括 Jump To Next Frame（跳转至下一帧画面），Jump To Specified Frame（跳转至指定的帧画面），Jump To Specified Marker（跳转至指定的标记处）。Jump To Frame：当下载完指定范围的媒体演员后，要指定播放头的跳转目标，如果在 Action When Media Becomes Available 选项中选择的是 Jump To Specified Frame 选项，则需键入播放头要跳转到的帧标号。Jump To Marker：如果在 Action When Media Becomes Available 选项中选择的是 Jump To Specified Marker 选项，则需选择播放头要跳转到的标记名称。

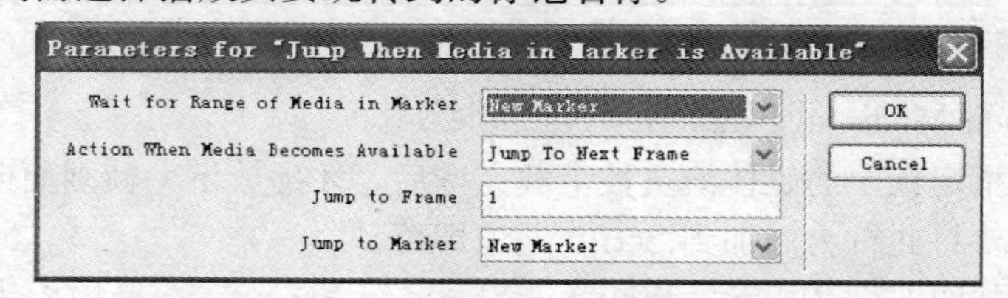

图 6—83　Jump When Media in Marker is Available 行为的参数设置

• Progress Bar for Streaming Movies

功能：将精灵用作进度条，以表现下载流式影片时的百分比。使用时需先将该行为添加到用来作进度条的精灵，下载电影时会显示动态的进度百分比。

• Progress Bar for URL Linked Assets

功能：将精灵用作进度条，以表现下载流式影片时的百分比。使用时需将该行为添加到用来作进度条的精灵，下载电影时会显示动态的进度百分比，并以设定的链接演员作为下载进度的参考标准。

• Show Placeholder

功能：将此行为添加到某精灵后，会在该精灵对应的演员下载完之前，先将一个矢量图形替换精灵的位置，直到该演员下载完毕。

但 Movie Playback 的属性框内需先选用 Play while downloading movie 的项目，而且使用此互动行为的 Sprite 不可出现在第一个画面上。

主要参数，如图 6—84 所示。Placeholder style：设定用来替换精灵的矢量图形显示风格，其下拉列表中的选项有 Box（矩形造型风格），CircleWithSlash（环形斜线风格）。

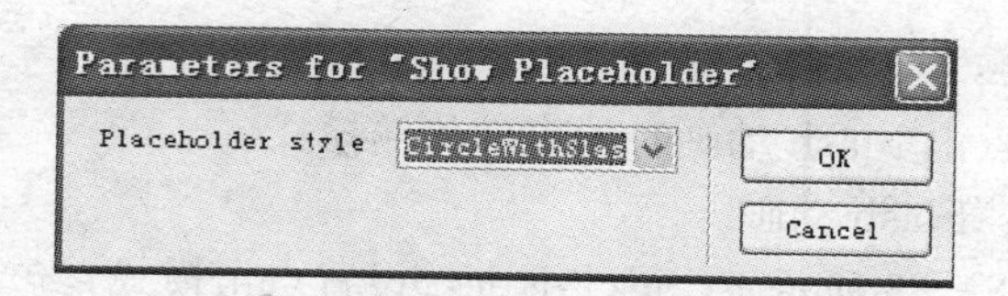

图 6—84　Show Placeholder 行为的参数设置

6.4.4　Media（媒体控制）类行为

Media 类的行为主要用于实现对影片中各种媒体的控制。根据媒体类型的不同，此类行为包括这样三个子类行为：Flash 类、QuikTime 类、RealMedia 类和 Sound 类。

（1）Flash 类

Flash 动画具有文件量小、便于网络传输的特点。Flash 特别适用于创建通过 Internet 提供的内容，因为它的文件非常小。Flash 是通过广泛使用矢量图形做到这一点的。与位图图形相比，矢量图形需要的内存和存储空间小很多，因为它们是以数学公式而不是大型数据集来表示的。Flash 可以包含简单的动画、视频内容、复杂演示文稿和应用程序，以及介于它们之间的任何内容。从 Flash 8.0 版本开始，其增强了对视频的支持。以下介绍 Adobe Director 11 中针对 Flash 动画的一些行为。

• Flash Player Settings Panel

功能：将此行为添加到 Flash 动画精灵上，允许用户访问 Flash Player 设置面板。

适用的精灵类型：Flash 动画。

主要参数，如图 6—85 所示。Select default Flash Player Settings Panel：选择默认的 Flash Player 设置面板。When dose this Action occur：选择鼠标的点击模式，用来打开 Flash Player 设置面板。Which modifier key will be used：选择一个组合键用来打开 Flash Player 设置面板。Enter custom key to use，if any：设置二次修改键。

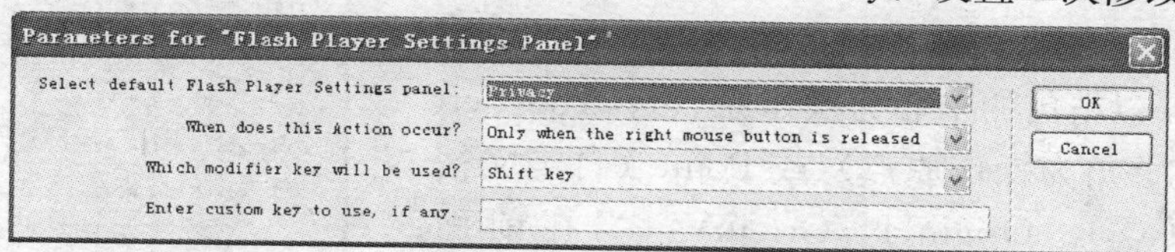

图 6—85　Flash Player Settings Panel 行为的参数设置

• Flash Cursor

功能：将此行为添加到 Flash 动画精灵上，允许为 Flash 动画保持 Director 影片的光标设置。

适用的精灵类型：Flash 动画。

主要参数：无。

• Set Click Modes

功能：设置鼠标点击 Flash 动画时的事件传输模式。

适用的精灵类型：Flash 动画。

主要参数，如图 6—86 所示。Click Mode：设置点击模式，包括范围矩形框、不透明区域和对象 3 个选项。Event Pass Mode：Flash 向 Director 的事件传输模式。

• Set Playback Quality

功能：设置 Flash 动画的播放品质。

适用的精灵类型：Flash 动画。

主要参数，如图 6—87 所示。Image enabled：是否激活。Direct to Stage：是否直接写屏。static：使动画静止，并以其第一帧显示。Quality：播放品质。

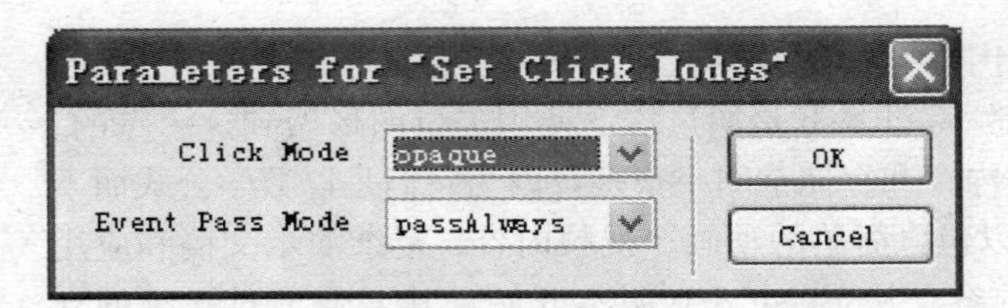

图 6—86　Set Click Modes 行为的参数设置

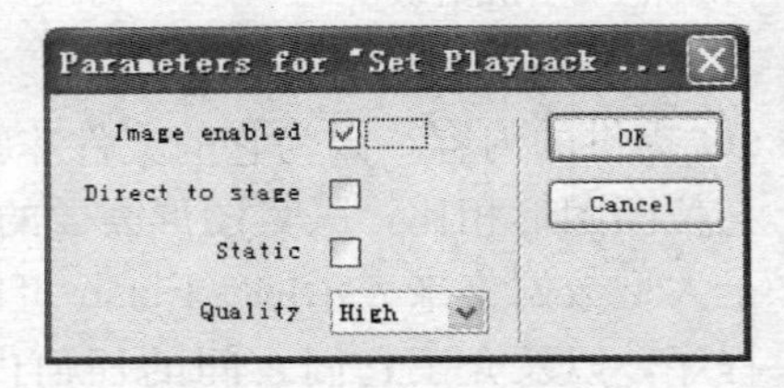

图 6—87　Set Playback Quality 行为的参数设置

• Set Scale，Origin and View

功能：设置 Flash 动画的舞台参数：缩放、原点和视图。

适用的精灵类型：Flash 动画。

主要参数，如图 6—88 所示。Scale mode：选择缩放模式。Scale：设置动画中图形的缩放比例，是以操作原点为中心缩放的。可以选择几种模式或者自定义。Origin mode：选择精灵的操作原点，可以选择 Center（以精灵的中心为操作原点）、Top Left（以精灵的左上角为操作原点）或 Point（自定义精灵的操作原点）。OriginH /OriginV：当在前面 Origin mode 选项中选择了 Point，就可以设置此处两项的值。View scale：以精灵的外边框为中心成反比缩放，可以指定百分比，数值越大，图像显示得越小，也可指定宽、高。

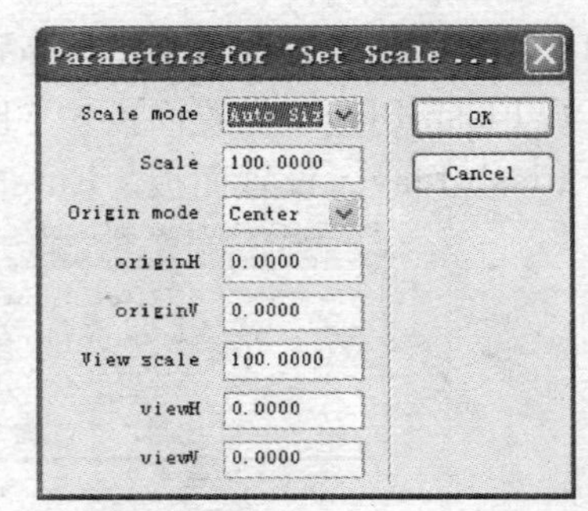

图 6—88　Set Scale，Origin and View 行为的参数设置

（2）QuikTime 类

在介绍 QuickTime 类型的音、视频文件之前，有必要先了解一下 MOV 文件格式。

MOV 文件格式是 Apple 公司开发的一种视频文件格式，其相应的视频软件为 QuickTime，后来人们就习惯称该格式的文件为 QuickTime 文件。QuickTime 文件能被包括 Mac OS 和 Microsoft OS 在内的所有主流计算机平台支持。QuickTime 文件支持 25 位彩色，支持领先的集成压缩技术，提供 150 多种视频效果，并配有提供 200 多种 MIDI 兼容音响和设备的声音装置。新版的 QuickTime 进一步扩展了原有功能，包含了基于 Internet 应用的关键特性。QuickTime 因具有跨平台、存储空间要求小等技术特点，得到业界的广泛认可，目前已成为数字媒体软件技术领域中的工业标准。以下介绍 Adobe Director 11 中针对 QuickTime 视频文件的一些行为。

- QuickTime Control Button

功能：创建 QuickTime 电影的控制按钮，可以把一个精灵变为一个播放、暂停、快进等按钮。

适用的精灵类型：QuickTime 视频。

主要参数，如图 6—89 所示。Video Sprite Channel：选择将要添加此行为的 QuickTime 电影精灵所在通道的标号。Video button action：选择按钮的动作，选项包括 Rewind（回绕）、Stop（停止）、Play（播放）、End（到末端）、Backward（快退）、Forward（快进）。

- QuickTime Control Slider

功能：可与 Constrain to Line 互动行为配合创建一个 QuickTime 控制杆。使添加了 Constrain To Line 行为的精灵作为 QuickTime 控制杆，能够控制 QuickTime 文件。

适用的精灵类型：QuickTime 视频。

主要参数，如图 6—90 所示。Slider Sprite：指定用来作为控制杆的精灵所在通道的标号。

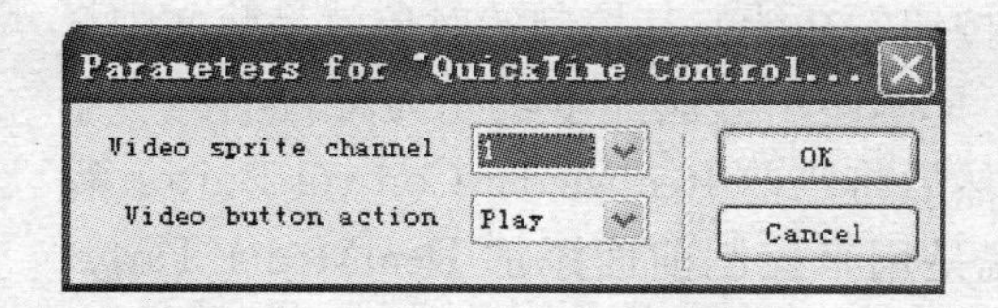

图 6—89　QuickTime Control Button 行为的参数设置

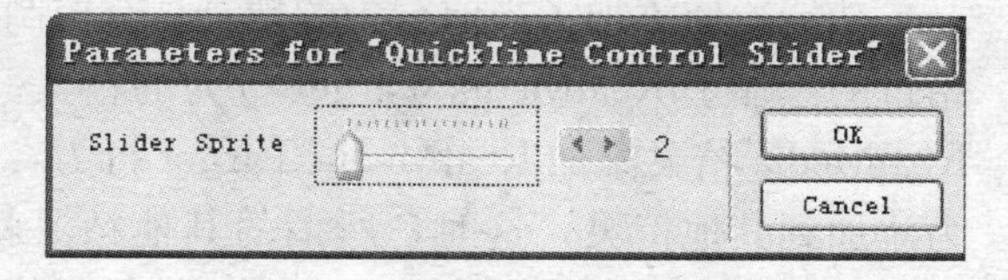

图 6—90　QuickTime Control Slider 行为的参数设置

（3）RealMedia 类

RealMedia 采用流式播放，使用户可以边下载边播放，而且其极高的影像压缩率虽然牺牲了一些画质与音质，但却能在较低网速的情况下流畅播放 RealMedia 格式的音、视频文件。基于此特点，现在有很多网站开始提供 RealMedia 格式的音乐下载。而且现在市面上还推出了很多用 RealMedia 格式压缩的电视、电影的碟片。RealMedia 行为都是用来控制 RealMedia 精灵播放的，如设置暂停按钮、播放按钮、进度条外观、控制滑块等。运用 RealMedia 行为对音、视频进行控制是经常用到的操作，以下具体介绍 Adobe Director 11 中的 RealMedia 类行为。

• RealMedia Target

功能：允许一个应用了当前行为的 RealMedia 精灵与应用了其他 RealMedia 行为的精灵进行交互。就其本身而言，该行为并不控制当前的 RealMedia 精灵，而是受应用了其他行为的精灵控制。因此，应用了当前 RealMedia Target 行为的 RealMedia 精灵与下面要讲的 RealMedia 行为是密切联系的。

适用的精灵类型：RealMedia 精灵。

主要参数，如图 6—91 所示。Small seek amount/ Large seek amount：分别设置最长和最短的跳转时间，单位为 milliseconds（毫秒）。Which group does this behavior belong to：该行为的组名称，该精灵的组名称将被应用了其他 RealMedia 行为的精灵调用，并进行交互控制（例如，如果当前组名称为“Real1”，那么与其进行交互的其他精灵的组名称也应是“Real1”）。

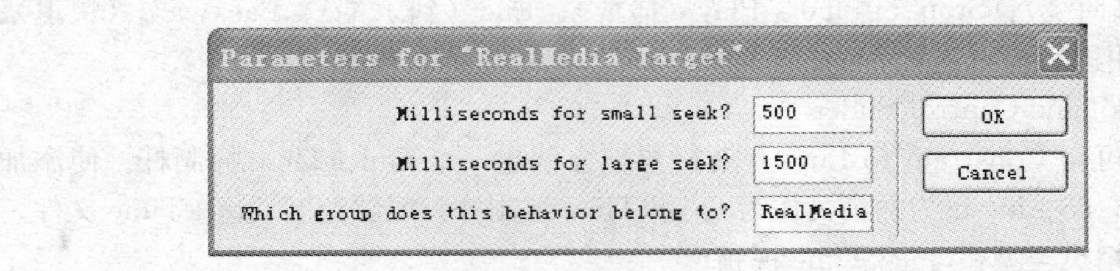

图 6—91　Realmedia Target 行为的参数设置

• Realmedia Control Button

功能：使添加了当前行为的精灵具有控制按钮的功能，其控制的对象就是前文中介绍过的添加了 RealMedia Target 行为的精灵。具体使用方法如下：先为舞台上的一个 RealMedia 精灵添加 RealMedia Target 行为，然后将当前 RealMedia Control Button 行为添加到其他精灵，这时，所谓的其他精灵就是用来控制前面添加 RealMedia Target 行为的精灵，比如控制该 RealMedia 精灵暂停、停止、开始的按钮等。

适用的精灵类型：几乎适用于一切精灵类型。

主要参数，如图 6—92 所示。Select a Group and its Action：选择该行为的组名称及按钮动作（功能），因为应用该行为的精灵要控制前面的 RealMedia 精灵，因此其组名称与添加了 RealMedia Target 行为的精灵的组名称要一致；其组名称后面的动作包括暂停 RealMedia、停止 RealMedia、开始 RealMedia 等。

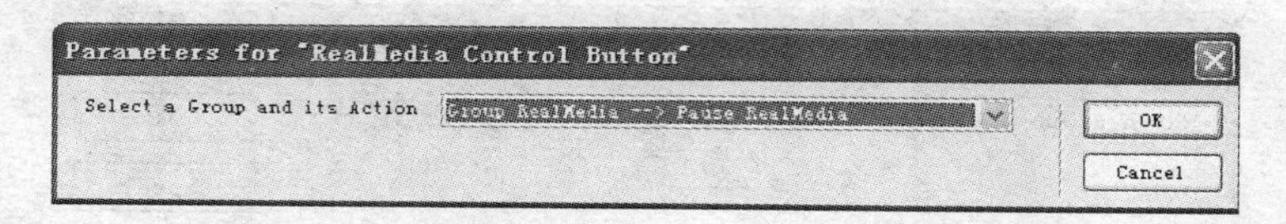

图 6—92 Realmedia Target 行为的参数设置

- RealMedia Slider Bar

功能：该行为可定义滑块旋钮在水平方向上的滑动范围。具体使用方法是这样的：先为舞台上的一个 RealMedia 精灵添加 RealMedia Target 行为，然后将当前 RealMedia Slider Bar 行为添加到另一个精灵，此时该精灵将作为一个滑杆，将来用户拖动滑块时，滑块将沿此滑杆滑动，其滑动范围将限制在该滑杆精灵从左到右的水平长度之间。

适用的精灵类型：几乎适用于一切精灵类型。

注意事项：RealMedia Slider Bar 行为与后面要讲到的 RealMedia Slider Knob 行为（添加 RealMedia 控制滑块）一起使用才能看到效果。如果现在没有为另一个精灵添加 RealMedia Slider Knob 行为，则在播放影片时会出现一个提示框。

主要参数，如图 6—93 所示。Which group does this behavior belong to：为该精灵选择所在组的名称，其组名称与添加了 RealMedia Target 行为的精灵的组名称要一致。

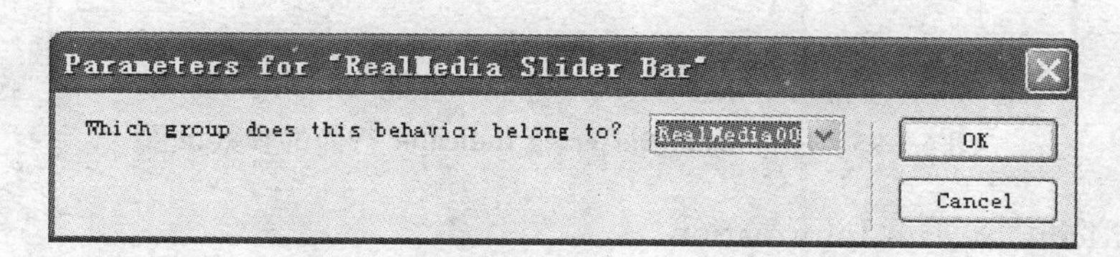

图 6—93 Realmedia Slider Bar 行为的参数设置

- RealMedia Slider Knob

功能：该行为可将一个精灵用作滑块并控制 RealMedia 精灵的回放位置（当前播放时间）。拖动添加了 RealMedia Slider Knob 行为的该精灵，能帮助用户改变当前播放的时间段。但不管用户怎么拖动该滑块精灵，其水平移动范围都不会超出添加了 RealMedia Slider Bar 的精灵大小。

适用的精灵类型：几乎适用于一切精灵类型。

主要参数，如图 6—94 所示。Which group does this behavior belong to：为该精灵选择所在组的名称，其组名称与添加了 RealMedia Target 行为的精灵的组名称要一致。

- RealMedia Buffering Indicator

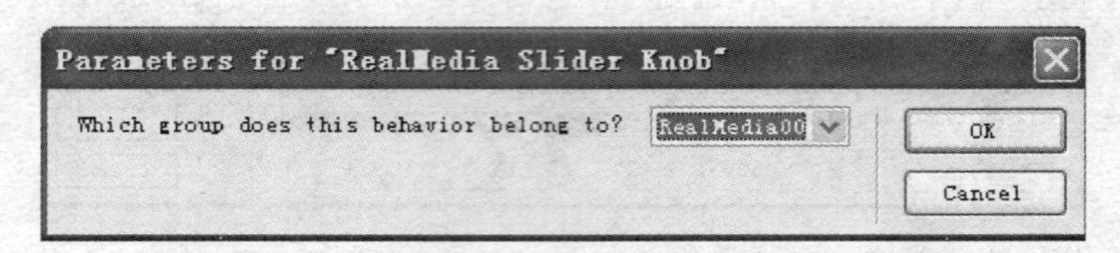

图 6—94 RealMedia Slider Knob 行为的参数设置

功能：为 RealMedia 精灵的播放加入一个缓冲标记。具体使用方法如下：先为舞台上的一个 RealMedia 精灵添加 RealMedia Target 行为，然后将当前 RealMedia Buffering Indicator 行为添加到另一个精灵，此时该精灵将作为 RealMedia 精灵播放前的一个缓冲进度条出现。该进度条是显示缓冲进度的，在 RealMedia 精灵的加载中，缓冲进度条的宽度是以初始状态的 0～100％逐渐加宽显示的。

适用的精灵类型：几乎适用于一切精灵类型。

主要参数，如图 6—95 所示。Which group does this behavior belong to：为该精灵选择所在组的名称，其组名称与添加了 RealMedia Target 行为的精灵的组名称要一致。

图 6—95 Realmedia Buffering Indicator 行为的参数设置

• RealMedia Stream Information

功能：为 RealMedia 精灵的播放加入一个流信息。具体使用方法如下：先为舞台上的一个 RealMedia 精灵添加 RealMedia Target 行为，然后将当前 RealMedia Stream Information 行为添加到另一个文本和域文本精灵，此时该精灵将作为一个流信息显示区域并显示 RealMedia 精灵的相关信息。

适用的精灵类型：文本和域文本。

主要参数，如图 6—96 所示。Information Type：选择该流信息显示区域将要显示的内容，包括 Percent Buffered（缓冲进度百分比），Media Status（媒体状态，如：Playing），Current Time（当前播放时间），File Location：（该 RealMedia 演员文件在计算机中的路径）。Which group does this behavior belong to：为该精灵选择所在组的名称，其组名称与添加了 RealMedia Target 行为的精灵的组名称要一致。

（4）Sound 类

声音是多媒体作品中必不可少的元素，无论是音乐、对白、声音特效等，它们都为

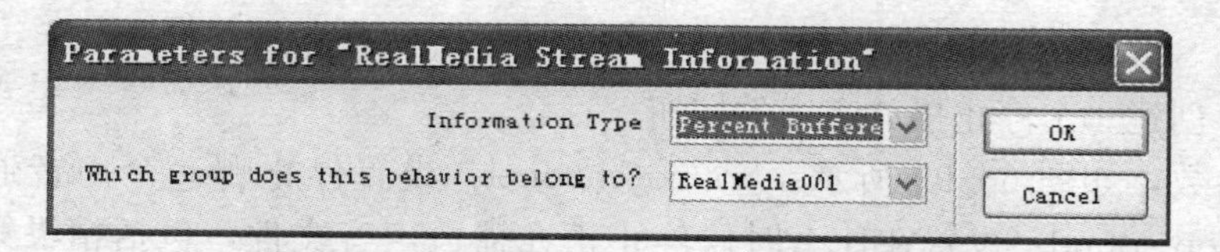

图 6—96　RealMedia Stream Information 行为的参数设置

多媒体作品创造了极大的吸引力。Sound 类行为都是用来控制声音精灵的播放，如设置播放按钮、暂停按钮等。运用 Sound 类行为对声音进行控制也是经常用到的操作，以下介绍 Sound 类行为。

• Play Sound

功能：创建一个播放声音的按钮。

主要参数，如图 6—97 所示。Sound to play：播放哪一个声音演员。Sound channel：播放哪一个声音通道的声音，用于回放时播放的声音。When to play sound：设置在什么时候开始播放声音文件，如 when the mouse click on the sprite 表示鼠标点击后播放声音，when the cursor move over the sprite 表示鼠标进入后播放声音，另外还有精灵第一次出现、精灵离开舞台、鼠标点击后释放、鼠标离开等选项。Number of loops：设置循环播放的次数，如果设为 0，则表示将循环播放声音。

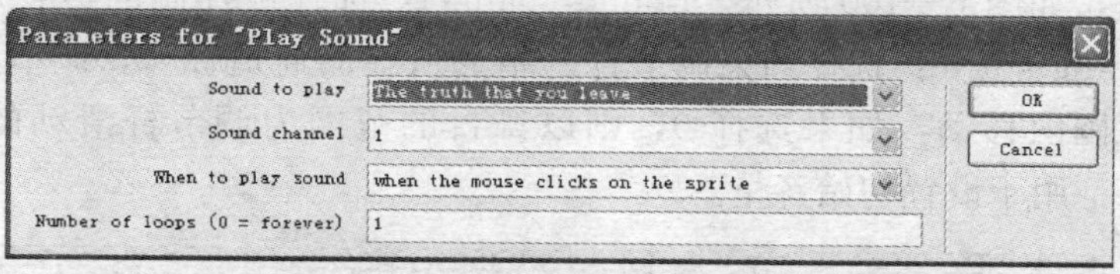

Parameters for "Play Sound"
Sound to play　The truth that you leave
Sound channel　1
When to play sound　when the mouse clicks on the sprite
Number of loops (0 = forever)　1
OK
Cancel

图 6—97　Play Sound 行为的参数设置

• Pause Sound

功能：创建一个暂停播放声音的按钮。

主要参数，如图 6—98 所示。Sound channel：设置暂停哪一个声音通道的声音。When to Pause Sound：设置在什么时候暂停正在播放声音文件，如 when the mouse click on the sprite 表示鼠标点击后暂停声音，when the cursor move over the sprite 表示鼠标进入后暂停声音，另外还有精灵第一次出现、精灵离开舞台、鼠标点击后释放、鼠标离开等选项。

Parameters for "Pause Sound"
Sound channel:　1
When to pause sound:　when the mouse clicks on the sprite
OK
Cancel

图 6—98　Pause Sound 行为的参数设置

• Stop Sound

功能：创建一个停止播放声音的按钮。

主要参数，如图 6—99 所示。Sound channel：设置停止哪一个声音通道的声音。When to stop sound：设置在什么时候停止正在播放声音文件，包括精灵第一次出现、精灵离开舞台、鼠标点击、鼠标点击后释放、鼠标进入、鼠标离开几个选项。

图 6—99　Stop Sound 行为的参数设置

• Sound Beep

功能：指定精灵被点击时，发出系统的警告声。

主要参数：无。

• Channel Volume Slider

功能：创建一个控制通道音量的调节杆。

主要参数，如图 6—100 所示。Sound channel：选择被控制的声音所在的通道标号。Constraining sprite：选择约束调节杆的精灵所在的通道标号，调节杆只能在约束精灵的垂直范围内移动，如果选择 0，则以舞台的范围为调节杆滑动的范围。Initial sound volume：用于设置初始音量。

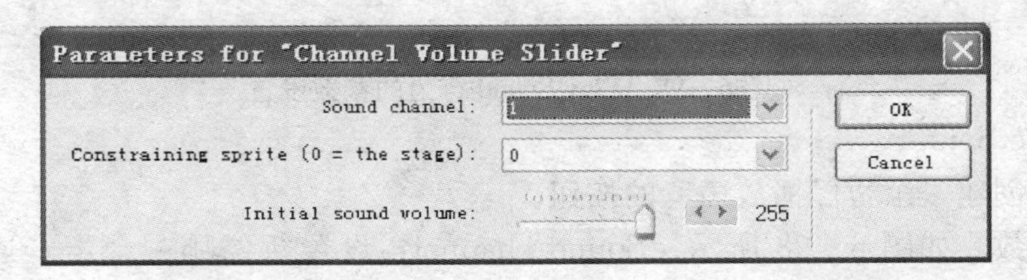

图 6—100　Channel Volume Slider 行为的参数设置

• Channel Pan Slider

功能：创建一个控制左右声道转换的音量调节杆。

主要参数，如图 6—101 所示。Sound Channel：选择被控制的声音所在的通道标号。Constraining sprite：选择约束调节杆的精灵所在的通道标号，调节杆只能在约束精灵的垂直范围内移动，如果选择 0，则以舞台的范围为调节杆滑动的范围。Initial sound volume：用于设置初始音量。

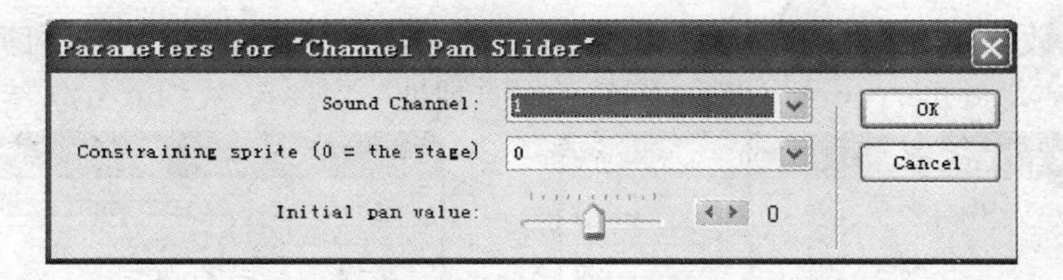

图 6—101　Channel Pan Slider 行为的参数设置

6.4.5　Navigation（导航控制）类行为

Navigation 类行为主要用于实现对影片画面的控制，如帧与帧之间的跳转、循环播放等。Navigation 类行为在多媒体创作过程中的应用是十分广泛的。此类行为包括 11 个，以下分别进行介绍：

• Go Loop

功能：当播放头走到添加了该行为的帧处，其播放头就会跳转到前一个最近的标记处，如果影片中没有任何标记，该行为只能添加到 Script 通道帧中。

主要参数：无。

• Go Next Button

功能：创建一个跳转到下一个标记的按钮，单击此按钮精灵可跳转到下一个标记处。

适用的精灵类型：图像、矢量图形、文本和 Flash 动画等。

主要参数：无。

• Go Previous Button

功能：创建一个跳转到前一个标记的按钮，单击此按钮精灵可跳转到前一个标记处。

适用的精灵类型：图像、矢量图形、文本和 Flash 动画等。

主要参数：无。

• Go to Frame X Button

功能：设置一个跳转到指定帧的精灵，单击此精灵可跳转到一个设定好的帧处。

适用的精灵类型：图像、矢量图形、文本和 Flash 动画等。

主要参数，如图 6—102 所示。Go to which frame on mouseUp：鼠标单击精灵时，指定跳转到的目标帧，输入帧编号即可。

• Go to URL

功能：打开指定的网页地址，下载指定的网页。如果将该行为添加到某精灵上，鼠标单击该精灵时就会打开指定的网页地址；如果将该行为添加到通道的某帧上，当播放头走到添加了该行为的帧处，同样也会打开指定的网页地址。

适用的精灵类型：图像、矢量图形、文本和 Flash 动画等。

主要参数，如图 6—103 所示。Destination URL：输入完整的目标网页地址，如："http://www. adobe. com"，注意，完整的网页地址一定要包含"http://"。

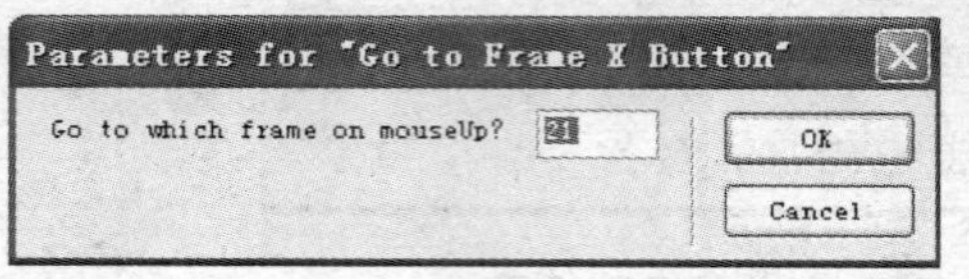

图 6—102　Go to Frame X Button 行为的参数设置

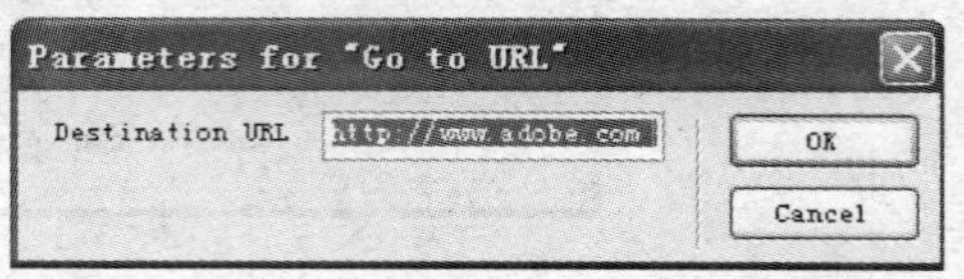

图 6—103　Go to URL 行为的参数设置

• Hold on Current Frame

功能：将播放头播放到当前帧，就会自动停留在当前帧，该行为只能添加到 Script 通道帧中。

主要参数：无。

• Loop for X Seconds

功能：在某一特定帧处循环（等待）指定的时间，该行为只能添加到 Script 通道帧中。

主要参数，如图 6—104 所示。Loop over selected frame for：设定循环的时间，可在下拉列表中选择不同的时间单位。then jump to marker：设定在等待过后，播放头将跳转到哪里，其选项包括 previous（前一个标记）、next（后一个标记）或指定的某一特定标记。When the time is up：当指定的等待时间已到时，设置播放头的动作。

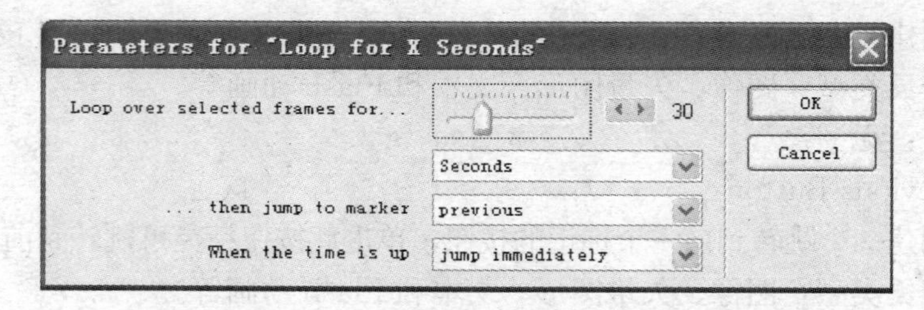

图 6—104　Loop for X Seconds 行为的参数设置

• Play Done

功能：在播放指定的电影时，播放头走到添加了 Play Done 行为的帧处会自动返回，如果点击应用了 Play Done 行为的精灵时也会自动返回。

适用的精灵类型：图像、矢量图形、文本和 Flash 动画等。

注意事项：该行为需配合 Play Frame 行为或 Play Movie 行为使用。

主要参数：无。

• Play Frame X

功能：遇到此行为将会从指定的帧开始播放，直到遇到 Play Done 行为才会再次返回该指定的帧。该行为既可添加到 Script 通道帧中，又可添加到舞台精灵上。

适用的精灵类型：图像、矢量图形、文本和 Flash 动画等。

主要参数，如图 6—105 所示。Play which frame on mouseUp：指定开始播放的帧。

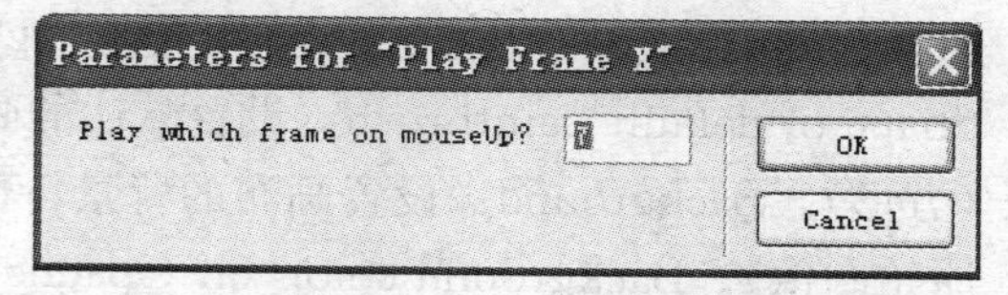

图 6—105　Play Frame X 行为的参数设置

• Play Movie X

功能：遇到此行为将会播放指定的影片，当遇到 Play Done 行为时返回。这里需要把 Play Done 行为添加到将要跳转到的影片中。该行为既可添加到 Script 通道帧中，又可添加到舞台精灵上。

适用的精灵类型：图像、矢量图形、文本和 Flash 动画等。

主要参数，如图 6—106 所示。Play which movie on exitFrame（Include path if necessary）：指定开始播放的影片，输入影片的名称即可。

图 6—106　Play Movie X 行为的参数设置

• Wait for Mouse Click or Keypress

功能：使播放头停留在当前帧，直到用鼠标点击舞台或按下键盘上的按键后才继续播放影片。该行为只能添加到 Script 通道帧中。

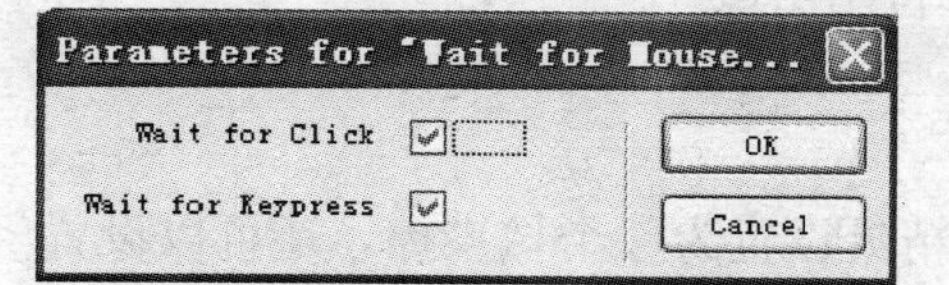

图 6—107　Wait for Mouse Click or Keypress 行为的参数设置

主要参数，如图 6—107 所示。Wait for Click：指定是否通过鼠标点击使影片继续播放。Wait for Keypress：指定是否通过按下键盘上的按键使影片继续播放。

6.4.6　Paintbox（绘图工具）类行为

Paintbox 类行为用于创建一个类似于绘图板中的绘图工具箱，其中包括笔刷、橡皮擦以及还原操作按钮等诸多功能。Paintbox 类行为包括 6 个行为，以下对其进行介绍：

• Canvas

功能：定义一块画布，同时可以设置画笔的颜色、大小及形状等。可配合 Color Selector 等行为使用。

适用的精灵类型：位图图像。

主要参数，如图 6—108 所示。Color of default paintbrush：设置默认的画笔的 R

（红）G（绿）B（蓝）颜色值，每个颜色的数值范围均为 0～255，颜色深度为 24 位。Size of default paintbrush：设置默认的画笔尺寸，画笔大小的取值范围为 1～32 像素。Shape of default paintbrush：设置默认的画笔形状，其选项有 Circle（圆形）和 Square（方形）。Background：设置画布的背景特性，Opaque（不透明）或 Initial image（使用原始图像）。Background color（if Opaque）：用来设置背景颜色，当 Background 选项设置为 Opaque（不透明）时，可设置任何一种 24 位色深的背景颜色。

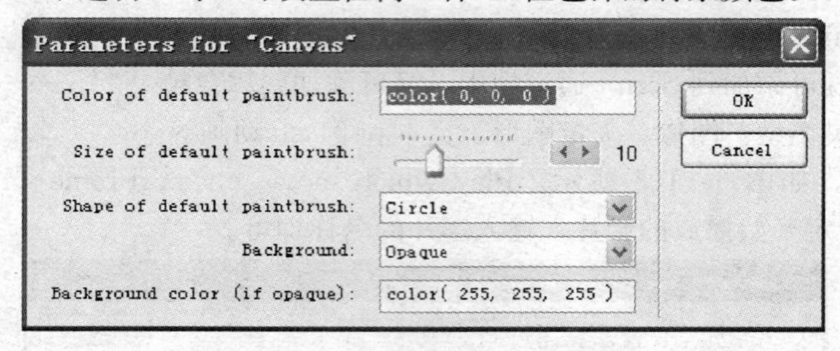

图 6—108 Canvas 行为的参数设置

• Color Selector

功能：配合 Canvas 行为使用，可设置画笔的颜色。通过指定位图演员，用鼠标拾取位图精灵的颜色作为画笔颜色，这时该位图精灵的前景色将决定画笔的颜色。

适用的精灵类型：适用于一切精灵类型，推荐位图图像。

主要参数：无。

• Erase All Button

功能：配合 Color Selector 等行为使用，可将精灵设置为一个橡皮擦，还可以设置双击该橡皮擦精灵，即可擦除在画布上绘制的所有图像。

适用的精灵类型：适用于一切精灵类型。

主要参数，如图 6—109 所示。Require the user to double-click to erase the image：是否开启双击橡皮擦精灵即擦除画布上所有图像的功能。

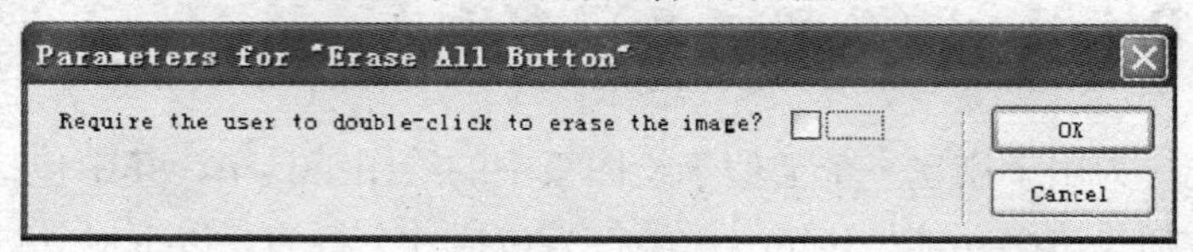

图 6—109 Erase All Button 行为的参数设置

• Tool Selector-Brush

功能：配合 Canvas 等行为使用，定义一个画笔，可设置画笔的形状和颜色。

适用的精灵类型：适用于一切精灵类型。

主要参数，如图 6—110 所示。Bitmap member to use as a brush：指定哪个演员作

为画笔。Adopt the current color：设置是否采用当前演员的颜色作为画笔的颜色。Ink to use with this brush：定义画笔的墨水效果。Use as default paintbrush for Canvas：将当前画笔设置为画布的默认画笔。

Parameters for "Tool Selector - Brush"
Bitmap member to use as a brush: member 66 of castLib 1
Adopt the current color?
Ink to use with this brush: Transparent
Use as default paintbrush for Canvas?
OK
Cancel

图 6—110　Tool Selector-Brush 行为的参数设置

• Tool Selector-Eraser

功能：配合 Canvas，Erase All Button 等行为使用，指定一个精灵充当橡皮擦工具，可定义橡皮擦工具的形状，用演员的轮廓作为橡皮擦的形状。如果将此行为与 Erase All Button 行为添加到同一个精灵，就要对 Erase All Button 行为选择 Require the user to double-click to erase the image 功能，开启双击橡皮擦精灵即擦除画布上所有图像的功能。

适用的精灵类型：适用于一切精灵类型。

主要参数，如图 6—111 所示。Member whose silhouette serves as eraser：指定将哪个精灵的轮廓作为画笔的形状。

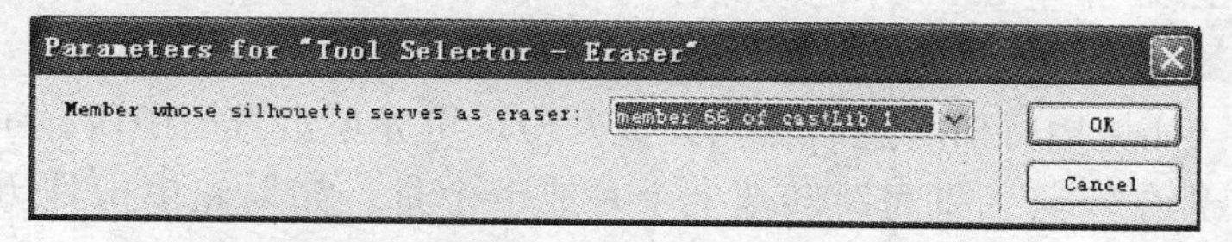

图 6—111　Tool Selector-Eraser 行为的参数设置

• Undo Paint

功能：配合 Canvas 等行为使用，定义一个取消绘制的操作按钮。鼠标点击添加了该行为的精灵可以取消一步绘制操作（注意，只能取消上一步操作）。

适用的精灵类型：适用于一切精灵类型。

主要参数：无

6.4.7　Text（文本和域文本）类行为

Text 类行为用于对文本精灵和域文本精灵创建动画效果、设置文本格式等。此类行为包括 11 个行为，以下对其进行介绍：

• Add Commas to Members

功能：多位数的数字是非常难以阅读的，在为文本精灵和域精灵添加该行为后，会向多位数的数字中自动加入逗号、空格一类的分隔符，以方便阅读。除此之外，通常情况下的 CPU 也不能对过长的一串精确的数字进行正常处理。系统可以正常显示精确值前 14 位的重要数字，如果超过 14 位的数字被输入，那么第 15 位后面的数字会显示为 0，而且整体的数字会被逗号、空格一类的分隔符以三位为一组进行小组的划分。在数字中插入光标，按下回车键或 Tab 键，此行为会马上起作用。

适用的精灵类型：文本精灵和域精灵。

主要参数，如图 6—112 所示。Character used for separating thousands：用于输入不同的间隔符，其下拉列表包括“,”（逗号）和 SPACE（空格）两个选项。Beep if a non-numerical character is entered：开启非数字输入检测，当输入一个非数字字符时，系统会发出警告声。

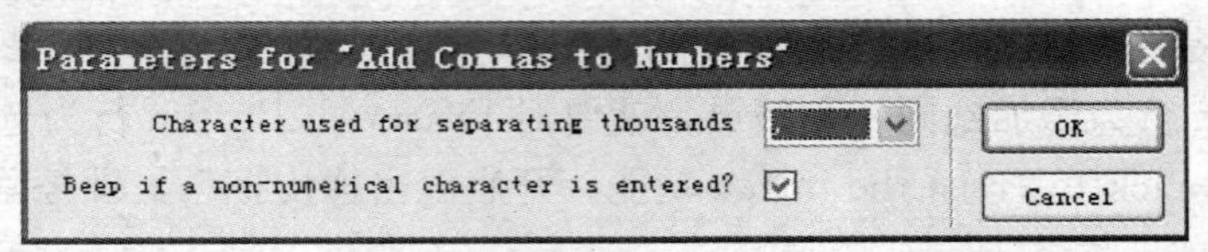

图 6—112　Add Commas to Members 行为的参数设置

• Calendar

功能：应用文本精灵创建一个具有超链接特性的月历，可方便的切换至其他月份。该月历能显示 1901 年至 2099 年之间的任何一天。

适用的精灵类型：文本精灵。

注意事项：如使用月历时想跳转至其他月份，可先单击月历中所显示的月份，然后单击“＜＜”或“＞＞”，即可跳转至上个月或下个月。如果先单击月历中所显示的年份，然后单击“＜＜”或“＞＞”，即可跳转至上一年或下一年的相同月份。

主要参数，如图 6—113 所示。Display entry for：设置该月历所显示的月份，其下拉列表中的选项包括 this month（显示当前月份），next month（显示下一个月份）以及其他 12 个月份如 January（一月）的具体选项。Display month names in full：用于设定月份的显示方式（全名或简写）。Display weekday names in full：用于设定星期的显示方式（全名或简写），由于星期名称的英文字符太多，所以一般采用星期的简写形式。Text size for header：设置标题的字好大小，范围为 9～36，太小的文字会造成阅读上的困难。Text size for dates：设置星期和日期的字号大小，范围为 9～36。Enable hypertext link by：设置超文本链接功能所控制的跳转范围，其下拉列表中的选项包括 year and month（对年份和月份的跳转均起作用），month only（仅月份之间的跳转起作用），no means（年份和月份的跳转都不起作用，只能查看当前月的信息）。

• Countdown Timer

功能：应用文本精灵和和域精灵创建一个倒计时器，可在参数对话框中设定倒计时

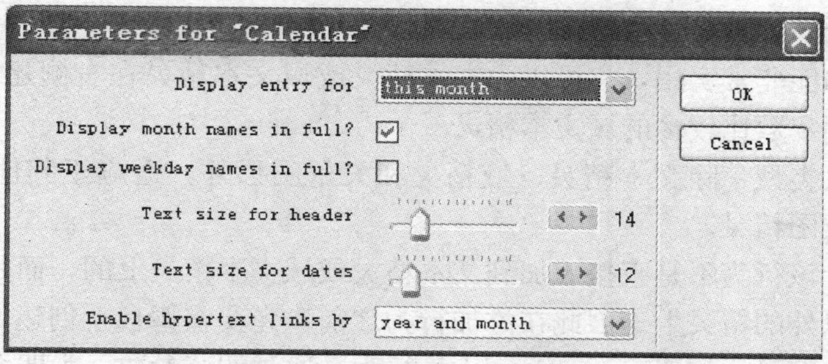

图 6—113　Calendar 行为的参数设置

的起始时间，当倒数到零时，可以定义其所发送出的信息。同时，在整个倒计时过程中，倒计时器也会将目前的时间传送给其他精灵。

适用的精灵类型：文本精灵和域精灵。

注意事项：该倒计时器可倒计时的时间范围最长为 24 天，其显示数字的形式包括日、时、分、秒、毫秒（百分之一秒）。

主要参数，如图 6—114 所示。Initializing event：设置初始时间，即开始计时的时间。Largest time unit：设置计时器显示的最大时间单位。Smallest time unit：设置计时器显示的最小时间单位。Days to count down：设置计时的天数。Hours to count down：设置计时的小时数。Minutes to count down：设置计时的分数。Seconds to count down：设置计时的秒数。Message to send after countdown：键入倒计时中所发送的信息。Where to send message：设置接受信息的对象。Broadcast countdown time：向其他精灵发送计时信息。

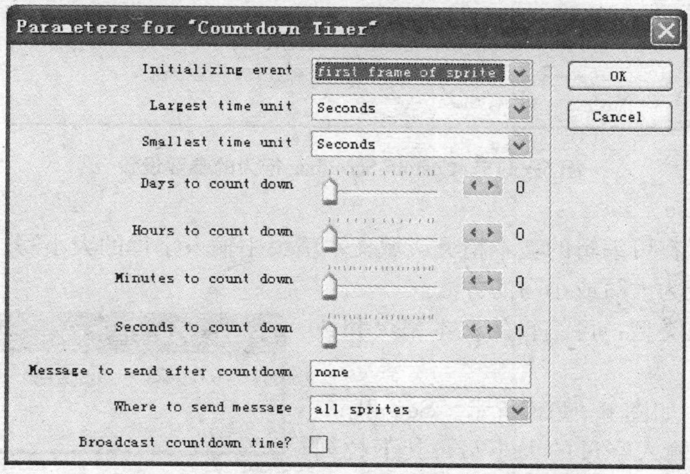

图 6—114　Countdown Timer 行为的参数设置

• Custom Scrollbar

功能：此功能非常实用，它可以为文本精灵或域文本精灵在右侧建立一个滚动条，尤其适用于控制字数比较多的域文本精灵。

适用的精灵类型：除文本精灵、域精灵和矢量图形外，适应于其他大部分精灵类型，推荐使用位图精灵。

注意事项：该行为不是直接添加到文本精灵或域文本精灵上的，而是添加到除文本精灵和域精灵以外的精灵上。因此在添加行为之前，先要在舞台上创建好四个精灵，然后分别为每一个精灵添加 Custom Scrollbar 行为。通过调节参数，为四个精灵赋予不同的角色与功能：滚动条、拖拉滑块、向上箭头和向下箭头。在播放电影时，各个不同功能的精灵将自动的把自己定位在文本精灵或域文本精灵的右侧。当然，为了避免播放时的精灵闪动，一个不错的方法就是手动定位各个精灵的位置。

主要参数，如图 6—115 所示。Current sprite acts as：分别为当前精灵选择各自扮演的角色，其下拉列表中的选项包括 upArrow（向上箭头），downArrow（向下箭头），dragger（拖拉滑块）和 bar（滚动条）。Scroll the member of：选择滚动条所控制的文本精灵或域文本精灵。Standard member：当为某精灵添加该行为时，此处会显示该精灵对应的演员名称，一般不必要设置此选项。（Arrow only）mouseDown member：该选项仅针对 upArrow（向上箭头）和 downArrow（向下箭头），当按下箭头时，该箭头精灵会变成另一个形态的箭头，这里可以选择一个与当前箭头不同的箭头演员。Allow animations to continue（Slower）：用户在拖动滑块时，允许动画继续播放。

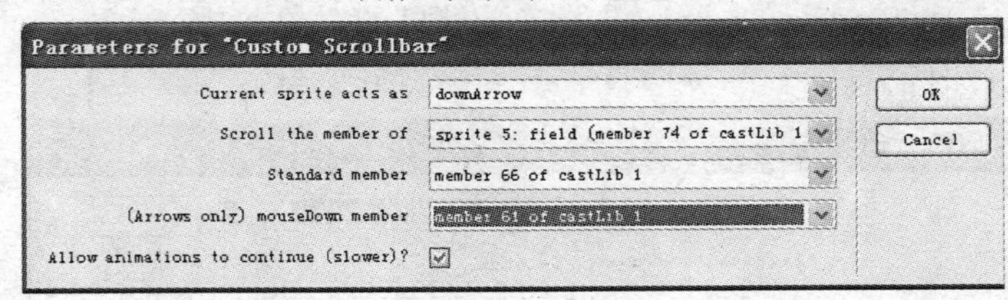

图 6—115 Custom Scrollbar 行为的参数设置

• Force Case

功能：设置在可编辑的文本精灵或域文本精灵中输入字母的大小写。这是一种将输入的文本强制变为大写或小写的方法。

图 6—116 Force Case 行为的参数设置

适用的精灵类型：可编辑的文本精灵和域文本精灵。

主要参数，如图 6—116 所示。Set all input to：设置所输入字母的大小写，其下拉列表中的选项包括 lowercase（小写）和 UP-

PERCASE（大写）。

• Format Numbers

功能：将数字文本进行货币或数字格式化，即用各种不同文本格式来显示数字或货币值。编辑好格式后，按下 Tab 键即可看到效果。

适用的精灵类型：文本精灵和域文本精灵。

主要参数，如图 6—117 所示。Currency symbol：键入货币符号，可包括 $、￥、DM、F 等多种货币符号，如果没有货币化数字，可保留此选项为空。Place currency symbol：将货币符号放在金额的什么位置，其下拉列表选项包括 before sum（符号在金额前面）和 after sum（符号在金额后面）。Show cents ：选择金额是否精确到分(.00)，其下拉列表选项包括 always（总是精确到分），only if present（只有当小数点后两位有非零数字时才精确示到分），never（从不精确到分）和 round figures（保留整数）。Character used for decimal point：选择小数点的样式，其下拉列表选项包括“.”和“,”两种类型。Character used for separating thousands：设置千字符的样式，千字符可以将较长的数字以 3 位为一组的形式显示，其下拉列表选项包括“SPACE”（空格），“.”（逗号），“,”（句号），“No separation”（无千字符）四种千字符样式。Allow users to edit numbers：是否允许用户编辑数字。Allow only the following characters：设置允许输入的字符，这样当输入的字符不在这些列出的字符范围内时，系统会发出报警声。

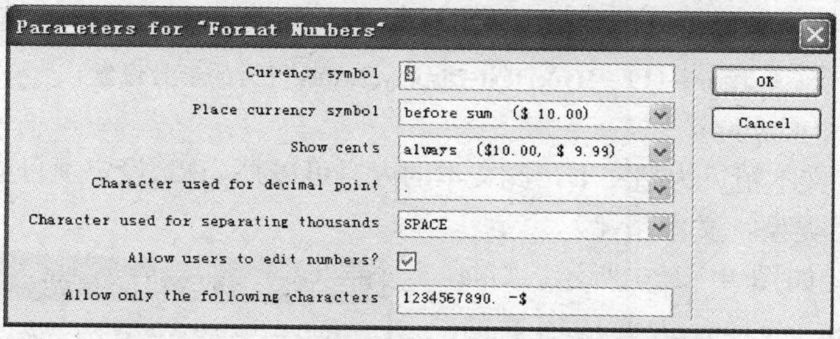

Parameters for "Format Numbers"
Currency symbol: $
Place currency symbol: before sum ($ 10.00)
Show cents: always ($10.00, $ 9.99)
Character used for decimal point: .
Character used for separating thousands: SPACE
Allow users to edit numbers? ☑
Allow only the following characters: 1234567890. -$
OK
Cancel

图 6—117 Format Numbers 行为的参数设置

• Get Net Text

功能：从指定的网络地址获取文本信息作为文本演员。

适用的精灵类型：文本精灵和域文本精灵。

主要参数，如图 6—118 所示。URL：输入完整的目标网页地址，如：“http://www.adobe.com”，注意，完整的网页地址一定要包含“http://”。POST data：为查询字符串发送数据。Method：选择操作方式，其下拉列表中的选项包括 GET 和 POST，都能用来发送数据到网络服务器。Treat text as HTML：把获取的数据解释为 HTML 或者普通文字。Timeout length (second)：设置多少秒钟被视为超时。Activation：设置激活该行为的方式。

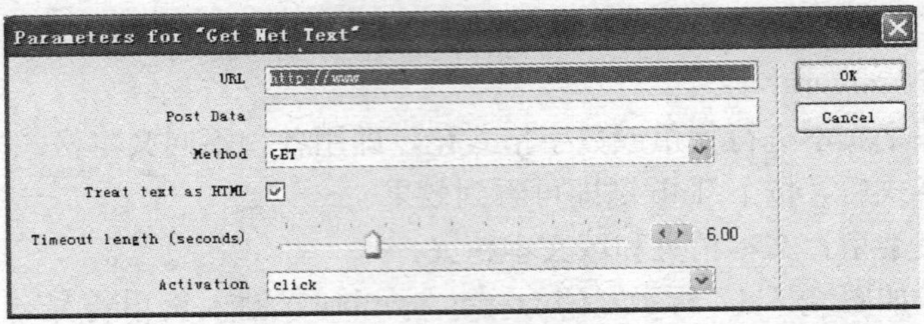

图 6—118　Get Net Text 行为的参数设置

• Hypertext-Display Status

功能：该行为用于设定显示 URL 的内容。这个行为须与 Controls 类行为中的 Display Text 行为配合使用。使用时应该将此行为添加到到具有超级链接的精灵上，再将 Display Text 行为添加到另一个用来显示网页信息的文本精灵上。

适用的精灵类型：文本精灵。

主要参数，如图 6—119 所示。Sprite used to display link date：设置用来显示 URL 内容的文本精灵，该精灵一定是应用了 Display Text 行为的。

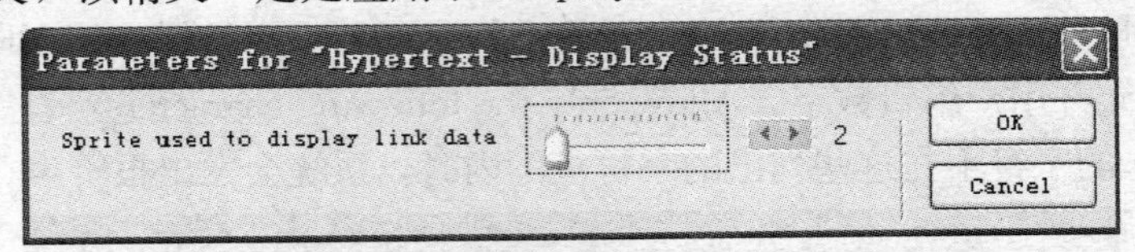

图 6—119　Hypertext-Display Status 行为的参数设置

• Hypertext-General

功能：设定文本精灵为超文本，此文本的内容可以是 URL 设定项目或 Lingo 指令。

适用的精灵类型：文本精灵。

主要参数，如图 6—120 所示。Use hyperlink styles：选择是否使用内置的超链接样式。

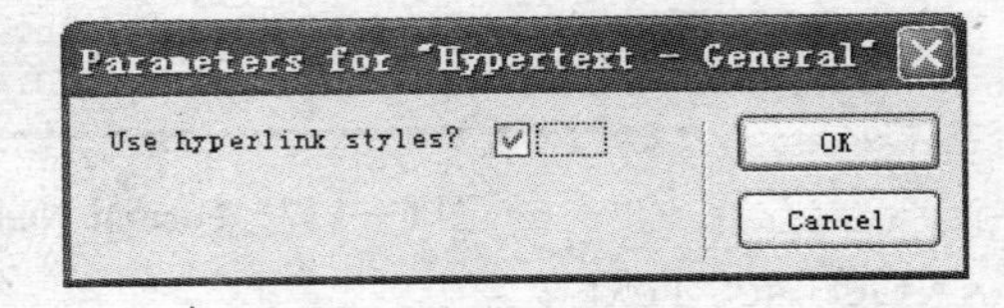

图 6—120　Hypertext-General 行为的参数设置

• Hypertext-Go to Marker

功能：当按下超文本精灵后，播放头将跳转到指定的标记处。用户可以对标记命名，如 first、previous、next、last 等。

适用的精灵类型：文本精灵。

主要参数，如图 6—121 所示。Use the standard hyperline styles：选择此选项后，当前超文本将会出现传统超链接样式的蓝色下划线，被访问过的超链接文本将自动变成粉红色。

• Password Entry

功能：将文本精灵或域文本精灵变成一个密码输入框，还可判断输入的密码字符是否正确。

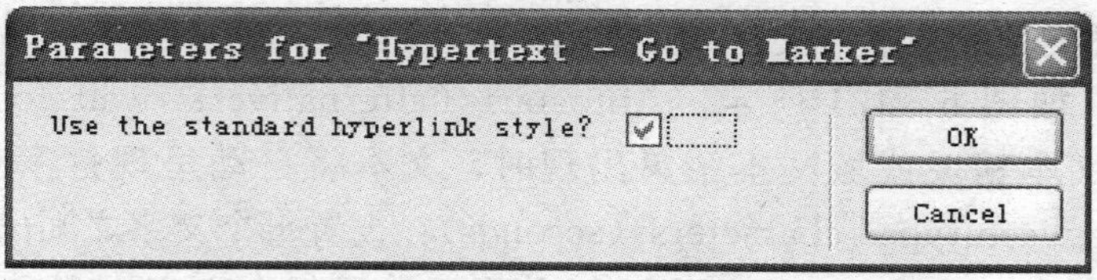

Parameters for "Hypertext - Go to Marker"
Use the standard hyperlink style?
OK
Cancel

图 6—121　Hypertext-Go to Marker 行为的参数设置

适用的精灵类型：文本精灵、域文本精灵。

注意事项：密码是区分大小写的。

主要参数，如图 6—122 所示。Password：设置密码，可以包含字母、数字或连字符。Test password after each key ：当输入密码时，是否自动检测密码符合要求与否。Valid password message：当密码被验证有效时所执行的命令或程序。Invalid password message：当密码被验证无效时所执行的命令或程序。

Parameters for "Password Entry"
Password
Test password after each key
Valid password message　Nothing
Invalid password message　Nothing
OK
Cancel

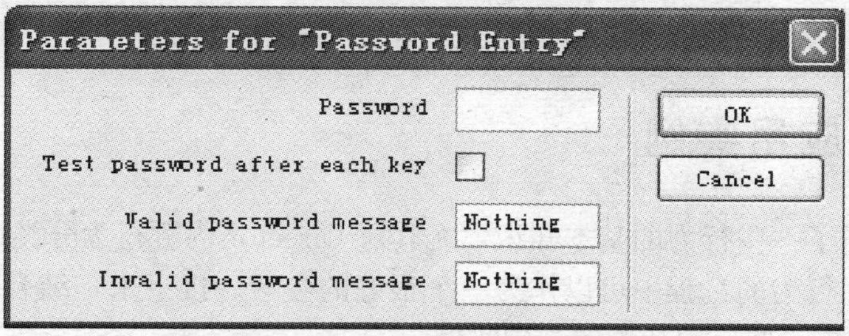

图 6—122　Password Entry 行为的参数设置

• Tickertape Text

功能：可在单一直线上以水平滚动的方式来显示文本精灵或域文本精灵上的文字内容。

适用的精灵类型：文本精灵、域文本精灵。

主要参数，如图 6—123 所示。Number of characters to scroll per second（slower speeds will be smoother）：设置每秒钟滚动的文本数量，速度越慢，画面越平滑。

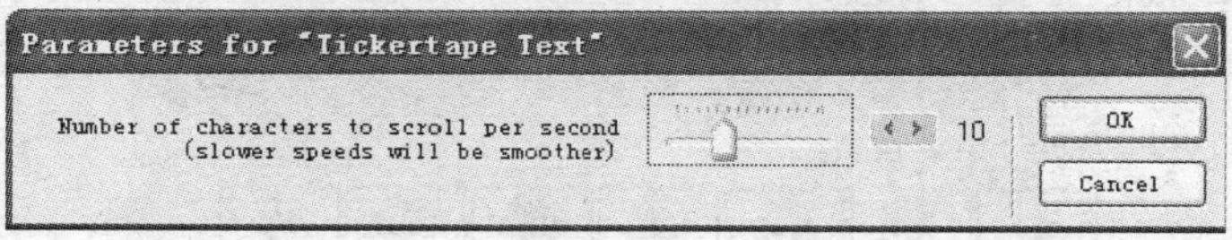

Parameters for "Tickertape Text"
Number of characters to scroll per second
(slower speeds will be smoother)　10
OK
Cancel

图 6—123　Tickertape Text 行为的参数设置

• Typewriter Effect

功能：将文本精灵或域文本精灵中的文字用打字机的打字方式显示出来。其用法如下：将文本精灵或域文本精灵置于舞台，键入将要显示的文本后，把 Typewriter Effect 行为添加到该精灵上。这些文字将会随着该精灵的出现自动显示出来，还可以设置每个文字之间出现的时间间隔和每个文字出现时所发出的声音。

适用的精灵类型：文本精灵、域文本精灵。

主要参数，如图6—124所示。Autostart（alternative is wait for mActive message）：设置当文本精灵或域文本精灵出现时，文本将自动呈现打字机打字的效果。Time to wait between typed characters（seconds）：设置每个文字之间出现的时间间隔，单位为秒。Sound for typed characters：如果需要设置每个文字出现时所发出的声音，可以在这里选择一个声音演员。Channel for sound（0 for no sound）：选择声音所在的声音通道，如果选择0，则表示不使用打字机音效。

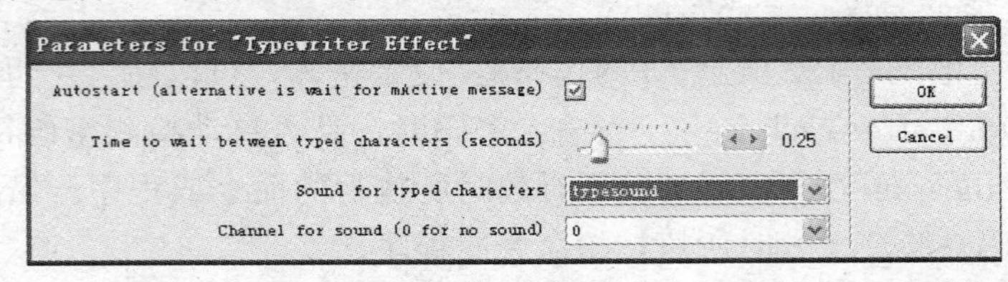

图6—124 Typewriter Effect行为的参数设置

6.5 行为应用实例

前文中介绍了一些行为的基本知识，尤其对Director内置行为分类进行了大篇幅介绍，在以后应用行为的过程中可以作为一个很好的参考。接下来，结合前面介绍的Director内置行为看一些应用行为的基础实例。

6.5.1 京剧变脸动画

前文中介绍过Director内置行为库中的Animation（动画）类行为，Automatic类的行为主要用于交互动画的创作。以下将利用此行为分类中的Cycle Graphics行为创作一个简短的京剧变脸动画。该行为可循环显示两个演员及它们之间的演员，形成动画。

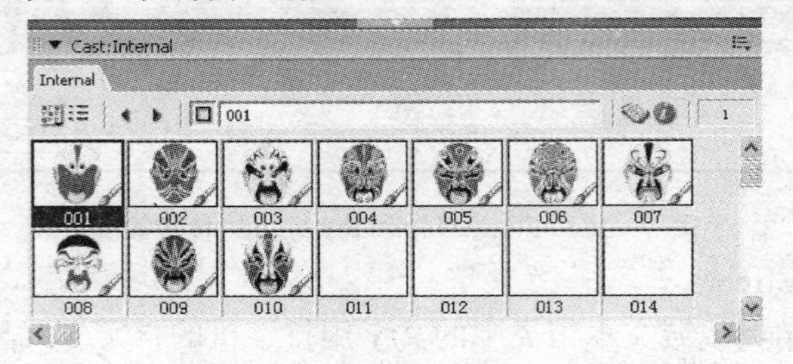

图6—125 演员表中的10个京剧脸谱演员

（1）首先准备10幅不同的京剧脸谱位图图像。执行File｜New｜Movie命令或按

Ctrl＋N 组合键，创建一个新的影片文件，并对其进行保存。然后执行 File | Import 命令，选择准备好的 10 幅京剧脸谱位图图像，单击 Import 按钮即可将图像导入到演员表，如图 6—125 所示。注意，现在各个演员在演员表中的先后排列顺序就决定了最后动画中各脸谱的出场顺序，当然，用户现在还可以调整演员的顺序。

（2）将编号为 001 的第一个红白色脸谱拖到舞台中心。执行 Window | Library Palette 命令，打开 Library Palette 面板。单击 Library Palette 面板上方的 Library List 按钮，在弹出式菜单中列出了 Director 内嵌的行为列表分类，选择 Animation 类行为下的 Automatic 子类行为，如图 6—126 所示，将该类中 Cycle Graphics 行为拖到舞台中编号为 001 的演员上，此时弹出一个如图 6—127 所示的参数设置对话框。

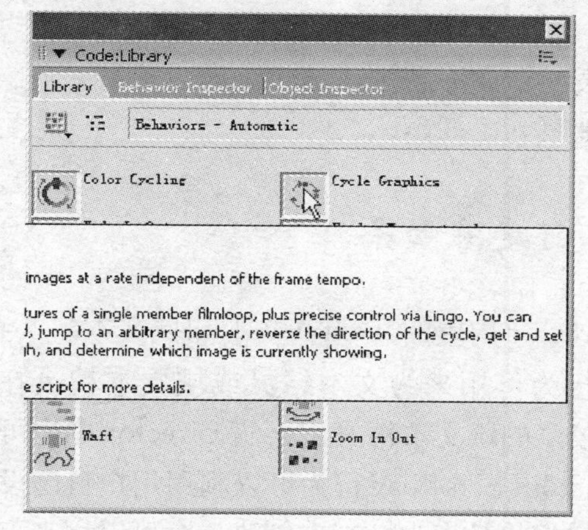

图 6—126　选择 Cycle Graphics 行为

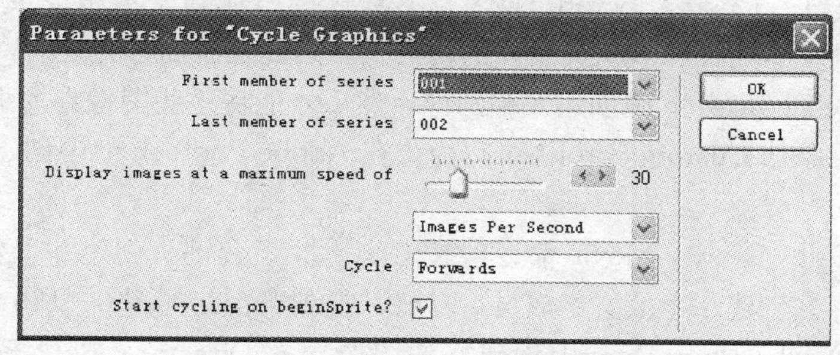

图 6—127　参数设置对话框

（3）设置该对话框的参数。在 First member of series 后面选择名为"001"的演员作为循环显示的第一个画面；在 Last member of series 后面选择名为"010"的演员作为循环显示的最后一个画面；调节 Display images at a maximum speed of 后面的滑块用来设置脸谱循环显示的最大速度，为了不让脸谱闪得太快，设置为每秒 5 幅画面；Cycle 项可设置精灵的循环顺序，如果选择 Backwards 选项，还可以反向顺序播放画面。如图 6—128 所示。

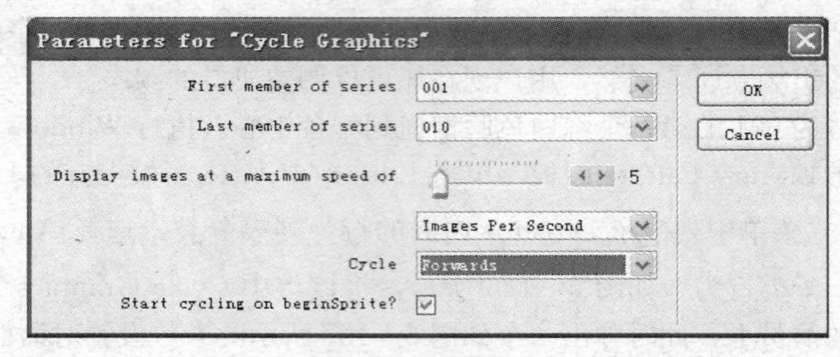

图 6—128　设置好的参数对话框

（4）这样就完成了这个京剧变脸小动画的创建。播放动画，可以看到 10 个不同的脸谱不停变换，顺序为编号 001～010。

6.5.2　为文本创建滚动条

前面文中介绍了 Director 内置的 Text（文本和域文本）类行为，其中有一个 Custom Scrollbar 行为，该行为可用来为文本精灵或域文本精灵在右侧建立一个滚动条，尤其适用于控制字数比较多的域文本精灵。当然 Director 中也可以自动设置域文本精灵的滚动条，但是利用 Custom Scrollbar 行为可以利用用户自己设计的图像来创建个性化的滚动条。接下来，将利用此行为为域文本创建一个可以用来上下拖动的滚动条。

（1）准备工作。Custom Scrollbar 行为不是直接添加到文本精灵或域文本精灵上的，而是添加到文本精灵和域精灵以外的精灵上。因此在添加行为之前，先要在图像处理软件如 Adobe Photoshop 中创建几幅图像，然后才能将这些图像导入 Director，再分别为每一个精灵添加 Custom Scrollbar 行为。在 Adobe Photoshop 中创建图像的过程此处从略。

（2）执行 File | New | Movie 命令或按 Ctrl＋N 组合键，创建一个新的影片文件，并对其进行保存。创建一个域文本演员，并将其拖到舞台，如图 6—129 所示。

（3）将在 Adobe Photoshop 中创建好的图像导入 Director。执行 File | Import 命令，选择创建好的图像，如图 6—130 所示。单击 Import 按钮即可将这些图像导入到演员表，如图 6—131 所示。当然，在创作的过程中，这些图像不一定都能用得到。

（4）将名为 bar、upArrow、downArrow 和 dragger 的四个演员拖到舞台，可任意摆放它们的位置，如图 6—132 所示。

（5）执行 Window | Library Palette 命令，打开 Library Palette 面板。单击 Library

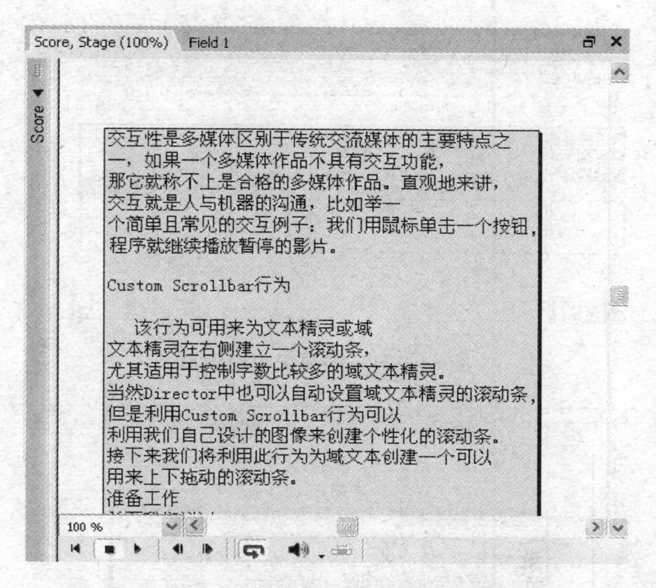

图 6—129　将域文本演员拖到舞台

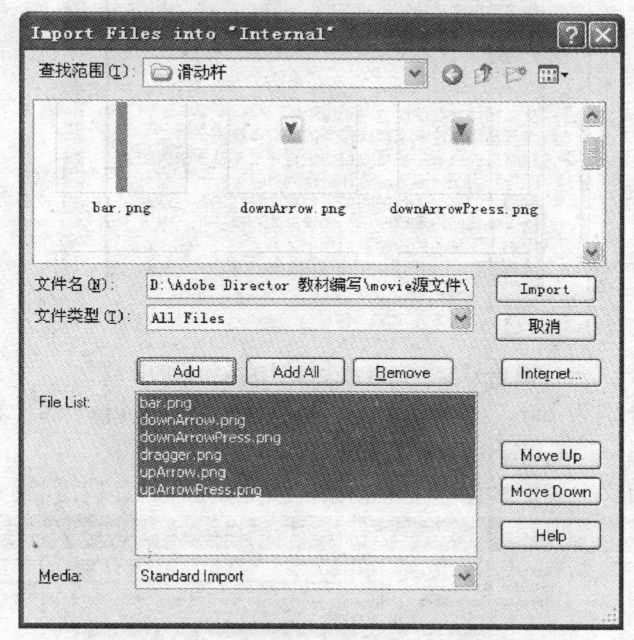

图 6—130　选择演员

Palette 面板上方的 Library List 按钮，在弹出式菜单中列出了 Director 内嵌的行为列表分类，选择 Text 类行为，将该类下的 Custom Scrollbar 行为依次拖到舞台中的四

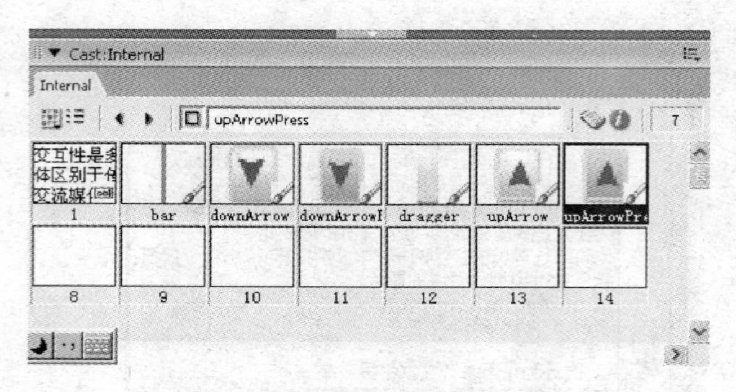

图 6—131　演员表中的演员

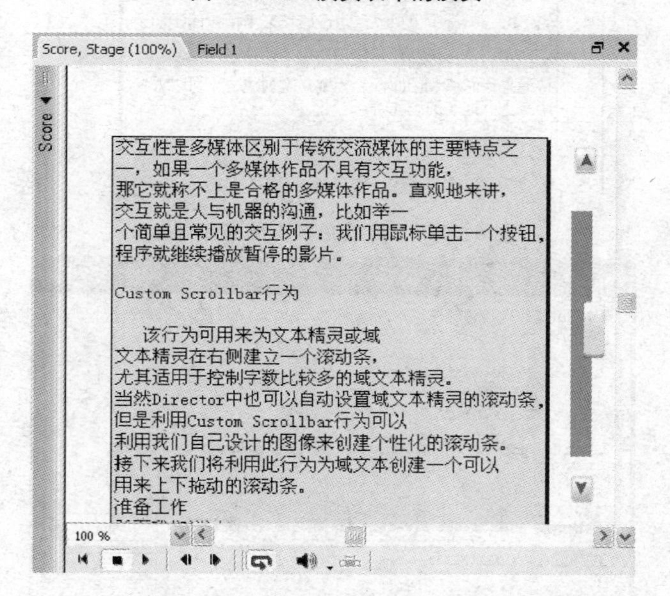

图 6—132　在舞台上随意摆放精灵的位置

个演员上，下面分别为 bar、upArrow、downArrow 和 dragger 四个精灵的参数设置，如图 6—133、图 6—134、图 6—135、图 6—136 所示。

（6）这样就为这个域文本创建了滚动条。播放动画，可以看到域文本精灵右侧已经

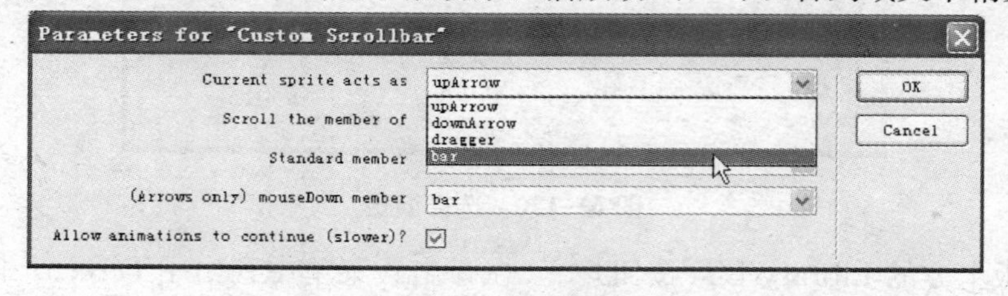

图 6—133　为精灵“bar”选择 bar（滚动条）

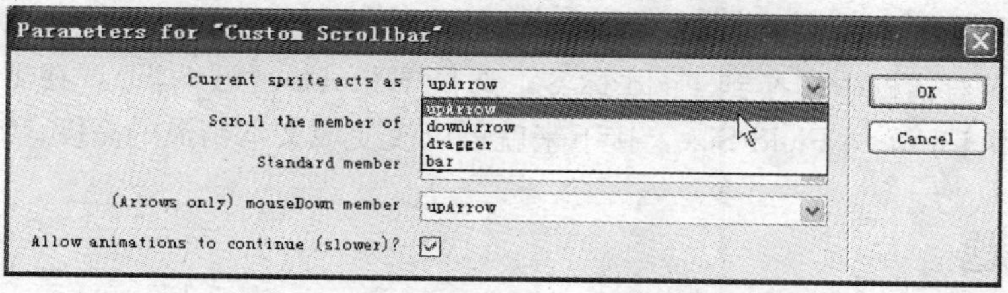

Parameters for "Custom Scrollbar"
Current sprite acts as
upArrow
upArrow
downArrow
dragger
bar
Scroll the member of
Standard member
(Arrows only) mouseDown member
upArrow
Allow animations to continue (slower)?
OK
Cancel

图 6—134　为演员精灵“upArrow”选择 upArrow（向上箭头）

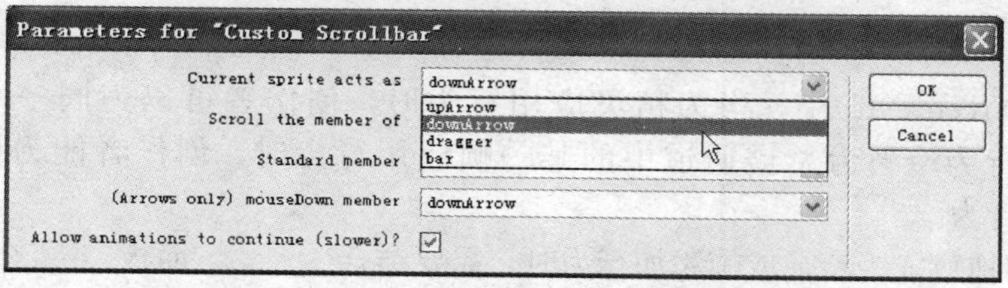

Parameters for "Custom Scrollbar"
Current sprite acts as
downArrow
upArrow
downArrow
dragger
bar
Scroll the member of
Standard member
(Arrows only) mouseDown member
downArrow
Allow animations to continue (slower)?
OK
Cancel

图 6—135　为演员精灵“downArrow”选择 downArrow（向下箭头）

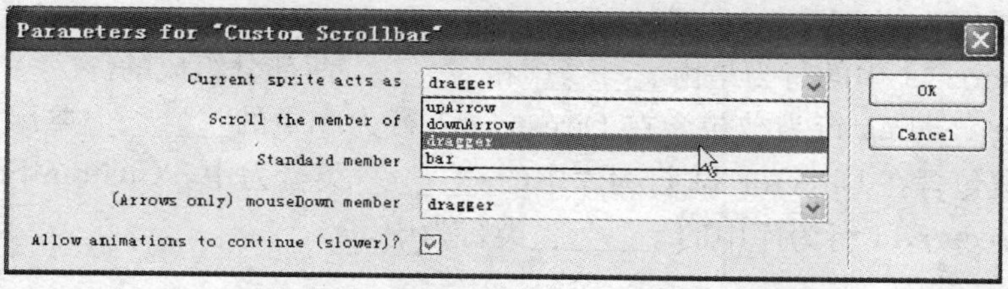

Parameters for "Custom Scrollbar"
Current sprite acts as
dragger
upArrow
downArrow
dragger
bar
Scroll the member of
Standard member
(Arrows only) mouseDown member
dragger
Allow animations to continue (slower)?
OK
Cancel

图 6—136　为演员精灵“dragger”选择 dragger（向上箭头）

出现了一个允许拖动的滚动条，如图 6—137 所示。而且，在调节域文本精灵的高度后，再次播放影片时，发现滚动条会自动匹配域文本精灵的高度，如图 6—138 所示。

Score, Stage (100%)
Field 1
Score
交互性是多媒体区别于传统交流媒体的主要特点之一，如果一个多媒体作品不具有交互功能，
那它就称不上是合格的多媒体作品。直观地来讲，
交互就是人与机器的沟通，比如举一
个简单且常见的交互例子：我们用鼠标单击一个按钮，
程序就继续播放暂停的影片。
Custom Scrollbar行为
该行为可用来为文本精灵或域
文本精灵在右侧建立一个滚动条，
尤其适用于控制字数比较多的域文本精灵。
当然Director中也可以自动设置域文本精灵的滚动条，
但是利用Custom Scrollbar行为可以
利用我们自己设计的图像来创建个性化的滚动条。
接下来我们将利用此行为为域文本创建一个可以
用来上下拖动的滚动条。
准备工作
前面我们说过，
100 %

图 6—137　滚动条创建完成

Score, Stage (100%)
Field 1
Score
程序就继续播放暂停的影片。
Custom Scrollbar行为
该行为可用来为文本精灵或域文本精灵在右侧建立一个滚动条，尤其适用于控制字数比较多的域
文本精灵。当然Director中也可以自动设置域
文本精灵的滚动条，但是利用Custom
Scrollbar行为可以
利用我们自己设计的图像来创建个性化的滚动条。
接下来我们将利用此行为为域文本创建一个可以
用来上下拖动的滚动条。
准备工作
前面我们说过，
CustomScrollbar行为不是直接添加到文本精灵或域
100 %

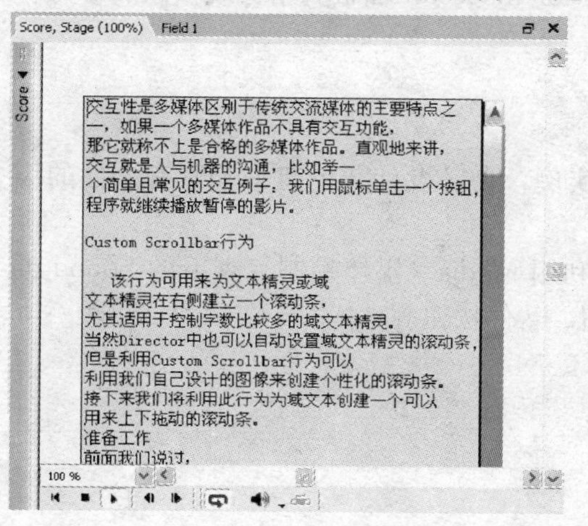

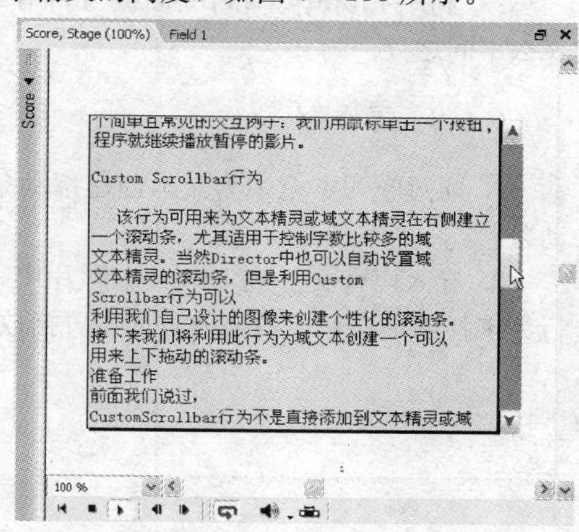

图 6—138　滚动条自动匹配域文本精灵的高度

提示：如果要调节域文本精灵的高度，可以选中舞台上的该域文本精灵，在 Property Inspector 对话框中切换到 Field 标签，选择 Editable（可编辑），在 Framing 选项的下拉列表中 Limit to Field Size，接下来就可以改变域文本精灵的高度。

6.6 习题

6.6.1 填空题

1. 在 Director 11 中，当为精灵应用行为时，创作者可以为同一个精灵设置________个行为；当为总谱通道中的某一帧应用行为时，创作者能为同一帧设置________个行为。

2. 采用拖放式为精灵或帧添加行为时，需要结合________面板。

3. Behavior Inspector 面板由三个部分组成：上面是________区，中间是________区，最下面是行为信息区。

4. Director 11 中的行为是由________和________两部分组成的。

5. Color Cycling 行为被包含在 Director 11 行为库中的________类行为中，Pause Sound 行为被包含在 Director 11 行为库中的________类行为中，Custom Scrollbar 行为被包含在 Director 11 行为库中的________类行为中。

6.6.2 简答题

1. 简要阐释组成 Director 行为的 Events 和 Actions 的概念。

2. 利用 Library Palette 面板与利用 Behavior Inspector 面板为精灵或帧添加行为有什么不同之处。

6.6.3 操作题

1. 通过学习本章中为文本创建滚动条的实例，自己设计并创建一个富有个性的滚动条。

2. 导入声音文件到 Director 影片中，并利用 Media（媒体控制）类下的 Sound 类行为来控制声音精灵的播放，如设置播放按钮、暂停按钮等。

第7章 编程基础

在Director中，运用内置的行为模块可以为制作的动画或影片加入交互效果，但是作为软件自带的脚本模块，使用起来有很大的局限性。Director功能强大的原因之一便在于它支持JavaScript和Lingo编程语言，其中Lingo是Director的原生脚本语言。支持JavaScript和Lingo编程语言是Director能够成为一个完整多媒体开发平台的关键。因此，为了使影片和动画实现更复杂的控制和更多样的功能，用户可以自己编写脚本。

在Director 11中，可以选择用Lingo或JavaScript来编写脚本，尽管在语法上有所差别，但是无论使用哪种语言编写，都要遵循相同的编写步骤。即确定脚本类型，使用Script脚本窗口或Behavior Inspector行为检查器来编写脚本，运行并测试脚本，最终获得预期的效果。

7.1 脚本简介

7.1.1 脚本的基本功能

随着Director中多媒体技术的不断完善，通过Lingo和JavaScript可以制作功能强大的影片或动画。例如，根据点击图像的不同部位作出不同反应；根据用户的文字输入或者选择作出判断；对数据进行排序查找等。目前人们经常使用到的基本功能包括：制作多媒体交互作品；控制声音、视频、Flash动画、3D动画；控制文本文件；控制按钮行为；控制影片画面的切换等。当然，通过Lingo和JavaScript语言可以实现的功能还有很多，并且使用脚本语言还可以为Director扩充许多全新的功能。

7.1.2 脚本的类型

在Director中，用户可以编写多种类型的脚本，Director脚本按照使用位置分为：Frame Scripts（帧脚本）、Sprite Scripts（精灵脚本）、Cast Members（演员脚本）、

Movie Script（影片脚本）。而按性质分，大致有：行为脚本（Behavior Script）、影片脚本（Movie Script）、父脚本（Parent Script）、演员表脚本（Cast Script），图 7—1 示出了 5 种脚本的图标。按位置和性质来分的脚本有相互重叠的部分。接下来按性质介绍各类脚本的特点。

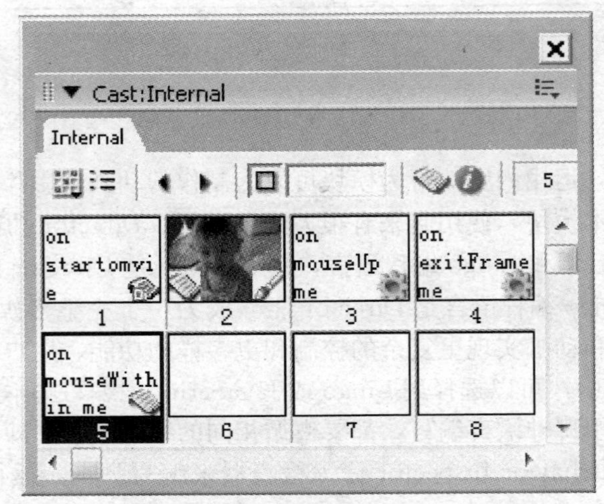

演员 1 是影片脚本，演员 2 是演员脚本，演员 3 是精灵脚本，演员 4 是帧脚本，演员 3 和演员 4 同时也是行为脚本，演员 5 是父脚本

图 7—1　5 种脚本的图标

（1）行为脚本（Behavior Script）

行为脚本是在影片创建时使用得最为广泛的脚本。根据作用区域不同可以分为精灵脚本（Sprite Script）和帧脚本（Frame Script），分别控制相应的精灵或帧。在 Library Palette 中编写好的脚本是 Behavior Script。Behavior Script 作为演员会出现在演员表中，并且在演员表的图标右下角有个齿轮图标作为标记。

用户可以在帧脚本通道的不同位置放置相同的行为，也可以把同一个行为拖放到不同的精灵上。这样操作的优点是，当改变一个行为的源代码的时候，所有使用这个行为的精灵及不同位置的脚本都改变了，这样更利于脚本的编写及修改。

（2）影片脚本（Movie Script）

影片脚本作用于整个影片，包含有可供其他脚本调用的处理程序。当影片播放时，影片脚本在整部影片中都可用。影片脚本可以控制影片的开始、结束、暂停、快进、后退等。

（3）父脚本（Parent Script）

父脚本仅在进行面向对象编程时使用，一般较少用到。

（4）演员脚本（Cast Script）

演员脚本都隶属于相应的演员，作用于所有使用此演员的角色。无论何时，当演员被指派为精灵，演员脚本都将有效。并且，演员脚本与行为脚本（Behavior Script）、影片脚本（Movie Script）、父脚本（Parent Script）不同，它不作为演员脚本出现在演员表窗口中，而是附属在演员表的演员上。只有在选中演员并单击演员表 Cast Member Script 按钮时才能够访问。

7.2 脚本的创建方法

在 Director 中，不论使用 Lingo 还是 JavaScript，创建不同类型的脚本方法都是不一样的。无论所创建的是哪种类型的脚本，在打开脚本窗口时，Director 都会提供一些常用的脚本命令。对精灵脚本来说，Director 给出的是 on mouseUp me 和 end；对帧脚本来说，Director 给出的是 on exitFrame me 和 end。

7.2.1 创建演员脚本

创建演员脚本的基本步骤如下：

(1) 在演员表中，选中要编写脚本的演员。

(2) 单击演员表工具栏按钮，或单击鼠标右键在弹出菜单中选择 Cast Member Script 命令，打开脚本窗口。

(3) 在打开的窗口编写脚本，完成演员脚本的创建，如图 7—2 所示。

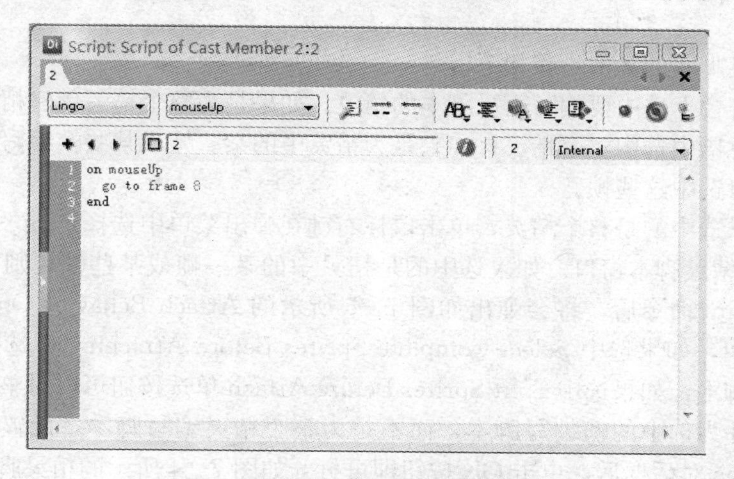

图 7—2 在脚本窗口编写演员脚本

从图 7—2 中可以看到，在脚本窗口标题栏中显示有 Script：Script of Cast Member 2：2 字样。其中，Script 表示该窗口是脚本的编写窗口，Script of Cast Member 2 表示该窗口是演员 2 的脚本编写窗口。脚本窗口中脚本的含义为：影片播放时，如果在舞台上单击了与该演员对应的精灵，则总谱窗口中的播放头将会移动到第 8 帧。在编写好演员脚本后，关闭脚本编写窗口，演员表中该演员小图标的左下角会增加图标，如图 7—3 所示，表示该演员带有脚本。

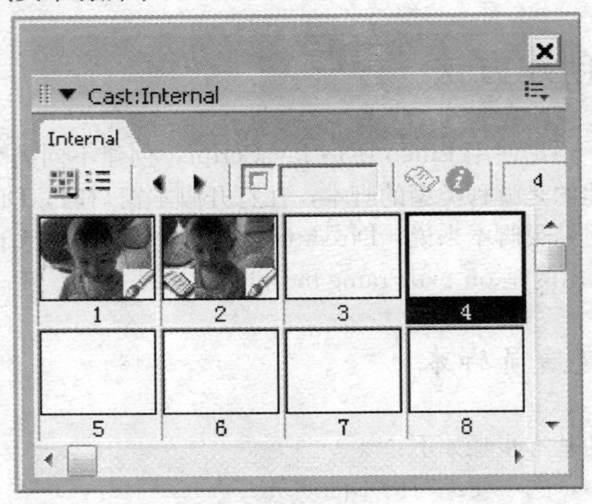

图 7—3 不带脚本的演员图标和带脚本的演员图标

7.2.2 创建精灵脚本

创建精灵脚本的基本步骤如下：

（1）在舞台上选中要编写精灵脚本的精灵。如果是为整个精灵创建精灵脚本，可以在舞台上或总谱中选中整个精灵；如果是为精灵中的某一帧或某些帧编写精灵脚本，可以在总谱窗口选中这些帧。

（2）如果选中的是整个精灵，单击鼠标右键在弹出菜单中选择 Script 命令，打开如图 7—4 所示精灵脚本窗口。如果选中的是精灵中的某一帧或某些帧，则在单击鼠标右键并选择 Script 命令后，将会弹出如图 7—5 所示的 Attach Behavior Options 对话框，在该对话框中，如果选中 Select Complete Sprites Before Attaching 单选按钮可以为整个精灵编写脚本，如果选中 Split Sprites Before Attach 单选按钮可以对整个精灵的所有帧进行分割并为选中的帧编写脚本，而不是为整个精灵编写脚本，设置好 Attach Behavior Options 对话框后，单击 OK 按钮即可打开如图 7—4 所示的精灵脚本编写窗口。

（3）在打开的“精灵脚本编写”窗口中，编写好脚本就可以完成精灵脚本的创建。

如图 7—4 所示，精灵脚本编写窗口的标题栏中显示有 Script：Behavior Script 3 *，从 Behavior Script 中可以看出精灵脚本属于行为脚本，* 表示该脚本还处于编写状态。

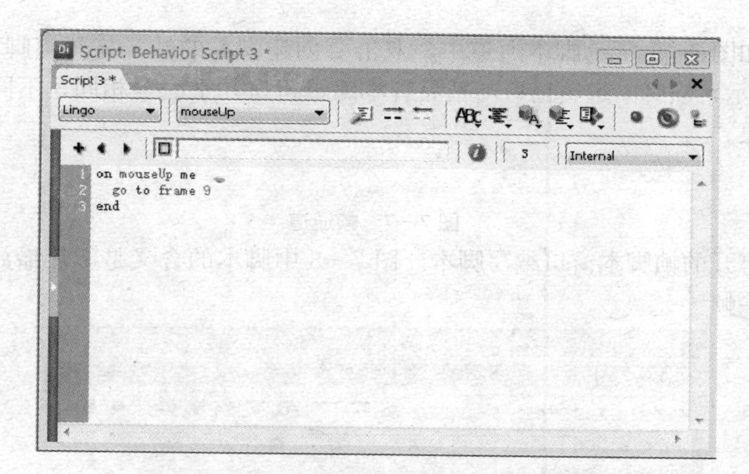

图 7—4　在脚本窗口编写精灵脚本

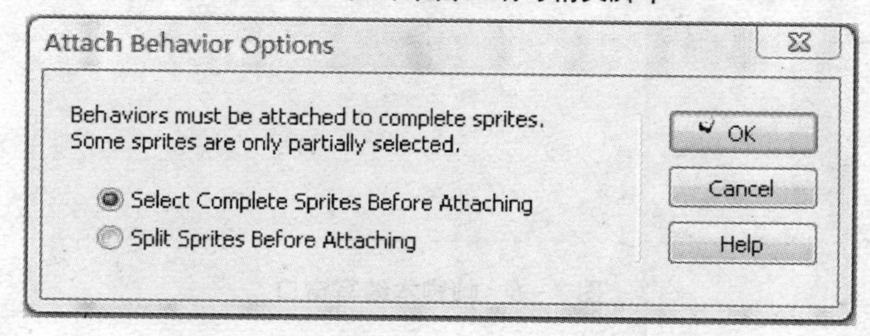

图 7—5　**Attach Behavior Options** 对话框

脚本的内容表示当影片播放时，如果单击与该精灵脚本对应的精灵，播放头就会移动到第 9 帧。如果单击精灵脚本编写窗口工具栏中的 Cast Member Script 按钮，可以打开属性检查器中的 Script 选项卡，如图 7—6 所示。在 Script 选项卡中，使用 Type 选项中的下拉列表可以改变脚本的类型，包括影片脚本（Movie）、行为脚本（Behavior）、父脚本（Parent），打开 Syntax 选项中的下拉列表可以改变所使用语言的类型，包括 Lingo 和 JavaScript，默认设置为 Lingo。

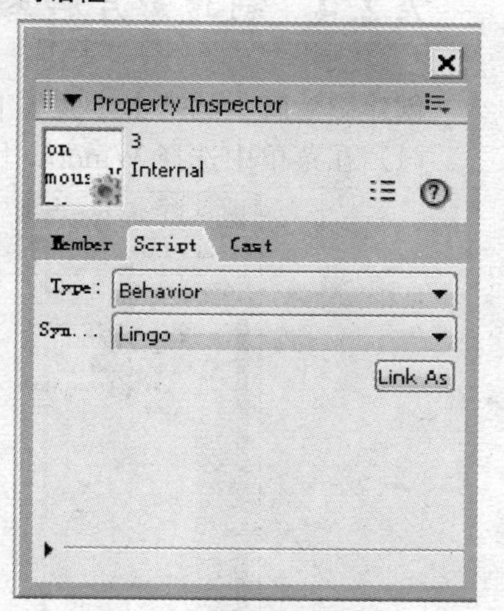

图 7—6　属性检查器中的 **Script** 选项卡

7.2.3　创建帧脚本

创建帧脚本的基本步骤如下：

（1）在菜单中选择 Window | Score 打开总谱窗口。

（2）在如图7—7所示脚本通道中，双击要创建脚本的帧，打开帧脚本编辑窗口，如图7—8所示，帧脚本编辑窗口与精灵脚本编辑窗口几乎完全相同，不同的只是脚本所控制的对象。

图7—7　帧通道

（3）在打开的帧脚本窗口编写脚本。图7—8中脚本的含义是影片播放时，播放头将停留在这一帧。

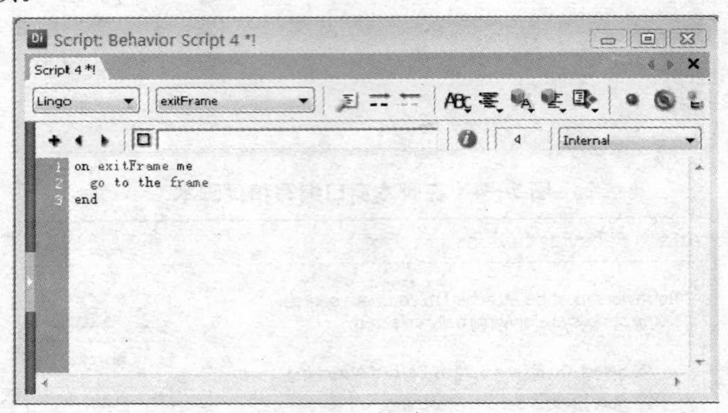

图7—8　帧脚本编写窗口

7.2.4　创建影片脚本

创建影片脚本的基本步骤如下：

（1）在菜单中选择Window｜Script打开脚本窗口，如图7—9所示。

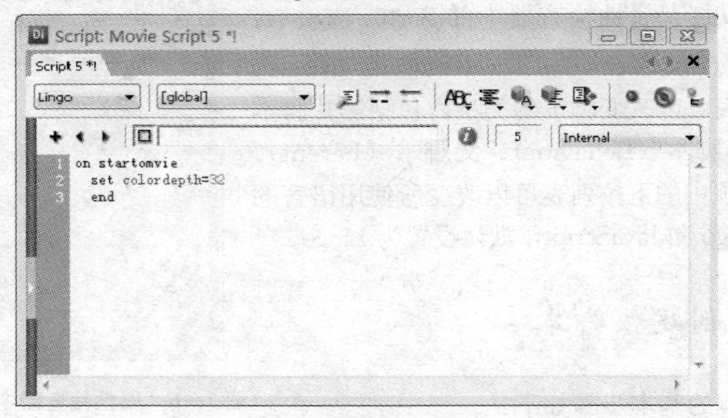

图7—9　影片脚本编写窗口

（2）在打开的脚本窗口中，可以编写对整部影片起作用的脚本。

在默认情况下，选择 Window | Script 打开脚本窗口，其标题栏会显示 Movie Script，表示当前编写的脚本为影片脚本。如果标题栏显示的不是 Movie Script，可以点击脚本窗口工具栏的按钮，打开属性检查器中的 Script 选项卡，选择 Type 下拉菜单中的 Movie，将当前的脚本类型设置为影片脚本。

7.2.5 创建父脚本

父脚本是面向对象的脚本，只有在面向对象编程时才会用到。在使用脚本窗口编写好脚本之后，单击脚本编写工具栏中的按钮，可以打开属性检查器中的 Script 选项卡，选择 Type 下拉菜单中的 Parent 选项，将当前脚本类型调整为父脚本。

7.3 脚本术语

Lingo 和 JavaScript 根据其特定的语法规则，使用各自专门的术语。作为 Director 专用的编程语言，Lingo 的术语既具有一般编程的普遍性，又具有自己本身的特色。下面针对常用的 Lingo 术语进行简单的介绍。

7.3.1 命令

命令实际上就是指令，告知影片所要进行的动作。Lingo 中包含的命令很多，常用的见表 7—1。

表 7—1 **Lingo 的常用命令**

命令	含义
Go to the frame	播放头在指定帧暂停
Go to frame	播放头跳转到指定帧
Go to movie	播放头跳转到指定影片
Go to marker	播放头跳转到指定标记
Open “＊＊”	打开指定程序
Play movie “＊＊”	播放指定影片

7.3.2 函数

函数是一段代码，通过对一个或多个数值进行运算，并最终执行一定的功能。函数由函数名称和参数组成。Lingo 中函数分为内部函数和外部函数，内部函数见表 7—2。

表 7—2　Lingo 数学函数

函数	含义	实例
abs	返回数字的绝对值	abs（－7）＝7
atan	返回数字的反正切值	atan（1.0）＝0.785 4
cos	返回数字的余弦值	cos（3.14）＝－1.000
exp	返回自然对数的底数的 n 次方	exp（3）＝20.085 5
float	把数字转换为浮点数	float（4）4.000
integer	用四舍五入法把浮点数变为整数	Integer（7.8）＝8
sqrt	返回数字的平方根	sqrt（4）＝2

（1）内部函数

内部函数是编程语言中早就存在的编程中可以直接使用的函数。例如函数“abs（－23）＝23”，函数 time 的返回值为系统时间。

（2）外部函数

外部函数是用户自定义函数。例如函数：

```
on sun ()
sun=a+b+c
put sun
end
```

其中 sun () 就是一个自定义函数，即外部函数。

在 Director 中，系统提供了大量的函数，包括数值计算、精灵控制及属性获取等。有些特殊的属性获取实际就是函数，例如 the date，它是一个属性，实际上是获取日期的函数，如图 7—10 所示。

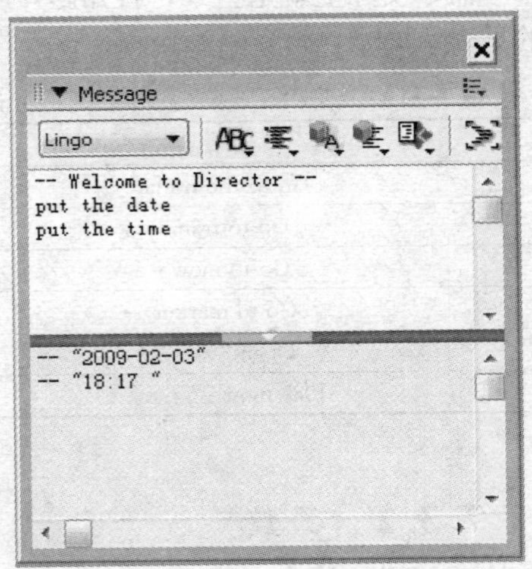

图 7—10　查看系统日期和时间

7.3.3　关键词

关键词是 Lingo 和 JavaScript 中具有特殊、专用意义的词。例如许多属性及函数都需要在其属性名称的前面使用关键词 the，该关键词是与变量名称或对象名称中的属性名相区别的。

7.3.4 对象

所有可以被 Lingo 控制的 Director 演员都可以被称为对象。一般来说，Lingo 对对象的控制都是通过控制对象的属性来实现的。

7.3.5 属性

属性是与对象相对应的，用以说明对象的特性。例如，sprite（4）.visible 中，sprite（4）是一个对象，visible 是该对象的一个属性。

7.3.6 事件

如果没有使用 Lingo 和 JavaScript 脚本，影片播放时会毫不停顿地从第一帧播放到最后一帧，正是 Lingo 和 JavaScript 为影片带来了交互和其他特性。并且，Director 不仅可以创建线性影片，游戏、光盘、学习软件等都可以使用它来开发，这些应用程序都使用了各种可以响应事件的 Lingo 或 JavaScript 脚本。

Director 几乎可以对影片中发生的每一个事件产生响应，用户可以针对这些事件进行处理，从而制作出功能更强大的影片。例如在载入影片、播放影片、进入某帧、退出某帧等各种事件发生时用户可以对影片进行控制。在事件发生时，Director 都会发出消息，并提供使用 Lingo 和 JavaScript 来控制事件响应方式的机会。

Director 中的事件大体上可以分为内部事件和自定义事件两种。

（1）内部事件

内部事件主要是指 Lingo 和 JavaScript 中早就存在的事件，这类事件在使用时无须用户自己定义，直接使用即可。例如常见的鼠标按下事件 mouseDown，就是 Lingo 和 JavaScript 脚本中的内部事件。

内部事件的语法结构如下：

```
--Lingo syntax                //JavaScript syntax
on systemEvent                function systemEvent () {
statement (s)                 statement (s);
end                           }
```

其中，systemEvent 或 systemEvent（）表示内部事件的名称，statement（s）是内部事件包含的命令。

Lingo 和 JavaScript 中的内部事件有很多种类型，如鼠标事件、键盘事件、精灵事件等。它们的使用方法相似。在 Lingo 中，内部事件在使用的时候都是以关键词 on 开头，后面依次是内部事件的名称、内部事件中的 Lingo 命令，最后以关键词 end 结尾；在 JavaScript 中，内部事件在使用时都是以关键词 function 开头，后面依次是内部事件的名称、中括号、内部事件中的 JavaScript 命令，最后以中括号结尾，常用内部事件及含义见表 7—3。

表 7—3　常用内部事件及含义

事件	含　义
begin Sprite	播放头移动到包含有指定精灵的帧
colse Window	单击窗口影片标题栏中的“关闭”按钮
cue Passed	播放到声音或视频中指定的线索点
deactivate Window	活动窗口转化为非活动窗口
DVD event Notification	DVD 视频播放时发生的所有事件
end Sprite	播放头离开指定精灵，进入不包含有该精灵的帧
enter Frame	播放头进入指定帧
get Behavior Description	选中行为并在行为检查器中打开行为
get Behavior Tooltip	鼠标指针出现在库面板中的行为上部
get Property DescriptionList	将行为附着到精灵或帧中
hyperlink Clicked	单击超级链接
key Down	键盘上的按键被按下
key Up	键盘上的按键被释放
mouse Down	鼠标左键被按下且没有释放
mouse Enter	鼠标指针进入指定精灵的外围方框
mouse Leave	鼠标指针离开指定精灵的外围方框
mouse Up	鼠标左键被按下并释放
mouse UpOutside	在精灵外围方框上部按下鼠标左键，但是在精灵外围方框外部释放鼠标左键
mouse Within	鼠标指针位于精灵外围方框区域内部
mouse Window	影片窗口被移动
open Window	Director 以窗口影片的方式打开影片
prepare Frame	当前帧绘制完毕之前
prepare Movie	影片预载入完毕演员之后，准备播放影片第一帧之前
resize Window	调整窗口影片的窗口大小（拖动窗口的边或角）
send XML	Flash 精灵或 Flash XNL 对象执行 XMLobject. send 方法

续表

事件	含 义
start Movie	播放头进入影片第一帧
step Frame	播放头进入某一帧或舞台被更新
stop Movie	影片停止播放
time Out	在指定的时间（由 timeOutLength 指定）之内没有使用键盘或鼠标
zoom Window	窗口影片运行过程中窗口的大小被缩放

(2) 自定义事件

自定义事件是指使用时需用户自行定义的事件，自定义事件的名称由用户设定。自定义事件名称必须以字母开头，由字母及数字组成，并且与系统内部事件、函数及命令名称不相同。自定义事件的语法结构与内部事件基本相同。当需要经常使用某些特殊功能时就可以把这些功能编写为自定义事件。自定义事件一般放置在影片脚本程序中，从而使得整部影片都能使用。

自定义事件的语法结构如下：

```
--Lingo syntax                    //JavaScript syntax
on customEvent                    function customEvent () {
statement (s)                     statement (s);
end                               }
```

自定义事件定义好之后，需要有脚本对它进行调用，自定义事件是通过内部事件来调用的。调用自定义事件的语法结构如下：

```
--Lingo syntax                    //JavaScript syntax
on systemEvent                    function systemEvent () {
statement (s)                     statement (s);
customEvent                       customEvent ()
end                               }
```

其中，systemEvent 或 systemEvent () 表示内部事件的名称，statement (s) 是包含的命令，customEvent 或 customEvent () 表示自定义事件。自定义事件也可以在内部事件的 Lingo 和 JavaScript 命令中调用。

7.4 JavaScript 和 Lingo 语法

Director 11 支持 JavaScript 和 Lingo 编程语言，不论用哪种语言都可以达到相同的效果。它们的语法结构相似但是也存在一定的差别。

（1）Lingo会忽略字母大小写的差别而JavaScript通常不会忽略字母大小写的差别。

（2）JavaScript中所有方法和函数的后面都要使用圆括号。如果要在某个方法、函数或程序中调用另外的方法、函数或程序时，被调用的命令后也必须使用圆括号，否则，脚本将出错。此外，圆括号还可以改变脚本命令中数学运算的顺序。

（3）在Lingo中，如果需要将某行命令分割成多行，可以在每行命令的末尾使用字符“\”将这些Lingo命令连接书写。在JavaScript中使用Enter键能实现相同功能。

（4）JavaScript和Lingo表达式和命令中的字符空格都会被忽略，如果字符空格位于双引号内部，则不会被忽略。

（5）JavaScript中的单行注释通常用字符“//”标明，多行注释一般使用“/*”和“*/”标明，“/*”用于多行注释开头，“*/”则用于多行注释的结尾。JavaScript的多行注释也可以用字符“//”标明，方法是在每行注释前都加上字符“//”。而Lingo中的注释不论单行还是多行，都可以用字符“——”标明。

（6）JavaScript和Lingo都可以将圆括号内部的参数发送给处理程序。如果需要发送多个参数给处理程序，则每个参数之间需要使用逗号隔开。在Lingo中，不包含在圆括号内的参数也可被发送给处理程序。

（7）在JavaScript中，事件处理程序必须声明为函数，并使用函数语法结构handlerName()。在Lingo中，事件处理程序使用语法结构handlerName。

（8）在JavaScript中，使用关键词const可以指定常数。而Lingo则包含一些预定义的常数，例如TAB、EMPTY等。

（9）在JavaScript中，使用关键词var可以声明变量。在Lingo中，不需要使用var就可以声明变量。

7.5 脚本的调试与应用

编写完脚本以后，通常要进行脚本的调试工作。Director的调试方法有多种，例如：加入调试代码、使用消息窗口和调试窗口。复杂的脚本调试可以加入一系列调试代码。简单的调试方法有两种：一种是加入Beep函数，一种是加入Put命令。Put命令的功能比Beep函数要强。Put的语法形式是：Put＋表达式，该表达式可以是字符串，也可以是任何数据类型的变量或值。在Director编辑环境中，播放影片时，如果脚本执行了该命令，在消息窗口就可以查看输出结果。影片未播放时，在消息窗口运行Put命令，或在消息窗口运行影片中的函数，都可以执行Put命令，从而在消息窗口输出结果。

脚本的调试可以在 Script 脚本窗口、Message 消息窗口和 Debugger 调试窗口中进行。

7.5.1 脚本窗口

Script 脚本窗口是编写和修改脚本的窗口。在 Director 中，打开 Script 脚本窗口有以下几种方式：

- 在菜单中选择 Window | Script
- 按快捷键 Ctrl+0
- 单击 Director 工具栏上的按钮

如果当前在演员表中选中的是带脚本的演员，那么打开的是该演员的脚本；如果选中的演员不带脚本，打开的脚本编辑窗口将新建一个演员脚本；如果没有选定演员，打开的脚本编辑窗口将新建一个影片脚本。

脚本窗口工具栏如图 7—11 所示，脚本窗口中工具栏各按钮选项的功能见表 7—4。

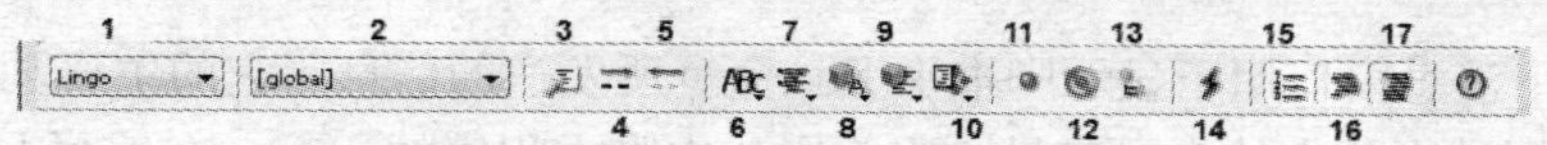

图 7—11 脚本编辑窗口工具栏

表 7—4 脚本编辑窗口中的工具栏功能

编号	功能
1	选择下拉菜单中的选项可以改变需要使用的脚本语言类型，包括 Lingo 和 JavaScript 两种脚本语言
2	该下拉菜单提供了当前“脚本”窗口中的所有处理程序，选择其中一个处理程序，光标就会移动到相应处理程序所处的位置
3	Go to Handle：脚本程序中选中某个元素，单击该按钮，能够找到它所属的函数（句柄）
4	Comment：该按钮可以将光标所在的行设置为脚本中的注释行
5	Uncomment：取消注释，把当前光标所在行的注释字符删除
6	Alphabetical Lingo/Alphabetical JavaScript：按字母顺序排列的命令与函数。在下拉菜单中选择一个命令后，所选择的元素就会出现在消息窗口中
7	Categorized Lingo/Categorized JavaScript：按类别顺序的命令与函数。在下拉菜单中选择一个命令后，所选择的元素就会出现在消息窗口中
8	Alphabetical 3D Lingo/Alphabetical 3D JavaScript：按字母顺序排列的 3D 命令与函数。在下拉菜单中选择一个命令后，所选择的元素就会出现在消息窗口中
9	Categorized 3D Lingo/Categorized 3D JavaScript：按类别顺序排列的 3D 命令与函数。在下拉菜单中选择一个命令后，所选择的元素就会出现在消息窗口中
10	Scripting Xtras：下拉菜单中列出了当前计算机系统中安装的所有第三方 Xtras 控件

续表

编号	功　能
11	Toggle Breakpoint：设置或取消断点。如果光标所在的行有断点，单击该按钮后断点将会消失，否则在该命令行左侧会出现一个红色的圆点，即断点。通常只有在调试脚本时才使用该按钮
12	Ignore Breakpoint：屏蔽断点，当有断点的时候，不执行断点的内容。通常只有在调试脚本时才使用该按钮
13	Inspect Object：如果在消息窗口中选中某个脚本元素，单击该按钮可以将选中的元素添加到对象检查器中，并打开对象检查器，从而在影片播放过程中可以对选中脚本元素的状态进行实时检测
14	Recompile All Modified Scripts：重新编辑当前脚本窗口中所有的脚本程序
15	Line Numbering：源代码的行数
16	Auto Coloring：单击该按钮脚本窗口中的命令会自动着色
17	Auto Format：单击该按钮脚本窗口中的命令会自动格式化

7.5.2　消息窗口

Message 消息窗口用于显示脚本中 Put 命令所发送的信息。它的主要功能包括：定义、显示及测试影片中的全局变量；跟踪影片中脚本程序的运行；在编写 Lingo 脚本程序时，有时可能会对某些命令或函数不太清楚，这时在消息窗口中利用 Put 命令可以对这些命令或函数进行测试，从而重新了解这些命令或函数，进行后面脚本程序的编写。

在 Director 中，打开 Message 消息窗口有以下几种方式：

- 在菜单中选择 Window｜Message
- 按快捷键 Ctrl＋M
- 单击 Director 工具栏上的 按钮

如图 7—12 所示为消息编辑窗口，此窗口包含两个面板，分别是输入面板和输出面板。按下并拖动两个面板之间的按钮可以改变两个面板的大小。消息窗口工具栏如图 7—13 所示。消息窗口中工具栏的按钮选项很多和脚本窗口是相同的，工具栏中各按钮的功能见表 7—5。

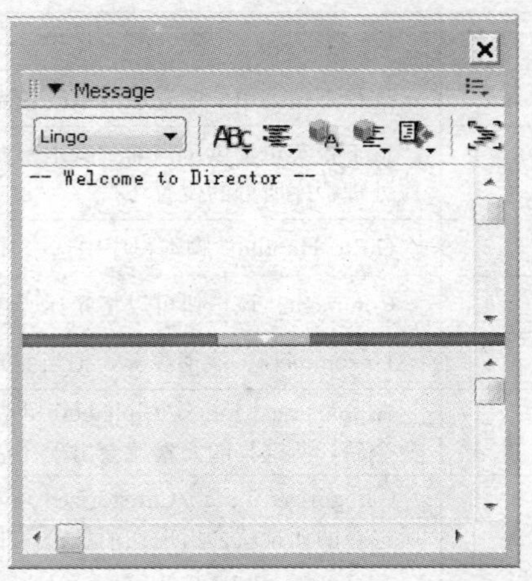

图 7—12　消息编辑窗口

图 7—13　消息编辑窗口工具栏

表 7—5　消息编辑窗口中的工具栏功能表

编号	功　能
1	Trace：命令与消息跟踪按钮。如果该按钮处于按下状态，影片运行时所调用的脚本命令都会显示并记录在消息窗口中
2	Watch Expression：可以查看消息窗口中当前选定表达式的值
3	Clear：可以清除窗口中所有的内容，如果输出面板是显示的，则输出面板中的内容将被清除；如果输出面板没有内容显示，则输入面板中的内容将被清除
4	Help：单击该按钮可以打开与脚本编写和调试相关的帮助文档

使用消息窗口来查看 Director 中脚本元素的运行参数，打开消息窗口后，输入 put the date 后，按 Enter 键，系统日期就显示在“消息”窗口中。输入 the colorDepth 属性，可以获得计算机显示器当前的色深设置，如图 7—14 所示。消息窗口可以运行影片中的影片程序，无论该影片是否运行。而且在消息窗口可以使用 sendSprite 命令向播放中的影片发送消息。

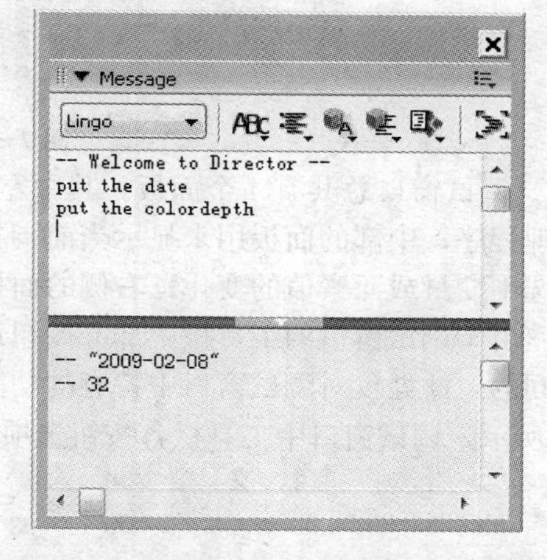

图 7—14　消息编辑窗口中显示日期和显示器色深

7.5.3　调试窗口

在 Director 中，调试窗口通常处于隐藏状态，当播放影片的脚本中包含有断点或脚本运行发生错误时会出现如图 7—15 所示的调试对话框，点击 Debug 出现调试窗口，如图 7—16 所示。

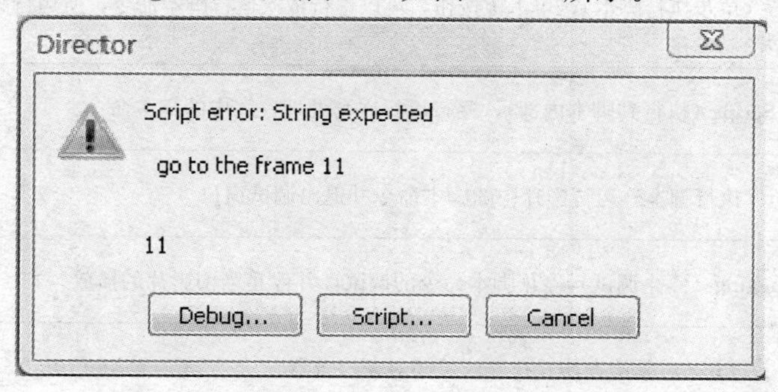

图 7—15　调试对话框

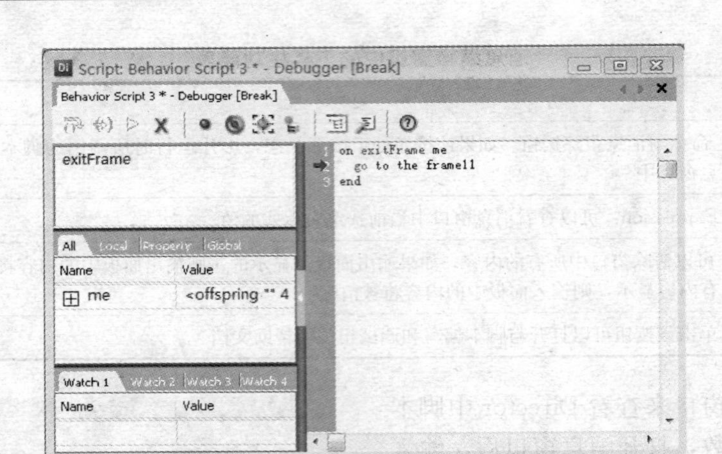

图 7—16 调试窗口

调试窗口总共有 4 个面板。其中左侧顶端的面板用来显示当前脚本中正在执行的处理程序；中部的面板用来显示当前脚本中的变量信息；下部的面板用来实时查看脚本中选中变量或元素值的变化；右侧的面板用来显示脚本的源代码，如图 7—16 所示。

由于调试窗口的工具栏中部分按钮选项和消息窗口、脚本窗口中按钮选项的功能是相同的，此处仅对调试窗口中特有的功能按钮选项进行介绍。调试窗口工具栏如图 7—17 所示，调试窗口中工具栏各按钮选项的功能见表 7—6。

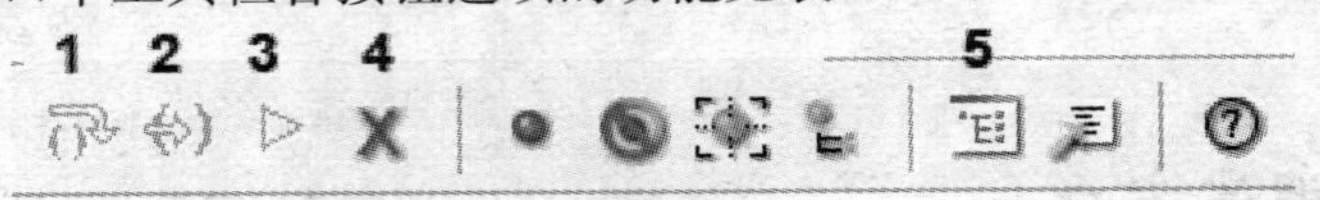

图 7—17 调试窗口工具栏

表 7—6 调试窗口中的工具栏功能表

编号	功 能
1	Step Script（单步执行脚本），单击该按钮，可以逐行依次运行脚本命令，所运行脚本命令的左侧显示有绿色的箭头
2	Step Into Script（执行到脚本内部），逐行运行嵌套处理程序中的脚本命令
3	Run Script（执行脚本）运行影片中的脚本命令并退出调试窗口
4	Stop Debugging（停止调试）停止脚本命令的调试，并停止当前影片的播放
5	Object Inspector（对象检查器）打开或关闭对象检查器

7.6　习题

7.6.1　填空题

1. 在 Director 11 中，可以选择用________或________来编写脚本。

2. Director 脚本按照使用位置分为：________、________、________、________。而按性质分，大致有：________、________、________、________。

3. Director 中脚本的调试可以在________窗口、________窗口和________窗口中进行。

7.6.2　简答题

1. Director 的脚本类型有哪几种？
2. Director 脚本的调试方法有哪几种？
3. JavaScript 和 Lingo 在编写脚本时语法有何差异？
4. 调试窗口总共有 4 个面板，每个窗口分别显示何种信息？

7.6.3　操作题

1. 在影片的第一帧添加暂停帧脚本。
2. 使用消息窗口查看系统的日期和时间。

第8章 影片控制

Director 11 可以对 40 多种格式的音频、视频、动画等多媒体元素进行编辑处理，各种元素有机结合组成了效果独特的影片。本章介绍了音频、视频、3D 对象的基本知识，设置控制技巧，以及如何轻松使用脚本来控制多媒体元素。对影片的多媒体元素进行有效控制可以通过两种方式实现，一种方式是通过编辑总谱实现，另一种方式是通过编辑脚本来实现。

8.1 音频控制

声音是影片中不可缺少的组成部分，影片中的声音包括音乐、对话、话外音、环境音、按钮音等很多种。Director 支持的音频文件包括 MIDI、WAV、SWA、AIFF、QuickTime、System 7 Sound、Real Audio、MPEG、CD Audio、MP3、Video for Windows 等。无论是其中哪种音频文件，在 Director 中都得到了很好的支持。将音频文件导入 Director 影片之后，如果希望声音能够与影片中其他元素相结合，正常发挥作用，则需要对音频进行控制。

8.1.1 音频文件的格式与类型

（1）音频文件的格式

数字视频包括 QuickTime、AVIVideo、MPEG、DVD 等多种格式，下面介绍常用的几种：

• QuickTime

QuickTime 是一个跨平台的多媒体架构，可以运行在 Mac OS 和 Windows 系统上。

• MIDI

MIDI 是常用的音频格式之一，MIDI 是一种电子乐器之间以及电子乐器与计算机之间的统一交流协议。很多流行的游戏、娱乐软件中都有不少以 MID、RMI 为扩展名的 MIDI 格式音乐文件。MIDI 文件是一种描述性的音乐语言，它将所要演奏的乐曲信息用字节进行描述。例如在某一时刻，使用什么乐器，以什么音符开始，以什么音调结束，加以什么伴奏等，也就是说MIDI文件本身并不包含波形数据，所以MIDI文件非常小，适合网络使用。

• MPGE

MPGE的音频文件即MP3文件，是MPEG—1 Layer 3的音频数据压缩技术，简称MP3。

• WAV

WAV是Microsoft开发的一种声音文件格式，它符合RIFF（Resource Interchange File Format）文件规范，用于保存Windows平台的音频信息资源，被Windows平台及其应用程序所广泛支持，WAV打开工具是Windows的媒体播放器。

• AIFF

AIFF是音频交换文件格式（Audio Interchange File Format）的英文缩写，是Apple公司开发的一种声音文件格式，被Macintosh平台及其应用程序所支持，Netscape Navigator浏览器中的LiveAudio也支持AIFF格式，SGI及其他专业音频软件包也同样支持AIFF格式。

• SWA

具有SWA扩展名的声音文件被称为“超级音频格式文件”，它是一种高压缩率的音频文件，与波形文件的压缩比例一般为24∶1，比MP3还高出许多。在对音质要求不是特别高但又要求占用存储空间少的情况下，可以使用SWA格式来传递声音信息。

• RealAudio

RealAudio（即时播音系统）由Progressive Networks公司所开发，是一种新型流式音频Streaming Audio文件格式。它包含在RealMedia中，主要用于在低速网络上实时传输音频信息。RealAudio主要适用于网络上的在线播放。现在的RealAudio文件格式主要有RA（RealAudio）、RM（RealMedia，RealAudio G2）、RMX（RealAudio Secured）等，这些文件的共同性在于随着网络带宽的不同而改变声音的质量，在保证大多数人听到流畅声音的前提下，令带宽较宽的听众获得较好的音质。

• CD Audio

CD音频，文件名的后缀为CDA。

（2）Director音频文件的类型

按音频文件导入的方式，Director影片中的音频文件可以分为外部音频文件、内部音频文件以及链接音频文件三种。

• 外部音频文件

外部音频文件是存储在Director影片外部，与影片没有任何链接关系的音频文件。这种音频文件通常使用影片中的Lingo或JavaScript脚本来进行调用，不需要使用Import 命令导入到影片中。使用这种方式有几个优点：

影片文件小，不必包含音频数据。

需要改变声音时，不改动影片直接改变外部音频文件即可。

在编辑或修改影片时，不会检查是否有这个音频文件。

如果音频文件不存在，影片仍可以播放。发布影片时不会出现音频文件找不到的问题。

• 内部音频文件

内部音频文件是将数据完全导入到 Director 影片内部的音频文件，这种音频文件与影片文件一起保存。导入音频文件时，在 Import Files into“Internal”对话框的 Media 下拉列表中选择 Standard Import 选项，音频文件就以内部音频文件的方式存储在 Director 影片中。内部音频文件在播放前需要完全调入内存，其播放速度相对链接音频文件要快一些。如果音频文件较小，可以采用这种完全导入方式以提高影片的播放速度。文件较大的话，作为内部音频文件需要占用大量系统资源，一般不推荐使用。

• 链接音频文件

链接音频文件是以链接方式导入到影片中的音频文件，它与影片的链接信息是与影片文件一起保存的。导入音频文件时，在 Import Files into“Internal”对话框的 Media 下拉列表中选择 Link to External File 选项，音频文件就以链接音频文件的方式储存在 Director 影片中。如果音频文件的尺寸比较大，也可以采用这种方式使用音频文件。在播放影片时，链接音频文件无须完全调入内存就可以播放，这样更加有利于利用资源。

由于 Director 并不保存链接音频文件，只保存链接音频文件的储存地址。一旦音频文件位置改变之后，Director 影片中的链接音频文件即随之改变。因此，在发布影片时一定要将音频文件放在正确的位置。

对于文件尺寸比较大的音频文件，可以采用内部音频文件方式导入音频文件；对于文件尺寸比较大的音频文件，可以采用链接音频文件方式导入音频文件；对于文件尺寸非常大的音频文件，可以采用外部音频文件方式导入音频文件。

8.1.2 音频导入与设置

导入内部音频文件基本操作步骤如下：

（1）在菜单选择 File | Import 命令，打开 Import File into“Internal”对话框，如图 8—1 所示。

（2）选中所需的音频文件，单击 Add 按钮，将音频文件添加到文件列表中。

（3）在 Media 下拉列表中选择 Standard Import 选项，以内部音频文件方式导入。

（4）单击 Import 按钮，即可将选中的音频文件导入到影片中。此时导入的音频文件将会出现在演员表中，该演员小图标的右下角有◀图标，如图 8—2 所示。

图 8—1 Import File into “Internal” 对话框

将音频文件导入到 Director 影片中后，就可以对所导入的音频文件进行查看和设置。在演员表中选中准备查看的音频演员，在菜单中 Window | Property Inspector 命令，打开属性检查器，选择 Sound 选项卡，如图 8—3 所示。

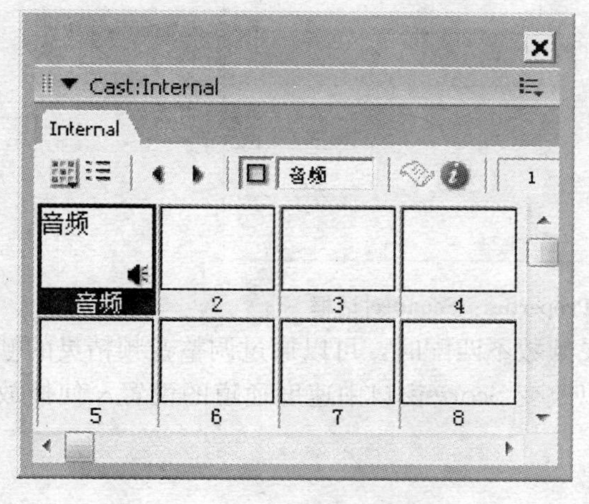

图 8—2 演员表中的音频文件

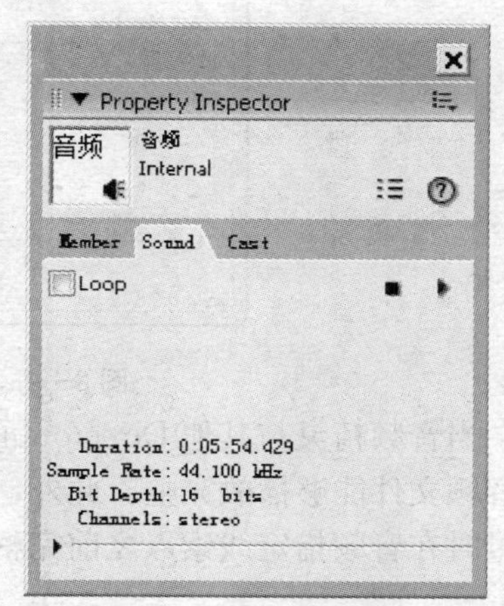

图 8—3 Sound 选项卡

其中 Loop 复选框，选中可以将当前音频文件设置成循环播放；单击 Play 按钮，可以对音频进行播放；单击 Stop 按钮，播放停止。Sound 选项卡下方的信息显示所选中音频文件的持续时间、频率、位深和声道。其中 Duration 显示音频文件的持续时间；Sample Rate 显示音频文件的频率；Bit Depth 显示音频文件的位深；Channels 显示音频文件的声道。

8.1.3 在 Score 窗口控制音频

Director 中对音频的控制有两种方式，一种是使用 Score 窗口，另一种是使用 Lingo 或 JavaScript 脚本。

如果需要在 Score 窗口完整播放音频，只需要将音频演员拖动到 Score 窗口两个音频通道中的任意一个上，并且将其长度延长到音频文件完整播放所需的帧数即可。当播放头进入包含音频的帧，音频开始播放；播放头离开包含音频的帧，音频停止。一般情况下，音频文件开始播放之后，会按照自身的播放速度播放，Director 不能加快或减慢音频的播放速度。如果没有将音频设置为循环播放，那么，即使将音频精灵加长超出音频文件所需的帧数，音频也会在音频文件结束时停止播放而不是在播放头离开帧时停止。

将音频演员拖动到 Score 窗口两个音频通道中（如果声音通道处于隐藏状态，单击 Hide/Show Effects Channels 按钮）。双击音频通道中任意一帧，弹出 Frame Properties：Sound 对话框，如图 8—4 所示。选中其中一个音频，单击 Play 可以预览。Frame Properties：Sound 对话框中包含当前影片中所有音频。

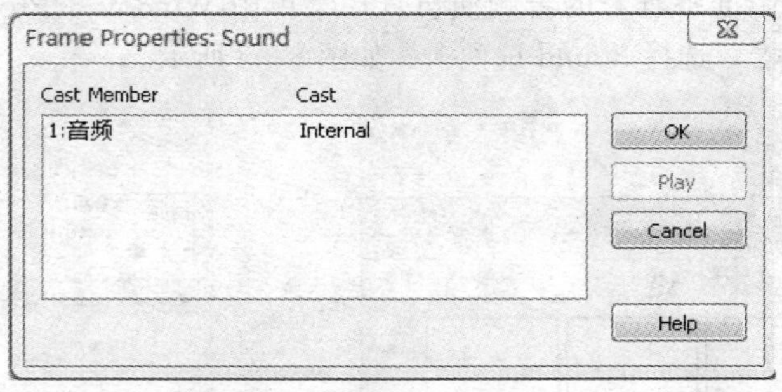

图 8—4 Frame Properties：Sound 对话框

当音频精灵与其他 Director 元素精灵帧数不匹配时，可以通过调整音频精灵的帧数使音频文件能够播放完整。此外，还可以改变 Score 窗口中速度通道的设置，使播放头经过时在音频指定线索点之前完整播放。

8.1.4 使用脚本控制音频

使用脚本控制音频可以使音频在影片中呈现更多变化，从而使影片更加精彩。以下介绍常用的音频控制命令。

（1）使用以下函数，可以获取播放音频的信息：

channelCount、isBusy（）、sampleCount、soundBusy（）、soundEnabled、sound、status。

实例：打开或关闭所有声音

```
--Lingo syntax                      //JavaScript syntax
_sound.soundEnabled=True            _sound.soundEnabled=True;
_sound.soundEnabled=False           _sound.soundEnabled=False;
```

（2）使用以下语句可以播放声音：

elapsedTime、endTime、getPlayList（）、member（sound property）、pan、pause（sound playback）、playNext（）、puppetSound、queue（）、setPlayList（）、sound playFile。

（3）使用以下语句可以关闭声音：

puppetSound chichChannel 0、sound close（whichChannel）sound stop、stop（）（sound）。

（4）控制播放头的函数：

Rewind（）、breakLoop（）、loopCount、loopStartTime、loopEndTime、loopsRemaining。

（5）使用以下函数可以检测某个声道的音频是否已经停止：

soundBusy（whichChannel）、sound（channelNum）.isBusy（）。

（6）使用以下函数可以控制声音的淡入淡出：

sound fadeln、sound fadeOut、fadeln（）、fadeOut（）、fadeTo（）。

实例：音频通道1中的音频Music1在5秒内淡入，然后在8秒后淡出

```
--Lingo syntax                      //JavaScript syntax
sound（1）.play（member（" Music1 "）） sound（1）.play（member（"
Music1"））;
Sound（1）.fadeIn（5000）Sound（1）.fadeIn（5000）;
Sound（1）.fadeOut（8000）Sound（1）.fadeOut（8000）;
```

（7）使用以下语句可以控制音量：

SoundLevel、sound volume。

8.1.5 音频控制实例

本实例使用 Lingo 脚本实现对音频文件的播放、暂停和音量控制。首先添加按钮，可以使用 Director 中的按钮工具直接在舞台上绘制按钮，也可以将制作好的按钮导入到演员表中，然后再把演员表中的元素拖放到舞台上。把准备好的音频文件拖放到声音通道中。选中演员表中的音频文件，并按住鼠标左键不放，把音频文件拖放到声音通道 1 中的第 2 帧位置，如图 8—5 所示。

鼠标双击声音通道下方脚本通道的第 1 帧位置，打开帧脚本对话框，在对话框中输入 go to the frame 命令，使播放头停止在第一帧，如图 8—6 所示。

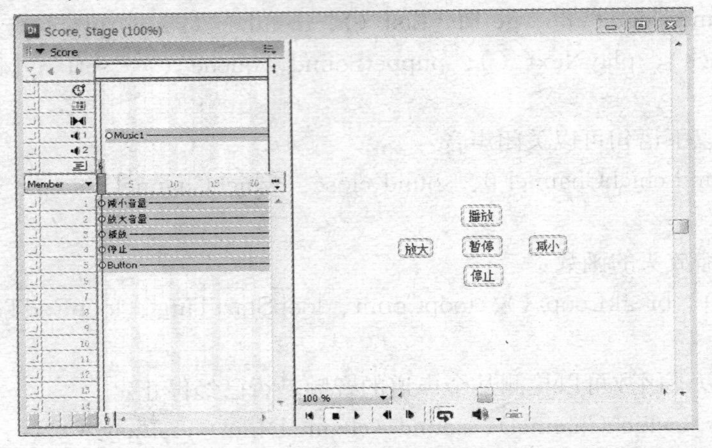

图 8—5 将按钮和音频元素就位

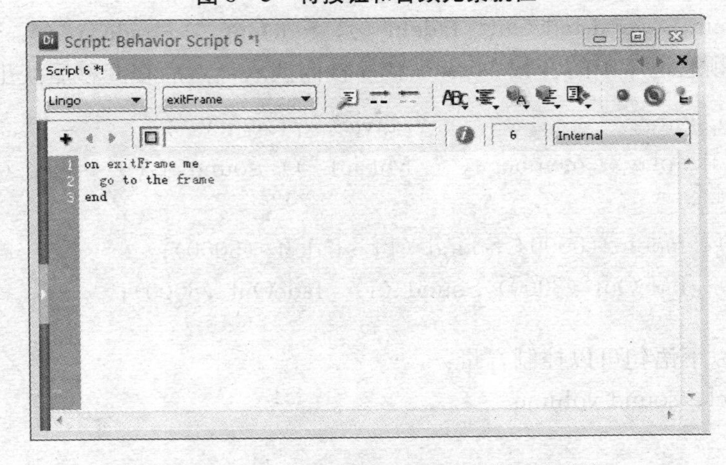

图 8—6 输入 Lingo 命令使影片在第一帧暂停

设置播放按钮：使用 puppetSound 命令可以对音频的播放进行控制，用鼠标右键单击舞台上的播放按钮，在弹出的快捷菜单中选择 Script 选项，打开 Script 对话框，在对话框中输入“puppetSound 1，"Music1"”脚本命令，如图 8—7 所示。其中“1”代表音频文件所处的声音通道号，"Music1" 代表音频文件的名称。

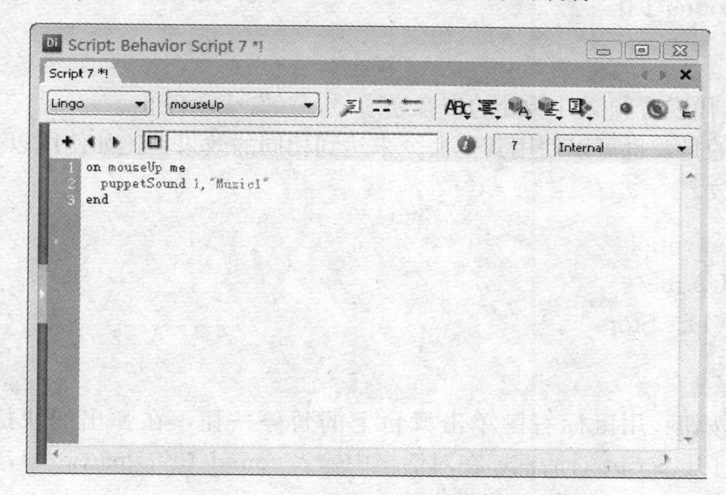

图 8—7　播放按钮的脚本命令

设置停止按钮：鼠标右键单击舞台上的停止按钮，在弹出的菜单中选择 Script 选项，打开 Script 对话框，在对话框中输入 puppetSound 10 脚本命令，如图 8—8 所示。

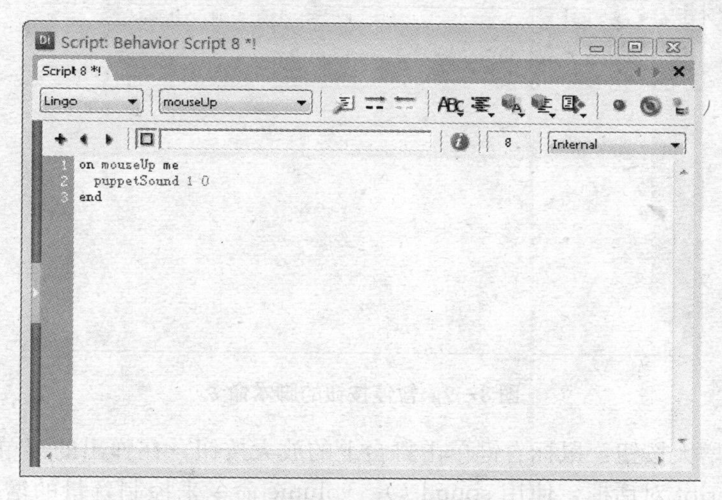

图 8—8　停止按钮的脚本命令

在这里使用puppetsound命令使音频停止播放，其基本语法结构如下：

```
——Lingo syntax
on mouseUp me
  puppetsound 1 0
end
```

其中“1”代表音频文件所处的声音通道号，“0”表示停止。

需要注意的是，也可以使用其他命令来达到相同的效果，比如使用以下语句也可以使音频停止播放。

```
——Lingo syntax
on mouseUp me
  Sound (1). Stop
end
```

设置暂停按钮：用鼠标右键单击舞台上的暂停按钮，在弹出的快捷菜单中选择Script选项，打开Script对话框，在对话框中输入sound (1). pause ()，如图8—9所示。

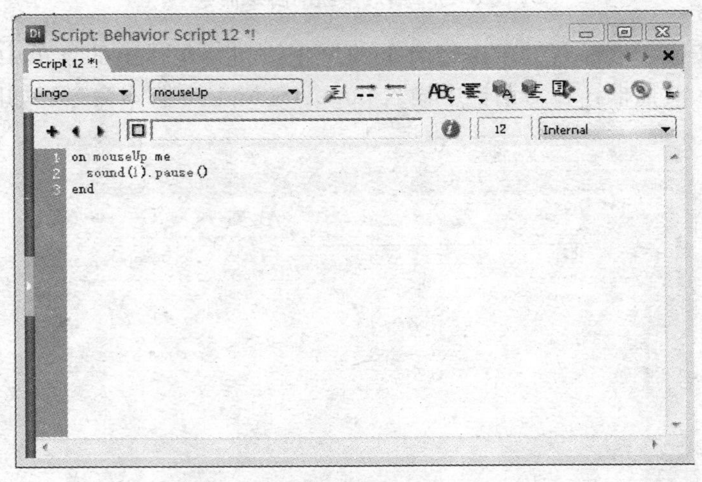

图8—9 暂停按钮的脚本命令

设置音量增大按钮：鼠标右键单击舞台上的放大按钮，在弹出的菜单中选择Script选项，打开Script对话框，使用sound (). volume命令来控制音量的增大和减小，音量增大的语法结构如下：

```
——Lingo syntax
on mouseUp me
  sound (1). volume = sound (1) . volume + 10
End
```

设置音量减小按钮：鼠标右键单击舞台上的减小按钮，在弹出的菜单中选择 Script 选项，打开 Script 对话框，音量减小按钮的脚本命令和音量增大按钮脚本命令基本相同，只需要把命令最后的参数+10 更改为-10 即可，如图 8—11 所示。

```
——Lingo syntax
on mouseUp me
  sound (1). volume = sound (1) . volume - 10
End
```

其中 sound (1). volume 的含义为：调用第 1 个声音通道中的音量属性。volume 的取值范围为 0～256 之间。其中 0 表示无声，256 表示最大。图 8—10 中所输入的脚本命令含义为：每按下一次放大按钮，声音通道 1 中的声音音量递增 10。图 8—11 中所输入的脚本命令含义为：每按下一次减小按钮，声音通道 1 中的声音音量递减 10。

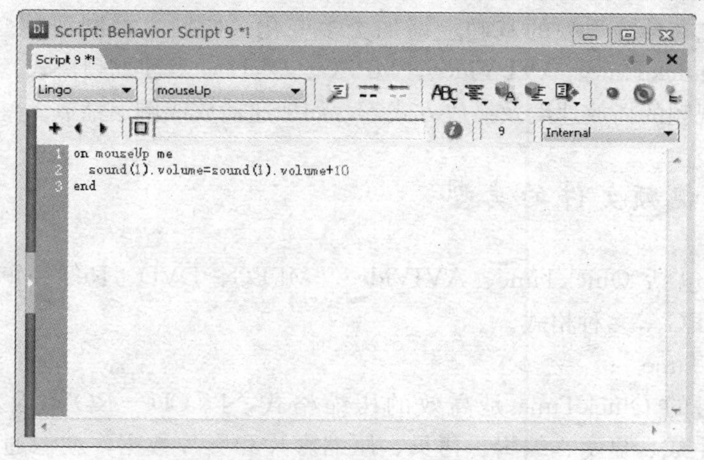

图 8—10　使用脚本来控制音量的增大

Director 把系统音量分为 8 个级别，从 0 至 7 级。0 为静音，7 为最响。因此用户也可以利用 the soundLevel 命令来控制系统的音量。the soundLevel = *，其中“*”代表系统音量的等级。本实例对音频文件的控制操作已经完成，可以单击舞台下方的播放按钮来预览影片效果。另外，除了前面所使用的音频控制命令外，Director 还有许多其他用来控制音频文件的命令。

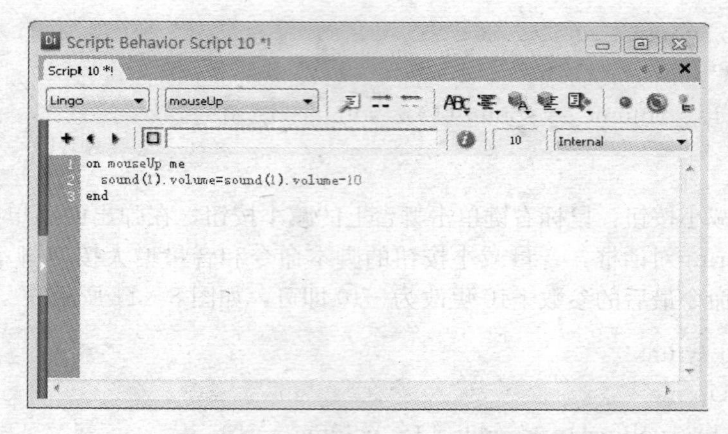

图 8—11 使用脚本来控制音量的减小

8.2 视频控制

视频是影片不可缺的重要组成部分。较之传统影像，数字视频的画面更加震撼，因为它可以将图像分解，然后结合图像、动画等其他元素重新组合，从而创造出扣人心弦的画面。并且它在传统视频的基础上增加更多变化，使用户控制视频变化成为可能。Director 支持 QuickTime、AVI Video、MPEG、DVD 等多种视频格式。在 Director 中可以设置数字视频的播放速度及播放方式等，如加速播放或倒退播放。

8.2.1 视频文件的类型

数字视频包括 QuickTime、AVIVideo、MPEG、DVD、Real Media、Windows Media、M—JPEG 等多种格式。

(1) QuickTime

Apple 公司的 QuickTime 是高效的压缩格式，以 CD－ROM 为基础。可以用 QuickTime 来生成、显示、编辑、拷贝、压缩影片和影片数据，就像通常操纵文本文件和静止图像那样。除了处理视频数据以外，QuickTime3.0 还能处理静止图像、动画图像、矢量图、多音轨、MIDI 音乐、三维立体，虚拟现实全景和虚拟现实的物体。

(2) AVI Video

1992 年 Microsoft 公司推出 AVI 数字视频文件格式，AVI 英文全称为 Audio Video Interleaved，即音频视频交错格式。这是一种将语音和影像同步组合在一起的文件格式。它对视频文件采用了一种有损压缩方式，但压缩比较高，因此尽管画面质量不是太好，但其应用范围仍然非常广泛。AVI支持256色和RLE压缩。AVI信息主要应用在多媒体光盘上，用来保存电视、影片等各种影像信息。

（3）MPEG

MPEG的全名为Moving Pictures Experts Group，即动态图像专家组。MPEG标准主要有MPEG－1、MPEG－2、MPEG－4、MPEG－7及MPEG－21等。该专家组建于1988年，专门负责为CD建立视频和音频标准，而成员都是为视频、音频及系统领域的技术专家。现在泛指的MPEG－X版本，就是由ISO（International Organization for Standardization）所制定而发布的视频、音频、数据的压缩标准。其中MPEG－4利用很窄的带宽，通过帧重建技术、数据压缩，以求用最少的数据获得最佳的图像质量。利用MPEG－4的高压缩率和高的图像还原质量可以把DVD里面的MPEG－2视频文件转换为体积更小的视频文件。经过这样处理，图像的视频质量下降不大但体积却可缩小几倍，可以很方便地用CD－ROM来保存DVD上面的节目。

（4）DVD

DVD的全名为Digital Versatile Disc，即数字多用途光盘。DVD数字视频是最近几年非常流行的视频格式。DVD数字视频具有画面清晰、播放效果好等特点。DVD有五种格式即DVD－VIDEO、DVD－ROM、DVD－R、DVD－RAM、DVD－AUDIO。

（5）Real Media

Real Media（RM）是当今网络上最流行的网络流媒体格式。它是由Real Networks公司发明的，特点是可以在非常低的带宽下提供足够好的音质画质让用户能在线观看。RM采用一种“边传边播”的方法，即先从服务器上下载一部分视频文件，形成视频流缓冲区后实时播放，同时继续下载，为接下来的播放做好准备。这种“边传边播”的方法避免了用户必须等待整个文件从Internet上全部下载完毕才能观看的缺点。Real Media可以根据网络数据传输速率的不同制定不同的压缩比率，从而实现在低速率的网络上进行影像数据的实时传送和实时播放。正因为出现了Real Media，相关的应用，如网络广播、网上教学、网上点播等才浮出水面，形成了一个新的行业。

这种格式仅适用于Windows操作系统。常用来播放Real Media视频的播放器有RealPlayer、RealOne Player等。另外许多播放器软件都有用来播放Real Media视频的插件。

（6）Windows Media

Windows Media是Microsoft公司推出的一种网络流媒体技术，本质上跟Real Media是相同的。但Real Media是有限开放的技术，而Windows Media则没有公开任何技术细节。支持Windows Media的软件非常多。几乎所有的Windows平台的音视频编辑工具都对它提供了读/写支持。

（7）M－JPEG

M－JPEG（Motion-Join Photographic Experts Group）技术即运动静止图像压缩

技术，广泛应用于非线性编辑领域可精确到帧编辑和多层图像处理，把运动的视频序列作为连续的静止图像来处理，这种压缩方式单独完整地压缩每一帧，在编辑过程中可随机存储每一帧，可进行精确到帧的编辑，此外 M—JPEG 的压缩和解压缩是对称的，可由相同的硬件和软件实现。但 M—JPEG 只对帧内的空间冗余进行压缩。不对帧间的时间冗余进行压缩，故压缩效率不高。采用 M—JPEG 数字压缩格式，当压缩比 7：1 时，可提供相当于 Betecam SP 质量图像的节目。M—JPEG 的优点是可以很容易做到精确到帧的编辑、设备比较成熟；缺点是压缩效率不高。此外，M—JPEG 需要特殊的硬件支持。

8.2.2 视频导入与设置

在 Director 中，用户可以像导入其他元素一样导入数字视频，不过 Director 中仅包含数字视频文件的链接信息，而不包含整个数字视频文件。因此数字视频只能以 Link to External File 的方式导入。

以放映机的形式发布包含有数字视频的影片时，必须将数字视频与 Director 影片同时发布。否则，当影片位置移动时，影片将不能正常播放。

不同格式的数字视频可以使用不同的方法导入到 Director 影片当中，导入数字视频的方法有以下几种：

• 在菜单选择 File | Import 命令，打开 Import File into“Internal”对话框，选中所需的视频文件，单击 Import 将文件导入到影片中。

• 在演员表选中任意空白演员单击鼠标右键选择 Import，打开 Import File into“Internal”对话框，选中所需的视频文件，单击 Import 将文件导入到影片中。

• 在菜单选择 Insert | Media Element 命令，选择 QuickTime、DVD、Real Media 或 Windows Media，打开视频窗口。此时演员表会出现一个与之对应的演员。选择 Window | Property Inspector 命令，打开属性检查器中的 Member 选项卡，如图 8—12 所示。在 Filename 选项文本框内直接输入所需导入视频的路径，或单击右下角的 ... 按钮，使用打开的“Locate replacement ”对话框选中所需导入的视频，如图 8—13 所示。在 Name 文本框可以为新导入的视频命名。视频导入成功后，视频窗口就会出现所导入的视频影像，如图 8—14 所示。

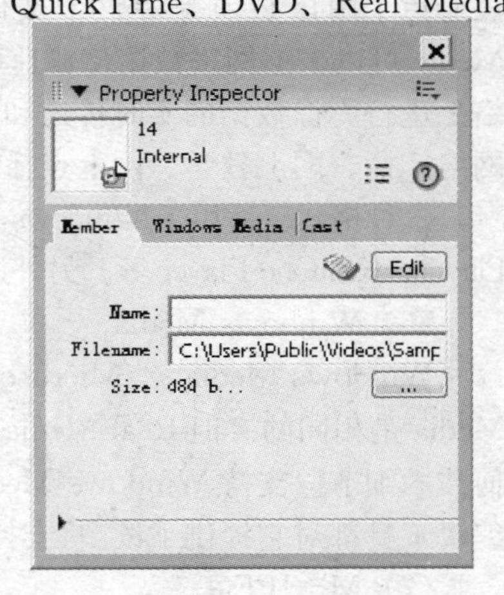

图 8—12 Member 选项卡

• 在 Window 下拉菜单选择 QuickTime、DVD、Real Media 或 Windows Media，打开视频窗口。在属性检查器中的 Member 选项卡的 Filename 选项文本框

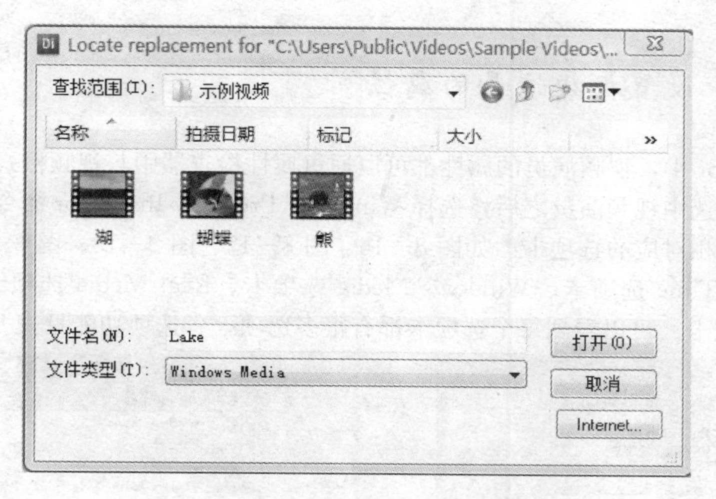

图 8—13 “Locate replacement ”对话框

内直接输入所需导入视频的路径，或单击右下角的 ... 按钮，使用打开的“Locate replacement ”对话框选中所需导入的视频。在 Name 文本框可以为新导入的视频命名。视频导入成功后，视频窗口就会出现所导入的视频影像。

虽然 Director 中支持的数字视频格式很多，但只为 QuickTime、DVD、Real Media、Windows Media、AVI Video 格式提供了视频查看窗口。用户可以通过视频查看窗口预览所导入的视频文件是否完整。

每当导入一个新的数字视频时，演员表都会相对应的出现该数字视频的演员，不同格式的数字视频演员图标右下角的小图标有所不同，如图 8—15 所示。

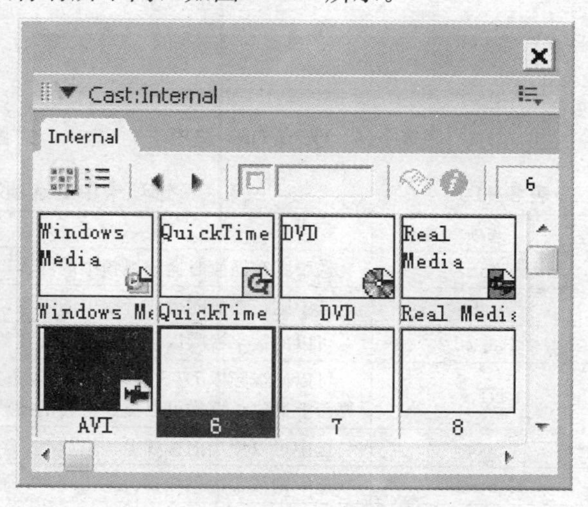

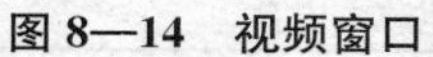

图 8—14 视频窗口

图 8—15 不同格式的数字视频演员图标

8.2.3 设置视频演员的属性

在 Director 中，视频演员的属性都可以通过属性检查器中与视频格式相对应的选项卡来设置。在选中视频演员之后，选择 Window | Property Inspector 命令，打开与选中视频演员格式相对应的选项卡。如图 8—16、图 8—17、图 8—18、图 8—19、图 8—20 分别为 QuickTime 选项卡、Windows Media 选项卡、Real Media 选项卡、DVD 选项卡、AVI 选项卡。可以看到每个选项卡都有很多选项，各选项功能见表 8—1。

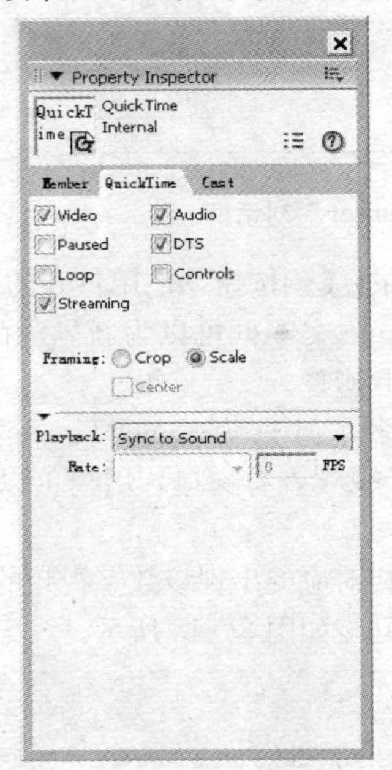

图 8—16 QuickTime 选项卡

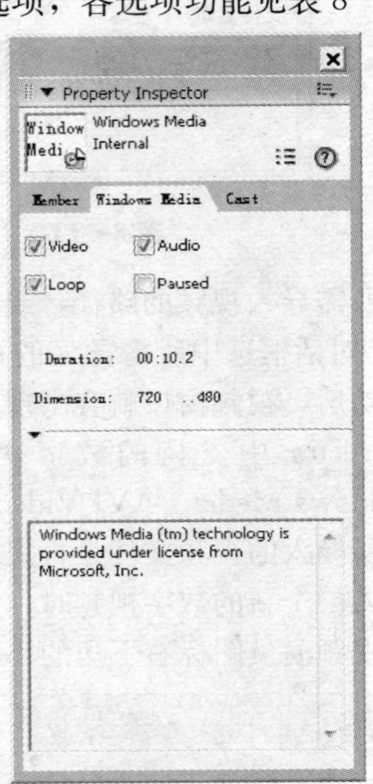

图 8—17 Windows Media 选项卡

表 8—1 选项卡中各选项功能

选项	功　能
Video	选中则在播放时播放视频中的内容，否则视频内容将不会播放
Audio	选中则在播放时播放音频中的内容，否则音频内容将不会播放
Paused	可以使数字视频以暂停状态出现在舞台上；否则数字视频一出现在舞台上就开始播放
DTS	可以使视频以 DTS（Direct to Stage）的方式出现在舞台上，即不载入内存就直接在舞台上播放，这样可以提高视频的播放速度和效果，但需要占用大量的系统资源
Loop	选中可以使当前视频循环播放
Controls	选中则数字视频在舞台上出现时，显示控制工具栏
Streaming	选中则视频在播放的同时，视频剩下的内容不断地载入内存

续表

选项	功　能
Framing	可以对视频的裁剪方式和显示方式进行设置。选中 Crop 单选按钮，则当数字视频外围方框比数字视频的原有尺寸小时，数字视频只显示部分画面；当数字视频外围方框比数字视频的原有尺寸大时，数字视频也不会拉伸画面，而是以原尺寸显示。选中 Scale 单选按钮，则无论数字视频外围方框比数字视频的原有尺寸大还是小，数字视频都会调整其自身的尺寸大小，以适应数字视频外围方框的大小。选中 Center 复选框，则数字视频会居中显示在数字视频的外围方框中
Playback	设置视频与视频中声道的同步方式。选择 Sync to Sound 选项，则当数字视频中的视频与声道中的音频不同步时，视频会跳过某些帧，从而与声道中的音频达到同步；选择 Play Every Frame（No Sound）选项，则在播放视频时，只播放数字视频中视频的所有帧，而不播放视频中的的音频
Rate/FPS	Rate 下拉列表，可以对数字视频播放的速度进行设置。选择 Normal 选项，则以正常速度播放视频中的每一帧，不跳过任何帧；选中 Maximum 选项，则以尽量快的速度播放每一帧，不跳过任何帧；选中 Fixed 选项，则使用指定的播放速度播放视频。在 FPS 文本框内输入每秒传输帧数
Display Real Logo	选中则可使 RealMedia 视频播放时能够播放 RealPlay 或 RealOne Player 的 logo 动画
Volume	拖动 Volume 选项中的滑块，可以改变 DVD 视频中音频的音量。向右拖动滑块，则音量增大；向左拖动滑块，则音量减小
Preload	选中可以使 AVI 数字视频在播放前提前调入内存。否则，视频会在播放过程中将剩余视频内容不断调入内存

图 8—18　Real Media 选项卡

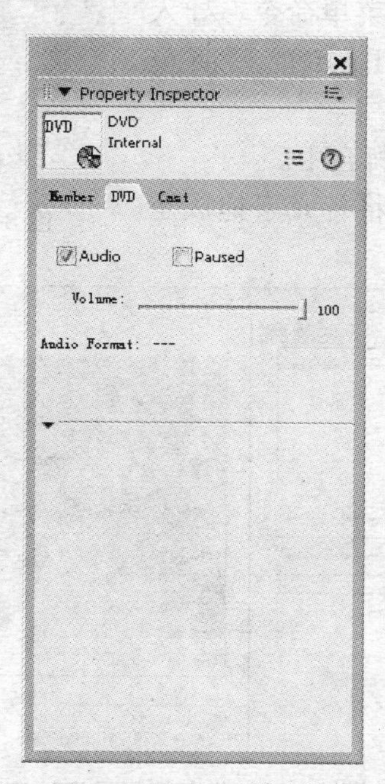

图 8—19　DVD 选项卡

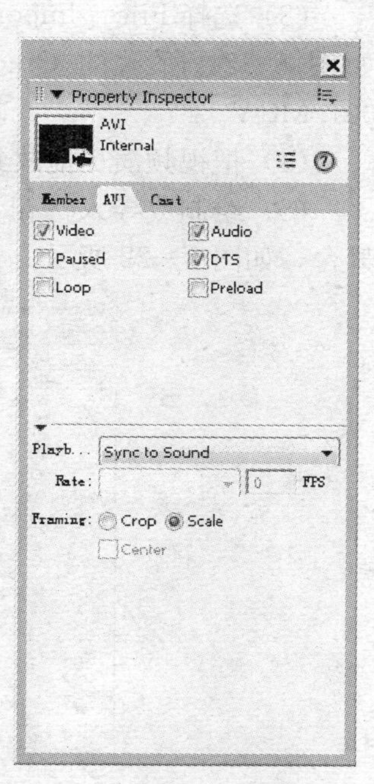

图 8—20　AVI 选项卡

8.2.4 数字视频控制实例

在将视频导入 Director 影片中之后，如果不做其他设置，播放影片时只有当播放头位于包含有数字视频的帧时，数字视频才会播放。即和音频一样，要完整播放视频需要将视频精灵延长到视频完整播放所需的帧数。如视频精灵长度为 5 帧，播放头的移动速度为 20 帧/秒，那么当播放头播放时，只能看到数字视频中 1/4 秒的画面。如需要完整播放数字视频，除了调整视频精灵长度外还有两种方式。一是使用脚本控制视频的播放，另一种是使用线索点控制数字视频的播放。

下面的实例运用简单的 Lingo 脚本实现对数字视频的播放控制。

(1) 在菜单选择 File | New | Movie 命令，新建影片。

(2) 在菜单选择 Modify | Movie | Properties 命令，打开属性检查器的 Movie 选项卡，设置舞台大小为 640×540，舞台背景颜色为＃FFFFFF。

(3) 选择 File | Import 菜单命令，导入如图 8—21 所示的 QuickTime 视频演员 001.MOV。

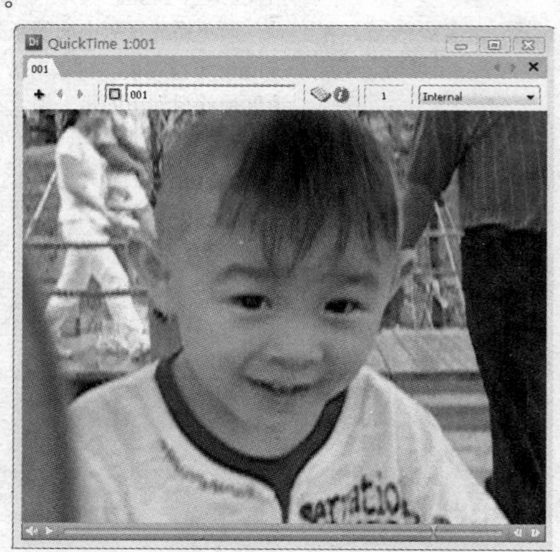

图 8—21 QuickTime 视频演员 001

(4) 把视频演员拖放到舞台中。

(5) 绘制或导入按钮。将各元素拖放至舞台，如图 8—22 所示。

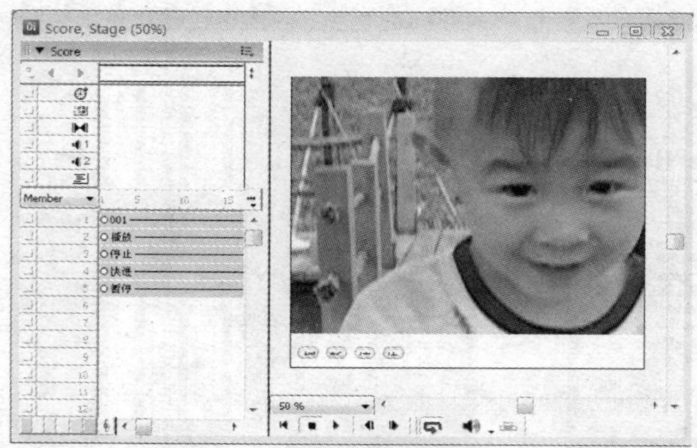

图 8—22 将各精灵元素按序摆放

（6）双击脚本通道第一帧，在打开的帧脚本对话框输入 go to the frame 命令，使影片在第一帧时暂停播放。

（7）播放、快进、倒退按钮设置：选中舞台上的播放按钮单击鼠标右键选择 Script 选项，在打开的 Script 对话框中输入 sprite（1）．movieRate＝1 脚本命令。

```
——Lingo syntax
on mouseUp me
  sprite（1）．movieRate＝n
End
```

其中，1 代表视频文件所处的通道号；n 代表视频播放的速率，其中 n 为 1 时以正常速率播放，大于 1 时快放视频，快放的速度由数值的大小决定。n 为负时倒退播放视频，倒放的速度由负数的大小决定。n 为 0 时暂停播放视频。也可以同时设定播放速度，movieTime 时间的基本单位为 1/60 秒。

sprite（1）．movieTime＝2＊60

（8）停止按钮设置：选中舞台上的停止按钮单击鼠标右键选择 Script 选项，在打开的 Script 对话框中输入 movieRate 和 movietime 命令。

```
——Lingo syntax
on mouseUp me
  sprite（1）．movieRate＝0
  sprite（1）．movieTime＝0
End
```

sprite（1）．movieRate＝0 命令是暂停播放视频，而 sprite（1）．movieTime＝0 的含义是回到视频播放的起始时间。这两个命令组合即可实现视频的停止播放。

8.3　3D 对象控制

Director 不仅可以使用二维对象，同时也可使用三维对象。Director 3D 动画中所使用的演员为 3D 演员。每个 3D 演员都包含 3D 的描述信息，通常称为 3D 环境。一个 3D 环境包含有照相机、灯光、模型，每个对象由各自的属性来控制。在 Director 中查看 3D 演员属性和内容的方法有两种：通过 shockwave 3D 窗口查看和使用 Lingo 脚本来实现。

8.3.1　3D 概述

3D 环境中的模型类似于 Director 影片中的精灵。每个精灵都有一个对应的演员，而每个模型都有一个对应的模型资源。模型可以由灯光照亮、由照相机查看。每个由3D演员形成的精灵都代表一个相机视角，透过该视角可以对3D环境中的内容进行查看。3D演员与其他类型的演员的主要区别在于：3D环境中的模型并不是独立的实体而是3D演员的一部分，因此与精灵有所不同。

（1）模型和模型资源

模型是3D环境中的可视对象。模型资源是可以用来绘制3D模型的3D几何元素。在3D环境中，模型需要使用模型资源并占据特定的位置和方向才能成为可视对象。模型还定义了模型资源的外观，包括纹理和阴影等。

模型和模型资源的关系类似于精灵和演员的关系。模型资源可以重复使用，因为多个模型可以使用同一个模型资源，这类似于多个精灵可以使用同一个演员。但是，模型不会出现在总谱窗口中，更不能被总谱所控制。

每一个3D演员都包含一个群组对象，称为环境，其中包含有模型、灯光和照相机等，各个对象之间的父子层级关系可以用类似于树形的结构来表示，如图8—23所示。可以清楚看到，每一个对象占据一个节点，每个节点所对应的父节点和子节点。巧妙利用3D环境中各对象之间的层级关系，可以非常容易地在3D环境中完成一些动作。例如需要移动复杂的花瓶模型，如果花瓶里的花模型被定义成了花瓶模型的子级，那么，移动花瓶模型的同时也会移动花模型；反之，如果花瓶模型和花模型之间不是父子关系，则在移动花瓶模型时，花模型就不会随着花瓶模型移动，而是留在原位置。

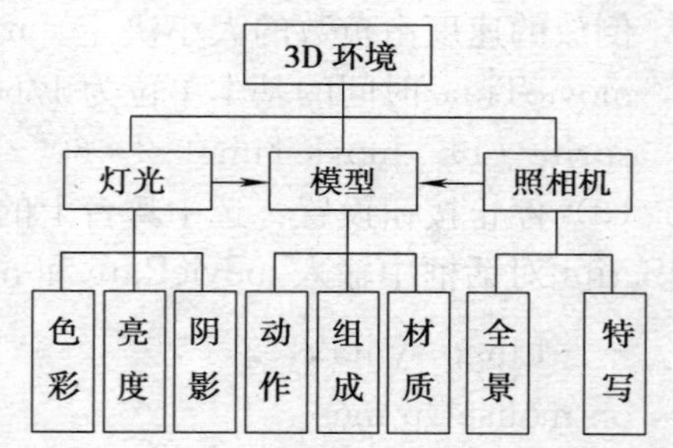

图8—23 3D环境中各对象之间父子层级关系

（2）灯光和照相机

灯光主要用来照亮3D环境。没有灯光，3D环境中的对象将不可见。灯光控制着3D环境的显示效果，而照相机控制着3D环境的显示方式。每一个3D精灵都可以以特定的视角对3D环境中的内容进行展示。

（3）群组

群组是没有几何结构的节点，可以用来将模型、灯光和照相机等组合到一起，从而使它们可以形成一个独立的个体。群组可以含有名称、变换和父节点等，还可以含有一个或多个子节点。最高级别的群组称为环境。

（4）修改器

使用修改器，可以控制模型的渲染和行为。一旦用户将修改器附着到模型上，就可以使用脚本对修改器的属性进行设置。根据所使用修改器类型的不同，可以为修改器设置不同的属性，从而对模型的外观和行为进行控制。

8.3.2　3D 对象的使用

3D 动画中的 3D 演员无法在 Director 内部创建，需要使用其他 3D 建模软件创建，然后再导入 Director 影片中。将 3D 演员导入 Director 影片中之后，使用 Shockwave 3D 窗口可以对 3D 演员的 3D 环境进行查看，使用属性检查器中的 3D Model 选项卡可以对其属性进行设置。设置好 3D 演员的属性之后，就可以使用它来制作 3D 动画。

（1）导入 3D 演员

在使用 3D MAX 或其他建模软件创建好 3D 模型之后，将其以 W3D（Web 3D）格式输出，就可以将所创建的模型导入 Director 影片中了。

第一步，选择 File | Import 命令，打开 Import Files into “Internal” 对话框。选择需要导入 Director 影片中的 3D 演员文件。

第二步，单击 Import Files into “Internal” 对话框中的 Add 按钮，将 3D 演员文件添加到所要导入的文件列表中。

第三步，在 Media 下拉菜单中选择 3D 演员文件的导入方式。选择 Stand Import 菜单项，则将 3D 演员文件中的所有内容全都导入 Director 影片中。如果在 Media 下拉菜单中选择的是 Link to External File 菜单项，将文件导入 Director 影片之后不要将所导入的 3D 演员文件移动到其他存储位置，否则就会破坏 Director 影片与 3D 演员之间的链接，从而使得 Director 在 3D 动画播放时会要求用户重新指定 3D 演员文件。此处选择 Link to External File 菜单项，这样，Director 就会创建一个与 3D 文件相关的链接，而不是将 3D 演员文件中的所有内容都导入 Director 影片中。

第四步，单击 Import 按钮，将所选择的 3D 演员文件导入影片中，并打开演员表，如图 8—24 所示。

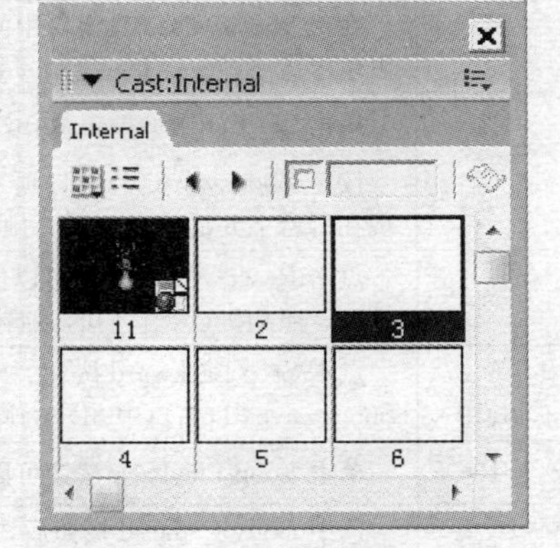

图 8—24　将 3D 演员导入演员表

（2）查看 3D 演员

将 3D 演员导入 Director 影片中后，可以使用 Shockwave 3D 窗口对 3D 演员进行查看，并控制 3D 演员的某些属性。在演员表中使用鼠标左键双击 3D 演员可以打开 Shockwave 3D 窗口，如图 8—25 所示。

从显示有 3D 演员的 Shockwave 3D 窗口，可以看到，该 3D 演员包含有一个花瓶模型。Shockwave 3D 窗口中包含有许多用来调整 3D 环境中照相机位置的工具。用户可以通过移动、旋转和缩放 3 种方式来改变照相机。

Shockwave 3D 窗口各按钮功能见表 8—2。

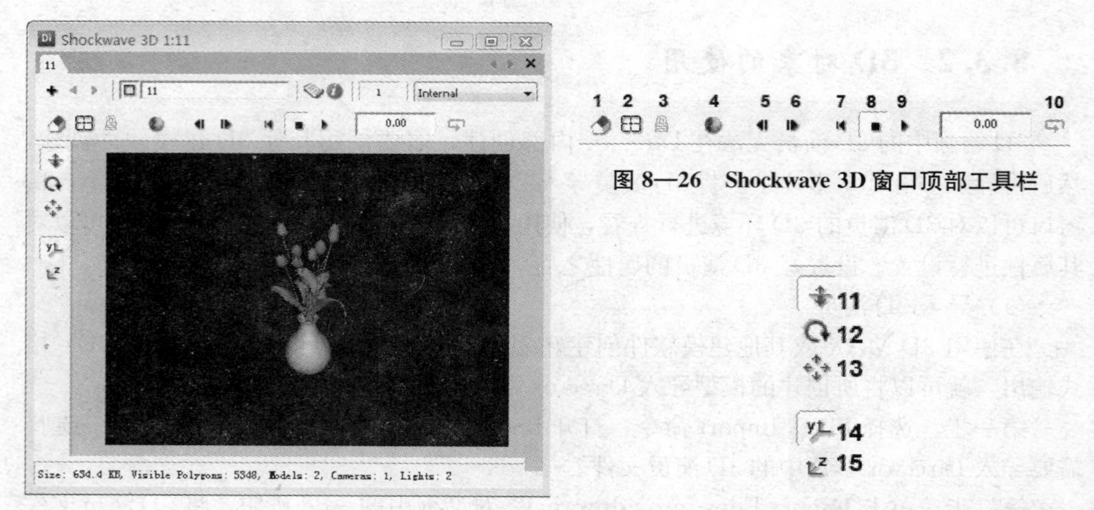

图 8—25　显示 3D 演员的 Shockwave 3D 窗口

图 8—26　Shockwave 3D 窗口顶部工具栏

图 8—27　Shockwave 3D 窗口左侧工具栏

表 8—2　　Shockwave 3D 工具栏各按钮功能

编号	功　能
1	在对 Shockwave 3D 窗口中的照相机进行移动或变换之后，如果希望恢复照相机的位置到初始状态，可以单击 Reset Camer Trmsform 按钮
2	单击 Set Camera Transform 保存当前照相机的新位置或新变化
3	按下 Shockwave 3D 窗口顶部工具栏中的 Root Lock 按钮，可以对 3D 动画进行锁定。当 3D 动画出现在舞台上并播放时，3D 动画的位置不发生变化
4	点击 Reset World 按钮可以使 3D 场景恢复到最初状态（可以恢复的内容包括 3D 场景中所有的 3D 模型、照相机以及它们的原始位置等）
5、6、7、8、9	点击 Step Backward 按钮、Step Forward 按钮、Rewind 按钮、Stop 按钮以及 Play 按钮对可以在 Shockwave 3D 窗口中 3D 动画的播放进行控制
10	单击 Loop Playback 按钮可以循环播放 3D 演员中的动画
11	选中 Dolly Cameral 按钮后，在 Shockwave 3D 窗口中按下并拖动鼠标左键，可以调整照相机远近效果
12	选中 Rotate Camera 按钮后，在 Shockwave 3D 窗口中按下并拖动鼠标左键，可以旋转照相机。如果按下了键盘上的 Shift 键，可以限制照相机围绕 Z 轴旋转
13	可以将 Shockwave 3D 窗口中的照相机从窗口的一侧移动到窗口的另一侧。选中 Pan Camera 按钮后，在 Shockwave 3D 窗口中按下并拖动鼠标左键，左右拖动鼠标左键可以在水平方向上移动照相机的位置，上下拖动鼠标左键可以在垂直方向上移动照相机的位置
14、15	在使用 Rotate Camera 按钮旋转照相机时，使用 Camera Y Up 按钮和 Camera Z Up 按钮可以对坐标轴的方向进行控制。如果选中的是 Camera Y Up 按钮，则 Shockwave 3D 窗口中向上的坐标轴为 Y 轴；如果选中的是 Camera Z Up 按钮，则 Shockwave 3D 窗口中向上的坐标轴为 Z 轴

（3）设置 3D 演员

在菜单中选择 Window | Property Inspector 命令，打开属性检查器。设置 3D 演员可以使用属性检查器中的 3D Model 选项卡，如图 8—28 所示。3D Model 选项卡中各个选项的含义见表 8—3。

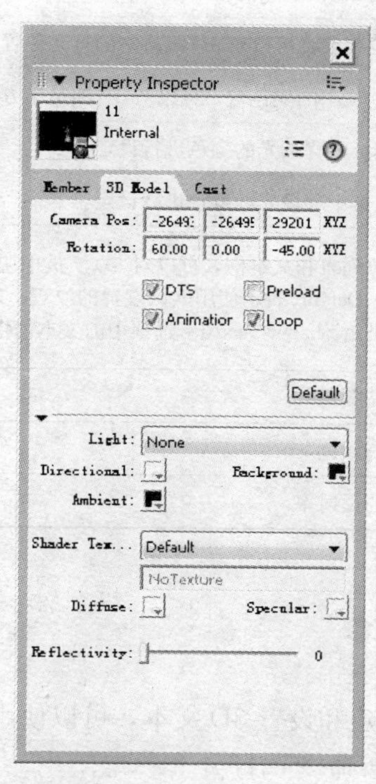

图 8—28 3D Model 选项卡

表 8—3 3D Model 选项卡中各个选项的功能

按钮	功 能
Camera Position	选项中的文本框可以设置 X、Y、Z 轴的数值，从而对照相机的位置进行设定
Rotation	Rotation 选项中的文本框可以设置 X、Y、Z 轴的数值，从而对照相机的旋转角度进行设置
DTS	选中此项，可以使 3D 演员在舞台上能够直接渲染并显示，而不需要预先载入内存并在内存中渲染，这样，节省了舞台上画面显示的时间，且提高了影片的播放速度。如果对 3D 演员使用了 DTS 设置，将不能再对其应用任何墨水效果，并且不管该 3D 演员出现在剧本窗口的哪一个通道中，它所对应的精灵在舞台上将永远位于其他精灵的前面
Preload	选中 Preload 复选框，3D 动画在完全载入内存之后才开始播放，反之，3D 动画在载入内存的过程中就开始播放

续表

按钮	功　能
Animation	选中此项，3D 演员中的动画会在 Director 影片播放过程中播放，反之，3D 演员中的动画不会在 Director 影片播放过程中播放
Loop	选中此项，可以使 3D 演员中的动画循环播放
Light	使用此项中的下拉列表，可以对 3D 演员中的灯光位置进行设定
Directional	使用 Directional 选项中的颜色盒，可以对 3D 演员中方向光的颜色进行设定
Background	此项可以对 3D 演员中背景光的颜色进行设定
Ambient	此项可以对 3D 演员中环境光的颜色进行设定
Shader Texture	使用选项中的下拉列表和文本框，可以对 3D 演员中阴影的纹理进行设定。其中，None 表示不使用任何纹理，Default 表示使用默认设置的纹理，Member 表示以某个位图演员作为阴影的纹理，位图演员由 Shader Texture 选项中的文本框指定
Diffuse	设置阴影中的高亮颜色
Specular	设置阴影中的环境颜色
Reflectivity 滑块	设置阴影中颜色的反射率

8.3.3 设置 3D 文本

在 Director 中，如果要创建和设置 3D 文本，可以使用下面的基本操作步骤。

（1）选择 Window | Text 命令，打开文本窗口，输入文本内容，设置字体、字号及字体间距等，如图 8—29 所示。

（2）关闭文本窗口，在演员表中对刚刚创建的文本演员进行命名，此处将所创建的文本演员命名为 text1。

（3）在选中文本演员 text1 的情况下，选择 Window | Property Inspector 命令，打开属性检查器中的 Text 选项卡，如图 8—30 所示。并在 Display 选项的下拉列表中选择 3D Mode 选项，文本演员 text1 由 2D 文本转换为 3D 文本，3D 文本 Text 选项卡的各项功能见表 8—4。

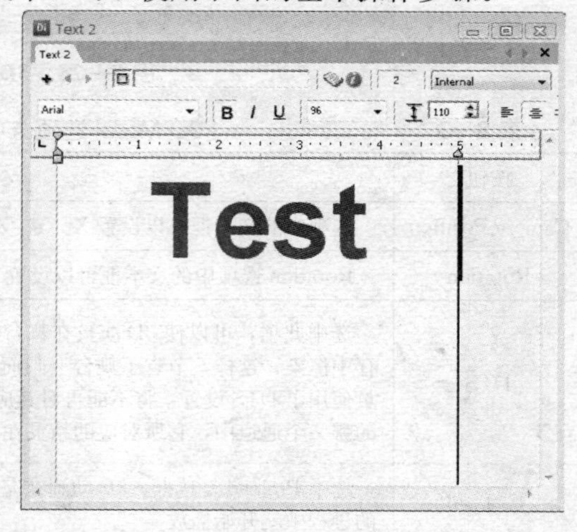

图 8—29　Director 文本窗口

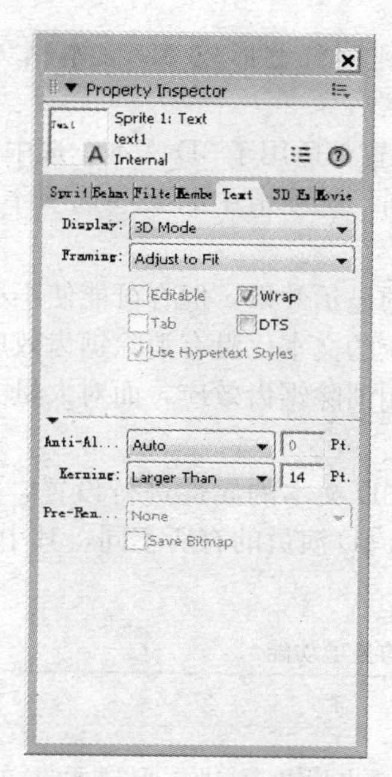

图 8—30　选中 3D 文本时的 Text 选项卡

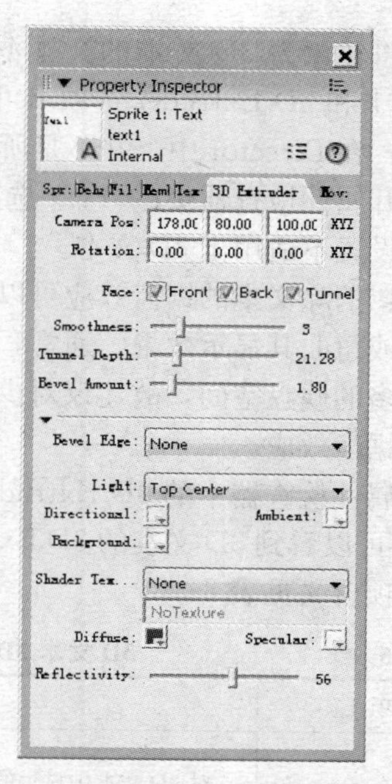

图 8—31　3D Extruder 选项卡

表 8—4　　　3D 文本 Text 选项卡的各项功能

选项	功　能
Franming 下拉菜单	设置 3D 文本在文本精灵外围方框中的显示方式。选择 Adjust to Fit 选项，当 3D 文本的长度超出文本精灵外围方框的尺寸时，Director 会在垂直方向上调整文本精灵外围方框的尺寸，从而使 3D 文本能够在舞台上完全显示（此选项只有当 Wrap 复选框处于选中状态的情况下才会起作用）；选择 Fixed 选项，可以固定 3D 文本精灵外围方框的原始尺寸。如果文本在当前的文本方框内不能完全显示，超出方框范围的文本会继续排列在文本方框的下面，但不会显示在舞台上
Wrap	选中此项可以增大 3D 文本精灵外框的垂直尺寸，从而将方框中的文本完全显示在舞台上
DTS	选中 DTS（Direct to Stage），在影片播放过程中忽略文本演员，直接显示文本在舞台上，这样可以提高影片播放时文本显示的速度
Anti—Alias 下拉菜单	消除 3D 文本的锯齿效应。选择 None 选项，则对任何文本都不消除锯齿效应。选择 All Text 选项，可以使所有的 3D 文本消除锯齿效应；选择 Grayscale Larger Than 选项，则只对大于指定尺寸的文本才消除锯齿效应

(4) 将转化为3D文本的文本演员 text1 拖动到舞台上形成3D文本精灵，使用Text选项卡和3D Extruder选项卡可以对其进行设置。

提示：在Director中，并不是所有的2D文本设置都适用于3D文本。选中3D文本精灵，打开属性检查器中的Text选项卡，可以看到，选项卡中的某些选项不能使用，说明这些设置不适用于3D文本。

提示：消除文本的锯齿效应可以大大提高文本的显示效果，但有可能使小型文本变得模糊，或扭曲其显示效果。通常，消除了锯齿效应的文本比没有消除锯齿效应的文本要占用更多的硬盘空间，故建议对少量文本可以采用消除锯齿效应，而对大量文本则采用不消除锯齿效应。

打开属性检查器中的3D Extruder选项卡，对3D文本的属性进行设置，如图8—31所示。可以看到3D文本的3D Extruder选项卡与3D演员的有所不同，其中3D文本独有的选项含义见表8—5。

表8—5　3D文本3D Extruder选项卡的各项功能

选项	功　能
Face	对3D文本中显示的3D侧面进行控制。选中Frollt复选框，可以显示3D文本中最前面的面；选中Back复选框，可以显示3D文本中最后面的面；选中Tunnel复选框，可以显示3D文本中前后两个面之间的通道表面
Smoothness滑块	可以控制3D文本的平滑度。向右拖动滑块，文本的显示效果就越平滑；向左拖动滑块，文本的显示效果就越粗糙
Tunnel Depth滑块	可以控制3D文本中前面和后面之间通道的长度。向右拖动滑块，可以使通道长度变长；向左拖动滑块，可以使通道长度变短
Bevel Amount滑块	可以控制3D文本中文本斜面的数量。向右拖动滑块，则文本斜面数量增多；向左拖动滑块则文本斜面数量减少
Bevel Edge下拉菜单	可以控制3D文本斜面边界的类型。选中None则斜面边界为默认的方形；选中Miter则斜面边界为角形；选中Round则斜面边界为圆形

设置好的3D文本演员 text1 在舞台上的显示效果如图8—32所示。

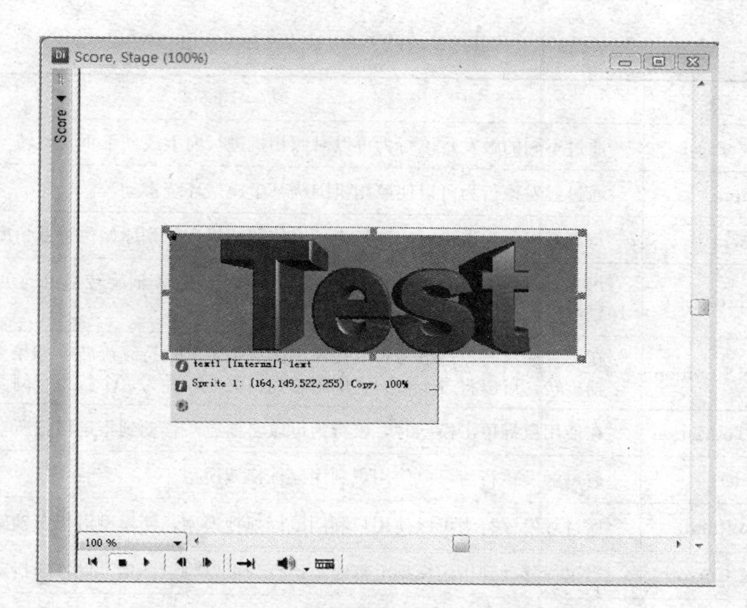

图 8—32　设置好属性的 3D 文本

8.3.4　设置 3D 行为

在 Director 11 中，在菜单选择 Window | Library Palette 命令，打开行为库面板。单击库面板左上角的 Library List 按钮，在下拉菜单中选择 3D，可以看到 3D 行为库分为 Actions 和 Triggers。通过这些行为，不需要编写复杂的脚本程序，就能轻松控制 3D 对象，制作简单的 3D 影片。

(1) Actions 行为库

Actions 行为库共有 23 种行为程序，大多作用于照相机及模型上，如图 8—33 所示。Actions 行为库中每种行为的功能见表 8—6。

表 8—6　　Actions 行为库各项行为功能

行为	功　能
Dolly Camera	每当触发行为发生时，该行为可以对 3D 环境中的照相机进行缩放，以产生 3D 场景前进或后退的效果，其中前进和后退效果需要单独触发
Drag Camera	通过不同的触发对照相机的缩放、移动以及旋转等进行控制
Fly Through	通过触发该行为可以用照相机模拟 3D 环境中的飞行效果，如向前、向后以及停止等飞行效果
Pan Camera Horizontal	通过不同的触发，该行为可以对照相机进行向左或向右水平旋转

续表

行为	功　能
Pan Camera Vertical	通过不同的触发，该行为可以对照相机进行向上或向下垂直旋转
Orbit Camera	通过触发该行为可以使照相机围绕某个模型环绕移动
Reset Camera	每当触发行为发生时，该行为可以使照相机恢复到原始位置及角度
Rotate Camrea	每当触发行为发生时，该行为可以依照相机沿 Z 轴旋转指定的角度，从而使 3D 场景产生旋转效果
Automatic Model Rotation	在影片播放时，该行为可以使模型围绕指定的轴持续旋转，如果要使模型围绕多个轴旋转，可以将多个行为实例附着到精灵上，并为每个行为实例设置不同的轴
Click Model Go To Marker	在使用鼠标单击模型时，该行为可以将播放头移动到指定标记所在的帧
Drag Model	通过触发该行为可以使用户利用鼠标拖拽模型
Drag Model to Rotate	通过触发该行为可以使用户利用鼠标拖拽模型，使模型沿指定轴旋转
Model Rollover Cursor	当鼠标移动到指定模型上部时，该行为可以将鼠标指针设置成指定的指针形状
Play Animation	在使用鼠标单击模型时，该行为可以播放已经存在的动画效果（该行为不适用于 3D 文本）
Create Box	每当触发行为发生时，该行为可以在 3D 环境中创建一个盒子，盒子的尺寸和材质可以由用户设置
Create Particle System	每当触发行为发生时，该行为可以在 3D 环境中创建一个制作烟、火等特效的分子系统，并且分子的数目、寿命、颜色、角度、速度、分布、重力效果以及风力效果等都可以由用户设置
Create Sphere	每当触发行为发生时，该行为可以在 3D 环境中创建一个球体，球体的直径和纹理可以由用户设置
Level of Detail	该行为可以激活模型的 LOD（Level of Detail）修改器，当照相机与模型的距离增加时，该行为可以动态地降低用来渲染模型的多边形数目，从而提高计算机的运算性能
SubDivision Surface	当模型与照相机之间的距离减小时，该行为可以激活模型的 SDS（Subdivision Surfaces）修改器，该行为可以动态地增加用来渲染模型的多边形数目，从而增加模型的精确度
Generic Do	该行为使用户可以通过触发来启动自定义处理程序，或执行某个脚本命令
Toggle Redraw	该行为可以打开或关闭 3D 场景的重绘模式。关闭重绘模式，可以使得模型在 3D 空间中移动的时候，产生可见的痕迹；打开重绘模式，则可使痕迹消失
Toon	该行为可以模型具有卡通风格，卡通的类型、色彩、亮度、灰度和锯齿效应等都可以由用户设置
Show Axis	该行为可以使 X、Y、Z 轴在 3D 场景中分别以红、绿、蓝 3 种颜色显示

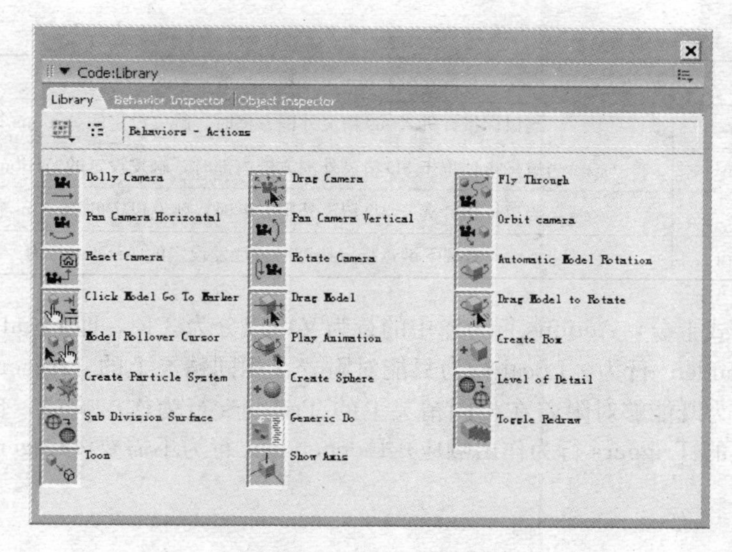

图 8—33　Actions 行为库

（2）Triggers 行为库

Actions 行为库中绝大部分的行为都需要 Triggers 行为库中的行为配合使用。Triggers 行为库共有 6 种行为程序，如图 8—34 所示。这些行为主要用来触发 Actions 行为库中的行为。Triggers 行为库中每种行为的功能见表 8—7。

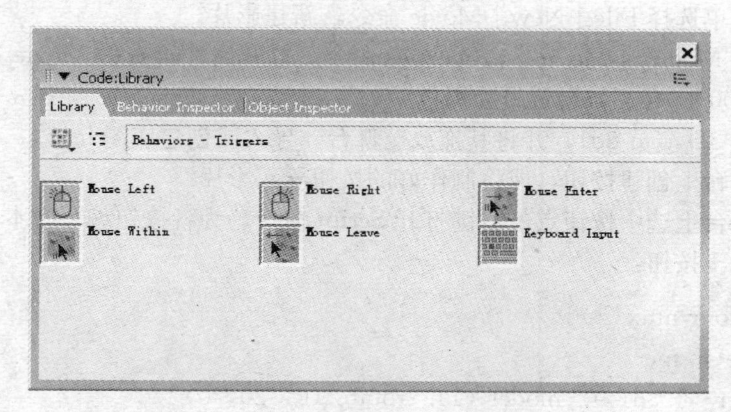

图 8—34　Triggers 行为库

表 8—7　Triggers 行为库各项行为功能

行为	功　能
Mouse Left	当按下鼠标左键时，触发与之对应的行为
Mouse Right	当按下鼠标右键时，触发与之对应的行为（该行为不适用于 Mac 版本的 Director）

续表

行为	功　能
Mouse Enter	当鼠标指针进入 3D 精灵外围方框时，触发设定的 Actions 行为
Mouse Within	当鼠标指针位于 3D 精灵外围方框内部时，触发设定的 Actions 行为
Mouse Leave	当鼠标指针离开 3D 精灵外围方框时，触发设定的 Actions 行为
Keyboard Input	当按下键盘指定按键时，触发设定的 Actions 行为

从触发方式上分，Actions 行为库中的行为又可以分为 3 种，即 Local 行为、Public 行为及 Independent 行为。Local 行为只能对附着在相同精灵上的 Triggers 行为作出响应；Public 行为既能够对附着在相同精灵上的 Triggers 行为作出响应，也能够对附着在其他精灵上的 Triggers 行为作出响应；Independent 行为不需要 Triggers 行为触发就可以作出响应。

8.3.5 3D 对象的控制实例

3D 的展示方式比传统的平面图形更能体现出多媒体的特点，在 Director 中可以通过脚本来控制 3D 对象，使用户可以在自定的角度和环境观察 3D 对象。下面的实例运用简单的 Lingo 脚本实现对 3D 对象的控制。

（1）在菜单选择 File | New | Movie 命令，新建影片。

（2）选择 Modify | Movie | Properties 命令，打开属性检查器 Movie 选项卡。设置舞台尺寸为 500×340、舞台背景为黑色。

（3）导入 3D 演员 3d1，并将其拖放至舞台。导入或创建底图 img。

（4）在舞台上创建按钮，或将制作好的按钮导入影片。

（5）在舞台上选中按钮点击右键打开 Script 窗口，为各按钮编写脚本。

设置旋转 1 按钮：

```
--Lingo syntax
on mouseUp me
  member（" 3d1"）. model（1）. rotate（0，20，0）
End
```

member（" 3d1"）指演员 3d1，Rotate 是调用的旋转属性，后面的参数为 X、Y、Z 轴移动的数值，（0，20，0）即沿 Y 轴旋转 20 度。

设置旋转 2 按钮：

```
——Lingo syntax
on mouseUp me
  member (" 3d1"). model (1). rotate (0, 0, 20)
End
```

(0，0，20）即沿Z轴旋转20度。如数值为负即沿反方向旋转。

设置灯光按钮：

```
——Lingo syntax
on mouseUp me
  member (" 3d1"). Ambientcolor=rgb (255, 30, 0)
End
```

Ambientcolor是调用member（" 3d1"）的环境光属性，rgb（255，30，0）为环境光的RGB数值。

设置底纹按钮：

```
——Lingo syntax
on mouseUp me
myTexture=member (" 3d1"). newTexture (" img", #fromCastmember, member
(" img"))
  member (" 3d1"). model (1). shader. texture=myTexture
End
```

newTexture（" img"，#fromCastmember，member（" img"））是调用新底纹img

设置重置按钮：

```
——Lingo syntax
on mouseUp me
  member (" 3d1"). resetWorld ()
End
```

resetWorld（）调用3D环境参数，重置3D演员的3D环境。

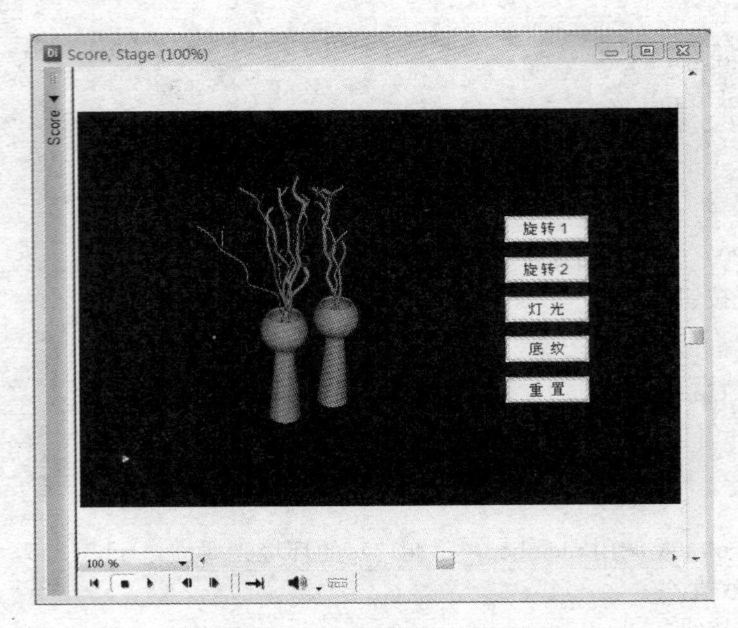

图 8—35 设置好的 3D 文件

8.4 习题

8.4.1 填空题

1. 对影片的多媒体元素进行有效控制可以通过编辑________和编辑________两种方式来实现。

2. 虽然 Director 中支持的数字视频格式很多，但只为________、________、________、________、________格式提供了视频查看窗口。

3. 文件尺寸比较小的音频文件，可以采用________方式导入音频文件；对于文件尺寸比较大的音频文件，可以采用________方式导入音频文件；对于文件尺寸非常大的音频文件，可以采用________方式导入音频文件。

4. Real Networks 公司发明的________是当今网络上最流行的网络流媒体格式。

5. 将 3D 演员导入 Director 影片中后，可以使用________窗口对 3D 演员进行查看，并控制 3D 演员的某些属性。

8.4.2 简答题

1. Director 中常用的视频有几种格式？各有什么特点？

2. 将数字视频导入 Director 中的方法有几种？
3. Director 中为哪几种格式的数字视频提供了视频查看窗口？
4. Director 可以导入何种格式的 3D 文件？

8.4.3 操作题

1. 在 Director 中播放 QuickTime 文件。
2. 在影片中插入一段视频，通过按钮控制视频的播放、暂停、快进、停止。
3. 新建一个 3D 文本精灵，通过 3D Extruder 改变它的属性。

第9章 影片的发布

前文中已经介绍了 Director 交互式影片的制作方法。在制作完成之后，还需要将其以合适的格式发布影片，才能方便其他用户的浏览和使用。Director 作品可以选择发布为多种格式，如直接发布为数字视频，作为单独的播放器播放，编写一个可执行文件整合要播放的文件和播放程序，把影片发布为可以在浏览器中播放的 Shockwave 影片，把影片作为 Java 应用程序来发行等。本章介绍多媒体影片的发布。

9.1 影片发布的格式

在 Director 中，影片的发布格式主要可以分为：Shockwave 影片、放映机、Shockwave 放映机以及 Protected 影片，每种影片发布格式都有其各自的优点和缺点，可以应用在不同的场合。

（1）Shockwave 影片

Shockwave 影片文件的后缀为.dcr，它压缩了数据、去掉了编辑影片所需信息，只包含有影片的可执行数据。

影片发布为 Shockwave 文件之后，不能再使用 Director 对其进行编辑。Shockwave 影片既可以使用 Shockwave 播放器播放，也可以在放映机或浏览器窗口中播放。在网络上发布影片时，一般情况下会将 Director 影片发布为 Shockwave 影片。

（2）放映机影片

放映机影片文件的文件名后缀为.exe，是一部影片的独立版本。它不包含有任何编辑影片的数据，只包含有播放影片时需要用到的可执行数据。在播放放映机影片时，只要双击放映机影片文件，就可以播放放映机中包含的所有影片。在放映机影片文件中，可以包含播放影片所需的播放软件，也可以不包含任何播放软件，而只保留调用操作系统中播放软件的方法。

（3）Shockwave 放映机

Shockwave 放映机集成了 Shockwave 影片和放映机影片的优点，其文件名后缀为.dcr，与 Shockwave 文件相同。使用这种影片发布格式，可以创建占用磁盘空间更小的放映机。Shockwave 放映机可以使用当前用户操作系统中的 Shockwave 播放器播放影片，而不是将播放器代码包含到放映机内部。如果当前的计算机操作系统中没有安装 Shockwave 播放器，用户必须在下载并安装 Shockwave 播放器以后才能播放 Shockwave 放映机中的影片。如果要将 Director 影片发布到网络上，但又不想在网络浏览器内部播放所发布的影片，可以使用 Shockwave 放映机格式发布影片。

（4）Protected 影片

Protected 影片的文件名后缀为. dxr，它是用户不能打开和编辑的未经过压缩的影片。在需要发布未经过压缩的影片，但又不希望其他用户修改影片文件时，可以使用 Protected 影片。

Director 中的 Shockwave 影片、放映机和 Shockwave 放映机以及 Protected 影片都不包含编辑影片所需的数据。如果要对它们进行编辑，只能编辑它们所对应的影片源文件。因此，在发布影片之前一定要保存好影片的源文件。如果是在网络上发布影片，在播放影片时，所有需要在影片中用到的链接媒体元素都必须给出正确的地址，否则影片将不能正常播放。不管影片是否在本地硬盘上播放，它访问外部链接媒体文件的方式就像在编辑环境中访问一样，所有链接的媒体元素（包括位图、声音等）都必须和创建影片时一样，放置在相对应的网络地址上。在发布影片时，为了防止忘记发布链接的媒体元素，最好将所有的链接文件和放映机影片文件放在同一个文件夹中。

如果 Director 影片中包含有 Xtras 插件，必须在放映机中包含有这些 Xtras 插件。Director 中有许多功能都是靠外挂程序来实现的，如显示某种字体、导入各种类型的多媒体元素、链接网页等。管理 Xtras 插件可以在菜单上选择 Modify | Movie | Xtras，打开 Movie Xtras 对话框，如图 9—1 所示。通过 Movie Xtras 对话框可以查看到目前所使用的插件。如果需要添加某种 Xtras 插件到影片中，在 Movie Xtras 对话框中单击 Add 按钮，在出现的 Add Xtras 窗口，选择需要的 Xtras 插件，如图 9—2 所示。

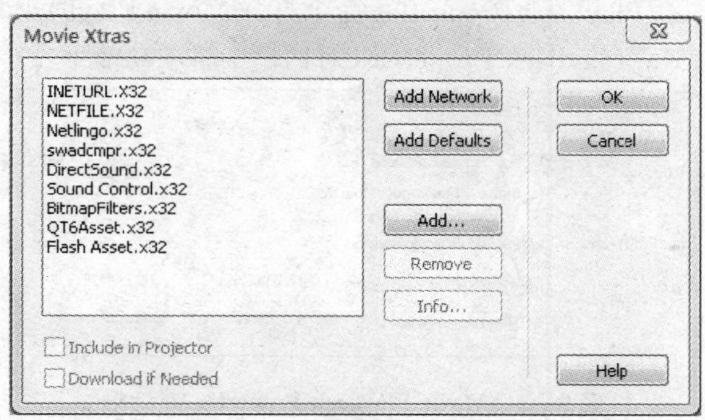

图 9—1　Movie Xtras 对话框

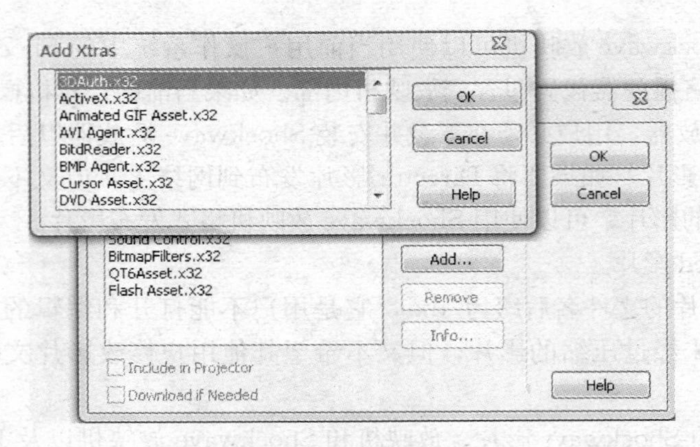

图 9—2 Add Xtras 窗口

添加所选 Xtras 插件之后，必须选中 Include in Projector 复选框，这样在影片发布时，Xtras 插件就会被打包至放映机影片中。不过并不是所有 Xtras 插件都可以以这种方式添加至影片当中，不过 Xtras 的安装非常简单，将相应的 Xtras 文件复制到 Director 安装目录下的 Xtras 目录中即可。关于 Xtras 插件的详细介绍请参看第 10 章。

9.2 影片设定

在发布 Director 影片制作完成之后，需要对影片的播放属性和发布属性进行设置。

9.2.1 影片的播放属性

影片的播放属性可以通过 Movie Playback Properties 对话框来进行设置。在菜单中选择 Modify | Movie | Playback Properties 命令打开 Movie Playback Properties 对话框，如图 9—3 所示。Movie Playback Properties 对话框中各项功能下：

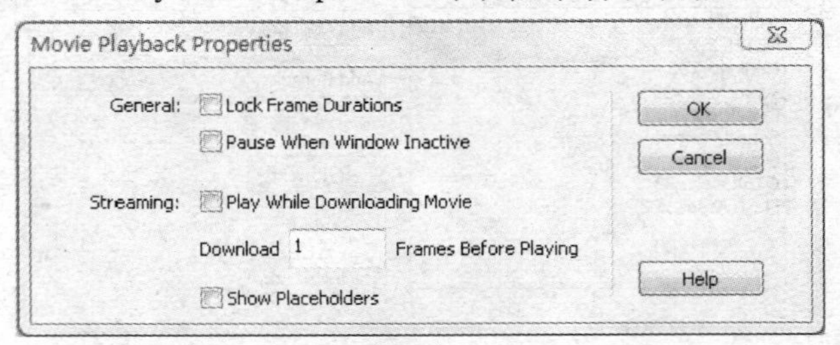

图 9—3 Movie Playback Properties 对话框

General 选项，可以设置影片的通用播放属性。选中 Lock Frame Durations 复选框可以锁定当前影片的播放速度，从而使影片在任何计算机中播放时使用相同的播放速度。选中 Pause When Window Inactive 复选框，则在影片窗口为非活动窗口的情况下，窗口中的影片暂停播放。

Streaming 选项，可以设置影片的流式传输属性。选中 Play While Downloading Movie 复选框，可以使影片以流式传输的形式播放。即当指定帧范围（Download Frames Before Playing 文本框中的数值）中的影片内容完全载入内存之后，影片开始播放。在影片播放过程中，影片中剩余的影片数据会继续不断地载入内存。选中 Show Placeholders 复选框，则在影片播放的过程中，如果所需显示的演员没有被载入到内存中，该演员在舞台上将会被占位符替代。

9.2.2　影片的发布属性

在菜单选择 File | Publish Settings 命令打开对话框，可以对影片发布属性进行设置。打开 Publish Settings 对话框后可以看到共有 6 个选项卡：Formats、Projector、Files、Shockwave、Html、Image，下面将分别介绍每个选项卡的不同功能。

（1）Formats 选项卡

打开 Publish Settings 对话框，默认情况下对话框中显示的是 Formats 选项卡，如图 9—4 所示。Formats 选项卡主要设定发布格式，见表 9—1。按照需求发布 Windows 或 Mac 操作系统的影片或图形。

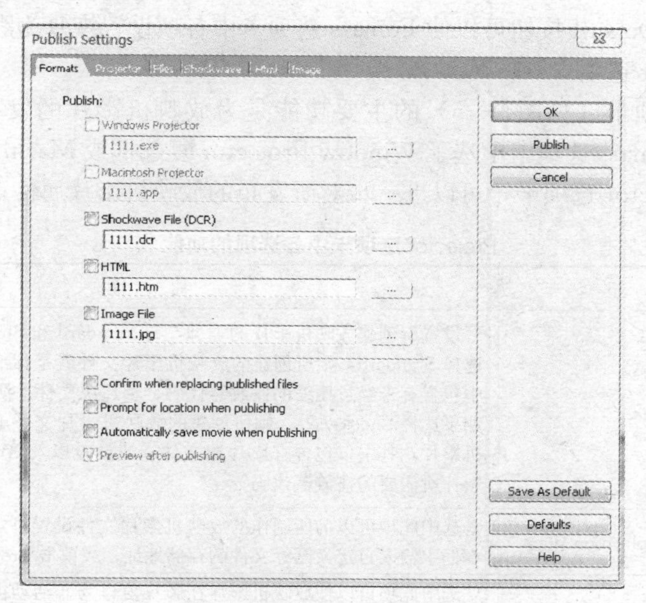

图 9—4　Formats 选项卡

表 9—1　　Fomats 选项卡中各选项的功能

选项	功　能
Windows Projector	选中则可以发布基于 Windows 操作系统创建的能在 Mac 操作系统上播放的 Director 放映机影片
Macintosh Projector	选中则可以发布基于 Mac 操作系统的能在 Windows 操作系统上播放的 Director 放映机影片
Shockwave File（DCR）	选中则可以发布 Shockwave 格式的 Director 影片
Html	选中则可以为 Shockwave 影片创建一个 Html 类型的文件
Image File	选中则可以发布图形文件形式的影片
Confirm when replacing published files	选中时如果当前目录已经存在与当前所发布影片相同的影片文件，Director 会给出提示信息
Prompt for location when publishing	选中则 Director 在发布影片时对影片文件的发布位置给出提示
Automatically save movie when publishing	选中则 Director 在发布影片时能够自动保存所创建的原始影片文件
Preview after publishing	选中则 Director 会在所发布的影片文件生成后在网络浏览器中打开所发布的影片文件，从而使用户能够进行预览

在设置好 Fomats 选项卡中的各项之后，单击 OK 按钮保存当前 Fomats 选项卡中各项设置；单击 Publish 按钮以当前设置发布影片；单击 Cancel 按钮取消 Fomats 选项卡中各项设置更改。单击 Save As Default 按钮将当前 Fomats 选项卡中各项设置另存为默认设置。单击 Default 按钮可以使 Fomats 选项卡中各项设置恢复为默认值。

（2）Projector 选项卡

Projector 选项卡（见图 9—5）的主要功能是为放映机影片的发布作设置，见表 9—2。如果在 Fomats 选项卡中选了 Window Projector 复选框或 Macintosh Projector 复选框，打开 Projector 选项卡，可以进一步对所发布的放映机影片属性进行设置。

表 9—2　　Projector 选项卡中各选项的功能

选项	功　能
Player type	设置所创建放映机影片的类型，有 Standard 和 Shockwave 两种。如果选择 Standard，则所创建的放映机影片文件就是标准的放映机影片，其中包含有未经过压缩的播放器代码、影片源文件、演员表以及 Xtras 等；如果选择 Shockwave，则所创建的放映机影片文件就是 Shockwave 放映机影片，其中仅包含有影片源文件、演员表以及 Xtras 等，不包含播放影片所需要的播放器代码
Custom icon for application file	选中此项可以为所制作的放映机影片文件设置自定义图标，可以在文本框中输入自定义图标文件的存储地址，或单击 Browse 按钮选择
Animate in background	选中此项可以使放映机影片在影片窗口为非活动窗口的情况下继续播放，否则，当窗口最小化时放映机影片将会暂停播放

续表

选项	功　能
Full screen	选中此项可以使放映机影片在播放的时候全屏显示
Lock stage size to movie's stage	选中此项可以使放映机影片中舞台的尺寸与原 Director 影片中的舞台尺寸相匹配
Exit lock	选中此项可以使放映机影片窗口在影片播放的过程中不能被用户关闭
Center stage in monitor	选中此项可以使放映机影片在播放的时候位于计算机屏幕的中央
Single instance only	选中此项可以使所创建的放映机影片在被父脚本引用时，只能存在一个影片实例
Display full script error text	选中此项，则可以显示全部脚本错误文本
Reset monitor to match movie's color depth	选中此项可以使放映机影片在播放过程中能够自动改变显示器的色深，使之与放映机影片中的舞台色深相匹配
EXtras main memory	选中此项设定放映机影片文件可以使用的主内存，主内存的数量由该复选框右侧文本框中的数值指定
System temporary memory	选中此项可以使放映机影片在使用完它所在分区的内存之后，可以使用当前系统中其他虚拟内存

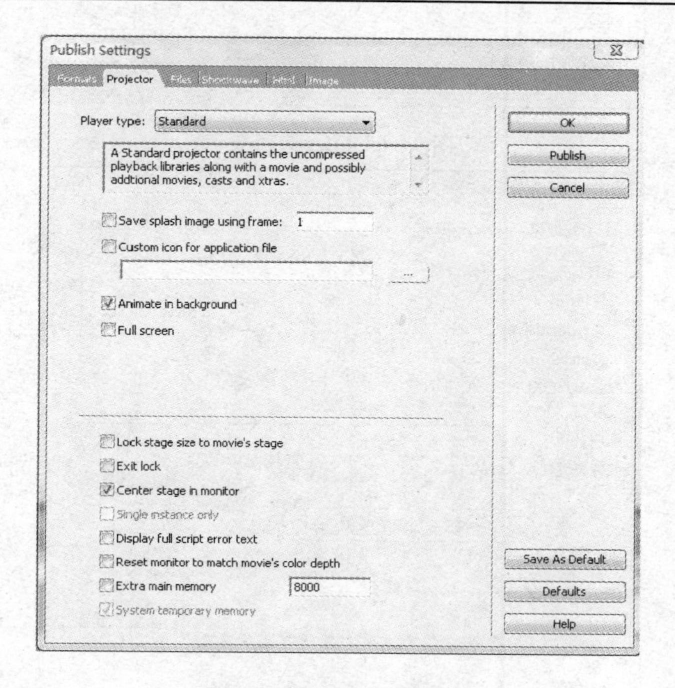

图 9—5　Projector 选项卡

(3) Files 选项卡

Files 选项卡（见图 9—6）可以对放映机影片文件中包含的内容进行设定，见表 9—3。发布放映机影片时需要打包发布的 Xtras 插件和其他链接文件在此项设定。

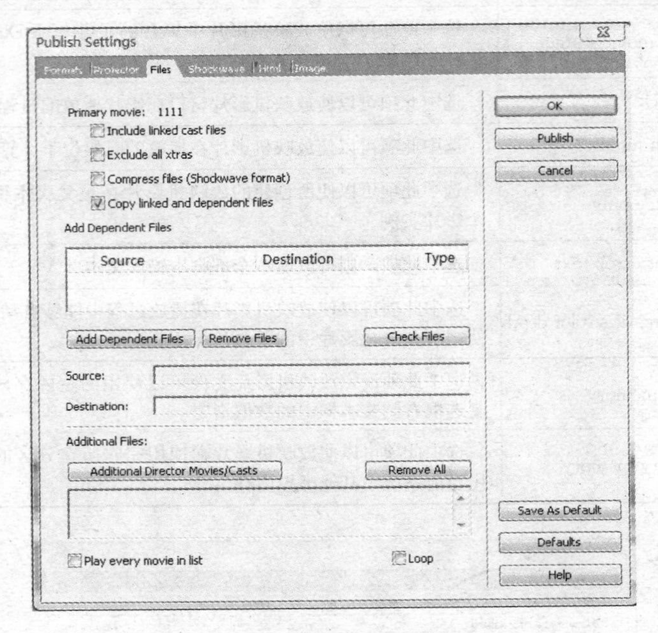

图 9—6　Files 选项卡

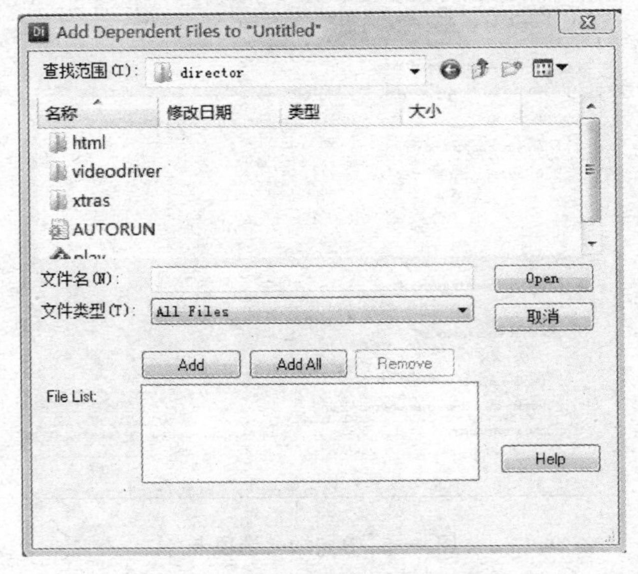

图 9—7　Add Dependent Files 对话框

表 9—3　　Files 选项卡中各选项的功能

选项	功　能
Include linked cast files	选中此项，可以将外部链接演员表文件包含到所创建的放映机影片中
Exclude all Xtras	选中此项，可以将全部 Xtras 放置在放映机影片文件的外部
Compress files（Shockwave format）	选中此项，Director 可以像创建标准 Shockwave 影片一样，为 Shockwave 放映机压缩文件
Copy linked and dependent files	选中此项，将影片文件的链接和关联文件自动复制到相对路径的放映机影片
Add Dependent Files	可以将全部 Xtras、外部链接演员表文件添加到当前的放映机影片中。此选项通常用于引用脚本文件
Remove All	可以将所有使用 Add Dependent Files 按钮添加到放映机影片中的文件删除（见图 9—7）
Check Files	单击可以检查文件是否存在关联文件中的指定位置
Additional Director Movies/Casts	单击附加 Director 影片文件、演员表到当前的放映机影片中
Play every movie in list	选中此项，则可以播放所有位于放映机影片文件列表中的影片文件
Loop	选中此项，则可以循环播放放映机影片文件

（4）Shockwave 选项卡

Shockwave 选项卡（见图 9—8）可以进一步对 Shockwave 影片的发布属性进行设置，见表 9—4。

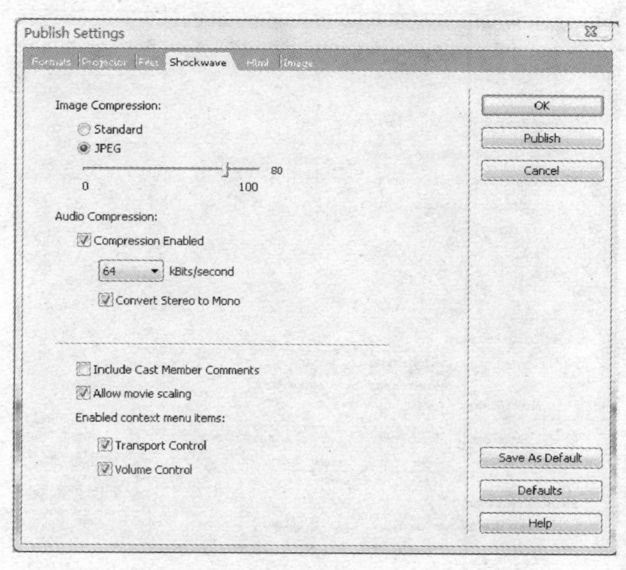

图 9—8　Shockwave 选项卡

表9—4　　Shockwave选项卡中各选项的功能

选项	功　能
Image Compression	可以设置Shockwave影片中图形的压缩方式。选择Standard单选按钮，则使用标准的图形压缩方式；选择JPEG单选按钮，则使用JPEG图形压缩方式，拖动该单选按钮下面的滑块，可以设定JPEG图形的压缩比例
Audio Compression	可以设置Shockwave影片中音频的压缩方式。选中Compression Enabled复选框，可以打开音频压缩功能。使用下方的下拉菜单可以对音频压缩的波特率进行设置；选中Convert Stereo to Mono复选框可以使Director在对Shockwave影片中的音频进行压缩时，将立体声转换为单声道
Include Cast Member Comments	选中此项，则可以使生成的Shockwave影片中包含有演员的注释信息
Allow movie scaling	选中此项，则可以使生成的Shockwave影片能够缩放显示
Enabled context menu items选项	可以打开Shockwave影片中的快捷菜单功能。其中选中Transport Control复选框，可以使生成的Shockwave影片具有回放、停止以及快进等控制功能；选中Volume Control复选框，可以使生成的Shockwave影片具有声音控制功能

（5）Html选项卡

Html选项卡（见图9—9）可以进一步对所生成的Html文件属性进行设置，见表9—5。

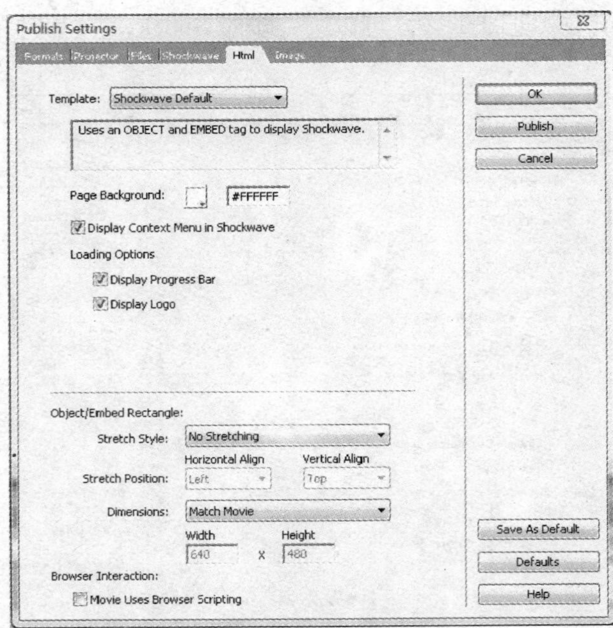

图9—9　Html选项卡

表 9—5　　　　Html 选项卡中各选项的功能

选项	功　能
Template	对生成 Html 文件的模板进行设置。其中，3D Content Loader 模板是 3D 影片默认的 Html 模板；Shockwave Default 模板主要是使用 OBJECT 和 EMBED 标记来显示 Shockwave 影片；Detect Shockwave 模板主要是使用 JavaScript 和 VBScript 来检测用户操作系统中的 Shockwave 插件或 ActiveX 控件；Fill Browser Window 模板可以对 Shockwave 影片进行缩放，使其与浏览器窗口相匹配；Loader Game 模板装载 Shockwave 影片文件的过程中，将会显示一个带有进程条的小游戏；Progress Bar With Image 模板在装载 Shockwave 影片文件的过程中，将会显示一个进程条和一幅图像；Shockwave With Image 模板也可以自动检测用户操作系统中的 Shockwave 播放器，并用它来播放影片，如果找不到指定版本的播放器，影片将会被一幅图片所替代；Simple Progress Bar 模板在装载 Shockwave 影片文件的过程中会显示一个进度条；Center Shockwave 模板可以使生成的 Shockwave 影片显示在浏览器的中央
Page Background	设置 Html 文件的背景颜色
Display Context Menu in Shockwave	在 Shockwave 影片中显示快捷菜单
Loading Options	设置 Shockwave 影片载入 Html 页面的方式
Display Progress Bar	当 Shockwave 影片载入 Html 页面的时候会显示进度条
Display Logo	当 Shockwave 影片载入 Html 页面的时候会显示 Logo 画面
Stretch Style	设置 Shockwave 影片的拉伸方式。当浏览器窗口尺寸改变时，选择 No Stretching，Shockwave 影片外观尺寸不改变；选择 Preserve Proportions，Shockwave 影片外观变化时会保持长宽比；选择 Stretch to Fill ，Shockwave 影片能够根据 Html 文件中指定的宽高来调整其外观尺寸。在这种方式下的拉伸，舞台上的场景将发生扭曲；选择 Expand Stage Size，用户对舞台的尺寸调整时，舞台上的精灵尺寸不改变。舞台尺寸的最大调整限度是 Html 文件中指定的宽和高
Stretch Position	设置 Shockwave 影片在浏览器窗口中的对齐方式。Horzontal Align 设置 Shockwave 影片的水平对齐方式，Vertical Align 设置 Shockwave 影片的垂直对齐方式
Dimension	设置 Shockwave 影片中的舞台尺寸。选择 Match Movie，所创建的 Html 文件的参数会与影片的宽和高相匹配；选择 Pixels，Shockwave 影片的尺寸将与 Width 和 Height 文本框中的数值相同（单位为像素），必须是在没有使用 No Stretching 拉伸方式的情况下；选择 Percentage of Browser Window，Shockwave 影片将会以指定的缩放百分比显示，缩放百分比由 Width 和 Height 文本框中的数值决定，也必须是在没有使用 No Stretching 拉伸方式的情况下
Movie Uses Brower Scripting	选中此项，Shockwave 影片可以使用浏览器脚本与浏览器实现交互

(6) Image 选项卡

在播放 Shockwave 影片的操作系统中没有安装 Shockwave 播放器时，Shockwave 影片的位置能够显示一个 Shockwave 图形文件。Image 选项卡（见图 9—10）可以对此图形文件进行设置，见表 9—6。

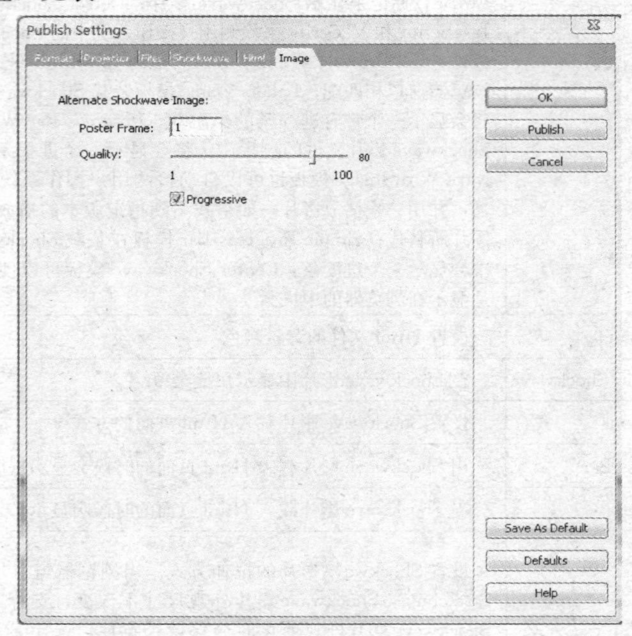

图 9—10 Image 选项卡

表 9—6 Image 选项卡中各选项的功能

选项	功 能
Poster Frame	如果需要使所显示的 Shockwave 图形文件是 Shockwave 影片中某一帧的图形时，可以在 Poster Frame 文本框输入图形所处的帧位置
Quality	设置所显示 Shockwave 图形文件的压缩质量
Progressive	选中此项，所显示的 Shockwave 图形文件是逐步载入到内存中的，并且刚开始显示时质量较低，随着载入逐步提高

9.3 输出数字视频或位图

在 Director 中，在菜单中选择 File | Export 命令（见图 9—11）可以将影片输出为数字视频或位图系列，见表 9—7。

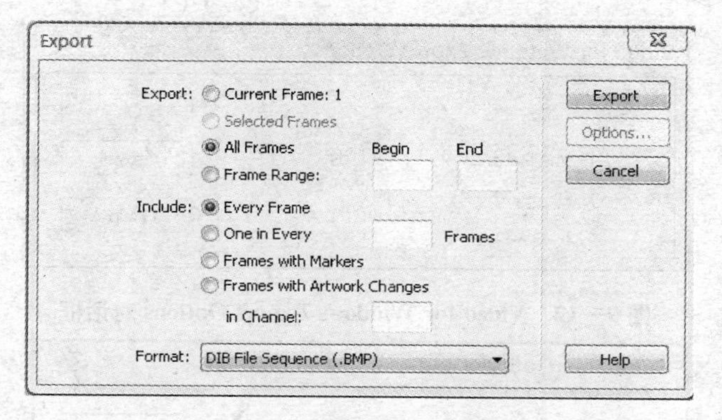

图 9—11　Export 对话框

表 9—7　　Export 对话框中各选项的功能

选项	功　能
Current Frame	选中只输出影片中的当前帧
Selected Frames	选中只输出影片中选中的帧
All Frames	选中则输出影片所有帧
Frame Range	选中则输出影片中指定范围内的帧，范围由 Begin 和 End 文本框中的数值决定
Every Frame	输出指定帧范围内的每一帧
One in Every Frames	每隔制定数目的帧，输出一帧。间隔范围由文本框中的数值决定
Frames with Markers	选中则输出选定帧范围内带有标记的帧
Frames with Artwork Changes in Channel	选中则输出指定通道内演员发生变化的帧
Format	对影片的输出格式进行设定。选中 DIB File Sequence（. BMP）将影片输出成位图；选中 Video for Windows（. AVI）将影片输出成 AVI 数字视频；选中 Quicktime Movie（. MOV）将影片输出成 MOV 数字视频

在 Export 对话框中如果选择影片的输出格式为 AVI 或 MOV 数字视频，则单击 Options 按钮可以打开 Video for Windows Export Options（见图 9—12）或 QuickTime Options（见图 9—13）对话框，通过这两个对话框可以对 AVI 和 MOV 数字视频的输出进行进一步的设置。Video for Windows Export Options 对话框可以设定 AVI 视频的帧速度。QuickTime Options 对话框中的各项功能见表 9—10。

Video for Windows Export Options

Frame Rate: 30 fps

OK

Cancel

Help

图 9—12　Video for Windows Export Options 对话框

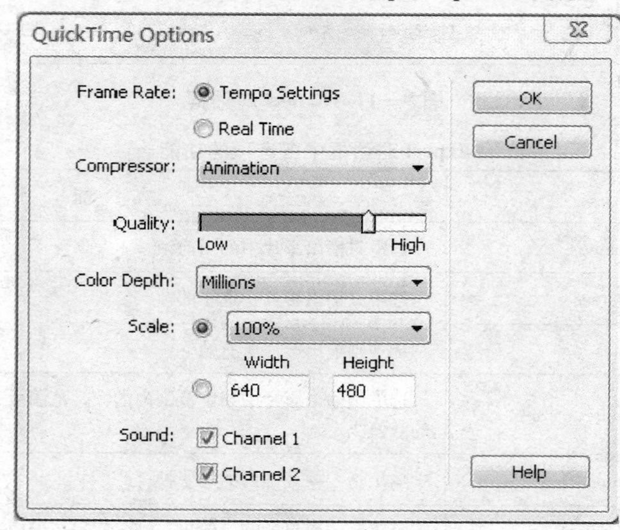

图 9—13　QuickTime Options 对话框

表 9—8　　QuickTime Options 对话框中各选项的功能

选项	功　能
Tempo Settings	选中此项，则所输出视频的帧速度与 Director 影片速度通道中设置的帧速度相同
Real Time	选中此项，则所输出视频的帧速度与 Director 影片的实际播放速度相同
Compressor	使用 Compressor 选项中的下拉列表，可以设置数字视频输出时的压缩方式。其中，Animation 压缩方式主要用于输出简单的动画；Cinepak 压缩方式主要用于输出 16 位或 24 位的视频；Component Video 压缩方式主要用于捕捉视频画面；Graphics 压缩方式主要用于输出单帧图形；None 用于不进行任何压缩的视频；Photo-JPEG 压缩方式主要用于输出扫描的或数字的连续静态画面；Video 压缩方式主要用于输出视频剪辑
Quality	使用 Quality 选项中的滑块，可以设置数字视频的输出质量。向右拖动滑块，数字视频的输出质量变好；向左拖动滑块，数字视频的输出质量变差

续表

选项	功　能
Color Depth	使用 Color Depth 选项中的下拉列表，可以设置所输出数字视频的色深。其中，Black&White 表示 1 位色深，4 表示 2 位色深，16 表示 4 位色深，256 表示 8 位色深，Thousands 表示 16 位色深，Millions 表示 24 位或 32 位色深
Scale	设置数字视频的缩放比例。如果选择的是第 1 个单选按钮，则使用该单选按钮右侧的下拉列表可以对缩放比例进行选择；如果选择的是第 2 个单选按钮，则使用该单选按钮右侧的 Width 和 Height 文本框可以直接设定数字视频缩放后的尺寸（单位为像素）
Sound	对影片中声音的输出进行设定。选中 Channel1 复选框，则输出声音通道 1 中的声音；选中 Channel2 复选框，则输出声音通道 2 中的声音

设置好 Video for Windows Export Options 或 QuickTime Options 对话框后，单击 OK 按钮关闭对话框。单击 Export 对话框中的 Export 按钮，弹出 Save File(s) As 对话框，如图 9—14 所示。选择所输出数字视频或位图系列文件的存储路径。选择好文件存储路径后，关闭 Save File(s) As 对话框，弹出如图 9—13 所示的 Ready To Export 对话框，提示用户在输出影片期间应该关闭屏幕保护程序，并且，在输出影片期间，鼠标将会显示为沙漏形状。此时按下 Esc 键，可以取消影片的输出。单击 OK 按钮关闭 Ready To Export 对话框，数字视频或位图系列开始输出。

图 9—14　Save Files As 对话框

如果是将影片输出为位图系列，Director 会自动对位图系列中包含的位图文件进行命名。如果是将影片输出为 AVI 数字视频，单击 OK 按钮关闭 Ready To Export 对话框之后，弹出如图 9—16 所示的“视频压缩”对话框，选择视频压缩时要用到的压缩程序。选择好压缩程序并设置好压缩质量之后，单击“确定”按钮关闭“视频压缩”对话框，就可以将影片输出为 AVI 数字视频。

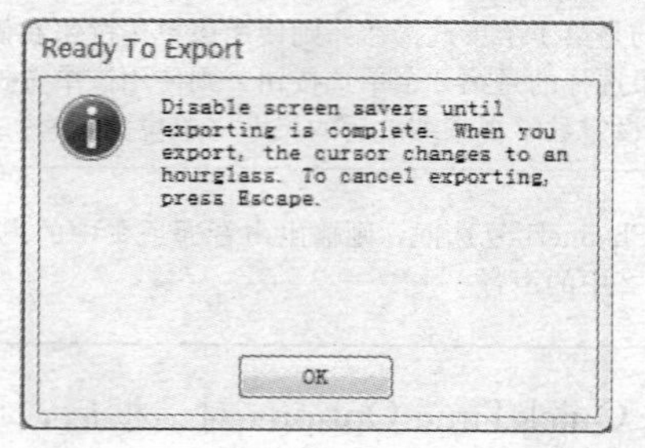

图 9—15 Ready To Export 对话框

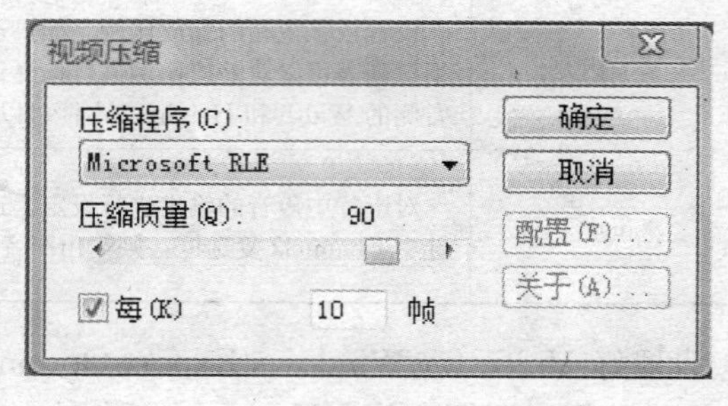

图 9—16 视频压缩对话框

当影片输出为数字视频时，影片原有的所有交互功能将全部丢失。

9.4 发布网络影片

发布在网络上使用的影片时，需要多考虑很多问题，例如 Director 影片的网络属性设置，所创建文件的大小等。当影片创建完成之后，应该在指定的浏览器中对影片进行预览，以检查影片中位图的显示效果、影片的设计效果、脚本的运行效果以及其他一些与影片在浏览器中播放效果相关的内容。

9.4.1 网络属性设置

影片预览之前，需要设置 Director 网络属性。在菜单选择 Edit | Preferences | Network，打开 Network Perences 对话框，如图 9—17 所示。设置好各选项之后（见表 9—9），单击 OK 按钮关闭 Network Prefereces 对话框，即可完成对 Director 网络属性的设置。

表 9—9 Network Perences 对话框中各选项的功能

选项	功　能
Preferred Browser	设置所要使用的网络浏览器。点击 Browse 按钮，查找选中网络浏览器的可执行文件
Options	选中 Launch When Needed 复选框，可以使 Director 在必要时启动指定的网络浏览器
Disk Cache Size	在文本框中输入数值，可以设置 Director 在下载 Shockwave 影片时所使用高速缓存的大小。单击右侧 Clear 按钮，可以清除当前高速缓存中的数据

续表

选项	功　能
Check Documents	设置高速缓存中数据与网络服务器上数据的比较方式。选中 Once Per Session，则只有在打开或关闭 Shockwave 影片时才进行数据比较。这样可以提高影片的播放效果，但却不能反映服务器上影片数据的最新变化。选中 Every Time，则每次切换显示页面时都要对数据进行比较。这种设置可以反映服务器上影片数据的最新变化，但降低了影片的播放速度
Proxies	可以对所要使用的代理服务器类型进行设置。选中 No Proxies，则不使用任何代理服务器。选中 Manual Configuration，则表示使用手工设置的代理服务器 如果在 Proxies 选项中选中 Manual Configuration，使用 Http 和 Ftp 选项中的 Location 和 Port 文本框，可以分别设置 Http 和 Ftp 服务器的网络地址和端口

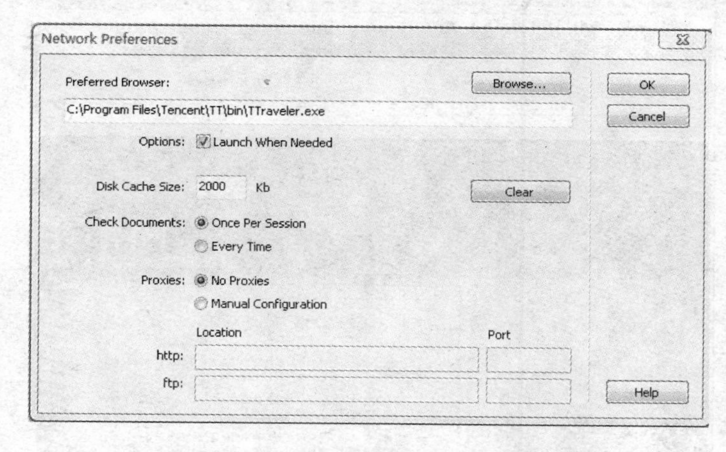

图 9—17　**Network Perences** 对话框

9. 4. 2　插件和浏览器

要在浏览器中查看 Director 影片，不仅需要将其保存为 Shockwave 影片，并且还需要在计算机上为浏览器安装最新的 Shockwave Director 播放器。如果使用的是 Microsoft Internet Exploreer 浏览器，则需要有 Shockwave Director 播放器的 ActiveX 版本；如果使用的是 Netscape Navigator 浏览器或其他任何支持 Netscape 插件的浏览器，则需要 Shockwave Director 播放器的插件版本。在 Windows 操作系统和 Mac 操作系统中使用的 Netscape 插件是不同的。总之，如果要需要查看 Director 影片而浏览器还未支持 Shockwave 插件，必须立刻下载并安装，否则将不能查看。Shockwave Director 的最新版本可以从 Adobe 的网站上下载。Shockwave 的内置模块使 Shockwave 可以自动更新为最新版本并自动修复不完全的 Shockwave 安装。

9.4.3 预览影片

在设置好 Director 的网络属性之后，如果要对当前的 Director 影片进行预览，有两种方法。一是在菜单中选择 File | Publish 或使用快捷键 Ctrl+Shift+S，可以把影片转换为 Shockwave 格式。输出的 Shockwave 格式影片是经过压缩的，适宜在网络上传输。同时创建一个与该影片具有相同文件名的 Html 文件，可以在浏览器中预览该影片。另一种比较简单的方法是在菜单中选择 File | Preview in Browser 或使用快捷键 F12 创建临时的 Shockwave 影片与 Html 文件，预览正在编辑的影片，以检查影片的外观、功能、脚本及其他与浏览器相关的问题，如图 9—18 所示。

图 9—18 婚纱摄影网站临时文件的预览效果

9.5 保护影片

保护影片的文件名后缀为. DXR，主要是针对可编辑的未压缩影片进行保护。当要在光盘上发布未压缩的影片又不想让用户编辑源文件时，就需要保护影片。因为不需要解压的过程，保护影片可以比 Shockwave 影片播放的更快，如果光盘空间够大，应优先考虑使用这种影片。与 Shockwave 影片一样，保护影片不含有编辑信息。由于保护影片只是影片源文件的转换格式而不是编译结果，所以它不包含播放影片的软件，只能由放映机影片在影片窗口进行播放。

创建保护影片的操作过程如下：

（1）新建文件夹 1 和 2。将创建好的 Director 影片 new. dir 放置在 1 文件夹下。

（2）打开 1 文件夹下的 new. dir 文件，在菜单选择 Xtras | Update Movies 命令，在弹出的 Update Movies Options 对话框中选择 Protect 单选钮，如图 9—19 所示。单击 Browse 按钮。弹出如图 9—20 所示 Select folder for original files 对话框，点击 Select Folder 按钮选择文件夹 2 作为备份文件夹。

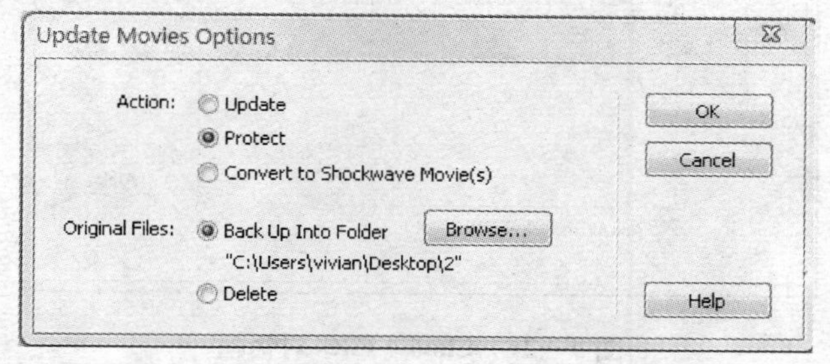

图 9—19　Update Movies Options 对话框

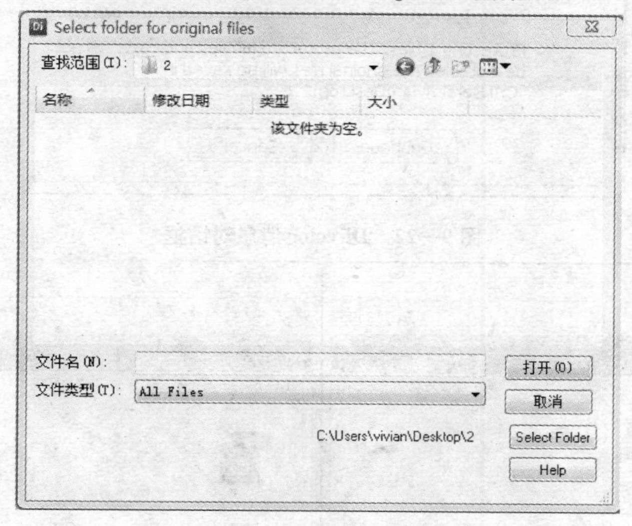

图 9—20　Select folder for original files 对话框

（3）在 Update Movies Options 对话框中单击 OK 按钮，弹出 Choose Files 对话框，如图 9—21 所示。选择 new. dir 文件，单击 Proceed 按钮弹出如图 9—22 所示的消息提示框，单击 Continue 按钮，Director 将 DIR 影片转换成 DXR 影片，并在文件夹 2 保存备份文件，如图 9—23 所示。

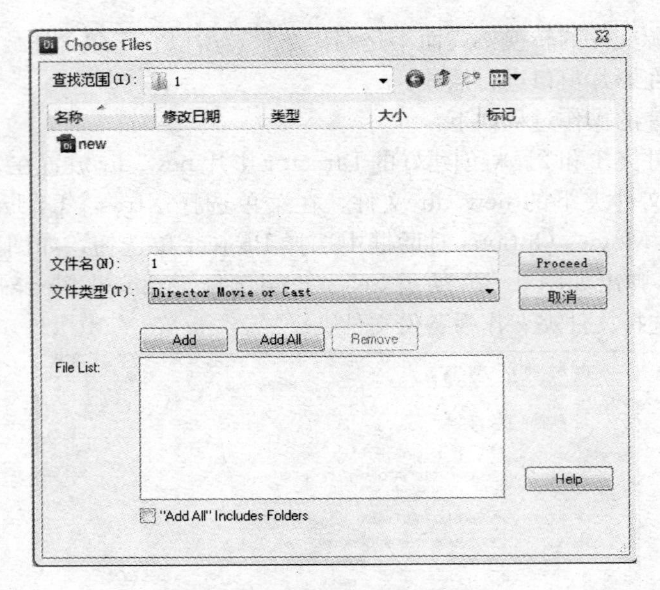

图 9—21 Choose Files 对话框

图 9—22 Director 消息对话框

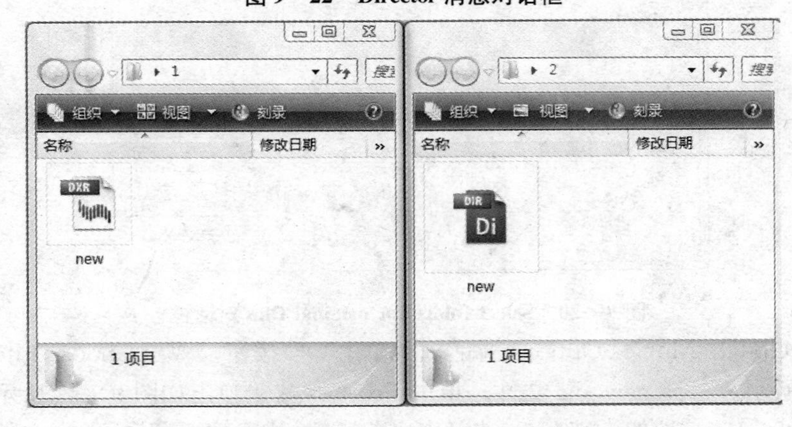

图 9—23 转换完成后文件夹 1 和文件夹 2 中的影片文件

9.6　习题

9.6.1　填空题

1. ________影片文件的后缀为. dcr，它压缩了数据、去掉了编辑影片所需信息，只包含有影片的可执行数据。

2. 影片的播放属性可以通过__________________对话框来进行设置。

3. 影片预览之前，需要设置 Director 网络属性，____________对话框可以设置影片的网络属性。

9.6.2　简答题

1. Director 中影片可以发布为哪几种格式？各有什么区别？

2. 发布网络影片需要注意哪些问题？

3. 影片建立与发布练习，建立一个舞台为 480×480 的影片，为影片导入一段视频然后加上播放、停止、暂停、快进键。将影片发布为. exe 格式。

9.6.3　操作题

新建一个 Director 影片，导入一段视频，然后以不同格式发布。

第10章 Xtras 插件

Xtras 文件是用于实现扩展功能的特殊文件，主要应用在 Director、Authorware 、FreeHand 及 SoundEdit 等软件中。任何一个软件本身的功能总是有限的，使用 Xtras 可以为 Director 方便地增加一些新的、独特的功能（例如外部滤镜的使用）而不需要重新开发一个新版本的 Director。同时，第三方厂商和个人开发的 Xtras 还可以为 Director 增强功能和便于使用。当影片发布时，必须为所发布的影片配置所需的 Xtras。如果缺少 Xtras，在播放影片时影片会在开始播放时出现提示信息。Xtras 既可以与放映机结合在一起，也可以设置成由 Director 影片直接从网络上下载。

10.1 Xtras 概述

Xtras 的前身是 Xobjects。Xobjects 以插件模块的形式存在于早期版本的 Director 中，用以扩充 Director 与外部设备进行交互的能力，但是，作为早期版本 Director 中的插件式模块，Xobjects 有很多局限性。Xtras 作为升级产品的插件模块，它本身具有很多 Xobjects 所不具备的优点，也得到了较之 Xobjects 时代更为广泛的应用。

Xtras 是一种可以跨平台使用的插件。它不仅适用于 Windows 和 Macintosh 操作系统平台，而且还适用于其他多种操作系统平台。适用于 16 位的操作平台，也适用于 32 位的操作系统平台。并且 Xtras 的使用不受控于 Lingo。也就是说，在制作影片的过程中，不管用户是否在影片中使用了 Lingo，用户都可以使用 Xtras。Xtras 不仅能够控制 Director 中的内部对象，还能够控制 Director 中的外部对象。

Xtras 都是用编程语言来编写的。但是即使用户不懂任何编程语言，也可以使用 Xtras 来制作影片，因为 Xtras 都是已开发好的模块，用户并不需要自己开发 Xtras。目前，国内外很多个人和公司都在开发 Xtras，为 Director 加入一些 Adobe 未提供的特殊功能，不断地扩大 Director 的运用范围，其中有很多是可供自由使用的免费插件。

仅使用 Director 本身的功能，是无法制作出好的影片的，因为即使是最简单的影片，在发布的时候也需要建立一个 Xtras 目录，或者直接将 Xtras 打包进行影片中，所以 Xtras 对于 Director 是必不可少的。而一个好的 Xtras 可以为用户省下大量的开发制作时间。如图 10—1 所示为 Xtras 插件的图标。

图 10—1　Xtras 插件图标

10.2　Xtras 的类型

根据功能的不同，Xtras 可以分为以下几种类型：

（1）过渡 Xtras

此类型 Xtras，提供各种各样的过渡种类。由过渡 Xtras 提供的过渡种类通常会出现在剧本窗口过渡通道中的 Frame Properties：Transition 对话框中，如图 10—2 所示。在带有⧓标志的过渡通道中，双击任意一帧，可以打开 Frame Properties：Transition 对话框。

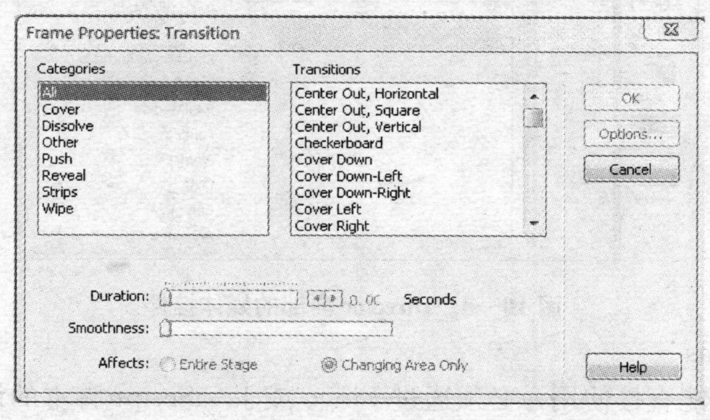

图 10—2　Frame Properties：Transition 对话框

（2）工具 Xtras

此类 Xtras 提供了用于创建媒体元素的工具，在影片运行时该种类型的 Xtras 通常不工作，而且也不需要在发布影片时将它们与影片同时发布。使用工具 Xtras，往往能够使所创作的影片得到特殊的效果，例如为影片动画制作特定的文件格式。

（3）导入 Xtras

此类 Xtras 为 Director 提供了导入各种类型媒体的代码。当 Director 影片以链接的形式导入一个外部文件时，Director 都会使用 Xtras 来导入媒体。因此，如果所发行的影片中使用了外部链接媒体，必须将导入该种类型媒体的 Xtras 包括在影片中。导入 Xtras 的使用通常都是由 Director 自动完成的。

(4) 媒体 Xtras

使用此类型 Xtras，可以为 Director 增加新的可用媒体类型，使 Director 可以创建或控制更广范围的媒体对象。目前，有些媒体类型的 Xtras 已经植入到了 Director 内部，例如 Shockwave Flash、矢量图形和动画等。由第三方厂商开发的 Xtras 有数据库、3D 图形处理器以及一些特殊类型的图形等。植入 Director 内部的媒体 Xtras 可以在 Director 中的 Insert 菜单中找到，而其他类型的 Xtras 需要使用 Lingo 或 JavasScript 才能安装启用。

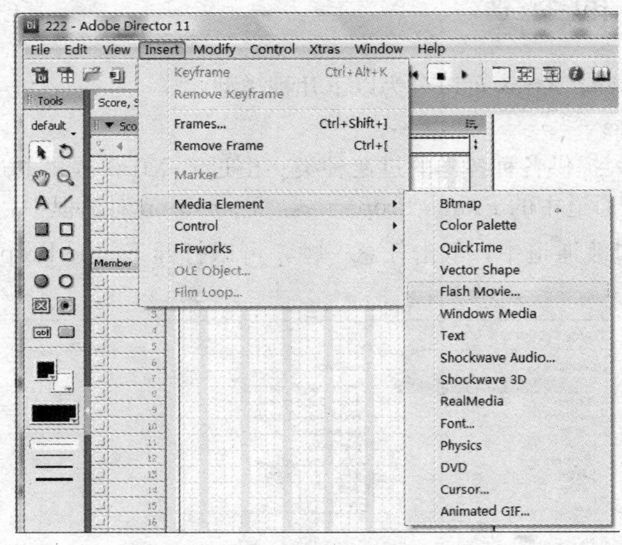

图 10—3　Director 内部的媒体控件

(5) 脚本 Xtras

此类 Xtras 不能直接使用，必须通过 Lingo 或 JavaScript 脚本的调用才能使用。脚本 Xtras 为 Lingo 或 JavaScript 加入了附加的元素来定义脚本。使用脚本型 Xtras，不仅可以直接扩充 Lingo 或 Javascript 中的语句，或提供特殊的函数，还可以实现图像处理、文本打印以及网络连接等功能，这些功能都是通过调用 Lingo 或 JavaScript 脚本实现的。

对于 Xtras 的分类，依据不同的分类标准有不同的分类方法。有的分类从 Xtras 的命名上就可以看出。

例如用于编辑状态下的 Xtras 插件文件名中含有 Options：

这些插件只能在编辑状态下使用，即用户只能在打开 Director 程序后使用它，并只

Cursor Options

能对当前影片进行编辑。当编辑完后需要演示发布时就得需要使用和该插件相关的发布插件了。

用于发布的 Xtras 插件名称中含有 Asset 字样，例如：

Cursor Asset

以上的 Cursor Option 插件，它可以让用户在编辑状态下定义自己的光标，调用系统的各种光标形状等，但如果要发布演示，就需要将 Cursor Asset 插件和演示一起打包发布，而不用再附带上 Cursor Options 插件。用于编辑和用于发布的 Xtras 插件在使用上几乎完全相同，不需要特殊声明，在编辑状态下进行的操作或者编写的代码，到了发布时不用做任何修改和设置。大多数第三方插件既可以用于编辑状态下，又可用在发布中。

Xtras 还有一种分类方法就是依据操作系统平台进行。即用于 Windows 平台和用于 Mactionsh 平台的插件。

10.3　安装 Xtras

一般经常使用的 Xtras 在安装 Director 时已经预先自动安装了，不过有时需要使用某些特殊的第三方 Xtras 来实现特殊功能，而这些特殊的 Xtras 又没有安装在当前的操作系统中，这时就需要对这些特殊的 Xtras 进行安装。

打开"我的电脑"进入 Director 11 的安装文件夹中，默认的安装目录是 C：\ Program Flies \ Adobe \ Adobe Director 11 \ Configuration \ Xtras。里面已经包含 Director 自带的 Xtras。将 Xtras 复制到这个文件夹就可完成安装，如图 10—4 所示。Xtras 既可以放置在 Xtras 的根目录下，也可以放置在 Xtras 目录下的子目录中。程序具有自动搜索 Xtras 及其子目录的能力，如果用户收集的插件较多，为了便于管理，可在 Xtras 目录下建立子目录。

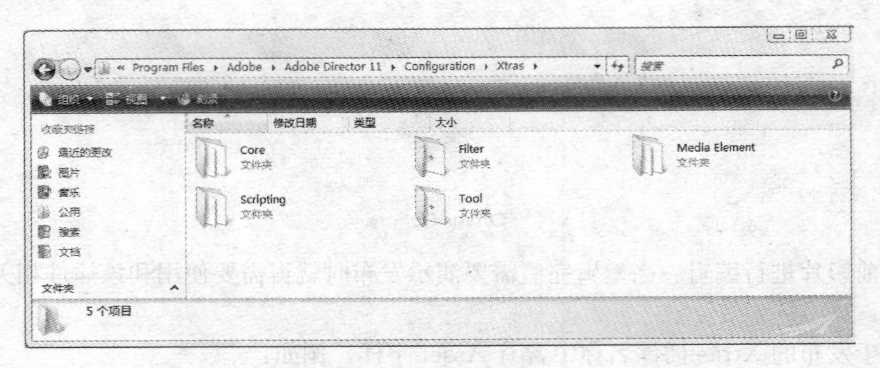

图 10—4 Xtras 的安装目录

提示：1. 不是所有加入到 Xtras 目录下的内容都会显示在 Director 的 Xtras 菜单中。

2. 当操作系统进行重装时，每次安装完 Director 后还得重新建立子文件夹、安装相关插件。可以在 Xtras 目录下建立一个到其他文件夹下快捷方式，这样用户可以在其他文件夹收集管理 Xtras，当需重新安装 Director 时只要重新创建一个快捷方式到存放 Xtras 的目录即可。

10. 4 Xtras 的使用

10. 4. 1 查看 Xtras

（1）显示系统中安装的所有 Xtras 列表

使用 put the Xtraslist 命令可以查看当前系统中安装的所有 Xtras 列表，如图 10—5 所示。列表显示信息包括插件名称 # filename 和版本 # version。

提示：在这个 Xtras 列表中会显示所有已经安装过的插件，也包括重复安装的插件，仔细检查其中的插件名称就可以找到重复的插件，从而方便的将其移除。

（2）显示当前已经打开的 Xtras 的列表

找到重复的 Xtras，删除时系统有时会弹出一个对话框提示该文件正在使用中。执行 ShowXlib 命令可以显示有哪些 Xtras 插件已经被打开，如图 10—6 所示。

图 10—6 中下半部分的返回信息就是当前正在被 Director 使用的插件。如果希望 Director 停止对上述插件的使用，可以使用 closeXlib 命令 Director 关闭已经调入内存的 Xtras。

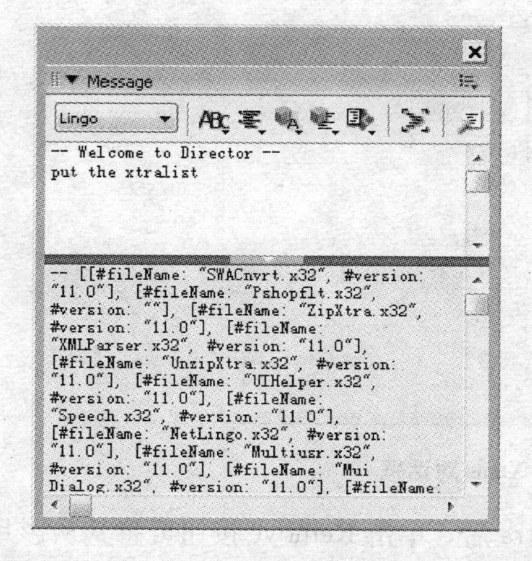

图 10—5　查看系统中安装的所有 Xtras 列表

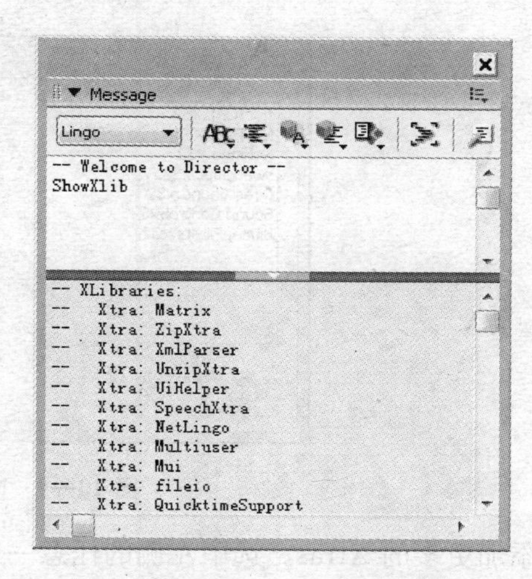

图 10—6　查看已打开的 Xtras 的列表

（3）显示当前已经打开的 Xtras 的数量

使用 put the number of Xtras 命令可以知道当前 Director 已经打开的 Xtras 的数量。

（4）显示当前加载到电影中的 Xtras

有两种方法可以知道当前影片中已经打包包含了哪些 Xtras。一种方法是使用 Lingo 命令，如图 10—8 所示。

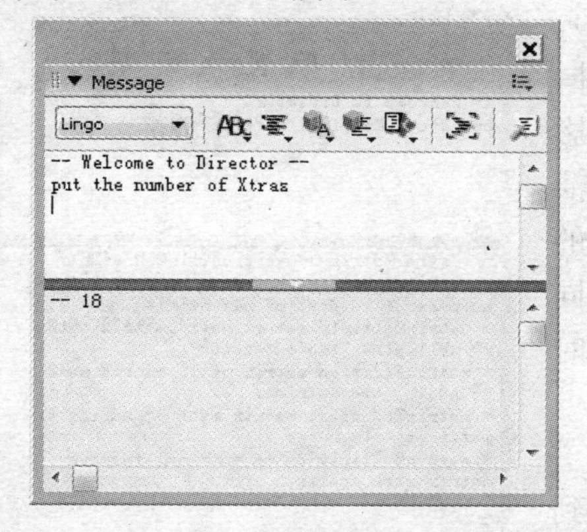

图 10—7　查看已经打开的 Xtras 的数量

图 10—8　查看当前影片中的 Xtras

图 10—5 中显示了影片中已经使用到的 Xtras，这也是本影片必须的 Xtras。缺少了 Xtras，有可能影片就无法运行了。使用 Movie Xtras 对话框也可以查看影片中加载的 Xtras 插件。在菜单选择 Modify | Movie | Xtras，打开 Movie Xtras 对话框，如图 10—9 所示。

对话框左侧的文件列表显示了影片中加载的 Xtras 插件。单击 Add 按钮可以为影

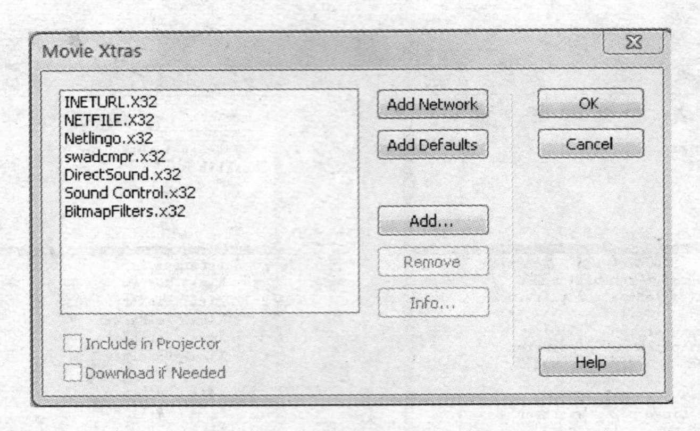

图 10—9 Movie Xtras 对话框

片添加更多的 Xtras。选中左侧的任意一个 Xtra 后，单击 Remove 按钮可将其从影片中删除。单击 Info 按钮将打开 Adobe 网站的 Xtras 页面。

选中一个 Xtra 后，复选项 Include in Projector 和 Download if Needed 有时会变得可选。选中 Include in Projector 即将其包含到放映机文件中，影片发布时就不用再在 Xtras 目录下重新复制该插件了。选中 Download if Needed 即在需要的时候从网络上下载。这个选项适合于 Shockwave 影片使用的 Xtras。

提示：如需制作文件量特小的放映机文件，可以先制作一个短型放映机（stub projector）。将一个文件量最小的 DIR 文件打包为 EXE 文件，然后通过 go to movie 命令调用其他文件量大的影片文件。文件量小的 DIR 文件中不用添加任何演员，并且不用包含任何 Xtras。对于必须的 Xtras，可以将其放置到和 stub projector 位于同一目录的 Xtras 目录下。Stub projector 在启动时会加载所有位于 Xtras 目录下的插件。

(5) 显示 Xtra 插件内部信息

在 Message 窗口输入 interface 命令即可得到 Xtra 插件的内部信息，如图 10—10 所示。

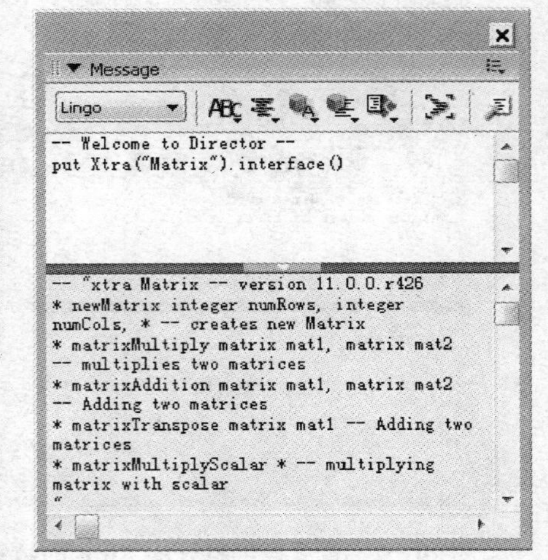

图 10—10 显示 Xtra 插件内部信息

Xtra 后面引号中为具体的 Xtra 插件名称，将图 10—10 上面的 Matrix 更改为其他 Xtra 插件的名称即可得到其他插件的信息。执行 interface 命令通常会显示该插件的名称、版本、函数名称和该函数的作用的解释。

10.4.2　Director 自带的 Xtras

以下简单介绍部分 Director 11 自带的 Xtras。

ActiveX：ActiveX 是一个打开的集成平台，为开发人员、用户和 Web 生产商提供了一个快速而简便的在 Internet 创建程序集成和内容的方法。因为 ActiveX 是和语言无关的，所以众多 Visual C＋＋、Visual Basic 或 Delphi 开发出来的控件都可以直接拿来使用。

MacroMix：仅用于 Windows，它使 Director 能够一次播放多个声音。

Pshopflt：使 Director 能够为位图演员使用与 Photoshop 兼容的滤镜效果。

Flash Asset：使 Flash 电影可以作为演员导入到 Director 中，同时也是矢量图形演员的引擎。

DVD Asset：使 Director 能够使用 DVD 文件。

ZipXtra：使 Director 能够创建和读取 ZIP 压缩格式的文件。

RealMedia Asset：使 Director 能够使用 RealMedia 流媒体文件，包括 RA、RAM、RM 文件。

Animated GIF Asset：使 Director 能够使用 GIF 演员。

FileIO：使 Director 可以进行一些文件读取操作。

Font Asset：使字体文件能够以演员形式导入到 Director 中。

SWA Xtra：使 Director 能够使用 Showckwave 声音文件，允许以 SWA 方式对声音文件进行压缩或者解压缩，对于制作大容量光盘的开发者来说这是个非常有用的插件。

Text Asset：使用户可以在 Director 中使用文本。

XMLParser：包含了处理 XML 和 HTML 代码的函数。

Mix：使用户输入包括各种图形和声音在内的不同类型的文件。

10.5　Xtras 资源

可供选择使用的 Xtras 插件有很多，可以从网上下载，不过这些插件并不全是免费的。一般来说，一个 Xtras 插件并不能与所有版本的 Director 软件兼容。使用 Xtras 插件时一定要注意它所支持的软件版本。本书最后附录有 Director 的综合资源列表。

10.6 习题

10.6.1 填空题

1. 根据功能的不同，Xtras 可以分为以下几种类型：________、________、________、________、________。

2. 对于 Xtras 的分类，依据不同的分类标准有不同的分类方法。有的 Xtras 从命名上可以看出其 Xtras 的分类，例如用于编辑状态下的 Xtras 插件文件名中含有________，用于发布的 Xtras 插件名称中含有________。

3. 在 Message 窗口输入________命令可以查看当前系统中安装的所有 Xtras 列表；使用________命令可以显示有哪些 Xtras 插件已经被打开；使用________命令可以知道当前 Director 已经打开的 Xtras 的数量；使用________可以知道当前影片中已经打包含了哪些 Xtras；使用________命令即可得到 Xtra 插件的内部信息。

10.6.2 简答题

1. 在 Director 中为什么必须要使用 Xtras？使用 Xtras 有什么好处？
2. 如何制作文件量特小的放映机文件？

10.6.3 操作题

在网上下载需要的 Xtras 然后安装。

附　　录

以下介绍一些常用的 Xtras，如果需要下载可访问开发商网站：

说明	平台	版本	开发者
3D 三维			
3－D Scene List Tool MIAW	列出所有节点，所有 3D 成员在影片分级名单中	Win，Mac	Director8.5－Director 11	Alex da Franca
3DPI	用来对舞台中的 W3D 进行全方位控制。DCR tool Xtra 向道具观察人员提供关于 Shockwave 3D 模型和子画面的视觉和编辑道具。允许保存 3D 画面使 3D 场景获得 AGEIA PhysX 物理引擎的性能和功能（使用 Director 11）	Win，Mac	Director 8.5－Director 11	Ullala
3D SpeedPort Xtra	转换 3D 模型对象为 Shockwave 3D 格式	Win	Director 8.5－Director 10	Jeffrey Abouaf
3D User Data Inspector	显示模式，相机和灯光属性	Win	Director 8.5－Director 10	Laurent Cozic
Alex 3－D Tool	MIAW 工具，保存和恢复的 3D 场景	Win，Mac	Director 8.5－Director 11	Alex da Franca
awaW3DTrans Xtra	Shockwave3D 转换器，输入 FBX，3DS，OBJ，DXF and DAE，以及 Google Earth 格式（KML，KMZ）	Win，Mac	Director11	E－CRAFT
Cando Virtual Art Gallery Creator	允许设立 Shockwave 3D 个人艺术在线陈列。独立于 Director	Win，Mac	N/A	Cando Interactive
Cando 3D Modeling/Game Training Tool-kit	培训工具包，帮助学习者学会如何操作 3D 模型。它也可以被用来帮助教授 basic 的游戏逻辑。独立于 Director	Win，Mac	N/A	Cando Interactive
Chrome Lib	大量的简单易用的 3D 行为库，与照相机控制渐变，模型处理，渲染参数和 UI 组件	Win，Mac，SW	Director 8.5－Director 11	Karl Sigiscar

续表

说明	平台	版本	开发者	
Geo-metricks Shockwave 3D models	Shockwave 3D 模型汇集，包括摩天大楼、赛车、头像、坦克、飞机、大炮和城市等	Win，Mac，SW	Director8. 5—Director11	Geo—metricks
IMS Character Generator Studio MX	配合音频自动生成嘴部及面部表情的 3D 头像	Win	Director 8. 5—Director 11	IMS Interactive
Irrlicht3D Xtra	实时 3D 演员 Xtra	Win	in beta mode	Christophe Leske
PolyTrans — for — Director	允许 Director 输入（从 Director 内部用户接口）多数的其他 3D 软件包和文件格式的 3D 场景数据，例如 3ds Max，Maya Lightwave 和更多其他类型	Win	Director 8. 5—Director 11	Okino
RavWare OpenGL Xtra	创建交互的 3D 程序和场景	Win		RavWare
ReAnimator3D	Director 创建关键帧动画的工具以及交互控制 Shockwave 3D 模型，在这个项目中允许输出到 Lingo	Win	Director 8. 5—Director 10	Karsten "toxi" Schmidt
ShapeShifter 3D	3D 模型创建的 Shockwave 3D	Win，Mac	discont.	Tabuleiro
SPi—V	基于 Shockwave 3D 全景程序，可用于 Director 影片或者独立的应用程序 SPi—V Viewer	Win，Mac，SW	Director 8. 5—Director 11	fieldOfView
Sw3dC — W3D Converter	可执行放映机（利用 awaW3DTrans Xtra）转换 FBX，OBJ，3DS，DXF，DAE，KML 和 KMZ 为 Shockwave3D	Win，Mac	D11	E—CRAFT
SW3D Viewer	Shockwave 3D 浏览程序允许打开、查看 Shockwave W3D	Win	N/A	Macromedia
W3DToolbar	该 W3DToolbar 是 shockwave3D 世界的 Lingo 工具。由拖放行为创建视图（改变照相机）和改变模型	Win，Mac	Director 8. 5—Director 11	Ullala
App Control 应用控制				
ActiveX Xtra	允许 ActiveX 控件插入图像作为 Director 精灵。ActiveX 是功能非常强大的组件，通常能够完成许多扩展功能函数。拥有基础广泛的各种已编译的组件使其直接运用于 Director 中，并且大多数的组件均是免费的。支持组件动态升级下载	Win	Director 7—Director 11	XtraMania

续表

说明	平台	版本	开发者	
MasterApp Xtra	运行，监测和控制外部应用程序。发送keypress事件或者点击鼠标来调整、隐藏或显示窗口	Win，Mac		Dirigo Multimedia
OLE Xtra	允许插入链接对象作为演员。由脚本控制，支持嵌入 Microsoft Excel 表格或者PowerPoint 并在舞台上运行	Win	Director 7—Director 11	XtraMania
RavWare PPViewer Xtra	必须在安装了 PPViewer 播放器后才可以使用。控制 PowerPoint 播放器，PPV 窗口大小和位置，当 PPV 暂停、退出和其他情况下，会有一个通知	Win		RavWare
VbScriptXtra	允许使用 Lingo 与 VbScript 相似的自动化应用。从 Lingo 全面控制 Microsoft Word，Excel，Access，PowerPoint，Office，Internet Explorer，ADO，ADOX，ADOMD，系统程序和其他软件及系统组件	Win	Director 7—Director 11	XtraMania
zLaunch	使用户能够在 Director 里运行外部软件	Win（3.1/95），Mac（68K/PowerMac）	supports Director6	Zeus Productions
zOpen	打开和打印文件，寻找浏览器等外部软件	Win	supports Director 6—Director 10	Zeus Productions
zScript	控制 AppleScriptable 软件	Mac	supports Director 6—Director 10	Zeus Productions
Autostart CD 自动启动光盘				
AUTOption Graphic	自动快速启动，自定义启动菜单，按钮启动命令	Win	N/A	Pollen Software
Autorun	运行 CD，显示光盘内容	Win	N/A	Tarma Software Research
AutoRun（Win），AutoStart（Mac Classic）	运行一个软件或安装程序。当光盘插入光驱后，本插件可以检测已经安装的程序，如果找到的话就将其打开，如果没找到就会加载用户指定的程序	Win，Mac		Dirigo Multimedia

续表

说明	平台	版本	开发者	
Batch 批处理				
BarbaBatch	批处理音频，从 CD 批量输入音频	Mac	N/A	AudioEase
Batch Wizard	批处理球形或立方全景上的图像白点	Win，Mac	N/A	Panorama Technologies Corp. Ltd.
Brenda the Batch Renderer	批处理调色板抖动	Win	N/A	Gary Gehman
Jim Wilsher — Bulk Rename Utility	实用工具，让用户可以以极端灵活的标准轻松地重命名文件和目录。添加日期戳，替换数目，插入字符串，转换环境，加入自动编号，处理文件夹和子文件夹	Win	N/A	Jim Wilsher
NameChum Pro	文件、文件夹及磁盘变换名称	Mac	N/A	Yellowsoft
Spike	批量分析 QuickTime 影片数据峰值。提供图形报表	Mac	N/A	Christopher Yavelow
Cast 演员表				
castXtra	在运行时连接、分离、建立演员表库	Win，Mac		Valentin Schmidt
CD / DVD Burning CD/DVD 刻录				
CDBurnerXP Pro	刻录 CD 和 DVD，包括 Blu－Ray 和 HD－DVD，以及建立 ISO 和多语言界面	Win	N/A	Stefan Haglund，Fredrik Haglund，Florian Schmitz
DiskJockey	自动生成 CD，转换显示器分辨率，测试音量，运行 QT 或者其他安装程序	Win，Mac	N/A	Reaction Media
Easy Media Creator Suite	创建所有方面 CD 和 DVD，以及为便携式装置管理音乐、视频和图像	Win	N/A	Roxio
ECD _ Xtra	计算处理 CD 音频文件后所余下的硬盘空间	Win，Mac		The European Enhanced CD Information Center
Firefly Xtra	由 Director 创建 Burns CD 或者 DVD。支持 ISO，AudioCD，MixedModeCD，UDF，DVDVideo，VideoCD，SuperVideoC	Win	Director7－Director10	MediaMacros
MacImage	在 PC 录制混合 Macintosh/PC（HFS/ISO 9660）CD－ROM 和 DVD－ROM	Win	N/A	Logiciels & Services Duhem

续表

说明	平台	版本	开发者	
Nero	CD 和 DVD 刻录以及组织和管理多媒体文件工具，以及创建和编辑新的数字目录	Win	N/A	Nero
Toast Titanium	CD 和 DVD 录制以及包括 AVCHD 便携式摄像机数据转换，支持生成 Blu－ray 和 HD DVD 磁盘，录制网络音频等	Mac	N/A	Roxio
Database 数据库				
ADOxtra	从使用者或本地放映机或越过局域网或从 Shockwave 越过网络来检索、修改数据输入 MS Access 文件，MS SQL Server 和 Oracle 数据库，ODBC 兼容数据库	Win，SW	Director7－Director10	XtraMania
ADOxtra _ MUS	Shockwave 多用户服务器的 Xtra 允许在服务器端使 ADO/OLEDB/ODBC SQL queries	Win，SMUS	Director 7－Director 10	XtraMania
Arca Database Xtra	为 Director 开发者提供跨平台数据库解决方案，用 SQL 语法	Win，Mac	Director 8. 5－Director 11	Tabuleiro
DataGrip	使 Director 能够与 Microsoft Access 数据库交换信息。只要一些简单的 Lingo 语句，就可以为 CBT（基于计算机的训练）程序、演示等添加数据库支持。这是一个使用较为广泛的数据库插件	Win，SW	Director 5－Director 10	Integration New Media
DataGrip Net	允许用户通过 Internet 来访问 Microsoft Access 数据库	Win，SW	Director 5－Director 10	Integration New Media
dmmMDB	在 Adobe Director 和 Authorware 中 The Xtra dmmMDB 能够与数据库一起读取 Microsoft Access（mdb）数据。发送访问到 mdb 数据库，它使用数据库引擎 Microsoft. Jet OLEDB	Win	Director 8－Director11	Studio dmm
FileFlex	是一种多媒体的关联数据库的引擎，是快速的跨平台的数据库引擎。与 xBASE/dBASE 完全兼容，创建交互式的多媒体项目时占用的系统资源很少	Win，Mac		FileFlex Software
INM GoldenGate Xtra	读、写、搜索所有 ODBC 兼容的数据库。支持 SQL 语法	Win，Mac，SW	Director 7－Director 10	Integration New Media

续表

说明	平台	版本	开发者	
INM VizionDB	INM V12 数据库引擎的下一阶段，这个数据库管理工具是针对所有阶段的研发者，非常容易从组件和行为入手。也同样支持 SQL 和 Lingo－style 程序	Win，Mac，SW	Director9－10 Director11 in dev	Integration New Media
Melix Database Xtra	SQL 语法，压缩，支持 Director 的媒体类型	Win，Mac	Director 6－Director 10	Meliora Software
OpenDBC	允许 ODBC 能够使用外部数据库	Win，Mac，SW	Director 4－Director 10，Director 11（Win）	Brummell Associates
SQLite Xtra	SQL－capable 数据库	Win，Mac		Valentin Schmidt
UltimateDBIO	同任何类型数据库创建数据库连接，例如：SQL，MySQL，Access，Excel	Win		Art Reaction
Valentina for Director	跨平台关系数据库。支持 REGEX 检索，SQL 查询，BLOBs，XML 输入输出。Shockwave 保护	Win，Mac	Director 8. 5－Director 11	Paradigma Software
WebDB	允许 Director 通过网络通知服务器端 ODBC 数据库	SW		Brummell Associates
XmySQL	mySQL 是一个轻量级的高速而强大的 SQL 数据库系统。更引人注目的是：MySQL 可以被配置在光盘 CDROM 上运行，这一特性可使在 CD－Title 上实现 SQL 级数据库成为可能。XmySQL 被设计为提供与 mySQL 的直接连接	Win（98/2000/XP）	Director 6 或更高	Magicsoft
XTinyadoDB	通过 ADO 连接数据库。支持 ADO 的常用数据操作子集，无须了解太多 ADO 知识。以行方式存取数据，无须担心返回数据集太大而无法处理。以交换文件为中介支持二进制方式的数据存取——意味着可以将小型的媒体如图片等存在数据库中提高安全性。提供 ADO 连接字符串生成工具	Win（98/2000/XP）	Director 6 或更高	Magicsoft
Date / Time 日期/时间				
cXtraCalendar	显示日历	Win	Director 8－Director 10	cXtra
DateTime Xtra	返回与日期和时间相关的信息以及更多	Win，Mac，SW	Director 8－Director 11	Scirius Development

续表

说明	平台	版本	开发者	
Device Control 设备控制				
ATI Image Capture Xtra	从 ATI's All-In-Wonder 卡获取图像	Win (95，98，Millenium)		Dirigo Multimedia
cXtraJoystick	读取操纵杆输入信息	Win	Director 8—Director 10	cXtra
cXtraTwain	从任何 TWAIN 兼容的扫描仪数码设备获取图像	Win	Director 8—Director 10	cXtra
Direct Communication Xtra	提供与计算机的串口、并口、传真机和 Modem 等资源直接交换信息的功能	Win，Mac，SW	Director 5—Director 10	DirectXtras
Direct Control Xtra	使 Lingo 能够控制模拟和数字的游戏操纵杆。其他的类似触摸屏、手写板、光笔这样的特殊的位置跟踪系统也能够支持	Win，Mac，SW	Director 5—Director 10	DirectXtras
dmm _ CDEext	控制 CD 音频	Win	Director 7—Director 10	Studio dmm
EZIO Board	通过接口板允许 Director 控制外部设备	Win，Mac	N/A	NIQ Inc.
EZIO Xtra	Lingo 连接 EZIO Board 局部控制传感器、灯、电动机等	Win，Mac	Director 7—Director 10	Ben Chang
Joystick	报告操纵杆的位置数据	Win	Director 8. 5—Director 10	Laurent Cozic
MagicVolumer Xtra (in MagicTools Xtras Set)	MagicVolumer Xtra 允许使用者获取和调整系统 MIDI 音量	Win	Director 6—Director 10	Meliora Software
ParaPort Xtra	读、写并行端口到管脚级。控制打印机，扫描仪等	Win	Director 8—Director 10	Great PC Tools Inc.
RavJoystick	操纵杆输入，常规读取或者促使反馈	Win		RavWare
Serial Xtra	向串行端口读、写	Win，Mac	Director 11 (Win) Director 10 (Mac)	Geoff Smith
TrackThemColors	用色彩+亮度跟踪视频流中的元素，返回 2D 或 3D 坐标	Win，Mac		Smoothware Design
Twain Xtra	从任何兼容 TWAIN 的扫描仪、数码摄像机或其他设备获取图像到 Director 演员	Win	Director 6—Director 10	Meliora Software

续表

说明	平台	版本	开发者	
UsbAccessXtra（Beta）	允许HID能够使用USB设备连接到计算机	Win，Mac	Director 8.5—Director 10	Geoff Smith
WDMInput Xtra	能够捕捉静止图像或运行中的视频包括声音，能够播放AVI文件到多个显示器上。用WDM DirectX配套硬件，可以实现调整电视频道的功能	Win		Dirigo Multimedia
WebCamXtra	调用摄像头，捕捉图像	Win，Mac		Josh Nimoy
Dialog 对话框				
cXtraComboBox	提供一个标准的下拉列表框，且列表框中的内容可编辑，方便用户选择数据，数据来源可以是文本、文本文件、数据库等，在编辑状态下还可以添加数据	Win	Director 8—Director 10	cXtra
cXtraDateTimePicker	显示日期和返回日期或用户设置的日期/时间	Win	Director 8—Director 10	cXtra
cXtraDialogs	提供标准的打开/保存文件、图片、打印机设置、字体选择器等	Win	Director 8—Director 10	cXtra
EASY MUI	拖放对话框设计界面生成Lingo代码对话框	Win，Mac		Gilles Untereiner
HandyDialog Xtra	定制文件夹浏览器，消息框，颜色选择器，字体选择器，打印、打开、保存对话框	Win	Director 6—Director 10	Meliora Software
FileXtra	提供处理文件的增强功能。提供方法进行复制、删除、重命名和移动文件和文件夹等	Win，Mac		Kent
MUI Maker Utility	提供一种对话框布局工具，它可以生成用于MUI Xtra的Lingo	Win		RavWare
UltimateMUI	MUI创建HTML形式的图表	Win		Art Reaction
Encryption 加密				
Buddy File	读写二进制文件，保存Director列表。该文件可以使用Blowfish算法加密	Win，Mac	Director 10—Director 11	Gary Smith
Buddy Web	存储检索Lingo列表或加密文本文件	Win，SW	Director 8.5—Director 10	Gary Smith

续表

说明	平台	版本	开发者	
Crypto Xtra	用AES加密字符串、文件、构件，提供多种校验（CRC32，Adler－32），散列（MD5，SHA1，SHA256）和编码/解码（Hex，Base64，Base91，ASCII85，UUencode）功能	Win，Mac		Valentin Schmidt
LingoFish	Lingo工具，BlowFish加密文本	Win，Mac		Robert Tweed
TEA Xtra	Tiny加密算法编码/解码文本	Win		David Hu
vList Xtra	存储、检索Lingo列表，在本地或服务器上利用AES加密	Win，Mac，SW	Director 8.5－Director 11	Tabuleiro
File 文件				
Attrib Xtra	复制和删除文件，设置文件属性；处理单个文件或整个文件树的文件属性	Win	Director 5－Director 8	Media Connect
BinFile Xtra	读、写、编辑二进制文件	Win，Mac		Valentin Schmidt
BinFileIO Xtra	读取和写入二进制文件	Win	Director 8.5－Director 10	Laurent Cozic
BinMaster Xtra	读取和写入二进制文件	Win	Director 6－Director 8	Intermedia
BinaryIO Xtra	读、写和编辑二进制文件。对子字符串的大小没有限制	Win，Mac		Dirigo Multimedia
BinaryXtra	读/写二进制数据到一个文件中	Win	Director 7－Director 10	XtraMania
cXtraFileIO	读取和写入二进制文件。返回顶端信息的具体格式，如AVI、MP3	Win	Director 8－Director 10	cXtra
DirectOS Xtra	提供对Windows操作系统的直接控制，可以得到诸如下列的信息：操作系统名称和精确版本号、设置分辨率和色深、创建和显示对话框、查找关联文件类型的软件、限制鼠标区域位置、注销或重新启动计算机、得到文件属性、复制删除文件、设置系统时间和日期、读取INI文件、检测声卡是否安装等	Win	Director 5－Director 10	DirectXtras
FileXtra	复制和删除文件和文件夹，创建文件夹	Win，Mac		Kent Kersten
NameChum Pro	批处理前缀、后缀、日期、时间戳记、按顺序编号文件	Mac	N/A	Yellowsoft

续表

说明	平台	版本	开发者	
ProgressCopy Xtra	从 CD（或任何位置）复制文件时显示一个进程条	Win，Mac		Dirigo Multimedia
UltimateFileIO	读取和写入文本文件使用 MD5 加密	Win，Mac		Art Reaction
File Format Support 文件格式支持				
Base64 Xtra	Base64 编码和解码的文本字符串	Win		David Hu
cXtraExif	返回嵌入式数码相机中的 JPEG 或 TIFF 格式的照片信息	Win	Director 8—Director 10	cXtra
cXtraRTF	在 Director 中显示 RTF 文档	Win	Director 8—Director 10	cXtra
dmmRVF	在舞台上的精灵可以显示、编辑和保存 RVF 格式文档。RVF 是一种多信息文本格式	Win	Director 8—Director 10	Studio dmm
dmmXLS	在 Adobe Director 中该 dmmXLS Xtra 让用户与 Microsoft Excel 文件协调工作。dmmXLS 的一个大的优势是用户不需要在计算机上安装 Microsoft Excel，Microsoft Jet Provider 或者任何其他程序。这个程序库独立工作，非常适合 CD－ROM 应用程序	Win	Director 8—Director 11	Studio dmm
INM Impressario	查看，浏览查询，打印，创建和修改 PDF 文件。无须安装 Adobe Acrobat / Reader。在舞台上显示 PDF，像精灵可以覆盖占位图和透明度以及墨水效应	Win，Mac，SW	Director 8.5—Director 11	Integration New Media
INM PDF Xtra	Director 内部正式的类似 Adobe Reader 的作用。在 Windows 使用 Adobe Reader，像舞台上的精灵一样显示 PDF 文档。在 Mac OS X 不同的应用程序窗口运行 PDF	Win，Mac，SW	Director 8.5—Director 10	Integration New Media
MediaPlayer Xtra	支持 MPEG，DIVX，AVI，WMF Video 格式和 MP2，MP3，WAV，MIDI，AIFF Audio 格式以及其他类型文件	Win，SW	Director 6.5—Director 11	StarSoft Multimedia
MediaPlayer Expanded Xtra	延续超越 MediaPlayer Xtra 功能，在视频控制方面有新功能	Win，SW	Director 8—Director 11	StarSoft Multimedia

续表

说明	平台	版本	开发者	
MIDI Class	源脚本阅读，写入，检测，修改和生成标准 MIDI 文件（*.mid，*.rmi）	Win，Mac		Valentin Schmidt
Mpeg Advance Xtra	Director 播放 MPEG 视频。控制插入线索点	Win，Mac	Director 8.5—Director 11	Tabuleiro
OLE Xtra	在 Director 影片中和 VbScriptXtra 嵌入 OLE 对象。支持即时创建、编辑 OLE 对象，如果主机支持应用程序自动化。支持嵌入 PowerPoint 演示文件，它在舞台上由脚本全面控制。是 ActiveCompanion 的一部分	Win	Director 7—Director 11	XtraMania
PDF Class	一个创建 PDF 文档的 Lingo 解决方案	Win，Mac		Valentin Schmidt
SmartOLE Xtra	显示任何 OLE 文档为 Director 精灵	Win，SW	Director 6.5—Director 11	StarSoft Multimedia
Unrar Xtra	解压 RAR 压缩文件	Win		Valentin Schmidt
xMedia 2	在 Director 播放 Windows Media 文件，脱机、联机或流式	Win	Director 8—Director 8.5	DV electric
zLibXtra	压缩和解压缩插件。支持创建和解压缩标准的 zip 文件（支持密码保护，可解压压缩包内指定单个文件，获取压缩包文件列表）。有文件加密和解密的功能	Win		Valentin Schmidt
Fulltext Search 全文搜索				
DmmFTS	DmmFTS 是一个在 Adobe Director 和 Authorware 生成全文索引和全文搜索的软件工具	Win	Director 8—Director 11	Studio dmm
Index Xtra	为页面提供文本搜索功能	Win，Mac	Director 6—Director 8	Media Connect
INM Searchable Library (Essential Pack)	结合 INM VizionDB and INM Impresario 功用，全文搜寻 PDF 文档集。各种不同的搜索选项，其中包括接近，相关性排列和复杂的 Boolean 搜索。还可以通过搜索文件的元数据（标题，主题，作者，关键词，日期）	Win，Mac，SW	Director 9—Director 10，Director 11 in dev	Integration New Media

续表

说明	平台	版本	开发者	
PRegEx — Regular Expression Xtra	免费、开源的Xtra，产生Perl正则表达式和Lingo表处理方法。所谓正则表达式，就是一串特别设计过的字符串，可以按照你的意图用匹配操作寻找你要求的目标	Win，Mac	Director 7—Director 11	openxtras.org—Chris Thorman，Ravi Singh
String Handler Xtra	快速查找并替换以及其他字符串操作	Win	Director 8—Director 10	Minds Eye Visualisation Services Ltd.
TextCruncher Xtra	提供文本的处理功能。快速实时查找并替换文本	Win，Mac，SW	Director 8.5—Director 11	Tabuleiro
UltimateIndexer	索引和搜索HTML和文本文件内容	Win		Art Reaction
Graphics 图形				
AdjustColors	可以为演员执行亮度、饱和度和RGB值的调整，可以在运行期间得到非常快的速度，且输出结果可以显示到另一个演员中，该演员同样可以被运用墨水效果、混合度和排列布局等操作	Win，Mac		Smoothware Design
AlphaMania	用于数字视频的交互特效，包括反锯齿和透明度使用，体现出自由旋转、旋涡、色彩和放大等	Win，Mac	Director 5—Director 10	Media Lab，Inc.
awaImage Xtra	图像输入输出Xtra，支持的主要文件格式有：BMP，JPG，TIFF，PNG，GIF，TGA，PSD	Win，Mac	D11	E—CRAFT
BitChecker	查找带有错误的调色板或位深的演员，如果相关演员属性不符合用户的设置，则会显示一个简短的描述列表	Win，Mac	Director 7—Director 10	Design Lynx Ltd.
BlurImage	使用户能够执行一些滤镜，如滤化、运动虚化、浮雕、反转和搜索边线。可以将Photoshop的滤镜应用到任何图形演员中，包括模糊、运动模糊、浮雕效果等，可以在运行状态下活动很快的速度	Win，Mac		Smoothware Design
Brenda the Batch Renderer	批量抖动到超级调色板	Win	N/A	Gary Gehman
cXtraGraphicEffect	在运行时应用图形效果元素	Win	Director 8—Director 10	cXtra

续表

说明	平台	版本	开发者	
cXtraGraphicIO	在运行时导出位图元素到文档以及写入文档到元素内	Win	Director 8—Director 10	cXtra
cXtraFlameFX	给位图或文字加上火焰效果	Win	Director 8—Director 10	cXtra
cXtraPieChart	从提供的数据显示圆形分格统计图表	Win	Director 8—Director 10	cXtra
DirectImage Xtra	能将图像和文字元素导出为多种文件格式。能够从 Shockwave 输出	Win，Mac，SW	Director 5—Director 10	DirectXtras
Eye Candy	Photoshop 滤镜制作效果，纹理（例如蛇和蜥蜴皮）、自然（火、烟等）、影响（铬、拉丝金属、玻璃、斜面、反射等）	Win，Mac	N/A	Alien Skin Software
f3Export Xtra	把演员输出为 BMP 和 JPEG 格式。只能用于 Director 5	Win，Mac	Director 5	Focus3
Fireworks	输入 Fireworks 文件图层为不同的成员。保存 JScript 行为	Win，Mac	N/A	Adobe
FreeRotate	用 Lingo 控制演员的旋转	Win，Mac		Smoothware Design
ImgXtra	脚本 Xtra 基于 FreeImage 图形库。几点特性：支持不同格式的图像输入输出；在新线程输入图形；提取 JPG 图片的缩略图和元数据等 EXIF 信息；在 JPEG 文件上执行无损转换	Win，Mac		Valentin Schmidt
PhotoCaster	可以把 Photoshop 的图层作为独立的演员输入到 Director 里	Win，Mac	Director 5—Director 10	Media Lab，Inc.
QuickVector Xtra	直接存储到 GDI，比 Lingo 调用成像更快	Win	N/A	Josh Nimoy
RavWare Image Export Xtra	输出成员，舞台到文档或剪贴板。支持 JPEG，PNG，TIFF，CUR，ICO，BMP，RLE，TGA	Win		RavWare
SuperCropper	MIAW 影片工具，批量裁剪和重命名位图演员表演员	Win，Mac		Tim Barton
Table Xtra	使用户能够在舞台上为 Director 的演员或文本元素创建任意尺寸的可滚动的 grid（网格）	Win，Mac		Electronic Ink

续表

说明	平台	版本	开发者	
The Minds Eye BézierCurve	为绘图、动画、特效创建 2D 和 3D Bézier 曲线。导入 3DS MAX 曲线	Win	Director 8—Director 10	Minds Eye Visualisation Services Ltd.
UltimateJPG and QuickTime Export	将演员（包括文本）输出为 JPEG 或 QuickTime 影片	Win，Mac		Art Reaction
XGetColor	强大的颜色管理函数库，支持由用户操作屏幕取色。取屏幕上一点的 RGB 颜色值。显示颜色滴管和预览浮动窗口（同步显示光标坐标，颜色预览和十进制/十六进制颜色值），由用户在屏幕上随意点选颜色	Win（98/2000/XP）	Director 6 或更高	MagicSoft
Help / Documentation 帮助文档				
Customized Director Help	定制 Lingo 关键词库	Win，Mac	Director 8.5—Director 11	Alex da Franca
RoboHelp	为桌面和基于网络的应用程序创建帮助系统文件，包括 NET 和 Rich Internet 应用程序	Win	N/A	Adobe
Import / Export 导入/导出				
Buddy File	包含功能有读写文本和二进制文档，也存储 Director/Authorware 列表	Win，Mac	Director 10—Director 11	Gary Smith
Buddy Web	存储及检索 Lingo 列表或为文本文件加密	Win，SW	Director 8.5—Director 10	Gary Smith
Clipboard Xtra	允许使用剪贴板拷贝粘贴	Win，Mac		Valentin Schmidt
cXtraRTFEditor	写入编辑存储 RTF 文档	Win	Director 8—Director 10	cXtra
cXtraStringGrid	显示和修改字符串表格，对于用列表值工作的用户来说非常有用	Win	Director 8—Director 10	cXtra
f3Export	输出演员到 PICT，JPG	Win，Mac	Director 5	Focus 3
HTML Xtra	使 HTML 能够显示在舞台上。没有 32 K 限制	Win，Mac	Director 6—Director 9	Media Connect
MP3 Xtra	转换外部文件或音频元素到 MP3 格式	Win		Valentin Schmidt

续表

说明	平台	版本	开发者	
QTMovie Xtra	在 Lingo 控制下创建或编辑 QuickTime 文件并返回相关信息	Win，Mac	Director 8.5—Director 11	Scirius Development
Internet 网络				
asUDP Xtra	发送和接收 UDP	Win，Mac，SW	Director 8.5—Director 11	Antoine Schmitt
BLATXtra	免费 Xtra，允许从 Director 发送 E-mail。使用 BLAT DLL	Win		Christophe Leske
cXtraSendMail	发送 E-mail	Win	Director 8—Director 10	cXtra
cXtraWebBrowser	IE 浏览器精灵	Win	Director 8—Director 10	cXtra
DirectConnection Xtra	允许用户通过拨号建立两台计算机之间的连接，这是一个跨平台的插件，适合 Director 和 Authorware	Win，Mac	Director 5—Director 10	DirectXtras
DirectEmail Xtra	使我们能够制作和发送电子邮件并允许携带其他文件	Win，Mac，SW	Director 5—Director 10	DirectXtras
INM SecureNet Xtra	支持 Director 影片程序通过代理服务器进行网络通信，并允许以放映机或作家模式下进行安全 HTTP 访问，对 Shockwave 影片支持良好	Win，Mac，SW	Director 7—Director 10，Director 11 in dev	Integration New Media
MailTo Xtra	通过默认的邮件客户端发送电子邮件	Win	Director 6.5—Director 11	StarSoft Multimedia
ShockFiler Xtra	Shockwave 放映机通过 FTP 存储文本、图片、音频、vList 数据。	Win，Mac，SW	Director 8.5—Director 11	Tabuleiro
UltimateNet Xtra	通过代理在双方 Shockwave 放映机内使用 HTTP/FTP/PING 同 SSL/TLS	Win，SW	Director 6.5—Director 11	StarSoft Multimedia
WebXtra	在多媒体作品中加入网页或使作品具有浏览网页功能。直接在舞台上显示 HTML 和 ActiveX 的内容	Win	Director 8.5—Director 11	Tabuleiro

续表

说明	平台	版本	开发者	
Kiosk 信息站				
Keyboard Control Xtra	阻止 Ctrl－Alt－Del 和其他快捷方式。为了保护公共信息站免受不正当干预	Win	Director 6－Director 10	Meliora Software
Lingo Code / Behaviors Lingo 程序/行为				
Animation Math in Lingo	适用于 2D 和 3D 动画的程序和影片实例	Win，Mac，SW	Director 8.5－Director 11	J McKell
Behavior Demonstrations	Director 源文件包含演示，涉及 3D、Lingo 成像、几何结构、文本及其他领域	Win，Mac，SW	Director 8.5－Director 11	James Newton
Chrome Lib	控制属性和 3D 交互的行为	Win，Mac，SW	Director 8.5－Director 11	Karl Sigiscar
ISOinteractive GLIDER Behaviors	有五个行为。通常通过几种方式来演示流畅的动作在 grapical 项目和 avatars 里	Win，Mac，SW	Director 8.5－Director 11	ISOinteractive
One Sprite Widgets	行为和相关演员库用于生成和使用不同控件，包括按钮、下拉菜单、树状试图	Win，Mac，SW	Director 8.5－Director 11	Lingoworkshop
Open Widget System	聚集脚本创建各种控件（界面元素）	Win，Mac，SW	Director 8.5－Director 11	Lingoworkshop
Reallingo Scripts	行为用于距离检测以及动画。转到位置（跳转到标记以及影片），鼠标按下/键入偏移，字体转换，清除数据（文本/字段）	Win，Mac，SW	Director 8.5－Director 11	Art Reaction
Ultimate Selection-Hiliter	这个行为允许用户定义默认选项（from char to char），用户控制查看下一步和之前选择，甚至查看所有选择	Win，Mac，SW	Director 8.5－Director 11	Art Reaction
Ultimate Dynamic-Scroller Script	这个行为允许用户定义动态的画轴，使用任何从文本到图形的需求管理，有滚动条	Win，Mac，SW	Director 8.5－Director 11	Art Reaction
Windows For Shockwave	行为使拖放能创造舞台窗口，模式对话框和层叠式菜单。允许多精灵视为一个单位，支持创建和消除动态精灵，动态窗口，动态菜单和动态族系	Win，Mac，SW	Director 8.5－Director 11	Jim Andrews
Xlib	汇集关于影片脚本和父脚本类似日期覆盖领域，数学函数	Win，Mac，SW	Director 10	Lingoworkshop
Zav's Libraries	程序库和关于操作方式使用的教程	Win，Mac，SW	Director 8.5－Director 11	Zav

续表

说明	平台	版本	开发者	
Lingo Editing Lingo 编辑				
Behavior	把 Director 的创建行为的过程自动化。不需要编程即可创建复杂的行为，可以依据用户的需要通过简单的图形化用户界面设置属性数据等，免费升级	Win，Mac	Director 7—Director 8.5 & Director 11	Design Lynx Ltd.
FindAll	MIAW 工具搜索脚本文本	Win，Mac	Director 8—Director 11	Alex da Franca
jEdit	程序员的文本编辑器	Win，Mac		Slave Pestov
Lingo Lang Module for BBE	对于 BBEdit 的关键字，符号，字符串和突出注释	Mac		Rob Terrell
makeGBD Utility	在 GetBehaviorDescription 函数处理程序里格式文本编制的行为（点击下载）	Win，Mac		Gretchen Macdowall
UltraEdit Lingo extension	能够使 Ultraedit 突出显示 Lingo 关键字	Win		IDM Computer Solutions Inc.
Mac / PC File Exchange Mac / PC 文件转换				
MacDrive 5	在 PC 上支持 Mac 媒体（Jaz，Zip，软盘）	Win		Media4 Productions
MacDisk	在 PC 读取 Mac 媒体—软盘，ZIP，CD，外部 SCSI 等	Win		Logiciels & Services Duhem
MacImage	创建任意 Mac HFS，从 PC 刻录 Mac CD 或混合图像磁盘	Win		Logiciels & Services Duhem
PC MacLan	创建 Mac/PC 网络	Win		Miramar Systems
Star Gate	通过模拟调制解调器在 Mac 和 PC 之间传输文档	Win，Mac		Kevin Raner Software
Timbuktu	文件共享，屏幕共享，远程控制其他计算机	Win，Mac		Netopia
TransMac	支持 Mac 磁碟，CDs，SCSI 驱动（Zip，Syquest 等）	Win		Acute Systems
Xchange Software	在 PC 上读取和格式化 Mac。在 Mac 和 PC 媒体之间复制文件	Win		Optima Technology

续表

说明	平台	版本	开发者	
Memory 内存				
DreamLight RAM-Light	存储监视器程序	Win，Mac		DreamLight
FreeMem	监控和显示闲置内存。清除内存释放规定总计的内存	Win		Plaxoft GmbH
MemoryInfo Xtra	返回物理，虚拟，使用中的内存情况	Win		Andras Kenez
Menu 菜单				
Buddy Menu	提供标准的 OS 风格弹出菜单	Win，Mac，SW	Director8. 5—Director 11	Gary Smith
cXtraPopup	从提供的数据显示分级弹出菜单	Win	Director—Director 10	cXtra
Handler Menu	在 Director 影片中使用工具 MIAW 在分级菜单列出所有 handlernames 所有 script-members	Win，Mac	Director—Director 11	Alex da Franca
StarMenu Xtra	通过 Lingo 定制弹出菜单，在固定位置或设定动态。能够在 Direcor 中建立绚烂的图形式菜单	Win，SW	Director 6. 5—Director 11	StarSoft Multimedia
TetonPop	动态弹出式菜单结构	Win	Director 7—Director 8	Peter Jensen，Teton Multimedia
MIDI				
IMidi Xtra	发送和接收的 MIDI 信息	Win	Director 6—Director 10	Meliora Software
MIDI Class	父脚本适合于读取、写入、分析、修改和生成 MIDI 标准文件（*. mid，*. rmi）	Win，Mac		Valentin Schmidt
Mouse and Keyboard 鼠标和键盘				
Aboslute precision Xtra	能够在像素水平接收鼠标事件。根据色彩地图，可以在像素级的层次上得到 11 种不同的鼠标事件	Win		Penworks Corporation
CapsLockXtra	返回 Caps Lock 键的状态	Win，Mac	Director 5—Director 11	Scirius Development
MouseWheel	阅读鼠标滚轮	Mac	Director 8. 5—Director 11	Antoine Schmitt
MoveCursor Shock-wave	定位光标在屏幕上的任何地方	Win，Mac，SW	Director 10—Director 11	Gary Smith

续表

说明	平台	版本	开发者	
SetMouseLoc Xtra	定位鼠标的光标移动到屏幕上	Win	Director 8.5—Director 10	Laurent Cozic
SetMouseXtra	把鼠标设置在屏幕上的任意位置	Win，Mac	Director 5—Director 11	Scirius Development
WheelMouse	在 Director 使用滚轴鼠标。扩展 Director 中对滚轴鼠标的控制功能。也就是可以用它来实现滚动滚轴上下拉动文本或者激发自定义的事件。通过 WheelMouseEvent 这个内置函数控制自定义事件	Win	Director 8.5—Director 11	Gary Smith
XInput	模拟鼠标和键盘，可制作自动演示或电子键盘/按键/鼠标按钮/鼠标滚轮状态监视。按键过滤，可过滤掉指定按键，鼠标动作模拟，键盘动作模拟，模拟过程可在任意时刻被用户的操作中断，就像屏幕保护一样。可以组合任何按键和鼠标按钮。分离的按键按钮的按下和释放模拟，可以用一个手指完成各种按键按钮的组合，对于触摸屏虚拟键盘开发非常有用	Win（98/2000/XP）	Director 6 或更高	Magicsoft
XCursor	光标效果插件。显示外部光标文件，支持 ANI 动画光标，显示或隐藏光标，设置光标位置，限制光标在指定区域，获取光标位置，窗口/屏幕坐标转换	Win（98/2000/XP）	Director 6 或更高	Magicsoft
Multiuser 多用户				
dmmXSC	dmmXSC 是一个套接字客户端适合连接到 XML 套接字服务器程序－eClever，支持 Director 和 Authorware 多用户应用程序，游戏程序，聊天。用户也能够建立多用户的 Web－CD 应用程序	Win	Director—Director 11	Studio dmm
Nebulae MultiUser Server	多用户服务器运行相当于 UNIX 和 Mac	Java	N/A Director 11	Tabuleiro
OpenSMUS	OpenSMUS 是一个开源的多用户服务器应用程序。执行 Shockwave 多用户协议，可用于 Director 影片和 Shockwave 游戏	Unix，Linux，Mac，Win	N/A	Tabuleiro

续表

说明	平台	版本	开发者	
Print 打印				
cXtraPrinter	打印 Director	Win	Director—Director 10	cXtra
cXtraPrinterDoc	在文本或图形领域创建丰富格式的文档，能够在运行时刻改变和打印	Win	Director—Director 10	cXtra
cXtraPrintRTF	打印 RTF 文件	Win	Director—Director 10	cXtra
PrintOMatic Xtra	提供 Mac 和 Windows 的打印工具	Win，Mac	Director 7—Director 10，Director 11 beta	Electronic Ink
Projector Icon 放映机图标				
Axialis IconWorkshop	为 Windows 和 Mac 创建、编辑图标，将它们应用于放映机	Win	N/A	Axialis Software
Hoolicon	更改 Director 或 Flash 的 Project 的图标	Win	N/A	Goldshell Digital Media
IconForge	更换放映机图标	Win	N/A	CursorArts
Icon Resource	EXE 文件修改 Director11 发布选项，在放映机增加一个图标，Projec32. skl 框架文件用于创建放映机时允许这个图标改变	Win	Supports Director 7—Director 11	Josh Chunick
Microangelo	使用用户自己的图标替换 Director 放映机图标	Win	N/A	Impact Software
Resource and Icon Editor	当 Director11 发布时图标 EXE 应用程序调整问题。完全支持 Vista 图标。也允许显示改变文件和版本信息	Win	Supports Director 7—Director 11	Josh Chunick
Screen Recorder 屏幕录像				
Camtasia Studio	以 AVI 或 Real video 记录屏幕活动	Win		TechSmith
CyberCam	记录屏幕活动到 AVI 文件	Win		SmartGuyz. com
Gif gIf giF	以动画 GIF 记录屏幕活动或者捕捉普通 GIF 图	Mac		Pedagoguery Software
FRAPS	需要 DirectX	Win		beepa

续表

说明	平台	版本	开发者	
Microsoft Screen-Cam	记录屏幕活动和音频到 AVI 文件	Win		Microsoft
Snapz Pro	记录屏幕活动到 QuickTime 影片	Mac		Ambrosia Software
SnagIt	记录用户活动或捕捉屏幕镜头	Win		TechSmith
Screen Resolution 屏幕分辨率				
ADisplay Xtra	报告可用的设置，改变显示器分辨率	Win		Andras Kenez
AniRez2	应用程序与 Director 放映机一起（或 Flash，Powerpoint）全屏播放应用程序。AniRez2 在开发这个应用之前设置分辨率，色深和监控更新频率	Win	N/A	Aniware
cXtraChangeRes	改变监控器分辨率	Win	Director—Director 10	cXtra
DisplayMode Xtra	改变监视器分辨率。在对话窗口简单设置属性。用户可以使用 Lingo 脚本控制这个 Xtra	Win	Director 6. 5—Director 11	StarSoft Multimeida
DisplayRes Xtra	控制 Windows 的显示设备	Win		Dirigo Multimedia
MagicRes Xtra（in MagicTools Xtras Set）	MagicRes Xtra 改变显示器分辨率	Win	Director 6—Director 10	Meliora Software
SetRez	在运行程序之前设置显示器分辨率。适用于任何 EXE 文件	Win	N/A	Brummell Associates
msRes	用于获取和设置屏幕分辨率	Win（98/2000/XP）	Director 6 或更高	Magicsoft
Scripting 脚本				
dmmScript	在 Director 或 Authorware 中 The XTRA 适合脚本 Pascal，C＋＋，Visual Basic 和 JavaScript。当脚本在 Director 和 Authorware 中起作用时用户无须在计算机上安装任何其他的程序或库。这个 XTRA 独立工作	Win	Director—Director 11	Studio dmm

续表

说明	平台	版本	开发者	
Sound 声音				
Amadeus Pro	多轨道音频编辑器支持多种格式。设置与 Director 兼容的线索点	Mac	N/A	Martin Hairer
Amplitude Xtra	允许 Director 影片从声音演员中得到声波的波形，这是实时的。可以运用于通过音乐的波形来显示动画，也可以精确地实现声音和嘴唇动作的同步以运用于角色动画	Win，Mac，SW	Director—Director 11	Marmalade Multimedia
AmplitudePro Xtra	涵盖所有功能的 Amp 加上可以处理频谱数据	Win，Mac，SW	Director 8. 5—Director 11	Marmalade Multimedia
asFFT Xtra	利用 FFT（Fast Fourier Transform）对于现场音频频率分析	Win，Mac，SW	Director 8. 5—Director 11	Antoine Schmitt
asFFTFile Xtra	FFT 频率分析 QuickTime 音频文件	Win，Mac	Director 8. 5—Director 10	Antoine Schmitt
asMultiChannelAudio Xtra	as Multi Channel Audio Xtra 是多通道音频脚本 Xtra，它能使 Director 输出音频硬件有超过 2 通道，例如 8 或 16 通道的信号	Mac	Director 8. 5—Director 10	Antoine Schmitt
asPitchDetect Xtra	音调检测现场音频。这个 Xtra 是基于高效、精确和快速自定义规则，彻底检测所有种类。这个 Xtra 可以用来做例如音乐教育，调音工具，游戏程序等	Win，Mac，SW	Director 8. 5—Director 11	Antoine Schmitt
Audio Xtra	录制声音、播放与暂停。以前是 Sound Xtra。可以将声音录制到外部文件中，支持从 8/22 到 16/64 赫兹的声音播放和录制。声音格式包括 AIFF，AIFF－C 和 WAV。不会干扰用户的操作，还可以选择是否显示图形化的声音波形，适合制作语言学习类的软件	Win，Mac，SW	Director 8. 5—Director 11	Tabuleiro
Audition	录音，混音，编辑和母盘制作。生成 Director 兼容的线索点	Win	N/A	Adobe
cXtraSoundRec	记录和播放声音。存储为 WAV 或 MP3	Win	Director—Director 10	cXtra
DirectSound Xtra	使用户能够使用 Microsoft 的 DirectSound API。直接访问声卡，可以混合任意的声音，改变声音的位置、音量、频率，甚至是 3D 声音。也可得到声卡的硬件兼容性	Win，SW	Director 5—Director 10	DirectXtras

续表

说明	平台	版本	开发者	
dmmMIX	控制 WAV，CD，MIDI 的音量	Win		Studio dmm
DreamLight SoundStrip	控制 SWA 音频的重放	Win，Mac		DreamLight
f3SoundFX	提供声音录制功能和各种音响效果	Mac	Director 5	Focus 3
fluidXtra	音频合成器软件	Win，Mac，SW	Director 8.5—Director 11	Antoine Schmitt
GetSoundInputLevel	音频输入设备返回标准	Win，Mac	Director 8.5—Director 10	Geoff Smith
GoldWave Digital Audio Ed	完整的音频编辑器。能够创建 Director 兼容的线索点	Win	N/A	GoldWave Inc.
MP3 Xtra	转换外部文件或一个音频元素为 MP3 格式	Win		Valentin Schmidt
MPegger	转换音频文件为 MP2 或 MP3 格式	Mac		Proteron L. L. C.
Ogg Xtra	转换外部文件或音频元素为 Ogg Vorbis 格式	Win		Valentin Schmidt
OpenAL	免费、开源的脚本 Xtra，跨平台的 3D 音频 API，允许开发者改编音频，模拟一个三维空间环绕收听者	Win		Jeremy Johnson，Georgia Tech
Peak Pro	特色完整的音频编辑器。在 AIF，SWA 和 QT 建立线索点用于 Director	Mac	N/A	Bias
Pristine Sounds	录制，编辑，应用过滤器，改善音频品质	Win		Alien Connections
Quick Recorder	体积小，快速安装程序，适合简单录音	Mac		Lucius Kwok
QTAudioXtra	调整单个 QuickTime 轨道音量。播放并且监控回放	Win，Mac		Kent Kersten
QTRecordAudioXtra	记录音频从任何一个 QuickTime 兼容的音频输入装置	Win，Mac	Director 8.5—Director 10	Scirius Development
RecordSound Xtra	记录 Director 控制下的音频	Win，Mac	Director 8.5—Director 10	Geoff Smith
SoundEffects	记录编辑音频，应用数字效果。处理多通道音频	Mac		Riccisoft

续表

说明	平台	版本	开发者	
SoundForge	记录和编辑音频。能够使用过滤器，记录后台处理进程	Mac	N/A	Sony
Sound Studio	记录和编辑音频。能够使用过滤器，记录后台处理进程	Mac	N/A	Felt Tip Software
SoundScript	经过外部应用程序记录和排序音频，使用 Lingo“打开”	Mac		Michael Norris
The VolumeController Xtra	提供对音量的流畅的控制	Win		Magister Ludi
WaveLab	音频编辑和母盘制作程序。高清晰度多通道音频编辑，音频恢复，直到 CD/DVD－A 制作完成。允许创建 Director 兼容的线索点	Win	N/A	Steinberg
WireTap	记录音频输出一所有音频播放不论来源	Mac		Ambrosia
Speech 语音				
Chant SpeechKit	语音识别，文本到语音、语音到文本的转换	Win		Chant，Inc.
DirectTTS Xtra	将文本翻译为语音	Win，Mac，SW	Director 5－Director 10	DirectXtras
EduSpeak	语音识别系统用作计算机学习和培训应用程序，例如外文教育，阅读的发展和互动教学，企业培训和模拟	Win		SRI International
SpeechPlugin	文本到语音的浏览器。通过 JavaScript 控制 Shockwave	Win，Mac	Director 5－Director 10	DirectXtras
SpeechToSound	转换文本文件到音频文件，使用 Apple 的文本语音转换技术	Mac		Riccisoft
Timehouse Speech Xtra	文本转换语音。要求 Microsoft 语音接口	Win	Director 7－Director 10	Timehouse
XtrAgent	使用户能够在 Director 作品里使用 Microsoft 的 Agent 技术。增加了语音合成，语音识别和动画人物，可以为用户“说”和“听”	Win，SW	Director 5－Director 10	DirectXtras

续表

说明	平台	版本	开发者	
Spellcheck 拼写检查				
Speller	对所有文本演员进行拼写检查	Win，Mac	Director 8. 5—Director 10 & Director 11	Design Lynx Ltd.
SpellerPro	扩展拼写功能，包括允许直接置换拼写错误的文字（仅限程序设计者模式）	Win，Mac	Director 8. 5—Director 10 & Director 11	Design Lynx Ltd.
System 系统				
awaOSUtil Xtra	跨平台的实用程序 Xtra 使用二进制语言。功能包含获得系统信息，打开、保存对话框，读、写 INI 文件	Win，Mac	Director 11	E—CRAFT
Buddy API	允许访问系统功能。它包含 200 多个功能。可通过一系列的命令来接受系统信息，改变系统设置，处理文件和控制其他应用程序。可以帮助开发者控制 Windows 的 API 函数	Win，Mac	Director 8. 5—Director 11	Gary Smith
cXtraWindowsConf	允许更改 Windows 的配置，如墙纸、桌面模式、交互鼠标左右键功能，检测滚轮鼠标、激活和禁止屏幕保护程序等	Win	Director—Director 10	cXtra
DirectOS Xtra	提供对 Windows 和 Mac 操作系统的直接控制，可以得到诸如下列的信息：操作系统名称和精确版本号、设置分辨率和色深、创建和显示对话框、查找关联文件类型的软件、限制鼠标区域位置、注销或重新启动计算机、得到文件属性、复制删除文件、设置系统时间和日期、读取 INI 文件、检测声卡是否安装等	Win	Director 5—Director 10	DirectXtras
Glu32 Xtra	从 Director 数据库里调用 32－bit 的 DLL，并为直接使用对系统的调用做准备	Win，Mac		RavWare
RegistryReader Xtra	从注册表读取 Windows 或其他软件的设置	Win		Magister Ludi
TaskXtra	管理自动化的功能	Win，Mac		Kent Kersten
TreeView Xtra	分层显示交互数据文件/文件夹视图	Win，Mac，SW	Director 8. 5—Director 11	Tabuleiro

续表

说明	平台	版本	开发者	
Transitions 过渡				
Billenium Transitions	17 个系列可配置过渡例如卷动、位图遮罩、拼图碎片	Win	Director 8.5—Director 11	BilleniumSoft
cXtraTransitions	几种过渡。包括淡入淡出、色彩、波形、电视效果、峡口效果等	Win	Director—Director 10	cXtra
Tutorials / Training 教程/培训				
Dean's Director Tutorials	免费的联机教程覆盖 Director 基本到高级程序和 Shockwave 3D	Win，Mac	Director 7—Director 11	Dean Utian
Adobe Director 11 Tutorials CD	针对初学者 9.5 小时/107 视频教程，包括工作文件	Win，Mac	Director 11	VTC
Director MX2004 Tutorials CD	8.5 小时/125Director 视频教程	Win，Mac	Director 10	VTC
Video 视频				
ATI Xtra	数字化视频文件，显示重叠的视频文件的预览，通过 ATI All－In－Wonder PCI VGA 视频显卡，可以将图形保存到演员中，可以通过不规则的图形在一个预览窗口中显示视频流	Win		Dirigo Multimedia
CaptureVideo Xtra	视频捕捉的精灵 Xtra	Win	Director 8.5—Director 10	Geoff Smith
Cleaner	批量压缩视频到指定的数据速率。压缩 Windwos Media，QuickTime 和 MPEG－4 为适合于网络的视频文件	Win，Mac	N/A	Autodesk
cXtraVideoCapture	捕捉视频文件或静态图片	Win	Director—Director 10	cXtra
f3VideoCapture	捕捉视频和显示视频实时的画面	Mac	Director 5	Focus 3
Focus3D	使用户能够使用 QuickDraw3D 图像	Mac	Director 5	Focus 3
MediaPlay Xtra	使 Director 支持 AVI，QT，MOV，MPG，MPEG，M1V，WAV，MPA，MP2，MP3，AU，AIF，AIFF，SND，ASF，WMA，WMV，MID，MIDI，RMI，JPG，BMP，GIF，TGA 格式的文件	Win		Great PC Tools Inc.

续表

说明	平台	版本	开发者	
MediaPlayer Xtra	使 Director 支持 MPEG，DIVX，AVI，WMF 的视频格式和 MP2，MP3，WAV，MIDI，AIFF 音频格式和其他文件	Win，SW	Director6.5—Director 11	StarSoft Multimedia
MediaPlayer Expanded Xtra	延续并超越 MediaPlayer Xtra，在视频控制方面有新功能	Win，SW	Director—Director 11	StarSoft Multimedia
TrackThemColors	根据视频文件里的对象的颜色、亮度或图案而跟踪多个对象	Win，Mac		Smoothware Design
WDMInput Xtra	能够捕捉静止图像或视频包括音频，能够同时播放 AVI 文件在一个以上的监控中。也可以调整电视频道，支持 WDM DirectX 硬件	Win		Dirigo Multimedia
WebCamXtra	调用摄像头，分析和报告运动	Win		Joshua Nimoy
Other 其他				
AnyShape Xtra	改变放映机窗口形状，移除边界，选择透明度	Win	Director 6.5—Director 10，Director11	StarSoft Multimedia
Border Patch	成无边界窗口	Mac	Director 5—Director 6	Media Connect
Border Xtra	消除舞台窗口周围或 MIAW 周围的边框	Win，Mac	Director 6—Director 9	Media Connect
cXtraShapeWindow	设置窗口自定义形状，透明度，最大最小值	Win	Director—Director 10	cXtra
dmm _ window	用来生成形状与从不同的窗口，或者是创建透明，Alpha 通道的窗口	Win		Studio dmm
MasterApp Xtra	使用户能够从 Director 和 Authorware 里寻找、运行并控制其他软件。发送 keypress 或点击鼠标，调整/隐藏/显示窗口	Win，Mac		Dirigo Multimedia
Window Xtra	改变放映机窗口形状，删除 proj 窗口边框，最小化、隐藏、从工具栏删除图标	Win	Director 6—Director 10	Meliora Software

续表

说明	平台	版本	开发者	
WinShaper Xtra	改造放映机窗口到任何形状，增加工具提示，能够从工具栏删除 proj 图标	Win		RavWare
XalwaysTop	可将 Authorware 和 Director 的展示窗口永久置顶的 Xtra 函数库。同时支持 authorware 和 director 支持 Director 的 MIAW，每个电影窗口可分别设置	Win（98/2000/XP）	Director 6 或更高	MagicSoft
XIme	输入法管理； 获取当前用户使用的输入法列表； 激活指定输入法； 在中英文输入中切换； 保存/恢复当前输入法状态	Windows（98/2000/XP）	Director 6 或更高	MagicSoft
Crypto＋＋ SDK	为 Director 作品添加防拷贝保护和软件协议	Win		Sampson Multimedia
ScrnXtra	提供一种屏幕捕捉工具	Win，Mac		Kent Kersten
ScoreColor	MIAW 工具色彩计分依照媒体类型	Win，Mac	Director—Director 11	Alex da Franca